AF464676

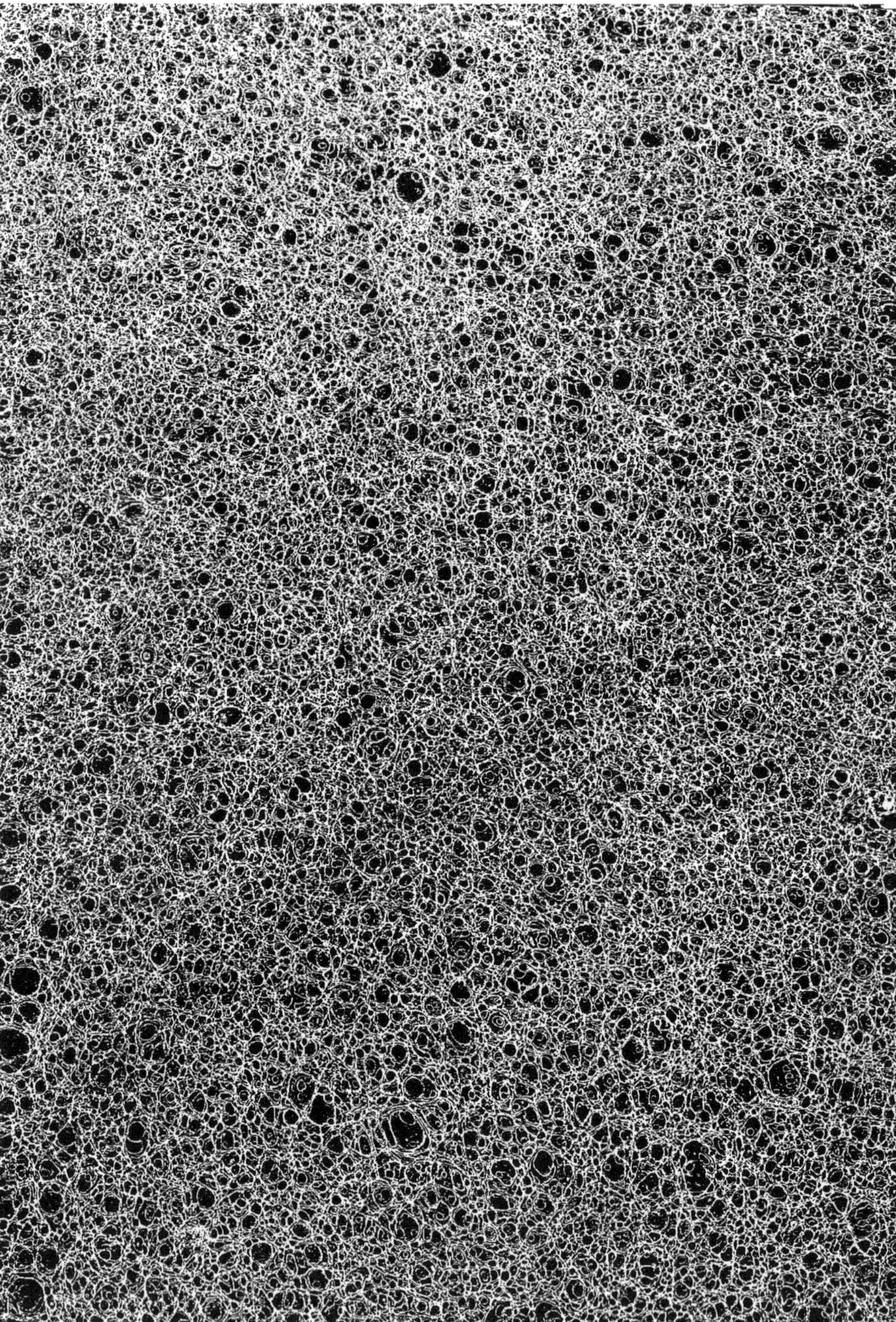

V

TABLE DES LOGARITHMES

DES NOMBRES ET DES LIGNES TRIGONOMÉTRIQUES DÉCIMALES.

LILLE, Typographie de BRONNER-BAUWENS.

TABLE
DES LOGARITHMES
DES NOMBRES
DEPUIS 1,000 JUSQU'A 10,000.

Suivie de la

TABLE DES LOGARITHMES DES SINUS, TANGENTES, COSINUS ET COTANGENTES,

ET D'UNE TABLE DES LOGARITHMES

DES NOMBRES PREMIERS

DEPUIS 1 JUSQU'A 1300, EXCLUSIVEMENT, AVEC QUINZE DÉCIMALES,

Par V. Croizet,

Auteur de la GÉODÉSIE GÉNÉRALE ET MÉTHODIQUE DES GÉODÉSIES ; et de plusieurs autres Ouvrages de Mathématiques.

PARIS, PÉLISSONNIER, Libraire, rue des Mathurins-St-Jacques, 24.

PÉRONNE, L'AUTEUR, Grande Rue Saint-Sauveur, N° 14.

1841.

GÉODÉSIE GÉNÉRALE ET MÉTHODIQUE

DES GÉODÉSIES,

EXTRAIT ET COMPLÉMENT DE TOUTES LES GÉODÉSIES THÉORIQUES ET PRATIQUES

Anciennes et Modernes, les plus célèbres.

Considérées sous le Rapport de la Mesure et de la Division des Terres.

Ouvrage orné de 20 grandes planches, gravées sur cuivre.

SECONDE ÉDITION.

Prix : **30** Francs.

NOTA. Ces *Tables des Logarithmes des Nombres et des Sinus*, sont comprises dans la GÉODÉSIE.

INTRODUCTION.

Des Logarithmes.

1. On appelle *Logarithmes* une suite de nombres en *progression par différence* qui correspond, terme pour terme, à une autre suite de nombres en *progression par quotient*.

Comme par exemple :

÷ 1 . 2 . 3 . 4 . 5 . 6 . 7 . 8 . 9 . 10 . *etc.*

∺ 3 : 9 : 27 : 81 : 243 : 729 : 2187 : 6561 : 19683 : 59049 : *etc.*

Chaque terme de la suite supérieure s'appelle le logarithme du terme qui lui correspond dans la suite inférieure. Ainsi 1 est le Logarithme de 3 ; 2 le Logarithme de 9 ; 3 est celui de 27 ; 4 celui de 81 ; *etc.*

Il est facile de voir qu'un même nombre peut avoir une infinité de Logarithmes différens, puisqu'à une même progression par quotient on peut faire correspondre une infinité de progressions par différence, et réciproquement. Mais comme nous ne considérons ici les Logarithmes que relativement à l'usage que l'on en fait dans les Tables, nous ne parlerons que des progressions sur lesquelles ces tables sont basées.

****

Propriété des Logarithmes.

2. *Définition des Logarithmes.* On appelle *Logarithme d'un nombre* l'exposant de la puissance à laquelle il faut élever une quantité convenue pour avoir ce nombre. (Cette quantité convenue est ordinairement 10.)

Au moyen des Logarithmes, on ramène la *Multiplication* à l'*Addition*, la *Division* à la *Soustraction*, l'*Élévation aux puissances* à la *Multiplication*, l'*Extraction des racines* à la *Division*, c'est-à-dire que :

1° *Le Logarithme d'un produit égale la somme des Logarithmes des facteurs de ce produit;* ainsi :

$$\log. (a \times b) = \log. a + \log. b,$$

$$\log. (a \times b \times c) = \log. a + \log. b + \log. c.$$

2° *Le Logarithme d'un quotient égale le Logarithme du dividende, moins le Logarithme du diviseur*, ou

$$\log. \frac{a}{b} = \log. a - \log. b.$$

3°. *Le Logarithme d'une puissance quelconque d'un nombre, égale le Logarithme de ce nombre multiplié par le nombre qui indique la puissance*, ou, en d'autres termes, *par l'exposant de la puissance ;* ainsi :

$$\log. a^2, \text{ ou } \log. a \times a = 2 \log. a,$$

$$\log. a^5, \text{ ou } \log. a \times a \times a \times a \times a = 5 \log. a.$$

4°. *Le Logarithme de la racine d'un nombre, égale le Logarithme de ce nombre divisé par l'exposant de la racine*, ce qui donne

$$\log. \sqrt{a} = \frac{\log. a.}{2}$$

$$\log. \sqrt[3]{a} = \frac{\log. a.}{3}$$

****

Construction des Tables de Logarithmes.

3. Les considérations précédentes suffisent pour faire concevoir l'utilité *d'une table de Logarithmes*, c'est-à-dire d'une table renfermant, d'une part, une série de nombres en progression par quotient, et de l'autre leurs Logarithmes, ou des nombres en progression par différence, (les deux progressions devant satisfaire à la condition énoncée au numéro 1.)

Comme on a vu d'ailleurs que toutes les opérations sur des nombres d'une nature quelconque, se ramènent toujours à des opérations sur des nombres entiers, il s'ensuit que, pour la simplification des calculs, il suffirait que la table contînt les Logarithmes des nombres entiers. Or, voici comment on est parvenu à former une pareille table.

Entre tous les systèmes, *en nombre infini*, de deux progressions, l'une par quotient, et l'autre par différence, que l'on pourrait prendre, on a d'abord choisi la progression décuple

∺ 1 : 10 : 100 : 1000 : 10000 : 100000 : 1000000 : *etc.*

et la suite naturelle des nombres

÷ 0 . 1 . 2 . 3 . 4 . 5 . 6 . *etc.*

Cela posé, concevons qu'entre les nombres 1 et 10, 10 et 100, 100 et 1000, *etc.*, on insère un certain nombre de *moyens proportionnels* (qui soit le même pour chaque compte); mais un assez grand pour qu'on soit assuré que 2, 3, 4, 5..... 9 | 11, 12, 13, 14..... 99 | 101, 102, 103..... 999, soient compris parmi ces moyens proportionnels, ou du moins ne diffèrent de quelques-uns d'entre eux que d'une quantité si petite qu'on puisse les substituer, sans erreur sensible, à ces moyens proportionnels.

Concevons ensuite qu'entre les termes 0 et 1, 1 et 2, 2 et 3, 3 et 4, *etc.*, de la progression par différence, on insère *autant* de moyens différentiels qu'on avait inséré de moyens proportionnels; il est clair, d'après ce qui a eté dit précédemment, que les termes de la nouvelle progression par différence seront les Logarithmes des termes de la nouvelle progression par quotient.

Maintenant, supposons que, dans le nombre immense des termes des deux progressions, on ne tienne compte que des nombres entiers 1, 2, 3, 4, 5, 6,..... 9, 10, 11, 12, 13, *etc.*, appartenant à la progression par quotient, ainsi que des Logarithmes qui leur correspondent, on obtiendra une table qui renfermera, d'une part, tous les nombres entiers consécutifs, et de l'autre, leurs Logarithmes.

Ainsi, les propriétés relatives aux diverses opérations arithmétiques sont applicables à tous les nombres de cette table et à leurs Logarithmes.

4. Voici une méthode élémentaire qui ne suppose qne des extractions successives de racines carrées.

Supposons qu'on veuille déterminer le Logarithme de 5.

Comme ce chiffre est compris entre 1 et 10, insérons *un seul moyen proportionnel* entre 1 et 10, nous aurons

$$1 : x :: x : 10 :$$

d'où

$$x = \sqrt{10} = 3\text{-}16227766.....,$$

puis un moyen différentiel entre 0 et 1, nous aurons

$$0 . z : z . 1;$$

d'où

$$z = \frac{1}{2} \text{ ou } 0\text{-}5.$$

Cela posé, 1/2 ou 0-5 sera évidemment le Logarithme de $\sqrt{10}$; résultat qui s'accorde avec la propriété du numéro 2, 4° puisque l'on a

$$\log.\ \sqrt{10} = \frac{\log.\ 10}{2} = \frac{1}{2}.$$

Maintenant, comme 5 est plus grand que 3-16227766.... et plus petit que 10, insérons un nouveau moyen proportionnel entre 3-16227766... et 10, puis un moyen différentiel entre 0-5 et 1; il vient

$$3\text{-}16227766... : x :: x : 10;$$

d'où

$$x = \sqrt{3\text{-}16227766... \times 10},$$

ou

$$x = \sqrt{31\text{-}6227766...} = 5\text{-}623...,$$

et

$$\frac{1}{2} . z : z . 1;$$

d'où

$$z = \frac{3}{4} \text{ ou } 0\text{-}75.$$

Ce moyen différentiel est d'ailleurs le Logarithme nouveau moyen proportionnel.

Le nombre 5 se trouvant compris entre 3-16227766... 5-623..., nous sommes encore conduits à prendre un mo proportionnel entre 3-16227766... et 5-623..., puis moyen différentiel entre 0-5 et 0-75.

Or, il est évident qu'en continuant cette série d'inserti de moyens proportionnels, on parviendra à en déterm deux qui ne différeront l'un de l'autre que d'une quan aussi petite qu'on voudra, et qui comprendront le nom 5. On pourra donc, sans erreur sensible, substituer 5 à de ces moyens proportionnels, et le moyen différentiel respondant au moyen proportionnel, sera le Logarithme mandé. On obtiendrait, par des opérations analogues Logarithmes des nombres premiers 2, 3, 7, 11, 13..., Observons d'ailleurs qu'il suffit de calculer directement Logarithmes de ces nombres premiers; écartons les au nombres entiers résultant de la multiplication de ces di rens facteurs entre eux; leurs Logarithmes peuvent s'o nir par l'addition des Logarithmes des nombres premier

C'est ainsi que, 4 étant décomposable en 2 × 2, on a

$$\log.\ 4 = \log.\ 2 + \log.\ 2 \text{ ou } 2 \log.\ 2;$$

6 étant décomposable en 2 × 3, on a aussi

$$\log.\ 6 = \log.\ 2 + \log.\ 3;$$

de même,

$$24 = 2^3 \times 3 \text{ ou } 2 \times 2 \times 2 \times 3;$$

donc

$$\log.\ 24 = 3 \log.\ 2 + \log.\ 3.$$

Soit encore

$$360 = 2^3 \times 3^2 \times 5;$$

il en résulte

$$\log.\ 360 = 3 \log.\ 2 + 2 \log.\ 3 + \log.\ 5;$$

et ainsi de suite.

Il suffisait également de placer dans les tables de L rithmes des nombres entiers; car en vertu de la propi (2, 2°) relative à la division, on obtient le Logarit d'un nombre fractionnaire en retranchant le Logarithme diviseur de celui du dividende.

****

Disposition des Tables ordinaires.

5. On appelle *Logarithmes ordinaires* ou *vulgai* ceux dont la formation est fondée sur le système des progressions $\left\{\begin{matrix} \because 1 : 10 : 100 : 1000....etc., \\ \div 0 . 1 . 2 . 3 ....etc., \end{matrix}\right\}$, parce c'est de cette Table dont on se sert le plus communéme

La *raison* de la progression par quotient, ou 10, es qu'on appelle la *base* du système vulgaire.

Il résulte de l'inspection des deux progressions, 1° *le Logarithme de la base, ou de* 10, *est égal à* 1; 2° *le Logarithme de l'unité est égal à* 0.

On voit aussi que les Logarithmes de tous les nom

entiers ou fractionnaires, compris entre 1 et 10, sont *plus petits que l'unité;* que ceux des nombres compris entre 10 et 100 se composent d'une unité et d'une certaine fraction; que ceux des nombres compris entre 100 et 1000 se composent de deux unités et d'une certaine fraction; et ainsi de uite.

Dans notre Table, ces fractions ont été évaluées en décimales. Ainsi, les Logarithmes des nombres d'un *seul* chiffre ont représentés par une *fraction décimale;* les Logarithmes des nombres de *deux* chiffres ont 1 pour *partie entère*, laquelle est d'ailleurs suivie d'une fraction décimale. .es Logarithmes des nombres de *trois* chiffres ont 2 pour artie entière; ceux des nombres de *quatre* chiffres ont 3, et insi de suite; c'est-à-dire, que la partie entière du Logaithme d'un nombre renferme *autant d'unités, moins une*, u'il y a de chiffres dans le nombre.

On a donné le nom de *caractéristique* à la partie entière du Logarithme d'un nombre, parce que l'on voit, à la seule nspection, entre quels ordres d'unités tombe le nombre qui orrespond à ce Logarithme. Ainsi, 2-8129134 correspond un nombre de trois chiffres, c'est-à-dire, à un nombre ompris entre 100 et 1000; de même, 5-0085576 est le ogarithme d'un nombre compris entre 10000 et 100000. *La caractéristique se compose d'autant d'unités*, MOINS NE, *qu'il y a de chiffres dans le nombre.*

6. Connaissant le Logarithme d'un nombre quelconque, n peut obtenir facilement celui d'un nombre 10, 100, 000, *etc.* fois plus grand. Il suffit, pour cela, *d'ajouter* 1, , 3, etc, *unités à la caractéristique.*

Soit en effet, a, un nombre dont on connaît déjà le Logaithme; on a (2, 1°):

$$\text{og.}\,(a\times 10) = \text{log.}\, a + \text{log.}\, 10 = \text{log.}\, a + 1,$$
$$\text{og.}\,(a\times 100) = \text{log.}\, a + \text{log.}\, 100 = \text{log.}\, a + 2,$$
$$\text{og.}\,(a\times 1000) = \text{log.}\, a + \text{log.}\, 1000 = \text{log.}\, a + 3,\ etc.$$

Réciproquement, le Logarithme d'un nombre étant onnu, pour obtenir celui d'un nombre 10, 100, 1000, *etc.* ois plus petit, il suffit de *retrancher de la caractéristique* , 2, 3, etc. *unités.*

Effectivement, on a (2, 2°)

$$\text{log.}\,\frac{a}{10} = \text{log.}\, a - \text{log.}\, 10 = \text{log.}\, a - 1,$$

$$\text{log.}\,\frac{a}{100} = \text{log.}\, a - \text{log.}\, 100 = \text{log}\ a - 2,$$

$$\text{log.}\,\frac{a}{1000} = \text{log.}\, a - \text{log.}\, 1000 = \text{log.}\, a - 3,\ etc.$$

7. Il faut remarquer, par rapport aux Logarithmes négaifs, qu'on est dans l'usage, pour la commodité des calculs, e les représenter sous une forme positive, en augmentant de 10 la caractéristique du logarithme du numérateur. Pour lus de facilité, on réduit la fraction en décimales; d'où il ésulte que *les Logarithmes des nombres plus petits que unité, exprimés en décimales, ont leur caractéristique égale au nombre* 10, *moins le nombre de zéros qui précèdent la première figure significative de la décimale, en y comprenant le zéro placé avant le trait.* Donc la caractéristique du Logarithme de la fraction 0-7, qui a un zéro avant la première figure significative, sera égale à

$$10 - 1 = 9;$$

pour la fraction 0-07, elle sera égale à

$$10 - 2 = 8;$$

et pour celle 0-007, elle sera égale à

$$10 - 3 = 7,\dots\ etc.$$

Il suit de là, que les Logarithmes des nombres qui ont les mêmes figures significatives, tels que 8945, 894-5, 89-45, 8-945, 0-8945, 0-08945, 0-008945, ne diffèrent entre eux que par leurs caractéristiques, qui sont, savoir: 3 pour le premier nombre, 2 pour le second, 1 pour le troisième, 0 pour le quatrième, 9 pour le cinquième, 8 pour le sixième, 7 pour le septième, *etc.*

C'est là ce qui rend le système, dont la base est 10, plus avantageux que tout autre. Comme on a souvent besoin de multiplier ou de diviser par 10, 100, 1000, *etc.*, ces opérations se réduisent à de simples additions ou soustractions d'unités. *Les Logarithmes des fractions décimales sont, à la caractéristique près, les mêmes que ceux des nombres que l'on obtient en faisant abstraction du trait.*

Notre Table comprend les Logarithmes à 7 décimales. Sa disposition est à peu près la même que celle de la table à 5 décimales de Jérôme de Lalande, (1 vol. in-18, stéréotype); elle ne contient cependant que la partie décimale des Logarithmes. Nous en avons supprimé les caractéristiques qu'on supplée aisément par les règles données ci-dessus.

La première colonne de la table contient les nombres depuis 1000 jusqu'à 10000. On trouve les Logarithmes de ces nombres dans la seconde colonne, et les différences tabulaires dans la troisième.

Nous publions aussi notre Table, celle des Logarithmes des Sinus, Tangentes, *etc.*, avec 7 chiffres décimaux.

USAGE DE NOTRE TABLE DES LOGARITHMES.

8. Nous avons dit que les Logarithmes des nombres qui ont les mêmes figures significatives, ne diffèrent entre eux que par leurs caractéristiques. D'après cela, quel que soit un nombre proposé, on pourra toujours déterminer la partie décimale de son Logarithme en ne considérant que ses figures significatives, et il ne restera plus qu'à ajouter la caractéristique qui convient, d'après les règles données ci-dessus.

PROBLÊME.

9. *Un nombre entier de quatre chiffres étant donné, trouver son Logarithme par notre Table à sept décimales.*

Soit 2589 le nombre dont on demande le Logarithme.

Je cherche ce nombre dans la première colonne de la table; ensuite, j'entre dans la seconde colonne et j'y trouve le nombre 4131321, qui est la partie décimale du Logarithme demandé.

Il ne reste plus qu'à trouver la caractéristique pour le nombre proposé 2589 : or, par les règles données ci-dessus, cette caractéristique = 3, on aura donc

log. 2589 = 3-4131321.

PROBLÈME.

10. *Un nombre entier de trois chiffres étant donné, trouver son Logarithme par notre Table.*

Soit 618 le nombre dont on demande le Logarithme. J'ajoute un zéro à ce nombre, ce qui donne 6180, je cherche le nombre 6180 dans la première colonne; ensuite, j'entre dans la seconde colonne, et j'y trouve 7909885 pour la partie décimale du Logarithme demandé. Si le nombre 6180 était celui proposé, la caractéristique serait égale à 3 comme dans le problême précédent; mais comme nous y avons ajouté un zéro pour avoir quatre figures, nous ne considérerons plus que trois chiffres, et la caractéristique sera égale à 2; enfin, on aura.

log. 618 = 2-7909885.

PROBLÈME.

11. *Un nombre entier de deux chiffres étant donné, trouver son Logarithme.*

Soit 79 le nombre dont on demande le Logarithme. Après avoir ajouté deux zéros au nombre proposé, j'ai 7900 que je cherche dans la première colonne; ensuite, j'entre dans la seconde colonne et j'y trouve 8976271, qui est la partie décimale du Logarithme demandé. Il reste maintenant à trouver la caractéristique: en ne considérant que les deux premières figures, cette caractéristique est 1; donc on a

log. 79 = 1-8976271.

PROBLÈME.

12. *Un seul chiffre, autre que 0 et 1, étant donné trouver son Logarithme.*

Soit 7 le nombre dont on demande le Logarithme. J'ajoute d'abord trois zéros à ce nombre, ce qui fait 7000, que je cherche dans la première colonne; ensuite, j'entre dans la seconde colonne et j'y trouve 8450980, qui est la partie décimale du Logarithme demandé.

Sachant maintenant qu'il n'y a qu'un seul chiffre significatif au nombre cherché dans la première colonne, je trouve que la caractéristique = 0; donc on a

log. 7 = 0-8450980.

PROBLÈME.

13. *Une fraction décimale étant donnée, trouver son Logarithme.*

Soit 0-2589 le nombre dont on demande le Logarithme. Je cherche le Logarithme de 2589, et j'ai sa partie décimale qui est 4131321. Ensuite, j'ajoute la caractéristique qui, par les règles données N° 7, est égale à

10 — 1 = 9,

on aura donc

log. 0-2589 = 9-4131321.

On aurait également

log. 0-02589 = 8-4131321,
log. 0-002589 = 7-4131321,
log. 0-0002589 = 6-4131321,... *etc.*

PROBLÈME.

14. *Une fraction ordinaire étant donnée, trouver son Logarithme.*

Soit $\frac{3}{4}$ la fraction dont on demande le Logarithme.

On a vu précédemment (2, 2°) que le Logarithme d'un quotient égale le Logarithme du dividende, moins le Logarithme du diviseur; ainsi, considérant la fraction proposée comme une division, j'ai

log. $\frac{3}{4}$ log. 3 — log. 4 = — (log. 4 — log. 3).

ou

log. 4 = 0-6020600
log. 3 = 0-4771213

log. $\frac{3}{4}$ = — 0-2249387

ce qui fournit cette règle.

Pour obtenir le Logarithme d'une fraction ordinaire soustrayez le Logarithme du numérateur de celui du dénominateur, et prenez le résultat avec le signe . —

N. B. Quand on emploie les Logarithmes négatifs, on soustrait partout où il faut les ajouter, et réciproquement.

15. D'après le numéro 7, on évite les Logarithmes négatifs en augmentant de 10 la caractéristique du Logarithme du numérateur; mais alors, pour rétablir l'égalité dans les opérations, *on supprime une dixaine à la caractéristique du Logarithme définitif, dans lequel est entré celui de la fraction.* Ainsi on a

log. 3 = 10-4771213
log. 4 = 0-6020600

log. $\frac{3}{4}$ = 9-8750613

Pour plus de facilité, on réduit la fraction ordinaire en décimales, ce qui donne le même résultat.

Si l'on veut, par exemple, le Logarithme de la fraction proposée $\frac{3}{4}$ = 0-75, on a

log. 0-75 = log. 75 — log. 100;

mais, d'après ce qui précède, on augmentera la caractéristique du nombre 75 de 10; et comme le Logarithme ou caractéristique de 100 = 2, on aura

log. 0-75 = 9-8750613.

On a également, d'après le numéro 374,

log. 0-075 = 8-8750613
log. 0-0075 = 7-8750613
log. 0-00075 = 6-8750613 *etc.*

PROBLÈME.

16. *Un nombre fractionnaire étant donné, trouver son ogarithme.*

Soit le nombre $12\frac{2}{3}$ dont on demande le Logarithme. Je duis d'abord l'entier en une fraction qui a 3 pour dénoinateur, ce qui donne $\frac{38}{3}$; c'est une division indiquée; nsi on a

$$\text{log. } 38 = 1\text{-}5797836$$
$$\text{log. } 3 = 0\text{-}4771213$$
$$\text{log. } 12\tfrac{2}{3} \text{ ou } \tfrac{38}{3} = 1\text{-}1026623$$

De même,

$$\text{log. } 37\tfrac{45}{59} = \text{log. } \tfrac{2226}{59}$$
$$= \text{log. } 2226 - \text{log. } 59.$$
$$= 3\text{-}3475252 - 1\text{-}7708520 = 1\text{-}5766732.$$

PROBLÈME.

17. *Un nombre décimal étant donné, trouver son Loithme.*

Soit 4-856 le nombre décimal dont on demande le Logahme. Considérant ce nombre décimal comme si c'était un mbre entier, j'en cherche le Logarithme qui est 3-6862787; comme le nombre proposé ne contient qu'un chiffre pour partie entière, d'après le numéro 7, la caractéristique 0, j'ai

$$\text{log. } 4\text{-}856 = 0\text{-}6862787.$$

On aurait également

$$\text{log. } 48\text{-}56 = 1\text{-}6862787,$$
$$\text{log. } 485\text{-}6 = 2\text{-}6862787,$$
$$\text{log. } 4856 = 3\text{-}6862787.$$

Donc, *pour trouver le Logarithme d'un nombre décimal, faut le considérer comme si c'était un nombre entier; rcher son Logarithme, et retrancher ensuite, de la actéristique, autant d'unités qu'il y avait de chiffres imaux.*

En effet, comme le nombre proposé était mille fois plus it que 4856, il ne s'agissait que de retrancher 3 unités la caractéristique pour avoir le résultat demandé.

Nous allons enseigner ce qu'il faut faire pour chercher le nbre répondant à un Logarithme qui ne se trouve point s notre table; soit que ce logarithme excède les limites notre table, soit qu'il tombe entre deux Logarithmes de e table, et réciproquement, pour chercher le Logarithme nombres qui ne se trouvent point dans notre table, c'estire, des nombres entiers au-dessus de 10,000.

N. B. Il était impossible de placer dans notre table les arithmes de tous les nombres, puisque celles de Callet, sont les plus fortes jusqu'à présent, ne vont qu'à ,000.

MANIÈRE D'ÉTENDRE NOTRE TABLE *au-delà de sa limite.*

18. Les méthodes que nous allons donner ne sont pas rigoureuses; mais elles sont plus que suffisantes pour les usages ordinaires. Voici les deux questions qu'il est indispensable de savoir résoudre : 1°. *Un nombre quelconque étant donné, déterminer son Logarithme;* 2°. *Un Logarithme étant donné, déterminer le nombre qui lui appartient.*

PROBLÈME.

19. *Un nombre étant donné, déterminer son Logarithme.*

Soit à déterminer le Logarithme de 357859. Ce nombre ayant 6 chiffres, la caractéristique de son Logarithme est 5; ainsi, la question se réduit à trouver la partie décimale de ce Logarithme.

Or, il résulte de ce qui a été dit numéro 7, que cette partie décimale est la même que celle du Logarithme de 3578-59.

Par cette préparation, qui consiste à *séparer vers la droite du nombre assez de chiffres pour que la partie à gauche se trouve dans la table,* j'obtiens un nombre compris entre 3578 et 3579; ainsi, son Logarithme est égal à celui 3578, plus une partie de la différence qui existe entre

$$\text{log. } 3579 \text{ et log. } 3578.$$

Je cherche, dans la table, le Logarithme de 3578, que je trouve être 3-5536403; je prends en même temps à côté de ce Logarithme, la différence 1214, entre ce même Logarithme et celui 3579.

Maintenant, pour trouver ce que je dois ajouter au Logarithme trouvé, à cause de la partie à droite du trait, j'établis cette proportion : *Si, pour une unité de différence entre les nombres 3579 et 3578, on a 1214* DIX MILLIONNIÈMES *de différence entre leurs Logarithmes, combien, pour 0-59 de différence entre les deux nombres 3578-59 et 3578 aura-t-on de différence entre leurs Logarithmes;* ou bien,

$$1 : 1214 :: 0\text{-}59 : x;$$

d'où

$$x = 1214 \times 0\text{-}59 = 716\text{-}26;$$

et ce quatrième terme 716-26, ou simplement 716, en négligeant les décimales, est ce qu'il faut ajouter *de dix-millionnièmes* au Logarithme 3-5536403 pour avoir le Logarithme demandé.

J'ajoute 716 au Logarithme 3-5536403 de 3578, et j'ai 3-5537119 pour Logarithme de 3578-59; il ne s'agit plus, pour avoir celui de 357859, que d'ajouter deux unités à la caractéristique du Logarithme qu'on vient de trouver, et on aura 5-5537119 pour le Logarithme cherché, puisque 357859 est 100 fois plus grand que 3578-59.

Ordinairement, on dispose ainsi les calculs:

Nombre proposé, 357859;

séparant deux chiffres vers la droite, 3578-59

log. 3578 = 5536405

Différence entre les deux Logarithmes consécutifs...	1214	
Différence des nombres .	0-59	
	10926	
	6070	
Produit	716-26	
A ajouter au log. 3578		716
Somme		= 5537119

donc log. 357859 = 5-5537119.

On voit que, dans la pratique, on multiplie le nombre décimal qui est à la droite du trait, par la différence tabulaire, comme si cette différence était un nombre entier, et dans le produit qui en résulte, on se contente des entiers que l'on ajoute au dernier chiffre du logarithme, ou aux deux derniers, si les entiers de ce produit sont composés de deux chiffres. Quand le premier chiffre décimal de ce produit est plus grand que 5, il faut augmenter les entiers de ce produit d'une unité, pour plus d'exactitude.

Si les chiffres qu'on doit séparer sur la droite étaient tous des zéros, après avoir trouvé dans la table le logarithme de la partie qui reste à gauche, il n'y aurait autre chose à faire qu'à ajouter autant d'unités à la caractéristique qu'on aurait séparé de zéros.

PROBLÊME.

20. *Un logarithme quelconque étant donné, trouver le nombre qui lui correspond.*

Lorsque, pour effectuer certaines opérations arithmétiques on emploie le secours des logarithmes, on parvient ordinairement à un résultat qui exprime le logarithme *du nombre cherché*, et il faut, au moyen de la table, déterminer à quel nombre correspond ce logarithme.

Nous allons considérer le cas où la caractéristique est 3, c'est-à-dire, la plus forte de celles qui se trouvent dans notre table.

21. Soit à trouver le nombre correspondant au logarithme 3-4593624.

Je commence par chercher ce logarithme parmi ceux des nombres de quatre chiffres, et je trouve qu'il est compris entre 3-4592417 et 3-4593925 qui sont les logarithmes de 2879 et 2880; donc le nombre cherché est égal à 2879, plus une certaine fraction.

Pour obtenir cette fraction, je prends la différence tabulaire 1508, et la différence 1270 entre le logarithme donné et celui de 2879; puis j'établis la proportion : *Si pour* 1508 DIX-MILLIONNIÈMES *de différence entre log.* 2880 *et log.* 2879, *on a une unité de différence entre ces nombres, combien,* 1207 DIX-MILLIONNIÈMES *de différence entre le logarit* *donné et celui de* 2879, *doit-on avoir de différence entr* *nombres correspondans ;* Ou bien

$$1508 : 1 :: 1207 : x;$$

d'où

$$x = \frac{1207}{1508} = 0\text{-}8.$$

Ajoutant ce quatrième terme à 2879, j'obtiens 287 pour le nombre demandé.

Voici les calculs :

Logarithme proposé	3-4593624
On trouve dans la table, pour le plus petit des deux Logarithmes qui le comprennent	3-4592417
Différence	1207
Différence tabulaire. . .	1508

Proportion,

$$1508 : 1 :: 1207 : x = 0\text{-}8;$$

donc le nombre cherché = 2879-8.

22. *Remarque.* Il est bon de faire observer ici que qu'on cherche dans la table le nombre qui correspond à logarithme, il ne faut pas faire attention à la différ qu'il pourrait y avoir entre le logarithme dont il s'agi celui qui, dans la table, en approche le plus, lorsque c différence n'est que d'*une unité du dernier ordre des cimales.*

Si, le logarithme étant positif, sa caractéristique moindre que 3, on commence par *rendre la caract tique égale à* 3, par l'addition d'un nombre conven d'unités (afin que les nombres sur lesquels on doit op soient au-dessus de 1000); *on cherche le nombre qui respond à ce nouveau logarithme ; après quoi l'on di ce nombre par* 10, 100, 1000...... *etc.*, suivant l'on a été obligé d'ajouter 1, 2, 3, *etc.*, unités à la ca téristique.

23. Ainsi, soit à déterminer le nombre corresponda logarithme 1-5683426

J'ajoute 2 unités au logarithme proposé, et je tr 3-5683426. Ensuite, je cherche, d'après la règle ci-de le nombre correspondant à ce nouveau logarithme, trouve

$$3\text{-}5683426 = \log.\ 3701\text{-}2.$$

Or, puisqu'en ajoutant 2 unités à la caractéristique (6) multiplié le nombre cherché par 100, il faut, celui-ci, diviser 3701-2 par 100; ce qui donne enfin 37- pour le nombre demandé, à moins d'un centième près.

Soit encore à trouver le nombre correspondant au l rithme 0-8678386.

J'ai d'abord

$$3\text{–}8678386 = \log.\ 7376\text{–}3\ ;$$

nc

$$0\text{–}8678386 = \log.\ 7\text{–}3763\ ,\ \text{à moins de } \tfrac{1}{10000}\ \text{près.}$$

Soit enfin proposé de déterminer le nombre correspondant logarithme 5–4763853.

Retranchant d'abord deux unités, j'ai

$$3\text{–}4763853 = \log.\ 2996\text{–}3\ ;$$

comme, en ôtant deux unités de la caractéristique, j'ai du le nombre 100 fois trop petit, il faut multiplier 2986–3 100, ce qui donne 299650 pour le nombre demandé, à e dizaine près.

Tout ce que nous venons de dire trouvera abondamment applications par la suite. Bornons-nous, quant à présent, onner une idée, par quelques exemples, de l'avantage e les Complémens arithmétiques et les Logarithmes proent pour la facilité et la promptitude des calculs.

****

Des Complémens arithmétiques.

24. On appelle *Complémens arithmétiques* d'un logarithme, qui manque à ce logarithme pour faire 10 unités; en utres termes, c'est *le résultat qu'on obtient en soustrayant ogarithme*, de 10.

Les Complémens arithmétiques ont été imaginés pour ramer une suite d'opérations à une seule addition; car il ive souvent, dans les applications logarithmiques que l'on déterminer le résultat de l'addition et de la soustraction plusieurs logarithmes.

25. Pour obtenir un complément, il faut évidemment, près la règle de la soustraction, *retrancher le premier ffre significatif à droite*, de 10, *et chacun des autres ffres de* 9.

Ainsi

mpl. arith. 3–4725843=10—3–4725843 = 6–5274157;

De même,

mpl. arith. 1–5910646=10—1–5910646 = 8–4089354;

Enfin

Compl. arith. 5–0085959 = 4–9914041.

Si le dernier chiffre à droite du logarithme était un zéro, faudrait retrancher le premier chiffre significatif, à la che de ce zéro, de 10, et les autres chiffres, à gauche, 9.

Ainsi

Compl. 4–9334620 = 5–0665380.

même

Compl. 5–325700 = 4–674300.

26. Règle générale. Pour soustraire une somme de logarithmes d'une somme de logarithmes, *prenez les complémens arithmétiques des logarithmes à soustraire*; *faites une somme totale de ces complémens et des logarithmes dont il faut soustraire ; puis retranchez de la caractéristique du résultat autant de fois 10, ou autant de dizaines que vous avez pris de complémens.* Le résultat ainsi obtenu, est la différence demandée.

Par le moyen ordinaire, il faudrait faire la somme des termes additifs, celle des termes soustractifs; puis, soustraire la plus petite somme de la plus grande, ce qui entraînerait dans deux additions et une soustraction; tandis que, par celui-ci, on n'a qu'une seule addition à effectuer, sauf les opérations qui consistent à prendre les complémens, et qui sont trop simples pour entrer en ligne de compte.

Nous ferons usage des Complémens arithmétiques dans ce qui va suivre.

****

Application des Logarithmes.

27. Pour faire une multiplication par logarithmes, *il faut ajouter* (suivant le No 2) 1°, *le logarithme du multiplicande au logarithme du multiplicateur;* la somme sera le logarithme du produit. C'est pourquoi, cherchant cette somme parmi les logarithmes de la table, on trouvera le produit à côté. Voyons pour exposer quelques exemples.

PROBLÊME.

28. *Soit proposé de multiplier* 174 *par* 49, *par logarithmes.*

Je trouve dans la table que log. 174 = 2–2405492
et que log. 49 = 1–6901961

log. du produit = 3–9307453

Effectivement, ce logarithme répond, dans la table, au nombre 8526 qui est le produit demandé.

Soit encore à multiplier 274 par 167.

log. 274 = 2–4377506
log 167 = 2–2227165

log. du produit = 4–6604671
log. 4575 = 4–6603911 (*)

Différence = 760

Le nombre cherché est entre 4576 et 4575 ; la différence entre le logarithme de 4576 et le logarithme de 4575 est 949.

Ainsi, d'après le No 20,

$$949 : 1 :: 760 : x = \tfrac{760}{499} = 0\text{–}8\ ,$$

donc

$$4\text{–}6604671 = \log.\ 45758.$$

(*) On voit que nous n'observons la grandeur des caractéristiques qu'à la fin des opérations.

Soit enfin proposé de multiplier 74-2641 par 11-24491, à moins d'un millième près.

log. 74-26 = 1-8707349
0-41 multiplié par 585 = 240
log. 11-24 = 1-0507665
0-491 multiplié par 3862 = 1896

log. du produit = 2-9217348
log. de 8350 = 2-9216865

Différence = 483

Le nombre cherché est entre 8350 et 8351; la différence entre le logarithme de 8350 et le logarithme de 8351 est 520.

Ainsi,

$$520 : 1 :: 483 : x = \frac{483}{520} = 0\text{-}929\,;$$

donc

2-9217348 = log. 835-0929.

PROBLÊME.

29. *Soit proposé de diviser 5845 par 49, en exprimant le quotient avec cinq décimales.*

D'après le N.º 170, 2º,

log. 5845 = 3-5848965
compl. log. 49 = 8-3098039

Somme — 10 = 1-8947002
log. 7846 = 1-8946483

Différence = 519

Le nombre cherché est entre 7846 et 7847; prenant la différence entre le logarithme de 7843 et le logarithme de 7847, j'ai 554.

Ainsi,

$$554 : 1 :: 519 : x = \frac{519}{544} = 0937\,;$$

donc le quotient cherché = 78-46737.

PROBLÊME.

30. *Trouver la vingt-unième puissance de 1-25.*

D'après le Nº 2, 5º,

log. 1-25 = 0-0969100
multiplié par 21

969100
1938200

On a log. $(1\text{-}25)^{21}$ = 2-0351100

Ce logarithme est compris entre 2-0350293 et 2-0354297, dont la différence est 4002; les nombres qui correspondent à ces deux logarithmes sont 1084 et 1085; 907 est la [différence] entre le logarithme cherché et le logarithme de 1[084] et donne

$$4002 : 1 :: 1084 : x = \frac{4002}{1084} = 0\text{-}27\,;$$

donc la vingt-unième puissance cherchée = 108-427.

PROBLÊME.

31 *Extraire la racine quatrième de 364, à un million[ième] près.*

D'après le Nº 2, 4º,

log. de 364 = 2-5611014
le $\frac{1}{4}$ = 0-6402753.

Le logarithme de ce nombre est compris entre 0-640[...] et 0-6402826; les quatre premiers chiffres significatifs donc 4367; la différence entre les deux logarithmes c[onsé]cutifs est 994, celle entre le logarithme cherché et le [loga]rithme de 4367 est 921.

Ainsi

$$994 : 1 :: 921 : x = \frac{921}{994} = 0\text{-}926$$

donc la racine cherchée = 4-367926.

PROBLÊME.

32. *A quelle puissance faut-il élever le nombre 2 [pour] avoir le nombre 32768?*

log. 3276 = 3-5153439
0-8 multiplié par 1325 = 1060

log. 32768 = 4-5154499

Je divise le logarithme 4-5154499 ou, ce qui en d[iffère] peu, 4-51545 par le logarithme de 2=0-3010300; le [quo]tient 15 est le degré de la puissance cherchée.

N. B. Ce problême, des plus importans dans la prati[que,] méritait seul qu'on inventât les Logarithmes.

PROBLÊME.

33. *Soit la proportion*

37-05 : 259-48 :: 2-434 : x

dont on demande le quatrième terme, avec quatre ch[iffres] décimaux.

On sait, d'après les règles de l'Arithmétique, que

$$x = \frac{259\text{-}48 \times 2\text{-}434}{37\text{-}05}$$

Mais, d'après les numéros 2, 1º, et 2, 2º, on aura le [loga]rithme du nombre cherché, en ajoutant les logarithme[s des] deux facteurs et en soustrayant le log. du diviseur[. Au] lieu de soustraire le logarithme du diviseur, il sera nple d'ajouter le complément du même logarithme ; c'est-dire qu'on a

log. x = log. 259-48 × log. 2-454 — log. 57-65..

Type du Calcul.

Log. 259-4 =	2-4139700
pour 0-8	1359
log. 259-48 =	2-4141059
log. 2-454 =	0-3863206
compl. log. 57-05 =	8-4512118
Somme — 10 =	1-2516365
log. 1704 =	1-2514696
Différence =	1667

Le nombre cherché est entre 1704 et 1705 ; prenant les fférences des deux logarithmes 2548, on divisera 1667 par 48, le quotient = 0-65.

Donc le quatrième terme cherché 17-0465, comme le nnelle calcul ordinaire, est beaucoup plus long.

PROBLÊME.

34. *Soit proposé de trouver, par logarithme, la valeur* :

$$x = \frac{57 \times 49 \times 17 \times 175}{29 \times 69 \times 154} (*)$$

Prenant toujours x pour le produit cherché, on a, d'après N° 570, 2°,

x = l. 57 = l. 49 = l. 47 = l. 175 = (l. 29 = l. 69 l. 154);

log. 37 =	1-5682017
log. 49 =	1-6901961
log. 17 =	1-2304489
log. 175 =	2-2430380
compl. log. 29 =	8-5376020
compl. log. 69 =	8-1611509
compl. log. 154 =	7-8124795
Somme — 30 =	1-2431169
log. 1750 =	1-2430380
Différence	789 qui donne 0-52.

Donc, log. x = 1-2431169;

d'où x = 17-5052, à un dix-mill. près.

Des Logarithmes des Sinus.

35. L'emploi des Logarithmes, abrégeant beaucoup les lculs trigonométriques, et les logarithmes des nombres enrs, des sinus, des cosinus, des tangentes et des cotangentes, suffisant toujours pour calculer les parties inconnues des triangles, nos tables ne renferment que ces logarithmes. De sorte que les longueurs des lignes trigonométriques ne se trouvent plus dans les tables.

(*) Cette expression peut être regardée comme le terme inconnu dans e *règle de trois composée.*

Ce qui précède suffit pour donner une idée de la manière dont on a pu *construire une table des logarithmes des lignes trigonométriques*. En effet, les longueurs des sinus, des cosinus, des tangentes et des cotangentes, étant connues, on cherchera les logarithmes des nombres décimaux qu'expriment ces longueurs; ce qui déterminera les logarithmes de ces lignes. La *base* des logarithmes est égale à 10, et pour éviter les logarithmes négatifs, on a supposé le rayon R = 10^{10}. De sorte que le logarithme du rayon est égal à 10.

Par exemple, on a

Sin. 25^c = 0-3534, etc., cos. 25^c = 0-9554, *etc.*

Cherchant les logarithmes des nombres décimaux, 0-3554 *etc.*, 0-9554, *etc.*, comme il est indiqué plus haut (15), et observant que le logarithme du rayon = 10, on trouvera, comme dans nos tables

log. sin. 25^c = 9-5483585, log. cos. 25^c = 9-9710178

A l'égard des logarithmes, des tangentes et des cotangentes, on les obtient par une simple addition et une soustraction, lorsqu'une fois on a ceux des sinus; cela est évident d'après ce qui a été dit au numéro 4.

Usage des Tables trigonométriques.

36. Notre table renferme les logarithmes des sinus, des cosinus, des tangentes et des cotangentes, pour tous les grades et centigrades ou minutes centésimales du quart de la circonférence. Ces logarithmes ayant sept décimales, nous n'avons pas donné leur différence (on les obtiendrait par le moindre calcul.) Pour tous les angles moindres que 50 grades, les *grades* sont placés en haut des pages, et les *minutes* se trouvent dans la première et dans la septième colonnes verticales à gauche de chaque page. Les grades des angles plus grands que 50 grades, sont en bas des pages, et les minutes correspondantes se trouvent dans la première et dans la septième colonnes verticales à droite de chaque page.

37. Le log. du sinus de 50 grades étant 9-8494850, les logarithmes des sinus des angles moindres que 50 grades, sont moindres que 9-8494850, les logarithmes des sinus des angles plus grands que 9-8494850; et la réciproque est vraie pour les angles aigus. Enfin, la tangente de 50 grades étant égale au rayon, on a

log. tang. 50^c = log. R ou 10;

les logarithmes des tangentes des angles aigus sont donc moindres ou plus grands que 10, selon que ces angles sont moindres ou plus grands que 50 grades. Pour les angles aigus plus grands que 50 grades, nous n'avons mis dans notre table que le chiffre de unités des caractéristiques des logarithmes des tangentes de ces angles : de sorte que chaque caractéristique doit être augmentée de 10. Ainsi,

log. tang. 62ᵍ 41' = 10–1757791;

la table donne 0–1757791.

Lorsqu'on ne voudra calculer que les degrés et les minutes, l'inspection de la table suffira pour résoudre le problême proposé. Ainsi,

log. sin. 42ᵍ 60' = 9–7926205;

il est évident que

log. cos. 57ᵍ 40' = 9–7926205,

parce que le complément de 57 grades 40 minutes est 42 grades 60 minutes.

log. tang. 39ᵍ 99' = 9–9080072;

aussi

log. cot. 60ᵍ 01' = 9–9080072.

Pour trouver le log. du sinus d'un angle obtus, il suffit de chercher le logarithme du sinus du supplément de cet angle; ainsi,

log. sin. 160ᵍ = log. sin. 40ᵍ = 9–7692187.

Pour trouver à quel angle répond le logarithme d'un sinus, on observera que le logarithme du sinus de 50 grades étant 9–8494850, les logarithmes moindres ou plus grands que 9–8494850, répondent à des angles aigus moindres ou plus grands que 50 grades; on devra donc chercher ces logarithmes dans les colonnes dont les titres placés en haut ou en bas de la page, sont *Sinus*.

PROBLÊME.

38. *Résoudre l'équation*

log. sin. x = 9–7901944.

Pour calculer l'angle inconnu x dans cette équation, j'observe que cet angle sera moindre que 50 grades; donc je cherche ce logarithme dans les colonnes verticales dont le titre supérieur est *Sinus*, et je trouve x = 42ᵍ 32'. Dans l'équation

log. sin. x = 9–9955676,

l'angle x sera plus grand que 50 grades; on cherchera donc ce logarithme dans les colonnes verticales dont le titre inférieur est *Sinus*, et l'on trouvera x — 90ᵍ 92'.

L'équation

log. cos. x = 9–9955676,

donnera x = 9ᵍ 08'.

39. Pour calculer les grades, les minutes et les secondes, on détermine d'abord les grades et les minutes, comme il vient d'être indiqué, et l'on trouve les secondes au moyen d'une proportion. Dans ce cas, les calculs relatifs aux sinus et aux tangentes, étant plus simples que pour les co et les cotangentes, on doit toujours ramener la ques considérer des sinus ou des tangentes, ce qui sera très à l'aide des complémens.

PROBLÊME.

40. *Trouver le logarithme du cosinus de* 62 *grades*, 6 *nutes*, 81 *secondes*.

Pour calculer le logarithme du cosinus de 62 grade minutes, 81 secondes, j'observe que ce logarithme même que celui de sin. 37 grades 35 minutes, 19 seco il suffit donc de chercher ce dernier. Or, le logarithm sin. 37 grades, 35 minutes, 19 secondes, tombe entre les rithmes des sinus de 37 grades, 35 minutes et 37 grades 3 nutes. Ces deux logarithmes sont 9–7452056 et 9–7453 leur différence est 0–0001026.

Afin de trouver combien je dois ajouter au logari 9–7452056 de sin. 37 grades, 35 minutes, pour obten logarithme de sin. 37 grades, 35 minutes, 19 secon je dis :

Si pour 100 *secondes de plus à l'angle* 37 *grades*, 35 *nutes, on doit ajouter* 0–0001026 *au logarithme du s de cet angle; combien, pour* 19 *secondes de plus d angle, doit-on ajouter au logarithme de sinus* 37 *gra* 35 *minutes?*

Les trois premiers termes de cette proportion sont do

100'' : 0–0001026 :: 19'' : x,

ou

100 : 0–0001026 :: 19 : x,

ou

100 : 1026 :: 19 : x = 195;

le quatrième terme, ou x, est 0–0000195. Ajoutant ce nier nombre au logarithme de sin. 37 grades 35 minute somme 9–7452251 exprimera le logarithme du sinus d grades, 39 minutes, 19 secondes.

PROBLÊME.

41. *Trouver le logarithme de la tangente de* 81 *gra* 56 *minutes*, 62 *secondes*.

Pour trouver le logarithme de la tangente de 81 gra 56 minutes, 62 secondes, je cherche dans la table le log. tang. 81 grades, 56 minutes, qui est 10–5257299; la d rence entre les logarithmes des tangentes de 81 grades minutes et 81 grades 57 minutes étant 0–0001493 je pos proportion

100'' : 0–0001493 :: 62'' : x,

ou

100 : 1493 :: 62 : x = 926.

Ce quatrième terme 0–0000926, ajouté au logarith

tang. 81 grades 56 minutes, donnera 10–5258225 pour logarithme de tang. 81 grades, 56 minutes 62 secondes. Si l'on demandait le logarithme de cot. 18 grades, 43 minutes, 38 secondes, on observerait que le complément cet arc étant 81 grades, 56 minutes, 62 secondes, il suffit chercher le logarithme de tang. 81 grades, 56 minutes, secondes; le logarithme demandé serait donc 10–5258225.

PROBLÈME.

42. *Resoudre l'équation*

$$\log. \sin. x = 9\text{–}7432251.$$

Pour calculer l'angle inconnu x, dans cette équation, je cherche ce logarithme dans les colonnes dont les titres supérieurs sont *Sin.*; je vois que le logarithme donné tombe entre logarithmes des sinus de 37 grades, 55 minutes et 37 grades, 56 minutes; ensuite la différence entre les logarithmes 9–7432056 et 9–7433062, qui comprennent le logarithme donné, étant 0–0001026, je calcule la différence 026 dix-millionnièm. entre le logarithme donné et le logarithme tabulaire immédiatement plus petit; pour trouver les secondes, je dis :

Si pour 0–0001026 *de plus au logarithme* 9–7432056, *on ajouter* 100 *secondes à l'angle* 37 *grades*, 55 *minutes : combien, pour* 0–0000195 *de plus à ce logarithme, doit-on ajouter à cet angle ?*

Les trois premiers termes de cette proportion sont

$$0\text{–}0001026 : 100'' :: 0\text{–}0000195 : x'';$$

$$1026 : 100 :: 195 : x = 19''.$$

Le quatrième terme est donc 19 secondes, à moins d'une seconde près : de sorte que l'angle demandé est 37 grades, minutes, 19 secondes.

PROBLÈME.

43. *Résoudre l'équation*

$$\log. \text{tang}. x = 10\text{–}5258225.$$

J'observe que l'angle x étant plus grand que 50 grades, je dois chercher le logarithme donné dans les colonnes dont les titres inférieurs sont *tang.* en ayant le soin de diminuer la caractéristique de 10 unités. Je vois que le logarithme donné tombe entre les logarithmes des tangentes 81 grades, 56 minutes et 81 grades, 57 minutes; la différence entre ces logarithmes est 0–0001495; la différence entre le logarithme donné et le logarithme tabulaire immédiatement plus petit est 0–0000926; pour trouver les *secondes*, je fais la proportion

$$0\text{–}0001495 : 100'' :: 0\text{–}0000926 : x'',$$

ou

$$1495 : 100 :: 926 : x = 62''$$

Le quatrième terme étant 62 secondes, il s'ensuit que l'angle cherché est 81 grades 56 minutes, 62 secondes.

Si l'équation proposée était

$$\log. \cot, x = 10\text{–}5258225,$$

je pourrais faire des calculs analogues aux précédens, mais il est plus simple de ramener la question aux tangentes; car, en nommant y le complément de x, j'ai

$$\log. \cot. x = \log. \text{tang}. y = 10\text{–}5258225,$$

Cherchant y, je trouverai que cette tangente est 81 grades, 56 minutes, 62 secondes. Le complément de y ou de cette tangente exprimera l'angle x, de sorte que x, ou la cotangente, est 18 grades, 43 minutes, 38 secondes.

Ces exemples suffisent pour être en état de résoudre tous les cas qui peuvent se présenter.

TABLE

DES LOGARITHMES

A SEPT DÉCIMALES

DES NOMBRES DEPUIS 1,000 JUSQU'A 10,000,

AVEC LES DIFFÉRENCES.

LILLE,

Typographie de Bronner-Bauwens.

1839.

Nomb.	Logarithmes.	Différ.	Nomb.	Logarithmes.	Différ.	Nomb.	Logarithmes.	Différ.	Nomb.	Logarithmes.	Différ.	Nomb.	Logarithmes.
1000	0000000	4341	1050	0211893	4134	1100	0413927	3946	1150	0606978	3775	1200	0791812
1001	0004341	4336	1051	0216027	4130	1101	0417873	3943	1151	0610753	3772	1201	0795430
1002	0008677	4332	1052	0220157	4127	1102	0421816	3939	1152	0614525	3768	1202	0799045
1003	0013009	4328	1053	0224284	4122	1103	0425755	3936	1153	0618293	3765	1203	0802656
1004	0017337	4324	1054	0228406	4119	1104	0429691	3932	1154	0622058	3762	1204	0806265
1005	0021661	4319	1055	0232525	4114	1105	0433623	3928	1155	0625820	3758	1205	0809870
1006	0025980	4315	1056	0236639	4111	1106	0437551	3925	1156	0629578	3756	1206	0813473
1007	0030295	4310	1057	0240750	4107	1107	0441476	3922	1157	0633334	3752	1207	0817073
1008	0034605	4307	1058	0244857	4103	1108	0445398	3917	1158	0637086	3748	1208	0820669
1009	0038912	4302	1059	0248960	4099	1109	0449315	3915	1159	0640834	3746	1209	0824263
1010	0043214	4298	1060	0253059	4095	1110	0453230	3911	1160	0644580	3742	1210	0827854
1011	0047512	4293	1061	0257154	4091	1111	0457141	3907	1161	0648322	3739	1211	0831441
1012	0051805	4289	1062	0261245	4088	1112	0461048	3904	1162	0652061	3736	1212	0835026
1013	0056094	4286	1063	0265333	4083	1113	0464952	3900	1163	0655797	3733	1213	0838608
1014	0060380	4280	1064	0269416	4080	1114	0468852	3897	1164	0659530	3729	1214	0842187
1015	0064660	4277	1065	0273496	4076	1115	0472749	3893	1165	0663259	3727	1215	0845763
1016	0068937	4273	1066	0277572	4072	1116	0476642	3890	1166	0666986	3723	1216	0849336
1017	0073210	4268	1067	0281644	4069	1117	0480532	3886	1167	0670709	3719	1217	0852906
1018	0077478	4264	1068	0285713	4064	1118	0484418	3883	1168	0674428	3717	1218	0856473
1019	0081742	4260	1069	0289777	4061	1119	0488301	3879	1169	0678145	3714	1219	0860037
1020	0086002	4255	1070	0293838	4057	1120	0492180	3876	1170	0681859	3710	1220	0863598
1021	0090257	4252	1071	0297895	4053	1121	0496056	3873	1171	0685569	3707	1221	0867157
1022	0094509	4247	1072	0301948	4049	1122	0499929	3869	1172	0689276	3704	1222	0870712
1023	0098756	4244	1073	0305997	4046	1123	0503798	3865	1173	0692980	3701	1223	0874265
1024	0103000	4239	1074	0310043	4042	1124	0507663	3862	1174	0696681	3698	1224	0877814
1025	0107239	4235	1075	0314085	4038	1125	0511525	3859	1175	0700379	3694	1225	0881361
1026	0111474	4230	1076	0318123	4034	1126	0515384	3855	1176	0704073	3692	1226	0884905
1027	0115704	4227	1077	0322157	4031	1127	0519239	3852	1177	0707765	3688	1227	0888446
1028	0119931	4223	1078	0326188	4026	1128	0523091	3848	1178	0711453	3685	1228	0891984
1029	0124154	4218	1079	0330214	4024	1129	0526939	3845	1179	0715138	3682	1229	0895519
1030	0128372	4215	1080	0334238	4019	1130	0530784	3842	1180	0718820	3679	1230	0899051
1031	0132587	4210	1081	0338257	4016	1131	0534626	3838	1181	0722499	3676	1231	0902581
1032	0136797	4206	1082	0342273	4012	1132	0538464	3835	1182	0726175	3672	1232	0906107
1033	0141003	4202	1083	0346285	4008	1133	0542299	3832	1183	0729847	3670	1233	0909631
1034	0145205	4198	1084	0350293	4004	1134	0546131	3828	1184	0733517	3667	1234	0913152
1035	0149403	4195	1085	0354297	4001	1135	0549959	3824	1185	0737184	3663	1235	0916670
1036	0153598	4190	1086	0358298	3997	1136	0553783	3822	1186	0740847	3660	1236	0920185
1037	0157788	4186	1087	0362295	3994	1137	0557605	3818	1187	0744507	3657	1237	0923697
1038	0161974	4181	1088	0366289	3990	1138	0561423	3814	1188	0748164	3655	1238	0927206
1039	0166155	4178	1089	0370279	3986	1139	0565237	3812	1189	0751819	3651	1239	0930713
1040	0170333	4174	1090	0374265	3983	1140	0569049	3807	1190	0755470	3648	1240	0934217
1041	0174507	4170	1091	0378248	3978	1141	0572856	3805	1191	0759118	3645	1241	0937718
1042	0178677	4166	1092	0382226	3976	1142	0576661	3801	1192	0762763	3641	1242	0941216
1043	0182843	4162	1093	0386202	3971	1143	0580462	3798	1193	0766404	3639	1243	0944711
1044	0187005	4158	1094	0390173	3968	1144	0584260	3795	1194	0770043	3636	1244	0948204
1045	0191163	4154	1095	0394141	3965	1145	0588055	3791	1195	0773679	3633	1245	0951694
1046	0195317	4150	1096	0398106	3960	1146	0591846	3788	1196	0777312	3630	1246	0955180
1047	0199467	4146	1097	0402066	3957	1147	0595634	3785	1197	0780942	3626	1247	0958665
1048	0203613	4142	1098	0406023	3954	1148	0599419	3781	1198	0784568	3624	1248	0962146
1049	0207755	4138	1099	0409977	3950	1149	0603200	3778	1199	0788192	3620	1249	0965624
1050	0211893		1100	0413927		1150	0606978		1200	0791812		1250	0969100
Nomb.	Logarithmes.	Différ.	Nomb.	Logarithmes.	Différ.	Nomb.	Logarithmes.	Différ.	Nomb.	Logarithmes.	Différ.	Nomb.	Logarithmes.

Nomb.	Logarithmes.	Différ.	Nomb.	Logarithmes.	Différ.	Nomb.	Logarithmes.	Différ.	Nomb.	Logarithmes.	Différ.	Nomb.	Logarithmes.	Différ.
1250	0969100	3473	1300	1139434	3339	1350	1303338	3215	1400	1461280	3101	1450	1613680	2994
1251	0972573	3470	1301	1142773	3337	1351	1306553	3214	1401	1464381	3099	1451	1616674	2992
1252	0976043	3468	1302	1146110	3334	1352	1309767	3211	1402	1467480	3097	1452	1619666	2990
1253	0979511	3464	1303	1149444	3332	1353	1312978	3209	1403	1470577	3094	1453	1622656	2988
1254	0982975	3462	1304	1152776	3329	1354	1316187	3206	1404	1473671	3092	1454	1625644	2986
1255	0986437	3459	1305	1156105	3327	1355	1319393	3204	1405	1476763	3090	1455	1628630	2984
1256	0989896	3457	1306	1159432	3324	1356	1322597	3201	1406	1479853	3088	1456	1631614	2982
1257	0993353	3453	1307	1162756	3321	1357	1325798	3200	1407	1482941	3086	1457	1634596	2979
1258	0996806	3451	1308	1166077	3319	1358	1328998	3197	1408	1486027	3083	1458	1637575	2978
1259	1000257	3448	1309	1169396	3317	1359	1332195	3194	1409	1489110	3081	1459	1640553	2976
1260	1003705	3446	1310	1172713	3314	1360	1335389	3192	1410	1492191	3079	1460	1643529	2973
1261	1007151	3443	1311	1176027	3311	1361	1338581	3190	1411	1495270	3077	1461	1646502	2972
1262	1010594	3440	1312	1179338	3309	1362	1341771	3188	1412	1498347	3075	1462	1649474	2969
1263	1014034	3437	1313	1182647	3307	1363	1344959	3185	1413	1501422	3072	1463	1652443	2968
1264	1017471	3434	1314	1185954	3304	1364	1348144	3183	1414	1504494	3070	1464	1655411	2965
1265	1020905	3432	1315	1189258	3301	1365	1351327	3180	1415	1507564	3069	1465	1658376	2964
1266	1024337	3429	1316	1192559	3299	1366	1354507	3178	1416	1510633	3066	1466	1661340	2961
1267	1027766	3427	1317	1195858	3296	1367	1357685	3176	1417	1513699	3063	1467	1664301	2960
1268	1031193	3423	1318	1199154	3294	1368	1360861	3173	1418	1516762	3062	1468	1667261	2957
1269	1034616	3421	1319	1202448	3291	1369	1364034	3172	1419	1519824	3059	1469	1670218	2955
1270	1038037	3419	1320	1205739	3289	1370	1367206	3169	1420	1522883	3058	1470	1673173	2954
1271	1041456	3415	1321	1209028	3287	1371	1370375	3166	1421	1525941	3055	1471	1676127	2951
1272	1044871	3413	1322	1212315	3283	1372	1373541	3164	1422	1528996	3053	1472	1679078	2949
1273	1048284	3410	1323	1215598	3282	1373	1376705	3162	1423	1532049	3051	1473	1682027	2948
1274	1051694	3408	1324	1218880	3279	1374	1379867	3160	1424	1535100	3049	1474	1684975	2945
1275	1055102	3405	1325	1222159	3276	1375	1383027	3157	1425	1538149	3046	1475	1687920	2944
1276	1058507	3402	1326	1225435	3274	1376	1386184	3155	1426	1541195	3045	1476	1690864	2941
1277	1061909	3400	1327	1228709	3272	1377	1389339	3153	1427	1544240	3042	1477	1693805	2939
1278	1065309	3396	1328	1231981	3269	1378	1392492	3151	1428	1547282	3040	1478	1696744	2938
1279	1068705	3395	1329	1235250	3266	1379	1395643	3148	1429	1550322	3038	1479	1699682	2935
1280	1072100	3391	1330	1238516	3265	1380	1398791	3146	1430	1553360	3036	1480	1702617	2934
1281	1075491	3389	1331	1241781	3261	1381	1401937	3143	1431	1556396	3034	1481	1705551	2931
1282	1078880	3387	1332	1245042	3259	1382	1405080	3142	1432	1559430	3032	1482	1708482	2930
1283	1082267	3383	1333	1248301	3257	1383	1408222	3139	1433	1562462	3030	1483	1711412	2927
1284	1085650	3381	1334	1251558	3255	1384	1411361	3137	1434	1565492	3027	1484	1714339	2926
1285	1089031	3379	1335	1254813	3252	1385	1414498	3134	1435	1568519	3025	1485	1717265	2923
1286	1092410	3375	1336	1258065	3249	1386	1417632	3133	1436	1571544	3024	1486	1720188	2922
1287	1095785	3374	1337	1261314	3247	1387	1420765	3130	1437	1574568	3021	1487	1723110	2919
1288	1099159	3370	1338	1264561	3245	1388	1423895	3127	1438	1577589	3019	1488	1726029	2918
1289	1102529	3368	1339	1267806	3242	1389	1427022	3126	1439	1580608	3017	1489	1728947	2916
1290	1105897	3365	1340	1271048	3240	1390	1430148	3123	1440	1583625	3015	1490	1731863	2913
1291	1109262	3363	1341	1274288	3237	1391	1433271	3121	1441	1586640	3013	1491	1734776	2912
1292	1112625	3360	1342	1277525	3235	1392	1436392	3119	1442	1589653	3010	1492	1737688	2910
1293	1115985	3358	1343	1280760	3233	1393	1439511	3117	1443	1592663	3009	1493	1740598	2908
1294	1119343	3355	1344	1283993	3230	1394	1442628	3114	1444	1595672	3006	1494	1743506	2906
1295	1122698	3352	1345	1287223	3228	1395	1445742	3112	1445	1598678	3005	1495	1746412	2904
1296	1126050	3350	1346	1290451	3225	1396	1448854	3110	1446	1601683	3002	1496	1749316	2902
1297	1129400	3347	1347	1293676	3223	1397	1451964	3108	1447	1604685	3001	1497	1752218	2900
1298	1132747	3345	1348	1296899	3220	1398	1455072	3105	1448	1607686	2998	1498	1755118	2898
1299	1136092	3342	1349	1300119	3219	1399	1458177	3103	1449	1610684	2996	1499	1758016	2897
1300	1139434		1350	1303338		1400	1461280		1450	1613680		1500	1760913	
Nomb.	Logarithmes.	Différ.	Nomb.	Logarithmes.	Différ.	Nomb.	Logarithmes.	Différ.	Nomb.	Logarithmes.	Différ.	Nomb.	Logarithmes.	Différ.

Nomb.	Loga-rithmes.	Différ.
1500	1760913	2894
1501	1763807	2892
1502	1766699	2891
1503	1769590	2888
1504	1772478	2887
1505	1775365	2885
1506	1778250	2883
1507	1781133	2880
1508	1784013	2879
1509	1786892	2877
1510	1789769	2876
1511	1792645	2873
1512	1795518	2871
1513	1798389	2870
1514	1801259	2867
1515	1804126	2866
1516	1806992	2864
1517	1809856	2862
1518	1812718	2860
1519	1815578	2858
1520	1818436	2856
1521	1821292	2855
1522	1824147	2852
1523	1826999	2851
1524	1829850	2848
1525	1832698	2847
1526	1835545	2845
1527	1838390	2844
1528	1841234	2841
1529	1844075	2839
1530	1846914	2838
1531	1849752	2836
1532	1852588	2834
1533	1855422	2832
1534	1858254	2830
1535	1861084	2828
1536	1863912	2827
1537	1866739	2824
1538	1869563	2823
1539	1872386	2821
1540	1875207	2819
1541	1878026	2818
1542	1880844	2815
1543	1883659	2814
1544	1886473	2812
1545	1889285	2810
1546	1892095	2808
1547	1894903	2807
1548	1897710	2804
1549	1900514	2803
1550	1903317	

Nomb.	Loga-rithmes.	Différ.
1550	1903317	2801
1551	1906118	2799
1552	1908917	2798
1553	1911715	2795
1554	1914510	2794
1555	1917304	2792
1556	1920096	2790
1557	1922886	2789
1558	1925675	2786
1559	1928461	2785
1560	1931246	2783
1561	1934029	2781
1562	1936810	2780
1563	1939590	2777
1564	1942367	2776
1565	1945143	2775
1566	1947918	2772
1567	1950690	2771
1568	1953461	2768
1569	1956229	2768
1570	1958997	2765
1571	1961762	2763
1572	1964525	2762
1573	1967287	2760
1574	1970047	2759
1575	1972806	2756
1576	1975562	2755
1577	1978317	2753
1578	1981070	2751
1579	1983821	2750
1580	1986571	2748
1581	1989319	2746
1582	1992065	2744
1583	1994809	2743
1584	1997552	2741
1585	2000293	2739
1586	2003032	2737
1587	2005769	2736
1588	2008505	2734
1589	2011239	2732
1590	2013971	2731
1591	2016702	2729
1592	2019431	2727
1593	2022158	2725
1594	2024883	2724
1595	2027607	2722
1596	2030329	2720
1597	2033049	2719
1598	2035768	2717
1599	2038485	2715
1600	2041200	

Nomb.	Loga-rithmes.	Différ.
1600	2041200	2713
1601	2043913	2712
1602	2046625	2710
1603	2049335	2709
1604	2052044	2706
1605	2054750	2705
1606	2057455	2704
1607	2060159	2701
1608	2062860	2700
1609	2065560	2699
1610	2068259	2696
1611	2070955	2695
1612	2073650	2694
1613	2076344	2691
1614	2079035	2690
1615	2081725	2689
1616	2084414	2686
1617	2087100	2685
1618	2089785	2683
1619	2092468	2682
1620	2095150	2680
1621	2097830	2678
1622	2100508	2677
1623	2103185	2675
1624	2105860	2674
1625	2108534	2671
1626	2111205	2671
1627	2113876	2668
1628	2116544	2667
1629	2119211	2665
1630	2121876	2664
1631	2124540	2662
1632	2127202	2660
1633	2129862	2659
1634	2132521	2657
1635	2135178	2655
1636	2137833	2654
1637	2140487	2652
1638	2143139	2651
1639	2145790	2648
1640	2148438	2648
1641	2151086	2646
1642	2153732	2644
1643	2156376	2642
1644	2159018	2641
1645	2161659	2639
1646	2164298	2638
1647	2166936	2636
1648	2169572	2635
1649	2172207	2632
1650	2174839	

Nomb.	Loga-rithmes.	Différ.
1650	2174839	2632
1651	2177471	2629
1652	2180100	2629
1653	2182729	2626
1654	2185355	2625
1655	2187980	2623
1656	2190603	2622
1657	2193225	2620
1658	2195845	2619
1659	2198464	2617
1660	2201081	2615
1661	2203696	2614
1662	2206310	2612
1663	2208922	2611
1664	2211533	2609
1665	2214142	2608
1666	2216750	2606
1667	2219356	2604
1668	2221960	2603
1669	2224563	2602
1670	2227165	2599
1671	2229764	2599
1672	2232363	2596
1673	2234959	2596
1674	2237555	2593
1675	2240148	2592
1676	2242740	2591
1677	2245331	2589
1678	2247920	2587
1679	2250507	2586
1680	2253093	2584
1681	2255677	2583
1682	2258260	2581
1683	2260841	2580
1684	2263421	2578
1685	2265999	2577
1686	2268576	2575
1687	2271151	2573
1688	2273724	2572
1689	2276296	2571
1690	2278867	2569
1691	2281436	2568
1692	2284004	2566
1693	2286570	2564
1694	2289134	2563
1695	2291697	2561
1696	2294258	2560
1697	2296818	2559
1698	2299377	2557
1699	2301934	2555
1700	2304489	

Nomb.	Loga-rithmes.
1700	2304489
1701	2307043
1702	2309596
1703	2312146
1704	2314696
1705	2317244
1706	2319790
1707	2322335
1708	2324879
1709	2327421
1710	2329961
1711	2332500
1712	2335038
1713	2337574
1714	2340108
1715	2342641
1716	2345173
1717	2347703
1718	2350232
1719	2352759
1720	2355284
1721	2357809
1722	2360331
1723	2362853
1724	2365373
1725	2367891
1726	2370408
1727	2372923
1728	2375437
1729	2377950
1730	2380461
1731	2382971
1732	2385479
1733	2387986
1734	2390491
1735	2392995
1736	2395497
1737	2397998
1738	2400498
1739	2402996
1740	2405492
1741	2407988
1742	2410482
1743	2412974
1744	2415465
1745	2417954
1746	2420442
1747	2422929
1748	2425414
1749	2427898
1750	2430380

Nomb. Loga-rithmes. Différ. Nomb. Loga-rithmes. Différ. Nomb. Loga-rithmes. Différ. Nomb. Loga-rithmes. Différ. Nomb. Loga-rithmes.

Nomb.	Logarithmes.	Différ.	Nomb.	Logarithmes.	Différ.	Nomb.	Logarithmes.	Différ.	Nomb.	Logarithmes.	Différ.	Nomb.	Logarithmes.	Différ.
1750	2430380	2481	1800	2552725	2412	1850	2671717	2347	1900	2787536	2285	1950	2900346	2227
1751	2432861	2480	1801	2555137	2411	1851	2674064	2346	1901	2789821	2284	1951	2902573	2225
1752	2435341	2478	1802	2557548	2409	1852	2676410	2344	1902	2792105	2283	1952	2904798	2224
1753	2437819	2477	1803	2559957	2408	1853	2678754	2343	1903	2794388	2281	1953	2907022	2224
1754	2440296	2475	1804	2562365	2407	1854	2681097	2342	1904	2796669	2281	1954	2909246	2222
1755	2442771	2474	1805	2564772	2405	1855	2683439	2341	1905	2798950	2279	1955	2911468	2221
1756	2445245	2473	1806	2567177	2405	1856	2685780	2339	1906	2801229	2278	1956	2913689	2219
1757	2447718	2471	1807	2569582	2402	1857	2688119	2338	1907	2803507	2277	1957	2915908	2219
1758	2450189	2469	1808	2571984	2402	1858	2690457	2337	1908	2805784	2275	1958	2918127	2217
1759	2452658	2469	1809	2574386	2400	1859	2692794	2335	1909	2808059	2275	1959	2920344	2217
1760	2455127	2467	1810	2576786	2399	1860	2695129	2335	1910	2810334	2273	1960	2922561	2215
1761	2457594	2465	1811	2579185	2397	1861	2697464	2333	1911	2812607	2272	1961	2924776	2214
1762	2460059	2464	1812	2581582	2396	1862	2699797	2332	1912	2814879	2271	1962	2926990	2213
1763	2462523	2463	1813	2583978	2395	1863	2702129	2330	1913	2817150	2269	1963	2929203	2212
1764	2464986	2461	1814	2586373	2393	1864	2704459	2329	1914	2819419	2269	1964	2931415	2211
1765	2467447	2460	1815	2588766	2392	1865	2706788	2328	1915	2821688	2267	1965	2933626	2209
1766	2469907	2458	1816	2591158	2391	1866	2709116	2327	1916	2823955	2266	1966	2935835	2209
1767	2472365	2458	1817	2593549	2390	1867	2711443	2326	1917	2826221	2265	1967	2938044	2207
1768	2474823	2455	1818	2595939	2388	1868	2713769	2324	1918	2828486	2264	1968	2940251	2206
1769	2477278	2455	1819	2598327	2387	1869	2716093	2323	1919	2830750	2262	1969	2942457	2205
1770	2479733	2453	1820	2600714	2385	1870	2718416	2322	1920	2833012	2262	1970	2944662	2204
1771	2482186	2451	1821	2603099	2385	1871	2720738	2320	1921	2835274	2260	1971	2946866	2203
1772	2484637	2450	1822	2605484	2383	1872	2723058	2320	1922	2837534	2259	1972	2949069	2202
1773	2487087	2449	1823	2607867	2381	1873	2725378	2318	1923	2839793	2258	1973	2951271	2200
1774	2489536	2448	1824	2610248	2381	1874	2727696	2317	1924	2842051	2256	1974	2953471	2200
1775	2491984	2446	1825	2612629	2379	1875	2730013	2315	1925	2844307	2256	1975	2955671	2198
1776	2494430	2444	1826	2615008	2377	1876	2732328	2315	1926	2846563	2254	1976	2957869	2198
1777	2496874	2444	1827	2617385	2377	1877	2734643	2313	1927	2848817	2253	1977	2960067	2196
1778	2499318	2441	1828	2619762	2375	1878	2736956	2312	1928	2851070	2252	1978	2962263	2195
1779	2501759	2441	1829	2622137	2374	1879	2739268	2310	1929	2853322	2251	1979	2964458	2194
1780	2504200	2439	1830	2624511	2372	1880	2741578	2310	1930	2855573	2250	1980	2966652	2193
1781	2506639	2438	1831	2626883	2372	1881	2743888	2308	1931	2857823	2248	1981	2968845	2192
1782	2509077	2436	1832	2629255	2370	1882	2746196	2307	1932	2860071	2248	1982	2971037	2190
1783	2511513	2436	1833	2631625	2368	1883	2748503	2306	1933	2862319	2246	1983	2973227	2190
1784	2513949	2433	1834	2633993	2368	1884	2750809	2305	1934	2864565	2245	1984	2975417	2188
1785	2516382	2433	1835	2636361	2366	1885	2753114	2303	1935	2866810	2244	1985	2977605	2187
1786	2518815	2431	1836	2638727	2365	1886	2755417	2302	1936	2869054	2242	1986	2979792	2187
1787	2521246	2429	1837	2641092	2363	1887	2757719	2301	1937	2871296	2242	1987	2981979	2185
1788	2523675	2428	1838	2643455	2362	1888	2760020	2300	1938	2873538	2240	1988	2984164	2184
1789	2526103	2427	1839	2645817	2361	1889	2762320	2298	1939	2875778	2239	1989	2986348	2183
1790	2528530	2426	1840	2648178	2360	1890	2764618	2297	1940	2878017	2238	1990	2988531	2182
1791	2530956	2424	1841	2650538	2358	1891	2766915	2296	1941	2880255	2237	1991	2990713	2180
1792	2533380	2423	1842	2652896	2357	1892	2769211	2295	1942	2882492	2236	1992	2992893	2180
1793	2535803	2421	1843	2655253	2356	1893	2771506	2294	1943	2884728	2235	1993	2995073	2179
1794	2538224	2421	1844	2657609	2355	1894	2773800	2292	1944	2886963	2233	1994	2997252	2177
1795	2540645	2418	1845	2659964	2353	1895	2776092	2291	1945	2889196	2232	1995	2999429	2176
1796	2543063	2418	1846	2662317	2352	1896	2778383	2290	1946	2891428	2232	1996	3001605	2176
1797	2545481	2416	1847	2664669	2351	1897	2780673	2289	1947	2893660	2230	1997	3003781	2174
1798	2547897	2415	1848	2667020	2349	1898	2782962	2288	1948	2895890	2228	1998	3005955	2173
1799	2550312	2413	1849	2669369	2348	1899	2785250	2286	1949	2898118	2228	1999	3008128	2172
1800	2552725		1850	2671717		1900	2787536		1950	2900346		2000	3010300	
Nomb.	Logarithmes.	Différ.	Nomb.	Logarithmes.	Différ.	Nomb.	Logarithmes.	Différ.	Nomb.	Logarithmes.	Différ.	Nomb.	Logarithmes.	Différ.

Nomb.	Logarithmes.	Différ.
2000	3010300	2171
2001	3012471	2170
2002	3014641	2168
2003	3016809	2168
2004	3018977	2167
2005	3021144	2165
2006	3023309	2165
2007	3025474	2163
2008	3027637	2162
2009	3029799	2162
2010	3031961	2160
2011	3034121	2159
2012	3036280	2158
2013	3038438	2157
2014	3040595	2156
2015	3042751	2154
2016	3044905	2154
2017	3047059	2153
2018	3049212	2151
2019	3051363	2151
2020	3053514	2149
2021	3055663	2149
2022	3057812	2147
2023	3059959	2146
2024	3062105	2145
2025	3064250	2144
2026	3066394	2143
2027	3068537	2147
2028	3070680	2140
2029	3072820	2140
2030	3074960	2139
2031	3077099	2138
2032	3079237	2137
2033	3081374	2135
2034	3083509	2135
2035	3085644	2134
2036	3087778	2132
2037	3089910	2132
2038	3092042	2130
2039	3094172	2130
2040	3096302	2128
2041	3098430	2127
2042	3100557	2127
2043	3102684	2125
2044	3104809	2124
2045	3106933	2123
2046	3109056	2122
2047	3111178	2122
2048	3113300	2120
2049	3115420	2119
2050	3117539	

Nomb.	Logarithmes.	Différ.
2050	3117539	2118
2051	3119657	2117
2052	3121774	2115
2053	3123889	2115
2054	3126004	2114
2055	3128118	2113
2056	3130231	2112
2057	3132343	2111
2058	3134454	2109
2059	3136563	2109
2060	3138672	2108
2061	3140780	2107
2062	3142887	2105
2063	3144992	2105
2064	3147097	2104
2065	3149201	2102
2066	3151303	2102
2067	3153405	2100
2068	3155505	2100
2069	3157605	2098
2070	3159703	2098
2071	3161801	2097
2072	3163898	2095
2073	3165993	2095
2074	3168088	2093
2075	3170181	2092
2076	3172273	2092
2077	3174365	2090
2078	3176455	2090
2079	3178545	2088
2080	3180633	2088
2081	3182721	2086
2082	3184807	2086
2083	3186893	2084
2084	3188977	2084
2085	3191061	2082
2086	3193143	2081
2087	3195224	2081
2088	3197305	2079
2089	3199384	2079
2090	3201463	2077
2091	3203540	2077
2092	3205617	2075
2093	3307692	2075
2094	3209767	2073
2095	3211840	2073
2096	3213913	2071
2097	3215984	2071
2698	3218055	2069
2099	3220124	2069
2100	3222193	

Nomb.	Logarithmes.	Différ.
2100	3222193	2068
2101	3224261	2066
2102	3226327	2066
2103	3228393	2064
2104	3230457	2064
2105	3232521	2063
2106	3234584	2061
2107	3236645	2061
2108	3238706	2060
2109	3240766	2059
2110	3242825	2057
2111	3244882	2057
2112	3246939	2056
2113	3248995	2055
2114	3251050	2054
2115	3253104	2053
2116	3255157	2052
2117	3257209	2051
2118	3259260	2050
2119	3261310	2049
2120	3263359	2048
2121	3265407	2047
2122	3267454	2046
2123	3269500	2045
2124	3271545	2044
2125	3273589	2044
2126	3275633	2042
2127	3277675	2041
2128	3279716	2041
2129	3281757	2039
2130	3283796	2038
2131	3285834	2038
2132	3287872	2037
2133	3289909	2035
2134	3291944	2035
2135	3293979	2033
2136	3296012	2033
2137	3298045	2032
2138	3300077	2031
2139	3302108	2030
2140	3304138	2029
2141	3306167	2028
2142	3308195	2027
2143	3310222	2026
2144	3312248	2025
2145	3314273	2024
2146	3316297	2023
2147	3318320	2023
2148	3320343	2021
2149	3322364	2021
2150	3324385	

Nomb.	Logarithmes.	Différ.
2150	3324385	2019
2151	3326404	2019
2152	3328423	2017
2153	3330440	2017
2154	3332457	2016
2155	3334473	2015
2156	3336488	2013
2157	3338501	2013
2158	3340514	2012
2159	3342526	2012
2160	3344538	2010
2161	3346548	2009
2162	3348557	2008
2163	3350565	2008
2164	3352573	2006
2165	3354579	2006
2166	3356585	2004
2167	3358589	2004
2168	3360593	2003
2169	3362596	2001
2170	3364597	2001
2171	3366598	2000
2172	3368598	1999
2173	3370597	1998
2174	3372595	1998
2175	3374593	1996
2176	3376589	1995
2177	3378584	1995
2178	3380579	1993
2179	3382572	1993
2180	3384565	1992
2181	3386557	1990
2182	3388547	1990
2183	3390537	1989
2184	3392526	1988
2185	3394514	1988
2186	3396502	1986
2187	3398488	1985
2188	3400473	1985
2189	3402458	1983
2190	3404441	1983
2191	3406424	1981
2192	3408405	1981
2193	3410386	1980
2194	3412366	1979
2195	3414345	1978
2196	3416323	1978
2197	3418301	1976
2198	3420277	1975
2199	3422252	1975
2200	3424227	

Nomb.	Logarithmes.	Différ.
2200	3424227	197
2201	3426200	197
2202	3428173	197
2203	3430145	197
2204	3432116	197
2205	3434086	196
2206	3436055	196
2207	3438023	196
2208	3439991	196
2209	3441957	196
2210	3443923	196
2211	3445887	196
2212	3447851	196
2213	3449814	196
2214	3451776	196
2215	3453737	196
2216	3455698	195
2217	3457657	195
2218	3459615	195
2219	3461573	195
2220	3463530	195
2221	3465486	195
2222	3467441	195
2223	3469395	195
2224	3471348	195
2225	3473300	195
2226	3475252	195
2227	3477202	195
2228	3479152	194
2229	3481101	194
2230	3483049	194
2231	3484996	194
2232	3486942	194
2233	3488887	194
2234	3490832	194
2235	3492775	194
2236	3494718	194
2237	3496660	194
2238	3498601	194
2239	3500541	193
2240	3502480	193
2241	3504419	193
2242	3506356	193
2243	3508293	193
2244	3510229	193
2245	3512165	193
2246	3514098	193
2247	3516031	193
2248	3517963	193
2249	3519895	193
2250	3521825	

Nomb.	Logarithmes.	Différ.	Nomb.	Logarithmes.	Différ.	Nomb.	Logarithmes.	Différ.	Nomb.	Logarithmes.	Différ.	Nomb.	Logarithmes.	Différ.
2250	3521825	1930	2300	3617278	1888	2350	3710679	1847	2400	3802112	1810	2450	3891661	1772
2251	3523755	1929	2301	3619166	1887	2351	3712526	1847	2401	3803922	1808	2451	3893433	1772
2252	3525684	1928	2302	3621053	1886	2352	3714373	1846	1402	3805730	1808	2452	3895205	1770
2253	3527612	1927	2303	3622939	1886	2353	3716219	1846	2403	3807538	1807	2453	3896975	1771
2254	3529539	1926	2304	3624825	1884	2354	3718065	1844	2404	3809345	1806	2454	3898746	1769
2255	3531465	1926	2305	3626709	1884	2355	3719909	1844	2405	3811151	1805	2455	3900515	1769
2256	3533391	1925	2306	3628593	1883	2356	3721753	1843	2406	3812956	1805	2456	3902284	1768
2257	3535316	1923	2307	3630476	1882	2357	3723596	1842	2407	3814761	1804	2457	3904052	1767
2258	3537239	1923	2308	3632358	1881	2358	3725438	1841	2408	3816565	1803	2458	3905819	1766
2259	3539162		2309	3634239		2359	3727279		2409	3818368		2459	3907585	
—	—	1922	—	—	1881	—	—	1841	—	—	1802	—	—	1766
2260	3541084	1922	2310	3636120	1879	2360	3729120	1840	2410	3820170	1802	2460	3909351	1765
2261	3543006	1920	2311	3637999	1879	2361	3730960	1839	2411	3821972	1801	2461	3911116	1764
2262	3544926	1920	2312	3639878	1878	2362	3732799	1838	2412	3823773	1800	2462	3912880	1764
2263	3546846	1918	2313	3641756	1878	2363	3734637	1838	2413	3825573	1800	2463	3914644	1763
2264	3548764	1918	2314	3643634	1876	2364	3736475	1836	2414	3827373	1798	2464	3916407	1762
2265	3550682	1917	2315	3645510	1876	2365	3738311	1836	2415	3829171	1798	2465	3918169	1762
2266	3552599	1916	2316	3647386	1874	2366	3740147	1836	2416	3830969	1798	2466	3919931	1760
2267	3554515	1916	2317	3649260	1874	2367	3741983	1834	2417	3832767	1796	2467	3921691	1761
2268	3556431	1914	2318	3651134	1873	2368	3743817	1834	2418	3834563	1796	2468	3923452	1759
2269	3558345		2319	3653007		2369	3745651		2419	3836359		2469	3925211	
—	—	1914	—	—	1873	—	—	1832	—	—	1795	—	—	1759
2270	3560259	1912	2320	3654880	1871	2370	3747483	1833	2420	3838154	1794	2470	3926970	1757
2271	3562171	1912	2321	3656751	1871	2371	3749316	1831	2421	3839948	1793	2471	3928727	1758
2272	3564083	1911	2322	3658622	1870	2372	3751147	1830	2422	3841741	1793	2472	3930485	2756
2273	3565994	1911	2323	3660492	1869	2373	3752977	1830	2423	3843534	1792	2473	3932241	1756
2274	3567905	1909	2324	3662361	1869	2374	3754807	1829	2424	3845326	1791	2474	3933997	1755
2275	3569814	1909	2325	3664230	1867	2375	3756636	1828	2425	3847117	1791	2475	3935752	1754
2276	3571723	1907	2326	3666097	1867	2376	3758464	1828	2426	3848908	1790	2476	3937506	1754
2277	3573630	1907	2327	3667964	1866	2377	3760292	1827	2427	3850698	1789	2477	3939260	1753
2278	3575537	1906	2328	3669830	1865	2378	3762119	1825	2428	3852487	1788	2478	3941013	1752
2279	3577443		2329	3671695		2379	3763944		2429	3854275		2479	3942765	
—	—	1905	—	—	1864	—	—	1826	—	—	1788	—	—	1752
2280	3579348	1905	2330	3673559	1864	2380	3765770	1824	2430	3856063	1787	2480	3944517	1751
2281	3581253	1903	2331	3675423	1862	2381	3767594	1824	2431	3857850	1786	2481	3946268	1750
2282	3583156	1903	2332	3677285	1862	2382	3769418	1822	2432	3859636	1785	2482	3948018	1749
2283	3585059	1902	2333	3679147	1862	2383	3771240	1823	2433	3861421	1785	2483	3949767	1749
2284	3586961	1901	2334	3681009	1860	2384	3773063	1821	2434	3863206	1784	2484	3951516	1748
2285	3588862	1900	2335	3682869	1859	2385	3774884	1820	2435	3864990	1783	2485	3953264	1747
2286	3590762	1900	2336	3684728	1859	2386	3776704	1820	2436	3866773	1782	2486	3955011	1747
2287	3592662	1898	2337	3686587	1858	2387	3778524	1819	2437	3868555	1782	2487	3956758	1746
2288	3594560	1898	2338	3688445	1857	2388	3780343	1818	2438	3870337	1781	2488	3958504	1745
2289	3596458		2339	3690302		2389	3782161		2439	3872118		2489	3960249	
—	—	1897	—	—	1857	—	—	1818	—	—	1780	—	—	1744
2290	3598355	1896	2340	3692159	1855	2390	3783979	1817	2440	3873898	1780	2490	3961993	1744
2291	3600251	1895	2341	3694014	1855	2391	3785796	1816	2441	3875678	1779	2491	3963737	1743
2292	3602146	1895	2342	3695869	1854	2392	3787612	1815	2442	3877457	1778	2492	3965480	1743
2293	3604041	1893	2343	3697723	1853	2393	3789427	1814	2443	3879235	1777	2493	3967223	1741
2294	3605934	1893	2344	3699576	1852	2394	3791241	1814	2444	3881012	1777	2494	3968964	1741
2295	3607827	1892	2345	3701428	1852	2395	3793055	1813	2445	3882789	1776	2495	3970705	1741
2296	3609719	1891	2346	3703280	1851	2396	3794868	1812	2446	3884565	1775	2496	3972446	1739
2297	3611610	1890	2347	3705131	1850	2397	3796680	1812	2447	3886340	1774	2497	3974185	1739
2298	3613500	1890	2348	3706981	1849	2398	3798492	1810	2448	3888114	1774	2498	3975924	1739
2299	3615390	1888	2349	3708830	1849	2399	3800302	1810	2449	3889888	1773	2499	3977663	1737
2300	3617278		2350	3710679		2400	3802112		2450	3891661		2500	3979400	
Nomb.	Logarithmes.	Différ.	Nomb.	Logarithmes.	Différ.	Nomb.	Logarithmes.	Différ.	Nomb.	Logarithmes.	Différ.	Nomb.	Logarithmes.	Différ.

Nomb.	Logarithmes.	Différ.	Nomb.	Logarithmes.	Différ.	Nomb.	Logarithmes.	Différ.	Nomb.	Logarithmes.	Différ.	Nomb.	Logarithmes.	Différ.
2500	3979400	1757	2550	4065402	1703	2600	4149733	1671	2650	4232459	1638	2700	4313638	1608
2501	3981157	1756	2551	4067105	1702	2601	4151404	1669	2651	4234097	1638	2701	4315246	1607
2502	3982873	1735	2552	4068807	1701	2602	4153073	1669	2652	4235735	1637	2702	4316853	1607
2503	3984608	1735	2553	4070508	1701	2603	4154742	1668	2653	4237372	1637	2703	4318460	1607
2504	3986343	1734	2554	4072209	1700	2604	4156410	1667	2654	4239009	1636	2704	4320067	1606
2505	3988077	1734	2555	4073909	1699	2605	4158077	1667	2655	4240645	1636	2705	4321673	1605
2506	3989811	1732	2556	4075608	1699	2606	4159744	1666	2656	4242281	1635	2706	4323278	1605
2507	3991543	1732	2557	4077307	1698	2607	4161410	1666	2657	4243916	1634	2707	4324883	1604
2508	3993275	1732	2558	4079005	1698	2608	4163076	1665	2658	4245550	1633	2708	4326487	1603
2509	3995007	1730	2559	4080703	1697	2609	4164741	1664	2659	4247183	1633	2709	4328090	1603
2510	3996737	1730	2560	4082400	1696	2610	4166405	1664	2660	4248816	1633	2710	4329693	1602
2511	3998467	1729	2561	4084096	1695	2611	4168069	1663	2661	4250449	1632	2711	4331295	1602
2512	4000196	1729	2562	4085791	1695	2612	4169732	1662	2662	4252081	1631	2712	4332897	1601
2513	4001925	1728	2563	4087486	1694	2613	4171394	1662	2663	4253712	1630	2713	4334498	1600
2514	4003653	1727	2564	4089180	1694	2614	4173056	1661	2664	4255342	1630	2714	4336098	1600
2515	4005380	1726	2565	4090874	1693	2615	4174717	1660	2665	4256972	1629	2715	4337698	1600
2516	4007106	1726	2566	4092567	1692	2616	4176377	1660	2666	4258601	1629	2716	4339298	1598
2517	4008832	1725	2567	4094259	1691	2617	4178037	1659	2667	4260230	1628	2717	4340896	1599
2518	4010557	1725	2568	4095950	1691	2618	4179696	1659	2668	4261858	1628	2718	4342495	1597
2519	4012282	1723	2569	4097641	1690	2619	4181355	1658	2669	4263486	1627	2719	4344092	1597
2520	4014005	1723	2570	4099331	1690	2620	4183013	1657	2670	4265113	1626	2720	4345689	1596
2521	4015728	1723	2571	4101021	1689	2621	4184670	1657	2671	4266739	1626	2721	4347285	1596
2522	4017451	1722	2572	4102710	1688	2622	4186327	1656	2672	4268365	1625	2722	4348881	1595
2523	4019173	1721	2573	4104398	1687	2623	4187983	1655	2673	4269990	1624	2723	4350476	1595
2524	4020894	1720	2574	4106085	1687	2624	4189638	1655	2674	4271614	1624	2724	4352071	1594
2525	4022614	1719	2575	4107772	1687	2625	4191293	1654	2675	4273238	1623	2725	4353665	1594
2526	4024333	1719	2576	4109459	1685	2626	4192947	1654	2676	4274861	1623	2726	4355259	1592
2527	4026052	1719	2577	4111144	1685	2627	4194601	1653	2677	4276484	1622	2727	4356851	1593
2528	4027771	1717	2578	4112829	1684	2628	4196254	1652	2678	4278106	1621	2728	4358444	1591
2529	4029488	1717	2579	4114513	1684	2629	4197906	1651	2679	4279727	1621	2729	4360035	1591
2530	4031205	1716	2580	4116197	1683	2630	4199557	1651	2680	4281348	1620	2730	4361626	1591
2531	4032921	1716	2581	4117880	1682	2631	4201208	1651	2681	4282968	1620	2731	4363217	1590
2532	4034637	1715	2582	4119562	1682	2632	4202859	1650	2682	4284588	1619	2732	4364807	1589
2533	4036352	1714	2583	4121244	1681	2633	4204509	1649	2683	4286207	1618	2733	4366396	1589
2534	4038066	1714	2584	4122925	1680	2634	4206158	1648	2684	4287825	1618	2734	4367985	1588
2535	4039780	1712	2585	4124605	1680	2635	4207806	1648	2685	4289443	1617	2735	4369573	1588
2536	4041492	1713	2586	4126285	1679	2636	4209454	1647	2686	4291060	1617	2736	4371161	1587
2537	4043205	1711	2587	4127964	1679	2637	4211101	1647	2687	4292677	1616	2737	4372748	1586
2538	4044916	1711	2588	4129643	1678	2638	4212748	1646	2688	4294293	1615	2738	4374334	1586
2539	4046627	1710	2589	4131321	1677	2639	4214394	1645	2689	4295908	1615	2739	4375920	1586
2540	4048337	1710	2590	4132998	1676	2640	4216039	1645	2690	4297523	1614	2740	4377506	1584
2541	4050047	1708	2591	4134674	1676	2641	4217684	1644	2691	4299137	1614	2741	4379090	1583
2542	4051755	1709	2592	4136350	1675	2642	4219328	1644	2692	4300751	1613	2742	4380673	1585
2543	4053464	1707	2593	4138025	1675	2643	4220972	1643	2693	4302364	1612	2743	4382258	1583
2544	4055171	1707	2594	4139700	1674	2644	4222615	1642	2694	4303976	1612	2744	4383841	1582
2545	4056878	1706	2595	4141374	1673	2645	4224257	1641	2695	4305588	1611	2745	4385423	1582
2546	4058584	1705	2596	4143047	1672	2646	4225898	1641	2696	4307199	1610	2746	4387005	1582
2547	4060289	1705	2597	4144719	1672	2647	4227539	1641	2697	4308809	1610	2747	4388587	1580
2548	4061994	1704	2598	4146391	1672	2648	4229180	1640	2698	4310419	1610	2748	4390167	1580
2549	4063698	1704	2599	4148063	1670	2649	4230820	1639	2699	4312029	1609	2749	4391747	1580
2550	4065402		2600	4149733		2650	4232459		2700	4313638		2750	4393327	
Nomb.	Logarithmes.	Différ.	Nomb.	Logarithmes.	Différ.	Nomb.	Logarithmes.	Différ.	Nomb.	Logarithmes.	Différ.	Nomb.	Logarithmes.	Différ.

Nomb.	Logarithmes.	Différ.	Nomb.	Logarithmes.	Différ.	Nomb.	Logarithmes.	Différ.	Nomb.	Logarithmes.	Différ.	Nomb.	Logarithmes.	Différ.
2750	4393327	1579	2800	4471580	1551	2850	4548449	1523	2900	4623980	1497	2950	4698220	1472
2751	4394906	1578	2801	4473131	1550	2851	4549972	1523	2901	4625477	1497	2951	4699692	1472
2752	4396484	1578	2802	4474681	1550	2852	4551495	1523	2902	4626974	1496	2952	4701164	1470
2753	4398062	1577	2803	4476231	1549	2853	4553018	1522	2903	4628470	1496	2953	4702634	1471
2754	4399639	1577	2804	4477780	1549	2854	4554540	1521	2904	4629966	1495	2954	4704105	1470
2755	4401216	1576	2805	4479329	1548	2855	4556061	1521	2905	4631461	1495	2955	4705575	1469
2756	4402792	1576	2806	4480877	1547	2856	4557582	1520	2906	4632956	1494	2956	4707044	1469
2757	4404368	1575	2807	4482424	1547	2857	4559102	1520	2907	4634450	1494	2957	4708513	1469
2758	4405943	1574	2808	4483971	1546	2858	4560622	1520	2908	4635944	1493	2958	4709982	1468
2759	4407517	1574	2809	4485517	1546	2859	4562142	1518	2909	4637437	1493	2959	4711450	1467
2760	4409091	1573	2810	4487063	1545	2860	4563660	1519	2910	4638930	1492	2960	4712917	1467
2761	4410664	1573	2811	4488608	1545	2861	4565179	1517	2911	4640422	1492	2961	4714384	1467
2762	4412237	1572	2812	4490153	1544	2862	4566696	1517	2912	4641914	1491	2962	4715851	1466
2763	4413809	1571	2813	4491697	1544	2863	4568213	1517	2913	4643405	1490	2963	4717317	1465
2764	4415380	1571	2814	4493241	1543	2864	4569730	1516	2914	4644895	1491	2964	4718782	1465
2765	4416951	1571	2815	4494784	1543	2865	4571246	1516	2915	4646386	1489	2965	4720247	1464
2766	4418522	1570	2816	4496327	1541	2866	4572762	1515	2916	4647875	1489	2966	4721711	1464
2767	4420092	1569	2817	4497868	1542	2867	4574277	1514	2917	4649364	1489	2967	4723175	1464
2768	4421661	1569	2818	4499410	1541	2868	4575791	1514	2918	4650853	1488	2968	4724639	1463
2769	4423230	1568	2819	4500951	1540	2869	4577305	1514	2919	4652341	1488	2969	4726102	1462
2770	4424798	1567	2820	4502491	1540	2870	4578819	1513	2920	4653829	1487	2970	4727564	1463
2771	4426365	1567	2821	4504031	1539	2871	4580332	1512	2921	4655316	1486	2971	4729027	1461
2772	4427932	1567	2822	4505570	1539	2872	4581844	1512	2922	4656802	1486	2972	4730488	1461
2773	4429499	1566	2823	4507109	1538	2873	4583356	1512	2923	4658288	1486	2973	4731949	1461
2774	4431065	1565	2824	4508647	1538	2874	4584868	1510	2924	4659774	1485	2974	4733410	1460
2775	4432630	1565	2825	4510185	1537	2875	4586378	1511	2925	4661259	1484	2975	4734870	1459
2776	4434195	1564	2826	4511722	1536	2876	4587889	1510	2926	4662743	1484	2976	4736329	1459
2777	4435759	1563	2827	4513258	1536	2877	4589399	1509	2927	4664227	1484	2977	4737788	1459
2778	4437322	1563	2828	4514794	1535	2878	4590908	1509	2928	4665711	1483	2978	4739247	1458
2779	4438885	1563	2829	4516329	1535	2879	4592417	1508	2929	4667194	1482	2979	4740705	1458
2780	4440448	1562	2830	4517864	1535	2880	4593925	1508	2930	4668676	1482	2980	4742163	1457
2781	4442010	1561	2831	4519399	1533	2881	4595433	1507	2931	4670158	1482	2981	4743620	1456
2782	4443571	1561	2832	4520932	1534	2882	4596940	1506	2932	4671640	1481	2982	4745076	1457
2783	4445132	1560	2833	4522466	1532	2883	4598446	1507	2933	4673121	1480	2983	4746533	1455
2784	4446692	1560	2834	4523998	1533	2884	4599953	1505	2934	4674601	1480	2984	4747988	1455
2785	4448252	1559	2835	4525531	1531	2885	4601458	1505	2935	4676081	1480	2985	4749443	1455
2786	4449811	1559	2836	4527062	1531	2886	4602963	1505	2936	4677561	1478	2986	4750898	1454
2787	4451370	1558	2837	4528593	1531	2887	4604468	1504	2937	4679039	1479	2987	4752352	1454
2788	4452928	1557	2838	4530124	1530	2888	4605972	1503	2938	4680518	1478	2988	4753806	1453
2789	4454485	1557	2839	4531654	1529	2889	4607475	1503	2939	4681996	1477	2989	4755259	1453
2790	4456042	1556	2840	4533183	1529	2890	4608978	1503	2940	4683473	1477	2990	4756712	1452
2791	4457598	1556	2841	4534712	1529	2891	4610481	1502	2941	4684950	1477	2991	4758164	1452
2792	4459154	1555	2842	4536241	1528	2892	4611983	1501	2942	4686427	1476	2992	4759616	1451
2793	4460709	1555	2843	4537769	1527	2893	4613484	1501	2943	4687903	1475	2993	4761067	1451
2794	4462264	1554	2844	4539296	1527	2894	4614985	1501	2944	4689378	1475	2994	4762518	1450
2795	4463818	1554	2845	4540823	1526	2895	4616486	1500	2945	4690853	1474	2995	4763968	1450
2796	4465372	1553	2846	4542349	1526	2896	4617986	1499	2946	4692327	1474	2996	4765418	1449
2797	4466925	1552	2847	4543875	1525	2897	4619485	1499	2947	4693801	1474	2997	4766867	1449
2798	4468477	1552	2848	4545400	1524	2898	4620984	1498	2948	4695275	1473	2998	4768316	1449
2799	4470029	1551	2849	4546924	1525	2899	4622482	1498	2949	4696748	1472	2999	4769765	1448
2800	4471580		2850	4548449		2900	4623980		2950	4698220		3000	4771213	
Nomb.	Logarithmes.	Différ.	Nomb.	Logarithmes.	Différ.	Nomb.	Logarithmes.	Différ.	Nomb.	Logarithmes.	Différ.	Nomb.	Logarithmes.	Différ.

Nomb.	Logarithmes.	Différ.
3000	4771213	1447
3001	4772660	1447
3002	4774107	1446
3003	4775553	1446
3004	4776999	1446
3005	4778445	1445
3006	4779890	1444
3007	4781334	1444
3008	4782778	1444
3009	4784222	1443
3010	4785665	1443
3011	4787108	1442
3012	4788550	1441
3013	4789991	1441
3014	4791432	1441
3015	4792873	1440
3016	4794313	1440
3017	4795753	1439
3018	4797192	1439
3019	4798631	1438
3020	4800069	1438
3021	4801507	1438
3022	4802945	1436
3023	4804381	1437
3024	4805818	1436
3025	4807254	1435
3026	4808689	1435
3027	4810124	1435
3028	4811559	1434
3029	4812993	1433
3030	4814426	1433
3031	4815859	1433
3032	4817292	1432
3033	4818724	1432
3034	4820156	1431
3035	4821587	1431
3036	4823018	1430
3037	4824448	1430
3038	4825878	1429
3039	4827307	1429
3040	4828736	1428
3041	4830164	1428
3042	4831592	1428
3043	4833020	1426
3044	4834446	1427
3045	4835873	1426
3046	4837299	1426
3047	4838725	1425
3048	4840150	1424
3049	4841574	1424
3050	4842998	

Nomb.	Logarithmes.	Différ.
3050	4842998	1424
3051	4844422	1423
3052	4845845	1423
3053	4847268	1422
3054	4848690	1422
3055	4850112	1421
3056	4851533	1421
3057	4852954	1421
3058	4854375	1420
3059	4855795	1419
3060	4857214	1419
3061	4858633	1419
3062	4860052	1418
3063	4861470	1418
3064	4862888	1417
3065	4864305	1417
3066	4865722	1416
3067	4867138	1416
3068	4868554	1415
3069	4869969	1415
3070	4871384	1414
3071	4872798	1414
3072	4874212	1414
3073	4875626	1413
3074	4877039	1412
3075	4878451	1412
3076	4879863	1412
3077	4881275	1411
3078	4882686	1411
3079	4884097	1410
3080	4885507	1410
3081	4886917	1409
3082	4888326	1409
3083	4889735	1409
3084	4891144	1408
3085	4892552	1407
3086	4893959	1407
3087	4895366	1407
3088	4896773	1406
3089	4898179	1406
3090	4899585	1405
3091	4900990	1405
3092	4902395	1404
3093	4903799	1404
3094	4905203	1404
3095	4906607	1403
3096	4908010	1402
3097	4909412	1402
3098	4910814	1402
3099	4912216	1401
3100	4913617	

Nomb.	Logarithmes.	Différ.
3100	4913617	1401
3101	4915018	1400
3102	4916418	1400
3103	4917818	1399
3104	4919217	1399
3105	4920616	1399
3106	4922015	1398
3107	4923413	1397
3108	4924810	1397
3109	4926207	1397
3110	4927604	1396
3111	4929000	1396
3112	4930396	1395
3113	4931791	1395
3114	4933186	1395
3115	4934581	1393
3116	4935974	1394
3117	4937368	1393
3118	4938761	1393
3119	4940154	1392
3120	4941546	1392
3121	4942938	1391
3122	4944329	1391
3123	4945720	1390
3124	4947110	1390
3125	4948500	1390
3126	4949890	1389
3127	4951279	1388
3128	4952667	1389
3129	4954056	1387
3130	4955443	1388
3131	4956831	1387
3132	4958218	1386
3133	4959604	1386
3134	4960990	1385
3135	4962375	1386
3136	4963761	1384
3137	4965145	1384
3138	4966529	1384
3139	4967913	1383
3140	4969296	1383
3141	4970679	1383
3142	4972062	1382
3143	4973444	1381
3144	4974825	1381
3145	4976206	1381
3146	4977587	1380
3147	4978967	1380
3148	4980347	1380
3149	4981727	1379
3150	4983106	

Nomb.	Logarithmes.	Différ.
3150	4983106	1378
3151	4984484	1378
3152	4985862	1378
3153	4987240	1377
3154	4988617	1377
3155	4989994	1376
3156	4991370	1376
3157	4992746	1375
3158	4994121	1375
3159	4995496	1375
3160	4996871	1374
3161	4998245	1374
3162	4999619	1373
3163	5000992	1373
3164	5002365	1372
3165	5003737	1372
3166	5005109	1372
3167	5006481	1371
3168	5007852	1370
3169	5009222	1371
3170	5010593	1369
3171	5011962	1370
3172	5013332	1369
3173	5014701	1368
3174	5016069	1368
3175	5017437	1368
3176	5018805	1367
3177	5020172	1367
3178	5021539	1366
3179	5022905	1366
3180	5024271	1366
3181	5025637	1365
3182	5027002	1364
3183	5028366	1365
3184	5029731	1363
3185	5031094	1364
3186	5032458	1363
3187	5033821	1362
3188	5035183	1362
3189	5036545	1362
3190	5037907	1361
3191	5039268	1361
3192	5040629	1360
3193	5041989	1360
3194	5043349	1360
3195	5044709	1359
3196	5046068	1358
3197	5047426	1359
3198	5048785	1357
3199	5050142	1358
3200	5051500	

Nomb.	Logarithmes.	Différ.
3200	5051500	1357
3201	5052857	1356
3202	5054213	1356
3203	5055569	1356
3204	5056925	1355
3205	5058280	1355
3206	5059635	1355
3207	5060990	1354
3208	5062344	1353
3209	5063697	1353
3210	5065050	1353
3211	5066403	1352
3212	5067755	1352
3213	5069107	1352
3214	5070459	1351
3215	5071810	1350
3216	5073160	1351
3217	5074511	1349
3218	5075860	1350
3219	5077210	1349
3220	5078559	1348
3221	5079907	1348
3222	5081255	1348
3223	5082603	1347
3224	5083950	1347
3225	5085297	1347
3226	5086644	1346
3227	5087990	1345
3228	5089335	1345
3229	5090680	1345
3230	5092025	1345
3231	5093370	1344
3232	5094714	1343
3233	5096057	1343
3234	5097400	1343
3235	5098743	1342
3236	5100085	1342
3237	5101427	1341
3238	5102768	1341
3239	5104109	1341
3240	5105450	1340
3241	5106790	1340
3242	5108130	1339
3243	5109469	1339
3244	5110808	1339
3245	5112147	1338
3246	5113485	1338
3247	5114823	1337
3248	5116160	1337
3249	5117497	1337
3250	5118834	

Nomb.	Logarithmes.	Différ.	Nomb.	Logarithmes.	Différ.	Nomb.	Logarithmes.	Différ.	Nomb.	Logarithmes.	Différ.	Nomb.	Logarithmes.	Différ.
3250	5118834	1336	3300	5185139	1316	3350	5250448	1296	3400	5314789	1277	3450	5378191	1259
3251	5120170	1335	3301	5186455	1316	3351	5251744	1296	3401	5316066	1277	3451	5379450	1258
3252	5121505	1336	3302	5187771	1315	3352	5253040	1296	3402	5317343	1276	3452	5380708	1258
3253	5122841	1334	3303	5189086	1314	3353	5254336	1295	3403	5318619	1277	3453	5381966	1257
3254	5124175	1335	3304	5190400	1315	3354	5255631	1294	3404	5319896	1275	3454	5383223	1258
3255	5125510	1334	3305	5191715	1313	3355	5256925	1295	3405	5321171	1275	3455	5384481	1256
3256	5126844	1334	3306	5193028	1314	3356	5258220	1293	3406	5322446	1275	3456	5385737	1257
3257	5128178	1333	3307	5194342	1313	3357	5259513	1294	3407	5323721	1275	3457	5386994	1256
3258	5129511	1333	3308	5195655	1313	3358	5260807	1293	3408	5324996	1274	3458	5388250	1256
3259	5130844	1332	3309	5196968	1312	3359	5262100	1293	3409	5326270	1274	3459	5389506	1255
3260	5132176	1332	3310	5198280	1312	3360	5263393	1292	3410	5327544	1273	3460	5390761	1255
3261	5133508	1332	3311	5199592	1311	3361	5264685	1292	3411	5328817	1273	3461	5392016	1255
3262	5134840	1331	3312	5200903	1311	3362	5265977	1292	3412	5330090	1273	3462	5393271	1254
3263	5136171	1331	3313	5202214	1311	3363	5267269	1291	3413	5331363	1272	3463	5394525	1254
3264	5137502	1330	3314	5203525	1310	3364	5268560	1291	3414	5332635	1272	3464	5395779	1253
3265	5138832	1330	3315	5204835	1310	3365	5269851	1290	3415	5333907	1272	3465	5397032	1254
3266	5140162	1329	3316	5206145	1310	3366	5271141	1290	3416	5335179	1271	3466	5398286	1252
3267	5141491	1329	3317	5207455	1309	3367	5272431	1290	3417	5336450	1271	3467	5399538	1253
3268	5142820	1329	3318	5208764	1309	3368	5273721	1289	3418	5337721	1270	3468	5400791	1252
3269	5144149	1329	3319	5210073	1308	3369	5275010	1289	3419	5338991	1270	3469	5402043	1252
3270	5145478	1327	3320	5211381	1308	3370	5276299	1289	3420	5340261	1270	3470	5403295	1251
3271	5146805	1328	3321	5212689	1307	3371	5277588	1288	3421	5341531	1269	3471	5404546	1251
3272	5148133	1327	3322	5213996	1307	3372	5278876	1287	3422	5342800	1269	3472	5405797	1251
3273	5149460	1327	3323	5215303	1307	3373	5280163	1288	3423	5344069	1269	3473	5407048	1250
3274	5150787	1326	3324	5216610	1306	3374	5281451	1287	3424	5345338	1268	3474	5408298	1250
3275	5152113	1326	3325	5217916	1306	3375	5282738	1286	3425	5346606	1268	3475	5409548	1250
3276	5153439	1325	3326	5219222	1306	3376	5284024	1287	3426	5347874	1267	3476	5410798	1249
3277	5154764	1325	3327	5220528	1305	3377	5285311	1285	3427	5349141	1267	3477	5412047	1249
3278	5156089	1325	3328	5221833	1305	3378	5286596	1286	3428	5350408	1267	3478	5413296	1248
3279	5157414	1324	3329	5223138	1304	3379	5287882	1285	3429	5351675	1266	3479	5414544	1248
3280	5158738	1324	3330	5224442	1304	3380	5289167	1285	3430	5352941	1266	3480	5415792	1248
3281	5160062	1324	3331	5225746	1304	3381	5290452	1284	3431	5354207	1266	3481	5417040	1248
3282	5161386	1323	3332	5227050	1303	3382	5291736	1284	3432	5355473	1265	3482	5418288	1247
3283	5162709	1322	3333	5228353	1303	3383	5293020	1284	3433	5356738	1265	3483	5419535	1246
3284	5164031	1323	3334	5229656	1302	3384	5294304	1283	3434	5358003	1264	3484	5420781	1247
3285	5165354	1322	3335	5230958	1302	3385	5295587	1283	3435	5359267	1265	3485	5422028	1246
3286	5166676	1321	3336	5232260	1302	3386	5296870	1282	3436	5360532	1263	3486	5423274	1245
3287	5167997	1321	3337	5233562	1301	3387	5298152	1282	3437	5361795	1264	3487	5424519	1246
3288	5169318	1321	3338	5234863	1301	3388	5299434	1282	3438	5363059	1263	3488	5425765	1245
3289	5170639	1320	3339	5236164	1301	3389	5300716	1281	3439	5364322	1262	3489	5427010	1244
3290	5171959	1320	3340	5237465	1300	3390	5301997	1281	3440	5365584	1263	3490	5428254	1244
3291	5173279	1319	3341	5238765	1299	3391	5303278	1280	3441	5366847	1262	3491	5429498	1244
3292	5174598	1319	3342	5240064	1300	3392	5304558	1281	3442	5368109	1261	3492	5430742	1244
3293	5175917	1319	3343	5241364	1299	3393	5305839	1279	3443	5369370	1261	3493	5431986	1243
3294	5177236	1318	3344	5242663	1298	3394	5307118	1280	3444	5370631	1261	3494	5433229	1243
3295	5178554	1318	3345	5243961	1298	3395	5308398	1279	3445	5371892	1261	3495	5434472	1242
3296	5179872	1317	3346	5245259	1298	3396	5309677	1278	3446	5373153	1260	3496	5435714	1242
3297	5181189	1318	3347	5246557	1297	3397	5310955	1279	3447	5374413	1260	3497	5436956	1242
3298	5182507	1316	3348	5247854	1297	3398	5312234	1278	3448	5375673	1259	3498	5438198	1241
3299	5183823	1316	3349	5249151	1297	3399	5313512	1277	3449	5376932	1259	3499	5439439	1241
3300	5185139		3350	5250448		3400	5314789		3450	5378191		3500	5440680	
Nomb.	Logarithmes.	Différ.	Nomb.	Logarithmes.	Différ.	Nomb.	Logarithmes.	Différ.	Nomb.	Logarithmes.	Différ.	Nomb.	Logarithmes.	Différ.

Nomb.	Logarithmes.	Différ.	Nomb.	Logarithmes.	Différ.	Nomb.	Logarithmes.	Différ.	Nomb.	Logarithmes.	Différ.	Nomb.	Logarithmes.	Différ.
3500	5440680	1241	3550	5502284	1223	3600	5563025	1206	3650	5622929	1189	3700	5682017	1174
3501	5441921	1240	3551	5503507	1223	3601	5564231	1206	3651	5624118	1190	3701	5683191	1173
3502	5443161	1240	3552	5504730	1222	3602	5565437	1206	3652	5625308	1189	3702	5684364	1173
3503	5444401	1240	3553	5505952	1222	3603	5566643	1205	3653	5626497	1188	3703	5685537	1173
3504	5445641	1239	3554	5507174	1222	3604	5567848	1205	3654	5627685	1189	3704	5686710	1172
3505	5446880	1239	3555	5508396	1222	3605	5569053	1204	3655	5628874	1188	3705	5687882	1172
3506	5448119	1239	3556	5509618	1221	3606	5570257	1204	3656	5630062	1188	3706	5689054	1172
3507	5449358	1238	3557	5510839	1220	3607	5571461	1204	3657	5631250	1187	3707	5690226	1171
3508	5450596	1238	3558	5512059	1221	3608	5572665	1204	3658	5632437	1187	3708	5691397	1171
3509	5451834	1237	3559	5513280	1220	3609	5573869	1203	3659	5633624	1187	3709	5692568	1171
3510	5453071	1237	3560	5514500	1220	3610	5575072	1203	3660	5634811	1186	3710	5693739	1171
3511	5454308	1237	3561	5515720	1219	3611	5576275	1202	3661	5635997	1186	3711	5694910	1170
3512	5455545	1236	3562	5516939	1219	3612	5577477	1203	3662	5637183	1186	3712	5696080	1169
3513	5456781	1237	3563	5518158	1219	3613	5578680	1201	3663	5638369	1186	3713	5697249	1170
3514	5458018	1235	3564	5519377	1218	3614	5579881	1202	3664	5639555	1185	3714	5698419	1169
3515	5459253	1236	3565	5520595	1218	3615	5581083	1201	3665	5640740	1185	3715	5699588	1169
3516	5460489	1235	3566	5521813	1218	3616	5582284	1201	3666	5641925	1184	3716	5700757	1169
3517	5461724	1234	3567	5523031	1217	3617	5583485	1201	3667	5643109	1184	3717	5701926	1168
3518	5462958	1235	3568	5524248	1217	3618	5584686	1200	3668	5644293	1184	3718	5703094	1168
3519	5464193	1234	3569	5525465	1217	3619	5585886	1200	3669	5645477	1184	3719	5704262	1167
3520	5465427	1233	3570	5526682	1217	3620	5587086	1199	3670	5646661	1183	3720	5705429	1168
3521	5466660	1234	3571	5527899	1216	3621	5588285	1199	3671	5647844	1183	3721	5706597	1167
3522	5467894	1232	3572	5529115	1215	3622	5589484	1199	3672	5649027	1182	3722	5707764	1166
3523	5469126	1233	3573	5530330	1215	3623	5590683	1199	3673	5650209	1183	3723	5708930	1167
3524	5470359	1232	3574	5531545	1215	3624	5591882	1198	3674	5651392	1181	3724	5710097	1166
3525	5471591	1232	3575	5532760	1215	3625	5593080	1198	3675	5652573	1182	3725	5711263	1166
3526	5472823	1232	3576	5533975	1214	3626	5594278	1198	3676	5653755	1181	3726	5712429	1165
3527	5474055	1231	3577	5535189	1214	3627	5595476	1197	3677	5654936	1181	3727	5713594	1165
3528	5475286	1231	3578	5536403	1214	3628	5596673	1197	3678	5656117	1181	3728	5714759	1165
3529	5476517	1230	3579	5537617	1213	3629	5597870	1196	3679	5657298	1180	3729	5715924	1164
3530	5477747	1230	3580	5538830	1213	3630	5599066	1196	3680	5658478	1180	3730	5717088	1164
3531	5478977	1230	3581	5540043	1213	3631	5600262	1196	3681	5659658	1180	3731	5718252	1164
3532	5480207	1229	3582	5541256	1212	3632	5601458	1196	3682	5660838	1179	3732	5719416	1164
3533	5481436	1229	3583	5542468	1212	3633	5602654	1195	3683	5662017	1179	3733	5720580	1163
3534	5482665	1229	3584	5543680	1212	3634	5603849	1195	3684	5663196	1179	3734	5721743	1163
3535	5483894	1229	3585	5544892	1211	3635	5605044	1195	3685	5664375	1178	3735	5722906	1163
3536	5485123	1228	3586	5546103	1211	3636	5606239	1194	3686	5665553	1178	3736	5724069	1162
3537	5486351	1227	3587	5547314	1210	3637	5607433	1194	3687	5666731	1178	3737	5725231	1162
3538	5487578	1228	3588	5548524	1211	3638	5608627	1194	3688	5667909	1178	3738	5726393	1162
3539	5488806	1227	3589	5549735	1209	3639	5609821	1193	3689	5669087	1177	3739	5727555	1161
3540	5490033	1226	3590	5550944	1210	3640	5611014	1193	3690	5670264	1176	3740	5728716	1161
3541	5491259	1227	3591	5552154	1209	3641	5612207	1192	3691	5671440	1177	3741	5729877	1161
3542	5492486	1226	3592	5553363	1209	3642	5613399	1193	3692	5672617	1176	3742	5731038	1160
3543	5493712	1225	3593	5554572	1209	3643	5614592	1192	3693	5673793	1176	3743	5732198	1160
3544	5494937	1225	3594	5555781	1208	3644	5615784	1191	3694	5674969	1175	3744	5733358	1160
3545	5496162	1225	3595	5556989	1208	3645	5616975	1192	3695	5676144	1176	3745	5734518	1160
3546	5497387	1225	3596	5558197	1207	3646	5618167	1191	3696	5677320	1175	3746	5735678	1159
3547	5498612	1224	3597	5559404	1208	3647	5619358	1190	3697	5678495	1174	3747	5736837	1159
3548	5499836	1224	3598	5560612	1206	3648	5620548	1191	3698	5679669	1174	3748	5737996	1158
3549	5501060	1224	3599	5561818	1207	3649	5621739	1190	3699	5680843	1174	3749	5739154	1159
3550	5502284		3600	5563025		3650	5622929		3700	5682017		3750	5740313	

Nomb. Logarithmes. Différ. Nomb. Logarithmes. Différ. Nomb. Logarithmes. Différ. Nomb. Logarithmes. Différ. Nomb. Logarithmes. Différ.

Nomb.	Logarithmes.	Differ.	Nomb.	Logarithmes.	Differ.	Nomb.	Logarithmes.	Differ.	Nomb.	Logarithmes.	Differ.	Nomb.	Logarithmes.	Differ.
3750	5740313	1158	3800	5797836	1143	3850	5854607	1128	3900	5910646	1114	3950	5965971	1099
3751	5741471	1157	3801	5798979	1142	3851	5855735	1128	3901	5911760	1113	3951	5967070	1099
3752	5742628	1158	3802	5800121	1142	3852	5856863	1127	3902	5912873	1113	3952	5968169	1099
3753	5743786	1157	3803	5801263	1142	3853	5857990	1127	3903	5913986	1112	3953	5969268	1099
3754	5744943	1156	3804	5802405	1142	3854	5859117	1127	3904	5915098	1112	3954	5970367	1098
3755	5746099	1157	3805	5803547	1141	3855	5860244	1126	3905	5916210	1112	3955	5971465	1098
3756	5747256	1156	3806	5804688	1141	3856	5861370	1126	3906	5917322	1112	3956	5972563	1098
3757	5748412	1156	3807	5805829	1140	3857	5862496	1126	3907	5918434	1112	3957	5973661	1097
3758	5749568	1155	3808	5806969	1141	3858	5863622	1126	3908	5919546	1111	3958	5974758	1097
3759	5750723	1155	3809	5808110	1140	3859	5864748	1125	3909	5920657	1111	3959	5975855	1097
3760	5751878	1155	3810	5809250	1139	3860	5865873	1125	3910	5921768	1110	3960	5976952	1096
3761	5753033	1155	3811	5810389	1140	3861	5866998	1125	3911	5922878	1110	3961	5978048	1097
3762	5754188	1154	3812	5811529	1139	3862	5868123	1124	3912	5923988	1110	3962	5979145	1096
3763	5755342	1154	3813	5812668	1139	3863	5869247	1124	3913	5925098	1110	3963	5980241	1095
3764	5756496	1154	3814	5813807	1138	3864	5870371	1124	3914	5926208	1110	3964	5981336	1096
3765	5757650	1153	3815	5814945	1139	3865	5871495	1123	3915	5927318	1109	3965	5982432	1095
3766	5758805	1153	3816	5816084	1138	3866	5872618	1124	3916	5928427	1109	3966	5983527	1095
3767	5759956	1153	3817	5817222	1137	3867	5873742	1123	3917	5929536	1108	3967	5984622	1095
3768	5761109	1152	3818	5818359	1138	3868	5874865	1122	3918	5930644	1109	3968	5985717	1094
3769	5762261	1153	3819	5819497	1137	3869	5875987	1123	3919	5931753	1108	3969	5986811	1094
3770	5763414	1151	3820	5820634	1136	3870	5877110	1122	3920	5932861	1107	3970	5987905	1094
3771	5764565	1152	3821	5821770	1137	3871	5878232	1121	3921	5933968	1108	3971	5988999	1093
3772	5765717	1151	3822	5822907	1136	3872	5879353	1122	3922	5935076	1107	3972	5990092	1094
3773	5766868	1151	3823	5824043	1136	3873	5880475	1121	3923	5936183	1107	3973	5991186	1093
3774	5768019	1151	3824	5825179	1135	3874	5881596	1121	3924	5937290	1107	3974	5992279	1092
3775	5769170	1150	3825	5826314	1136	3875	5882717	1121	3925	5938397	1106	3975	5993371	1093
3776	5770320	1150	3826	5827450	1135	3876	5883838	1120	3926	5939503	1106	3976	5994464	1092
3777	5771470	1150	3827	5828585	1134	3877	5884958	1120	3927	5940609	1106	3977	5995556	1092
3778	5772620	1149	3828	5829719	1135	3878	5886078	1120	3928	5941715	1105	3978	5996648	1091
3779	5773769	1149	3829	5830854	1134	3879	5887198	1119	3929	5942820	1106	3979	5997739	1092
3780	5774918	1149	3830	5831988	1134	3880	5888317	1119	3930	5943926	1104	3980	5998831	1091
3781	5776067	1148	3831	5833122	1133	3881	5889436	1119	3931	5945030	1105	3981	5999922	1091
3782	5777215	1148	3832	5834255	1133	3882	5890555	1119	3932	5946135	1104	3982	6001013	1090
3783	5778363	1148	3833	5835388	1133	3883	5891674	1118	3933	5947239	1105	3983	6002103	1090
3784	5779511	1148	3834	5836521	1133	3884	5892792	1118	3934	5948344	1103	3984	6003193	1090
3785	5780659	1147	3835	5837654	1132	3885	5893910	1118	3935	5949447	1104	3985	6004283	1090
3786	5781806	1147	3836	5838786	1132	3886	5895028	1117	3936	5950551	1103	3986	6005373	1089
3787	5782953	1147	3837	5839918	1132	3887	5896145	1118	3937	5951654	1103	3987	6006462	1089
3788	5784100	1146	3838	5841050	1131	3888	5897263	1116	3938	5952757	1103	3988	6007551	1089
3789	5785246	1146	3839	5842181	1131	3889	5898379	1117	3939	5953860	1102	3989	6008640	1089
3790	5786392	1146	3840	5843312	1131	3890	5899496	1116	3940	5954962	1102	3990	6009729	1088
3791	5787538	1145	3841	5844443	1131	3891	5900612	1116	3941	5956064	1102	3991	6010817	1088
3792	5788683	1145	3842	5845574	1130	3892	5901728	1116	3942	5957166	1102	3992	6011905	1088
3793	5789828	1145	3843	5846704	1130	3893	5902844	1115	3943	5958268	1101	3993	6012993	1088
3794	5790973	1145	3844	5847834	1129	3894	5903959	1116	3944	5959369	1101	3994	6014081	1087
3795	5792118	1144	3845	5848963	1130	3895	5905075	1114	3945	5960470	1101	3995	6015168	1087
3796	5793262	1144	3846	5850093	1129	3896	5906189	1115	3946	5961571	1100	3996	6016255	1086
3797	5794406	1144	3847	5851222	1129	3897	5907304	1114	3947	5962671	1100	3997	6017341	1087
3798	5795550	1143	3848	5852351	1128	3898	5908418	1114	3948	5963771	1100	3998	6018428	1086
3799	5796693	1143	3849	5853479	1128	3899	5909532	1114	3949	5964871	1100	3999	6019514	1086
3800	5797836		3850	5854607		3900	5910646		3950	5965971		4000	6020600	
Nomb.	Logarithmes.	Differ.	Nomb.	Logarithmes.	Differ.	Nomb.	Logarithmes.	Differ.	Nomb.	Logarithmes.	Differ.	Nomb.	Logarithmes.	Differ.

Nomb.	Logarithmes.	Différ.	Nomb.	Logarithmes.	Différ.	Nomb.	Logarithmes.	Différ.	Nomb.	Logarithmes.	Différ.	Nomb.	Logarithmes.	Différ.
4000	6020600	1086	4050	6074550	1072	4100	6127839	1059	4150	6180481	1046	4200	6232493	1034
4001	6021686	1085	4051	6075622	1072	4101	6128898	1059	4151	6181527	1046	4201	6233527	1033
4002	6022771	1085	4052	6076694	1072	4102	6129957	1058	4152	6182573	1046	4202	6234560	1034
4003	6023856	1085	4053	6077766	1071	4103	6131015	1059	4153	6183619	1046	4203	6235594	1033
4004	6024941	1084	4054	6078837	1072	4104	6132074	1058	4154	6184665	1045	4204	6236627	1033
4005	6026025	1084	4055	6079909	1070	4105	6133132	1057	4155	6185710	1045	4205	6237660	1033
4006	6027109	1084	4056	6080979	1071	4106	6134189	1058	4156	6186755	1045	4206	6238693	1032
4007	6028193	1084	4057	6082050	1070	4107	6135247	1057	4157	6187800	1045	4207	6239725	1032
4008	6029277	1084	4058	6083120	1071	4108	6136304	1057	4158	6188845	1044	4208	6240757	1032
4009	6030361	1083	4059	6084191	1069	4109	6137361	1057	4159	6189889	1044	4209	6241789	1032
4010	6031444	1083	4060	6085260	1070	4110	6138418	1057	4160	6190933	1044	4210	6242821	1031
4011	6032527	1082	4061	6086330	1069	4111	6139475	1056	4161	6191977	1044	4211	6243852	1032
4012	6033609	1083	4062	6087399	1069	4112	6140531	1056	4162	6193021	1043	4212	6244884	1031
4013	6034692	1082	4063	6088468	1069	4113	6141587	1056	4163	6194064	1043	4213	6245915	1030
4014	6035774	1081	4064	6089537	1068	4114	6142643	1055	4164	6195107	1043	4214	6246945	1031
4015	6036855	1082	4065	6090605	1069	4115	6143698	1056	4165	6196150	1043	4215	6247976	1030
4016	6037937	1081	4066	6091674	1068	4116	6144754	1055	4166	6197193	1042	4216	6249006	1030
4017	6039018	1081	4067	6092742	1067	4117	6145809	1054	4167	6198235	1042	4217	6250036	1030
4018	6040099	1081	4068	6093809	1068	4118	6146863	1055	4168	6199277	1042	4218	6251066	1029
4019	6041180	1081	4069	6094877	1067	4119	6147918	1054	4169	6200319	1042	4219	6252095	1030
4020	6042261	1080	4070	6095944	1067	4120	6148972	1054	4170	6201361	1041	4220	6253125	1029
4021	6043341	1080	4071	6097011	1067	4121	6150026	1054	4171	6202402	1041	4221	6254154	1028
4022	6044421	1079	4072	6098078	1066	4122	6151080	1053	4172	6203443	1041	4222	6255182	1029
4023	6045500	1080	4073	6099144	1066	4123	6152133	1054	4173	6204484	1040	4223	6256211	1028
4024	6046580	1079	4074	6100210	1066	4124	6153187	1053	4174	6205524	1041	4224	6257239	1028
4025	6047659	1079	4075	6101276	1066	4125	6154240	1052	4175	6206565	1040	4225	6258267	1028
4026	6048738	1078	4076	6102342	1065	4126	6155292	1053	4176	6207605	1040	4226	6259295	1027
4027	6049816	1079	4077	6103407	1065	4127	6156345	1052	4177	6208645	1039	4227	6260322	1028
4028	6050895	1078	4078	6104472	1065	4128	6157397	1052	4178	6209684	1040	4228	6261350	1027
4029	6051973	1077	4079	6105537	1065	4129	6158449	1052	4179	6210724	1039	4229	6262377	1027
4030	6053050	1078	4080	6106602	1064	4130	6159501	1051	4180	6211763	1039	4230	6263404	1026
4031	6054128	1077	4081	6107666	1064	4131	6160552	1051	4181	6212802	1038	4231	6264430	1027
4032	6055205	1077	4082	6108730	1064	4132	6161603	1051	4182	6213840	1039	4232	6265457	1026
4033	6056282	1077	4083	6109794	1063	4133	6162654	1051	4183	6214879	1038	4233	6266483	1026
4034	6057359	1076	4084	6110857	1064	4134	6163705	1050	4184	6215917	1038	4234	6267509	1025
4035	6058435	1077	4085	6111921	1063	4135	6164755	1050	4185	6216955	1037	4235	6268534	1026
4036	6059512	1075	4086	6112984	1062	4136	6165805	1050	4186	6217992	1038	4236	6269560	1025
4037	6060587	1076	4087	6114046	1063	4137	6166855	1050	4187	6219030	1037	4237	6270585	1025
4038	6061663	1076	4088	6115109	1062	4138	6167905	1049	4188	6220067	1037	4238	6271610	1024
4039	6062739	1075	4089	6116171	1062	4139	6168954	1049	4189	6221104	1036	4239	6272634	1025
4040	6063814	1075	4090	6117233	1062	4140	6170003	1049	4190	6222140	1037	4240	6273659	1024
4041	6064889	1074	4091	6118295	1061	4141	6171052	1049	4191	6223177	1036	4241	6274683	1024
4042	6065963	1074	4092	6119356	1061	4142	6172101	1048	4192	6224213	1036	4242	6275707	1023
4043	6067037	1074	4093	6120417	1061	4143	6173149	1048	4193	6225249	1035	4243	6276730	1024
4044	6068111	1074	4094	6121478	1061	4144	6174197	1048	4194	6226284	1036	4244	6277754	1023
4045	6069185	1074	4095	6122539	1060	4145	6175245	1048	4195	6227320	1035	4245	6278777	1023
4046	6070259	1073	4096	6123599	1061	4146	6176293	1047	4196	6228355	1035	4246	6279800	1023
4047	6071332	1073	4097	6124660	1060	4147	6177340	1047	4197	6229390	1034	4247	6280823	1022
4048	6072405	1073	4098	6125720	1059	4148	6178387	1047	4198	6230424	1035	4248	6281845	1022
4049	6073478	1072	4099	6126779	1060	4149	6179434	1047	4199	6231459	1034	4249	6282867	1022
4050	6074550		4100	6127839		4150	6180481		4200	6232493		4250	6283889	
Nomb.	Logarithmes.	Différ.	Nomb.	Logarithmes.	Différ.	Nomb.	Logarithmes.	Différ.	Nomb.	Logarithmes.	Différ.	Nomb.	Logarithmes.	Différ.

Nomb.	Logarithmes.	Différ.	Nomb.	Logarithmes.	Différ.	Nomb.	Logarithmes.	Différ.	Nomb.	Logarithmes.	Différ.	Nomb.	Logarithmes.	Différ.
4250	6283889	1022	4300	6334685	1009	4350	6384893	998	4400	6434527	987	4450	6483600	976
4251	6284911	1022	4301	6335694	1010	4351	6385891	998	4401	6435514	986	4451	6484576	976
4252	6285933	1021	4302	6336704	1009	4352	6386889	998	4402	6436500	987	4452	6485552	975
4253	6286954	1021	4303	6337713	1010	4353	6387887	997	4403	6437487	986	4453	6486527	975
4254	6287975	1021	4304	6338723	1009	4354	6388884	998	4404	6438473	986	4454	6487502	975
4255	6288996	1020	4305	6339732	1008	4355	6389882	997	4405	6439459	986	4455	6488477	975
4256	6290016	1021	4306	6340740	1009	4356	6390879	997	4406	6440445	986	4456	6489452	974
4257	6291037	1020	4307	6341749	1008	4357	6391876	966	4407	6441431	985	4457	6490426	975
4258	6292057	1019	4308	6342757	1008	4358	6392872	997	4408	6442416	985	4458	6491401	974
4259	6293076	1020	4309	6343765	1008	4359	6393869	996	4409	6443401	985	4459	6492375	974
4260	6294096	1019	4310	6344773	1007	4360	6394865	996	4410	6444386	985	4460	6493349	973
4261	6295115	1019	4311	6345780	1008	4361	6395861	996	4411	6445371	984	4461	6494322	974
4262	6296134	1019	4312	6346788	1007	4362	6396857	995	4412	6446355	984	4462	6495296	973
4263	6297153	1019	4313	6347795	1006	4363	6397852	995	4413	6447339	984	4463	6496269	973
4264	6298172	1018	4314	6348801	1007	4364	6398847	995	4414	6448323	984	4464	6497242	973
4265	6299190	1019	4315	6349808	1006	4365	6399842	995	4415	6449307	984	4465	6498215	972
4266	6300209	1017	4316	6350814	1006	4366	6400837	995	4416	6450291	983	4466	6499187	973
4267	6301226	1018	4317	6351820	1006	4367	6401832	994	4417	6451274	983	4467	6500160	972
4268	6302244	1018	4318	6352826	1006	4368	6402826	994	4418	6452257	983	4468	6501132	972
4269	6303262	1017	4319	6353832	1005	4369	6403820	994	4419	6453240	983	4469	6502104	971
4270	6304279	1017	4320	6354837	1006	4370	6404814	994	4420	6454223	982	4470	6503075	972
4271	6305296	1016	4321	6355843	1005	4371	6405808	994	4421	6455205	982	4471	6504047	971
4272	6306312	1017	4322	6356848	1004	4372	6406802	993	4422	6456187	982	4472	6505018	971
4273	6307329	1016	4323	6357852	1005	4373	6407795	993	4423	6457169	982	4473	6505989	971
4274	6308345	1016	4324	6358857	1004	4374	6408788	993	4424	6458151	982	4474	6506960	970
4275	6309361	1016	4325	6359861	1004	4375	6409781	992	4425	6459133	981	4475	6507930	971
4276	6310377	1016	4326	6360865	1004	4376	6410773	992	4426	6460114	981	4476	6508901	970
4277	6311393	1015	4327	6361869	1004	4377	6411765	993	4427	6461095	981	4477	6509871	970
4278	6312408	1015	4328	6362873	1003	4378	6412758	991	4428	6462076	981	4478	6510841	970
4279	6313423	1015	4329	6363876	1003	4379	6413749	992	4429	6463057	980	4479	6511811	969
4280	6314438	1014	4330	6364879	1003	4380	6414741	992	4430	6464037	981	4480	6512780	969
4281	6315452	1015	4331	6365882	1002	4381	6415733	991	4431	6465018	980	4481	6513749	970
4282	6316467	1014	4332	6366884	1003	4382	6416724	991	4432	6465998	979	4482	6514719	968
4283	6317481	1014	4333	6367887	1002	4383	6417715	990	4433	6466977	980	4483	6515687	969
4284	6318495	1013	4334	6368889	1002	4384	6418705	991	4434	6467957	979	4484	6516656	968
4285	6319508	1014	4335	6369891	1002	4385	6419696	990	4435	6468936	979	4485	6517624	969
4286	6320522	1013	4336	6370893	1001	4386	6420686	990	4436	6469915	979	4486	6518593	968
4287	6321535	1013	4337	6371894	1001	4387	6421676	990	4437	6470894	979	4487	6519561	967
4288	6322548	1012	4338	6372895	1002	4388	6422666	990	4438	6471873	978	4488	6520528	968
4289	6323560	1013	4339	6373897	1000	4389	6423656	989	4439	6472851	979	4489	6521496	967
4290	6324573	1012	4340	6374897	1001	4390	6424645	989	4440	6473830	978	4490	6522463	968
4291	6325585	1012	4341	6375898	1000	4391	6425634	989	4441	6474808	978	4491	6523431	966
4292	6326597	1012	4342	6376898	1000	4392	6426623	989	4442	6475786	977	4492	6524397	967
4293	6327609	1011	4343	6377898	1000	4393	6427612	989	4443	6476763	978	4493	6525364	967
4294	6328620	1012	4344	6378898	1000	4394	6428601	988	4444	6477741	977	4494	6526331	966
4295	6329632	1011	4345	6379898	999	4395	6429589	988	4445	6478718	977	4495	6527297	966
4296	6330643	1011	4346	6380897	999	4396	6430577	988	4446	6479695	976	4496	6528263	966
4297	6331654	1010	4347	6381896	999	4397	6431565	987	4447	6480671	977	4497	6529229	966
4298	6332664	1010	4348	6382895	999	4398	6432552	988	4448	6481648	976	4498	6530195	965
4299	6333674	1011	4349	6383894		4399	6433540	987	4449	6482624	976	4499	6531160	965
4300	6334685		4350	6384893		4400	6434527		4450	6483600		4500	6532125	

Nomb.	Logarithmes.	Differ.	Nomb.	Logarithmes.	Differ.	Nomb.	Logarithmes.	Differ.	Nomb.	Logarithmes.	Differ.	Nomb.	Logarithmes.	Differ.
4500	6532125	965	4550	6580116	934	4600	6627578	944	4650	6674530	935	4700	6720979	924
4501	6533090	965	4551	6581068	955	4601	6628522	944	4651	6675465	934	4701	6721903	923
4502	6534055	964	4552	6582023	954	4602	6629466	944	4652	6676397	934	4702	6722826	924
4503	6535019	965	4553	6582977	953	4603	6630410	943	4653	6677331	933	4703	6723750	923
4504	6435984	964	4554	6583930	954	4604	6631353	943	4654	6678264	933	4704	6724673	923
4505	6536948	964	4555	6584884	953	4605	6632296	943	4655	6679197	933	4705	6725596	923
4506	6537912	964	4556	6585837	953	4606	6633239	943	4656	6680130	932	4706	6726519	923
4507	6538876	963	4557	6586790	953	4607	6634182	943	4657	6681062	933	4707	6727442	923
4508	6539839	963	4558	6587743	953	4608	6635125	942	4658	6681995	932	4708	6728365	922
4509	6440802	963	4559	6588696	952	4609	6636067	942	4659	6682927	932	4709	6720287	922
4510	6241765	963	4560	6589648	953	4610	6637009	942	4660	6683859	932	4710	6730209	922
4511	6442728	963	4561	6590601	952	4611	6637951	942	4661	6684791	932	4711	6731131	922
4512	6543691	962	4562	6591553	952	4612	6638893	942	4662	6685723	931	4712	6732053	921
4513	6544653	963	4563	6592505	951	4613	6639835	941	4663	6686654	931	4713	6732974	922
4514	6545616	962	4564	6593456	952	4614	6640776	941	4664	6687585	931	4714	6733896	921
4515	6546578	961	4565	6594408	951	4615	6641717	941	4665	6688516	931	4715	6734817	921
4516	6547539	962	4566	6595359	951	4616	6642658	941	4666	6689447	931	4716	6735738	921
4517	6548501	961	4567	6596310	951	4617	6643509	940	4667	6690378	930	4717	6736659	920
4518	6549462	961	4568	6597261	951	4619	6644539	941	4668	6691308	931	4718	6737579	921
4519	6550423	961	4569	6598212	950	4619	6645480	940	4669	6692239	930	4719	6738500	920
4520	6551384	961	4570	6599162	950	4620	6646421	940	4670	6693169	930	4720	3739420	920
4521	6552345	961	4571	6600112	950	4621	6647361	939	4671	6694099	929	4721	6740340	920
4522	6553306	960	4572	6601062	950	4622	6648299	940	4672	6695028	930	4722	6741260	919
4523	6554266	960	4573	6602012	950	4623	6649239	939	4673	6695958	929	4723	6742179	920
4524	6555226	960	4574	6602962	949	4624	6650178	939	4674	6696887	929	4724	6743099	919
4525	6556186	959	4575	6603911	949	4625	6651117	939	4675	6697816	929	4725	6744018	919
4526	6557145	960	4576	6604860	949	4626	6652056	939	4676	6698745	929	4726	6744937	919
4527	6458105	959	4577	6605809	949	4627	6652995	939	4677	6699674	928	4727	6745856	919
4528	6559064	959	4578	6606758	948	4628	6653934	938	4678	6700602	928	4728	6746775	918
4529	6560023	959	4579	6607706	949	4628	6654872	938	4679	6701530	929	4729	6747693	918
4530	6560982	959	4580	6608655	948	4630	6655810	938	4680	6702459	927	4730	6748611	918
4531	6561041	958	4581	6609603	948	4631	6656748	938	4681	6703386	928	4731	6749529	918
4532	6562899	958	4582	6610551	948	4632	6657686	937	4682	6704314	928	4732	6750447	918
4533	6563857	958	4583	6611499	947	4633	6658623	937	4683	6705242	927	4733	6751365	918
4534	6564815	958	4584	6612446	947	4634	6659560	937	4684	6706169	927	4734	6752283	917
4535	6565773	957	4585	6613393	948	4635	6660497	937	4685	6707096	927	4735	6753200	917
4536	6566730	958	4586	6614341	946	4636	6661434	937	4686	6708023	927	4736	6754117	917
4537	6567688	957	4587	6615287	947	4637	6662371	936	4687	6708950	926	4737	6755034	917
4538	6568645	957	4588	6616234	947	4638	6663307	937	4688	6709876	926	4738	6755951	916
4539	6569602	957	4589	6617181	946	4639	6664244	936	4689	6710802	926	4739	6756867	916
4540	6570559	956	4590	6618127	946	4640	6665180	936	4690	6711728	926	4740	6757783	917
4541	6571515	956	4591	6619073	946	4641	6666116	935	4691	6712654	926	4741	6758700	915
4542	6572471	956	4592	6620019	945	4642	6667051	936	4692	6713580	926	4742	6759615	916
4543	6573427	956	4593	6620964	946	4643	6667987	935	4693	6714506	925	4743	6760531	916
4544	6574383	956	4594	6621910	945	4644	6668922	935	4694	6715431	925	4744	6761447	915
4545	6575339	955	4595	6622855	945	4645	6669857	935	4695	6716356	925	4745	6762362	915
4546	6576294	956	4596	6623800	945	4646	6670792	935	4696	6717281	925	4746	6763277	915
4547	6577250	955	4597	6624745	945	4647	6671727	934	4697	6718206	924	4747	6764192	915
4548	6578205	954	4598	6625690	944	4648	6672661	934	4698	6719130	924	4748	6765107	915
4549	6579159	955	4599	6626634	944	4649	6673595	935	4699	6720054	925	4749	6766022	914
4550	6580114		4600	6627578		4650	6674530		4700	6720979		4750	6766936	
Nomb.	Logarithmes.	Differ.	Nomb.	Logarithmes.	Differ.	Nomb.	Logarithmes.	Differ.	Nomb.	Logarithmes.	Differ.	Nomb.	Logarithmes.	Differ.

Nomb.	Logarithmes.	Différ.
4750	6766936	914
4751	6767850	914
4752	6768764	914
4753	6769678	914
4754	6770592	913
4755	6771505	913
4756	6772418	914
4757	6773332	912
4758	6774244	913
4759	6775157	913
4760	6776070	912
4761	6776982	912
4762	6777894	912
4763	6778806	912
4764	6779718	911
4765	6780629	911
4766	6781540	912
4767	6782452	910
4768	6783362	911
4769	6784273	911
4770	6785184	910
4771	6786094	910
4772	6787004	910
4773	6787914	910
4774	6788824	910
4775	6789734	909
4776	6790643	909
4777	6791552	909
4778	6792461	909
4779	6793370	909
4780	6794279	908
4781	6795187	909
4782	6796096	908
4783	6797004	908
4784	6797912	907
4785	6798819	908
4786	6799727	907
4787	6800634	907
4788	6801541	907
4789	6802448	907
4790	6803355	907
4791	6804262	906
4792	6805168	906
4793	6806074	906
4794	6806980	906
4795	6807886	906
4796	6808792	905
4797	6809697	905
4798	6810602	905
4799	6811507	905
4800	6812412	

Nomb.	Logarithmes.	Différ.
4800	6812412	905
4801	6813317	905
4802	6814222	904
4803	6815126	904
4804	6816030	904
4805	6816934	904
4806	6817838	903
4807	6818741	904
4808	6819645	903
4809	6820548	903
4810	6821451	903
4811	6822354	902
4812	6823256	903
4813	6824159	902
4814	6825061	902
4815	6825963	902
4816	6826865	901
4817	6827766	902
4818	6828668	901
4819	6829569	901
4820	6830470	901
4821	6831371	901
4822	6832272	901
4823	6833173	900
4824	6834073	900
4825	6834973	900
4826	6835873	900
4827	6836773	900
4828	6837673	899
4829	6838572	899
4830	6839471	899
4831	6840370	899
4832	6841269	899
4833	6842168	898
4834	6843066	899
4835	6843965	898
4836	6844863	898
4837	6845761	898
4838	6846659	897
4839	6847556	898
4840	6848454	897
4841	6849351	897
4842	6850248	897
4843	6851145	896
4844	6852041	897
4845	6852938	896
4846	6853834	896
4847	6854730	896
4848	6855626	896
4849	6856522	895
4850	6857417	

Nomb.	Logarithmes.	Différ.
4850	6857417	896
4851	6858313	895
4852	6859208	895
4853	6860103	895
4854	6860998	894
4855	6861892	895
4856	6862787	894
4857	6863681	894
4858	6864575	894
4859	6865469	894
4860	6866363	893
4861	6867256	894
4862	6868150	893
4863	6869043	893
4864	6869936	892
4865	6870828	893
4866	6871721	892
4867	6872613	893
4868	6873506	892
4869	6874398	892
4870	6875290	891
4871	6876181	892
4872	6877073	891
4873	6877964	891
4874	6878855	891
4875	6879746	891
4876	6880637	891
4877	6881528	890
4878	6882418	890
4879	6883308	890
4880	6884198	890
4881	6885088	890
4882	6885978	889
4883	6886867	890
4884	6887757	889
4885	6888646	889
4886	6889535	888
4887	6890423	889
4888	6891312	888
4889	6892200	889
4890	6893089	888
4891	6893977	887
4892	6894864	888
4893	6895752	888
4894	6896640	887
4895	6897527	887
4896	6898414	887
4897	6899301	887
4898	6900188	886
4899	6901074	887
4900	6901961	

Nomb.	Logarithmes.	Différ.
4900	6901961	886
4901	6902847	886
4902	6903733	886
4903	6904619	886
4904	6905505	885
4905	6906390	885
4906	6907275	886
4907	6908161	885
4908	6909046	884
4909	6909930	885
4910	6910815	884
4911	6911699	885
4912	6912584	884
4913	6913468	884
4914	6914352	883
4915	6915235	884
4916	6916119	883
4917	6917002	883
4918	6917885	883
4919	6918768	883
4920	6919651	883
4921	6920534	882
4922	6921416	882
4923	6922298	882
4924	6923180	882
4925	6924062	882
4926	6924944	882
4927	6925826	881
4928	6926707	881
4929	6927588	881
4930	6928469	881
4931	6929350	881
4932	6930231	880
4933	6931111	880
4934	6931991	881
4935	6932872	880
4936	6933752	879
4937	6934631	880
4938	6935511	879
4939	6936390	879
4940	6937269	880
4941	6938149	878
4942	6939027	879
4943	6939906	879
4944	6940785	878
4945	6941663	878
4946	6942541	878
4947	6943419	878
4948	6944297	878
4949	6945175	877
4950	6946052	

Nomb.	Logarithmes.	Différ.
4950	6946052	877
4951	6946929	877
4952	6947806	877
4953	6948683	877
4954	6949560	877
4955	6950437	876
4956	6951313	876
4957	6952189	876
4958	6953065	876
4959	6953941	876
4960	6954817	875
4961	6955692	876
4962	6956568	875
4963	6957443	875
4964	6958318	875
4965	6959193	874
4966	6960067	875
4967	6960942	874
4968	6961816	874
4969	6962690	874
4970	6963564	874
4971	6964438	873
4972	6965311	874
4973	6966185	873
4974	6967058	873
4975	6967931	873
4976	6968804	872
4977	6969676	873
4978	6970549	872
4979	6971421	872
4980	6972293	872
4981	6973165	872
4982	6974037	872
4983	6974909	871
4984	6975780	872
4985	6976652	871
4986	6977523	871
4987	6978394	870
4988	6979264	871
4989	6980135	870
4990	6981005	871
4991	6981876	870
4992	6982746	870
4993	6983616	869
4994	6984485	870
4995	6985355	869
4996	6986224	869
4997	6987093	870
4998	6987963	868
4999	6988831	869
5000	6989700	

Nomb.	Logarithmes.	Différ.	Nomb.	Logarithmes.	Différ.	Nomb.	Logarithmes.	Différ.	Nomb.	Logarithmes.	Différ.	Nomb.	Logarithmes.	Différ.
5000	6989700	869	5050	7032914	860	5100	7075702	851	5150	7118072	843	5200	7160033	836
5001	6990569	868	5051	7033774	859	5101	7076553	852	5151	7118915	843	5201	7160869	834
5002	6991437	868	5052	7034633	860	5102	7077405	851	5152	7119759	842	5202	7161703	835
5003	6992305	868	5053	7035493	859	5103	7078256	851	5153	7120601	843	5203	7162538	835
5004	6993173	868	5054	7036352	860	5104	7079107	850	5154	7121444	843	5204	7163373	834
5005	6994041	867	5055	7037212	859	5105	7079957	851	5155	7122287	842	5205	7164207	835
5006	6994908	868	5056	7038071	859	5106	7080808	851	5156	7123129	842	5206	7165042	834
5007	6995776	867	5057	7038930	858	5107	7081659	850	5157	7123971	842	5207	7165876	834
5008	6996643	867	5058	7039788	859	5108	7082509	850	5158	7124813	842	5208	7166710	834
5009	6997510	867	5059	7040647	858	5109	7083359	850	5159	7125655	842	5209	7167544	833
5010	6998377	867	5060	7041505	858	5110	7084209	850	5160	7126497	842	5210	7168377	834
5011	6999244	867	5061	7042363	858	5111	7085059	849	5161	7127339	841	5211	7169211	833
5012	7000111	866	5062	7043221	858	5112	7085908	850	5162	7128180	841	5212	7170044	833
5013	7000977	866	5063	7044079	858	5113	7086758	849	5163	7129021	841	5213	7170877	833
5014	7001843	866	5064	7044937	857	5114	7087607	849	5164	7129862	841	5214	7171710	833
5015	7002709	866	5065	7045794	858	5115	7088456	849	5165	7130703	841	5215	7172543	833
5016	7003575	866	5066	7046652	857	5116	7089305	849	5166	7131544	841	5216	7173376	832
5017	7004441	866	5067	7047509	857	5117	7090154	849	5167	7132385	840	5217	7174208	833
5018	7005307	865	5068	7048366	857	5118	7091003	848	5168	7133225	840	5218	7175041	832
5019	7006172	865	5069	7049223	857	5119	7091851	849	5169	7134065	840	5219	7175873	832
5020	7007037	865	5070	7050080	856	5120	7092700	848	5170	7134905	840	5220	7176705	832
5021	7007902	865	5071	7050936	856	5121	7093548	848	5171	7135745	840	5221	7177537	832
5022	7008767	865	5072	7051792	857	5122	7094396	848	5172	7136585	840	5222	7178369	831
5023	7009632	864	5073	7052649	856	5123	7095244	847	5173	7137425	839	5223	7179200	832
5024	7010496	865	5074	7053505	855	5124	7096091	848	5174	7138264	840	5224	7180032	831
5025	7011361	864	5075	7054360	856	5125	7096939	847	5175	7139104	839	5225	7180863	831
5026	7012225	864	5076	7055216	856	5126	7097786	847	5176	7139943	839	5226	7181694	831
5027	7013089	864	5077	7056072	855	5127	7098633	847	5177	7140782	838	5227	7182525	831
5028	7013953	863	5078	7056927	855	5128	7099480	847	5178	7141620	839	5228	7183356	830
5029	7014816	864	5079	7057782	855	5129	7100327	847	5179	7142459	839	5229	7184186	831
5030	7015680	863	5080	7058637	855	5130	7101174	846	5180	7143298	838	5230	7185017	830
5031	7016543	863	5081	7059492	855	5131	7102020	846	5181	7144136	838	5231	7185847	830
5032	7017406	863	5082	7060347	854	5132	7102866	847	5182	7144974	838	5232	7186677	830
5033	7018269	863	5083	7061201	854	5133	7103713	846	5183	7145812	838	5233	7187507	830
5034	7019132	863	5084	7062055	855	5134	7104559	845	5184	7146650	838	5234	7188337	830
5035	7019995	862	5085	7062910	854	5135	7105404	846	5185	7147488	837	5235	7189167	829
5036	7020857	863	5086	7063764	853	5136	7106250	846	5186	7148325	837	5236	7189996	830
5037	7021720	862	5087	7064617	854	5137	7107096	845	5187	7149162	838	5237	7190826	829
5038	7022582	862	5088	7065471	854	5138	7107941	845	5188	7150000	837	5238	7191655	829
5039	7023444	861	5089	7066325	853	5139	7108786	845	5189	7150837	837	5239	7192484	829
5040	7024305	862	5090	7067178	853	5140	7109631	845	5190	7151674	836	5240	7193313	829
5041	7025167	861	5091	7068031	853	5141	7110476	845	5191	7152510	837	5241	7194142	828
5042	7026028	862	5092	7068884	853	5142	7111321	844	5192	7153347	836	5242	7194970	829
5043	7026890	861	5093	7069737	852	5143	7112165	845	5193	7154183	836	5243	7195799	828
5044	7027751	861	5094	7070589	853	5144	7113010	844	5194	7155019	837	5244	7196627	828
5045	7028612	860	5095	7071442	852	5145	7113854	844	5195	7155856	835	5245	7197455	828
5046	7029472	861	5096	7072294	852	5146	7114698	844	5196	7156691	836	5246	7198283	828
5047	7030333	860	5097	7073146	852	5147	7115542	843	5197	7157527	836	5247	7199111	827
5048	7031193	861	5098	7073998	852	5148	7116385	844	5198	7158363	835	5248	7199938	828
5049	7032054	860	5099	7074850	852	5149	7117229	843	5199	7159198	835	5249	7200766	827
5050	7032914		5100	7075702		5150	7118072		5200	7160033		5250	7201593	

Nomb.	Logarithmes.	Differ.	Nomb.	Logarithmes.	Differ.	Nomb.	Logarithmes.	Differ.	Nomb.	Logarithmes.	Differ.	Nomb.	Logarithmes.	Differ.
5250	7201593	827	5300	7242759	819	5350	7283538	812	5400	7323938	804	5450	7363965	797
5251	7202420	827	5301	7243578	819	5351	7284350	811	5401	7324742	804	5451	7364762	796
5252	7203247	827	5302	7244397	819	5352	7285161	811	5402	7325546	804	5452	7365558	797
5253	7204074	827	5303	7245216	819	5353	7285972	812	5403	7326350	803	5453	7366355	796
5254	7204901	826	5304	7246035	819	5354	7286784	811	5404	7327153	804	5454	7367151	797
5255	7205727	827	5305	7246854	818	5355	7287595	811	5405	7327957	803	5455	7367948	796
5256	7206554	826	5306	7247672	819	5356	7288406	810	5406	7328760	804	5456	7368744	796
5257	7207380	826	5307	7248491	818	5357	7289216	811	5407	7329564	803	5457	7369540	795
5258	7208206	826	5308	7249309	818	5358	7290027	811	5408	7330367	803	5458	7370335	796
5259	7209032	825	5309	7250127	818	5359	7290838	810	5409	7331170	803	5459	7371131	795
5260	7209857	826	5310	7250945	818	5360	7291648	810	5410	7331973	802	5460	7371926	796
5261	7210683	825	5311	7251763	818	5361	7292458	810	5411	7332775	803	5461	7372722	795
5262	7211508	826	5312	7252581	817	5362	7293268	810	5412	7333578	802	5462	7373517	795
5263	7212334	825	5313	7253398	818	5363	7294078	810	5413	7334380	803	5463	7374312	795
5264	7213159	825	5314	7254216	817	5364	7294888	809	5414	7335183	802	5464	7375107	795
5265	7213984	825	5315	7255033	817	5365	7295697	810	5415	7335985	802	5465	7375902	794
5266	7214809	824	5316	7255850	817	5366	7296507	809	5416	7336787	801	5466	7376696	795
5267	7215633	825	5317	7256667	816	5367	7297316	809	5417	7337588	802	5467	7377491	794
5268	7216458	824	5318	7257483	817	5368	7298125	809	5418	7338390	802	5468	7378285	794
5269	7217282	824	5319	7258300	816	5369	7298934	809	5419	7339192	801	5469	7379079	794
5270	7218106	824	5320	7259116	817	5370	7299743	809	5420	7339993	801	5470	7379873	794
5271	7218930	824	5321	7259933	816	5371	7300552	808	5421	7340794	801	5471	7380667	794
5272	7219754	824	5322	7260749	816	5372	7301360	808	5422	7341595	801	5472	7381461	793
5273	7220578	823	5323	7261565	815	5373	7302168	809	5423	7342396	801	5473	7382254	794
5274	7221401	824	5324	7262380	816	5374	7302977	808	5424	7343197	800	5474	7383048	793
5275	7222225	823	5325	7263196	816	5375	7303785	808	5425	7343997	801	5475	7383841	793
5276	7223048	823	5326	7264012	815	5376	7304593	807	5426	7344798	800	5476	7384634	793
5277	7223871	823	5327	7264827	815	5377	7305400	808	5427	7345598	800	5477	7385427	793
5278	7224694	823	5328	7265642	815	5378	7306208	807	5428	7346398	800	5478	7386220	793
5279	7225517	822	5329	7266457	815	5379	6307015	808	5429	7347198	800	5479	7387013	793
5280	7226339	823	5330	7267272	815	5380	7307823	807	5430	7347998	800	5480	7387806	792
5281	7227162	822	5331	7268087	814	5381	7308630	807	5431	7348798	800	5481	7388598	792
5282	7227984	822	5332	7268901	815	5382	7309437	807	5432	7349598	799	5482	7389390	792
5283	7228806	822	5333	7269716	814	5383	7310244	807	5433	7350397	799	5483	7390182	792
5284	7229628	822	5334	7270530	814	5384	7311051	806	5434	7351196	799	5484	7390974	792
5285	7230450	822	5335	7271344	814	5385	7311857	806	5435	7351995	799	5485	7391766	792
5286	7231272	821	5336	7272158	814	5386	7312663	807	5436	7352794	799	5486	7392558	792
5287	7232093	821	5337	7272972	814	5387	7313470	806	5437	7353593	799	5487	7393350	791
5288	7232914	822	5338	7273786	813	5388	7314276	806	5438	7354392	799	5488	7394141	791
5289	7233736	821	5339	7274599	814	5389	7315082	806	5439	7355191	798	5489	7394932	791
5290	7234557	821	5340	7275413	813	5390	7315888	805	5440	7355989	798	5490	7395723	791
5291	7235378	820	5341	7276226	813	5391	7316693	806	5441	7356787	798	5491	7396514	791
5292	7236198	821	5342	7277039	813	5392	7317499	805	5442	7357585	798	5492	7397305	791
5293	7237019	820	5343	7277852	812	5393	7318304	805	5443	7358383	798	5493	7398096	791
5294	7237839	821	5344	7278664	813	5394	7319109	805	5444	7359181	798	5494	7398887	790
5295	7238660	820	5345	7279477	813	5395	7319914	805	5445	7359979	797	5495	7399677	790
5296	7239480	820	5346	7280290	812	5396	7320719	805	5446	7360776	798	5496	7400467	790
5297	7240300	820	5347	7281102	812	5397	7321524	805	5447	7361574	797	5497	7401257	790
5298	7241120	819	5348	7281914	812	5398	7322329	804	5448	7362371	797	5498	7402047	790
5299	7241939	820	5349	7282726	812	5399	7323133	805	5449	7363168	797	5499	7402837	790
5300	7242759		5350	7283538		5400	7323938		5450	7363965		5500	7403627	
Nomb.	Logarithmes.	Differ.	Nomb.	Logarithmes.	Differ.	Nomb.	Logarithmes.	Differ.	Nomb.	Logarithmes.	Differ.	Nomb.	Logarithmes.	Differ.

Nomb.	Logarithmes.	Différ.	Nomb.	Logarithmes.	Différ.	Nomb.	Logarithmes.	Différ.	Nomb.	Logarithmes.	Différ.	Nomb.	Logarithmes.	Différ.
5500	7403627	789	5550	7442930	782	5600	7481880	776	5650	7520484	769	5700	7558749	76
5501	7404416	790	5551	7443712	783	5601	7482656	775	5651	7521253	769	5701	7559510	76
5502	7405206	789	5552	7444495	782	5602	7483431	775	5652	7522022	768	5702	7560272	76
5503	7405995	789	5553	7445277	782	5603	7484206	775	5653	7522790	768	5703	7561034	76
5504	7406784	789	5554	7446059	782	5604	7484981	775	5654	7523558	768	5704	7561795	76
5505	7407573	789	5555	7446841	781	5605	7485756	775	5655	7524326	768	5705	7562556	76
5506	7408362	789	5556	7447622	782	5606	7486531	775	5656	7525094	768	5706	7563318	76
5507	7409151	788	5557	7448404	781	5607	7487306	774	5657	7525862	767	5707	7564079	76
5508	7409939	789	5558	7449185	782	5608	7488080	774	5658	7526629	768	5708	7564840	76
5509	7410728	788	5559	7449967	781	5609	7488854	775	5659	7527397	767	5709	7565600	76
5510	7411516	788	5560	7450748	781	5610	7489629	774	5660	7528164	768	5710	7566361	76
5511	7412304	788	5561	7451529	781	5611	7490403	774	5661	7528932	767	5711	7567122	76
5512	7413092	788	5562	7452310	781	5612	7491177	773	5662	7529699	767	5712	7567882	76
5513	7413880	788	5563	7453091	780	5613	7491950	774	5663	7530466	766	5713	7568642	76
5514	7414668	787	5564	7453871	781	5614	7492724	774	5664	7531232	767	5714	7569402	76
5515	7415455	788	5565	7454652	780	5615	7493498	773	5665	7531999	767	5715	7570162	76
5516	7416243	787	5566	7455432	780	5616	7494271	773	5666	7532766	766	5716	7570922	76
5517	7417030	787	5567	7456212	780	5617	7495044	773	5667	7533532	766	5717	7571682	76
5518	7417817	787	5568	7456992	780	5618	7495817	773	5668	7534298	767	5718	7572442	75
5519	7418604	787	5569	7457772	780	5619	7496590	773	5669	7535065	766	5719	7573201	75
5520	7419391	786	5570	7458552	780	5620	7497363	773	5670	7535831	765	5720	7573960	75
5521	7420177	787	5571	7459332	779	5621	7498136	772	5671	7536596	766	5721	7574719	76
5522	7420964	786	5572	7460111	779	5622	7498908	773	5672	7537362	766	5722	7575479	75
5523	7421750	787	5573	7460890	780	5623	7499681	772	5673	7538128	765	5723	7576237	75
5524	7422537	786	5574	7461670	779	5624	7500453	772	5674	7538893	766	5724	7576996	75
5525	7423323	786	5575	7462449	779	5625	7501225	772	5675	7539659	765	5725	7577755	75
5526	7424109	786	5576	7463228	778	5626	7501997	772	5676	7540424	765	5726	7578513	75
5527	7424895	785	5577	7464006	779	5627	7502769	772	5677	7541189	765	5727	7579272	75
5528	7425680	786	5578	7464785	779	5628	7503541	771	5678	7541954	765	5728	7580030	75
5529	7426466	785	5579	7465564	778	5629	7504312	772	5679	7542719	764	5729	7580788	75
5530	7427251	786	5580	7466342	778	5630	7505084	771	5680	7543483	765	5730	7581546	75
5531	7428037	785	5581	7467120	778	5631	7505855	771	5681	7544248	764	5731	7582304	75
5532	7428822	785	5582	7467898	778	5632	7506626	772	5682	7545012	765	5732	7583062	757
5533	7429607	785	5583	7468676	778	5633	7507398	770	5683	7545777	764	5733	7583819	75
5534	7430392	784	5584	7469454	778	5634	7508168	771	5684	7546541	764	5734	7584577	757
5535	7431176	785	5585	7470232	777	5635	7508939	771	5685	7547305	764	5735	7585334	757
5536	7431961	784	5586	7471009	778	5636	7509710	770	5686	7548069	763	5736	7586091	757
5537	7432745	785	5587	7471787	777	5637	7510480	771	5687	7548832	764	5737	7586848	757
5538	7433530	784	5588	7472564	777	5638	7511251	770	5688	7549596	763	5738	7587605	757
5539	7434314	784	5589	7473341	777	5639	7512021	770	5689	7550359	766	5739	7588362	757
5540	7435098	784	5590	7474118	777	5640	7512791	770	5690	7551125	761	5740	7589119	756
5541	7435882	783	5591	7474895	777	5641	7513561	770	5691	7551886	763	5741	7589875	757
5542	7436665	784	5592	7475672	776	5642	7514331	770	5692	7552649	763	5742	7590632	756
5543	7437449	783	5593	7476448	777	5643	7515101	769	5693	7553412	763	5743	7591388	756
5544	7438232	784	5594	7477225	776	5644	7515870	769	5694	7554175	762	5744	7592144	756
5545	7439016	783	5595	7478001	776	5645	7516639	770	5695	7554937	763	5745	7592900	756
5546	7439799	783	5596	7478777	776	5646	7517409	769	5696	7555700	762	5746	7593656	756
5547	7440582	783	5597	7479553	776	5647	7518178	769	5697	7556462	762	5747	7594412	756
5548	7441365	782	5598	7480329	776	5648	7518947	769	5698	7557224	763	5748	7595168	755
5549	7442147	783	5599	7481105	775	5649	7519716	768	5699	7557987	762	5749	7595925	755
5550	7442930		5600	7481880		5650	7520484		5700	7558749		5750	7596678	

Nomb. Logarithmes. Différ. Nomb. Logarithmes. Différ. Nomb. Logarithmes. Différ. Nomb. Logarithmes. Différ. Nomb. Logarithmes. Différ.

Nomb.	Logarithmes.	Differ.	Nomb.	Logarithmes.	Differ.	Nomb.	Logarithmes.	Differ.	Nomb.	Logarithmes.	Differ.	Nomb.	Logarithmes.	Differ.
5750	7596678	756	5800	7634280	749	5850	7671559	742	5900	7708520	736	5950	7745170	730
5751	7597434	755	5801	7635029	748	5851	7672301	742	5901	7709256	736	5951	7745900	729
5752	7598189	755	5802	7635777	749	5852	7673043	742	5902	7709992	736	5952	7746629	730
5753	7598944	755	5803	7636526	748	5853	7673685	742	5903	7710728	735	5953	7747359	729
5754	7599699	754	5804	7637274	748	5854	7674527	742	5904	7711463	736	5954	7748088	730
5755	7600453	755	5805	7638022	748	5855	7675269	742	5905	7712199	735	5955	7748818	729
5756	7601208	754	5806	7638770	748	5856	7676011	741	5906	7712934	736	5956	7749547	729
5757	7601962	755	5807	7639518	748	5857	7676752	742	5907	7713670	735	5957	7750276	729
5758	7602717	754	5808	7640266	748	5858	7677494	741	5908	7714405	735	5958	7751005	729
5759	7603471	754	5809	7641014	747	5859	7678235	741	5909	7715140	735	5959	7751734	729
5760	7604225	754	5810	7641761	748	5860	7678976	741	5910	7715875	735	5960	7752463	728
5761	7604979	754	5811	7642509	747	5861	7679717	741	5911	7716610	734	5961	7753191	729
5762	7605733	753	5812	7643256	747	5862	7680458	741	5912	7717344	735	5962	7753920	728
5763	7606486	754	5813	7644003	747	5863	7681199	741	5913	7718079	734	5963	7754648	728
5764	7607240	753	5814	7644750	747	5864	7681940	740	5914	7718813	734	5964	7755376	728
5765	7607993	753	5815	7645497	747	5865	7682680	741	5915	7719547	735	5965	7756104	728
5766	7608746	754	5816	7646244	747	5866	7683421	740	5916	7720282	734	5966	7756832	728
5767	7609500	753	5817	7646991	746	5867	7684161	740	5917	7721016	734	5967	7757560	728
5768	7610253	752	5818	7647737	747	5868	7684901	740	5918	7721750	733	5968	7758288	728
5769	7611005	753	5819	7648484	746	5869	7685641	740	5919	7722483	734	5969	7759016	727
5770	7611758	753	5820	7649230	746	5870	7686381	740	5920	7723217	734	5970	7750743	728
5771	7612511	752	5821	7649976	746	5871	7687121	739	5921	7723951	733	5971	7760471	727
5772	7613263	753	5822	7650722	746	5872	7687860	740	5922	7724684	733	5972	7761198	727
5773	7614016	752	5823	7651468	746	5873	7688600	739	5923	7725417	733	5973	7761925	727
5774	7614768	752	5824	7652214	745	5874	7689339	740	5924	7726150	734	5974	7762652	727
5775	7615520	752	5825	7652959	746	5875	7690079	739	5925	7726884	732	5975	7763379	727
5776	7616272	752	5826	7653705	745	5876	7690818	739	5926	7727616	733	5976	7764106	727
5777	7617024	751	5827	7654450	745	5877	7691557	739	5927	7728349	733	5977	7764833	726
5778	7617775	752	5828	7655195	746	5878	7692296	739	5928	7729082	733	5978	7765559	727
5779	7618527	751	5829	7655941	745	5879	7693035	738	5929	7729815	732	5979	7766286	726
5780	7619278	752	5830	7656686	744	5880	7693773	739	5930	7730547	732	5980	7767012	726
5781	7620030	751	5831	7657430	745	5881	7694512	738	5931	7731279	732	5981	7767738	726
5782	7620781	751	5832	7658175	745	5882	7695250	738	5932	7732011	732	5982	7768464	726
5783	7621532	751	5833	7658920	744	5883	7695988	739	5933	7732743	732	5983	7769190	726
5784	7622283	751	5834	7659664	745	5884	7696727	738	5934	7733475	732	5984	7769916	726
5785	7623034	750	5835	7660409	744	5885	7697465	738	5935	7734207	732	5985	7770642	725
5786	7623784	751	5836	7661153	744	5886	7698203	737	5936	7734939	731	5986	7771367	726
5787	7624535	750	5837	7661897	744	5887	7698940	738	5937	7735670	732	5987	7772093	725
5788	7625285	750	5838	7662641	744	5888	7699678	738	5938	7736402	731	5988	7772818	725
5789	7626035	751	5839	7663385	743	5889	7700416	737	5939	7737133	731	5989	7773543	725
5790	7626786	750	5840	7664128	744	5890	7701153	737	5940	7737864	732	5990	7774268	725
5791	7627536	750	5841	7664872	744	5891	7701890	737	5941	7738596	730	5991	7774993	725
5792	7628286	749	5842	7665616	743	5892	7702627	737	5942	7739326	731	5992	7775718	725
5793	7629035	750	5843	7666359	743	5893	7703364	737	5943	7740057	731	5993	7776443	724
5794	7629785	749	5844	7667102	743	5894	7704101	737	5944	7740788	731	5994	7777167	725
5795	7630534	750	5845	7667845	743	5895	7704838	737	5945	7741519	730	5995	7777892	724
5796	7631284	749	5846	7668588	743	5896	7705575	736	5946	7742249	730	5996	7778616	724
5797	7632033	749	5847	7669331	743	5897	7706311	737	5947	7742979	731	5997	7779340	725
5798	7632782	749	5848	7670074	742	5898	7707048	736	5948	7743710	730	5998	7780065	724
5799	7633531	749	5849	7670816	743	5899	7707784	736	5949	7744440	730	5999	7780789	724
5800	7634280		5850	7671559		5900	7708520		5950	7745170		6000	7781513	
Nomb.	Logarithmes.	Differ.	Nomb.	Logarithmes.	Differ.	Nomb.	Logarithmes.	Differ.	Nomb.	Logarithmes.	Differ.	Nomb.	Logarithmes.	Differ.

Nomb.	Logarithmes.	Différ.	Nomb.	Logarithmes.	Différ.	Nomb.	Logarithmes.	Différ.	Nomb.	Logarithmes.	Différ.	Nomb.	Logarithmes.	Différ.
6000	7781513	723	6050	7817554	718	6100	7853298	712	6150	7888751	706	6200	7923917	700
6001	7782236	724	6051	7818272	717	6101	7854010	712	6151	7889457	706	6201	7924617	701
6002	7782960	723	6052	7818989	718	6102	7854722	712	6152	7890163	706	6202	7925318	700
6003	7783683	724	6053	7819707	717	6103	7855434	711	6153	7890869	706	6203	7926018	700
6004	7784407	723	6054	7820424	717	6104	7856145	712	6154	7891575	706	6204	7926718	700
6005	7785130	723	6055	7821141	718	6105	7856857	711	6155	7892281	705	6205	7927418	700
6006	7785853	723	6056	7821859	717	6106	7857568	711	6156	7892986	706	6206	7928118	699
6007	7786576	723	6057	7822576	717	6107	7858279	711	6157	7893692	705	6207	7928817	700
6008	7787299	723	6058	7823293	717	6108	7858990	711	6158	7894397	705	6208	7929517	700
6009	7788022	723	6059	7824010	716	6109	7859701	711	6159	7895102	705	6209	7930217	699
6010	7788745	722	6060	7824726	717	6110	7860412	711	6160	7895807	705	6210	7930916	699
6011	7789467	723	6061	7825443	716	6111	7861123	710	6161	7896512	705	6211	7931615	699
6012	7790190	722	6062	7826159	717	6112	7861833	711	6162	7897217	705	6212	7932314	700
6013	7790912	722	6063	7826876	716	6113	7862544	710	6163	7897922	704	6213	7933014	698
6014	7791634	722	6064	7827592	716	6114	7863254	711	6164	7898626	705	6214	7933712	699
6015	7792356	722	6065	7828308	716	6115	7863965	710	6165	7899331	704	6215	7934411	699
6016	7793078	722	6066	7829024	716	6116	7864675	710	6166	7900035	704	6216	7935110	699
6017	7793800	722	6067	7829740	716	6117	7865385	710	6167	7900739	705	6217	7935809	698
6018	7794522	721	6068	7830456	715	6118	7866095	710	6168	7901444	704	6218	7936507	699
6019	7795243	722	6069	7831171	716	6119	7866805	709	6169	7902148	704	6219	7937206	698
6020	7795965	721	6070	7831887	715	6120	7867514	710	6170	7902852	703	6220	7937904	698
6021	7796686	722	6071	7832602	716	6121	7868224	709	6171	7903555	704	6221	7938602	698
6022	7797408	721	6072	7833318	715	6122	7868933	710	6172	7904259	704	6222	7939300	698
6023	7798129	721	6073	7834033	715	6123	7869643	709	6173	7904963	703	6223	7939998	698
6024	7798850	721	6074	7834748	715	6124	7870352	709	6174	7905666	704	6224	7940696	698
6025	7799571	720	6075	7835463	715	6125	7871061	709	6175	7906370	703	6225	7941394	697
6026	7800291	721	6076	7836178	714	6126	7871770	709	6176	7907073	703	6226	7942091	698
6027	7801012	720	6077	7836892	715	6127	7872479	709	6177	7907776	703	6227	7942789	697
6028	7801732	721	6078	7837607	714	6128	7873188	708	6178	7908479	703	6228	7943486	697
6029	7802453	720	6079	7838321	715	6129	7873896	709	6179	7909182	703	6229	7944183	697
6030	7803173	720	6080	7839036	714	6130	7874605	708	6180	7909885	702	6230	7944880	698
6031	7803893	720	6081	7839750	714	6131	7875313	708	6181	7910587	703	6231	7945578	696
6032	7804613	720	6082	7840464	714	6132	7876021	709	6182	7911290	702	6232	7946274	697
6033	7805333	720	6083	7841178	714	6133	7876730	708	6183	7911992	703	6233	7946971	697
6034	7806053	720	6084	7841892	714	6134	7877438	708	6184	7912695	702	6234	7947668	697
6035	7806773	719	6085	7842606	713	6135	7878146	708	6185	7913397	702	6235	7948365	696
6036	7807492	710	6086	7843319	714	6136	7878854	707	6186	7914099	702	6236	7949061	696
6037	7808212	719	6087	7844033	713	6137	7879561	708	6187	7914801	702	6237	7949757	697
6038	7808931	719	6088	7844746	714	6138	7880269	707	6188	7915503	702	6238	7950454	696
6039	7809650	719	6089	7845460	713	6139	7880976	708	6189	7916205	701	6239	7951150	696
6040	7810369	719	6090	7846173	713	6140	7881684	707	6190	7916906	702	6240	7951846	696
6041	7811088	719	6091	7846886	713	6141	7882391	707	6191	7917608	701	6241	7952542	696
6042	7811807	719	6092	7847599	713	6142	7883098	707	6192	7918309	702	6242	7953238	695
6043	7812526	719	6093	7848312	712	6143	7883805	707	6193	7919011	701	6243	7953933	696
6044	7813245	718	6094	7849024	713	6144	7884512	707	6194	7919712	701	6244	7954629	695
6045	7813963	718	6095	7849737	713	6145	7885219	707	6195	7920413	701	6245	7955324	696
6046	7814681	719	6096	7850450	712	6146	7885926	706	6196	7921114	701	6246	7956020	695
6047	7815400	718	6097	7851162	712	6147	7886632	707	6197	7921815	701	6247	7956715	695
6048	7816118	718	6098	7851874	712	6148	7887339	706	6198	7922516	700	6248	7957410	695
6049	7816836	718	6099	7852586	712	6149	7888045	706	6199	7923216	701	6249	7958105	695
6050	7817554		6100	7853298		6150	7888751		6200	7923917		6250	7958800	
Nomb.	Logarithmes.	Différ.	Nomb.	Logarithmes.	Différ.	Nomb.	Logarithmes.	Différ.	Nomb.	Logarithmes.	Différ.	Nomb.	Logarithmes.	Différ.

Nomb.	Logarithmes.	Différ.	Nomb.	Logarithmes.	Différ.	Nomb.	Logarithmes.	Différ.	Nomb.	Logarithmes.	Différ.	Nomb.	Logarithmes.	Différ.
6250	7958800	695	6300	7993405	690	6350	8027737	684	6400	8061800	678	6450	8095597	673
6251	7959495	695	6301	7994095	689	6351	8028421	684	6401	8062478	679	6451	8096270	674
6252	7960190	694	6302	7994784	689	6352	8029105	684	6402	8063157	678	6452	8096944	673
6253	7960884	695	6303	7995473	689	6353	8029789	683	6403	8063835	678	6453	8097617	673
6254	7961579	694	6304	7996162	689	6354	8030472	684	6404	8064513	678	6454	8098290	672
6255	7962273	694	6305	7996851	689	6355	8031156	683	6405	8065191	678	6455	8098962	673
6256	7962967	695	6306	7997540	688	6356	8031839	683	6406	8065869	678	6456	8099635	673
6257	7963662	694	6307	7998228	689	6357	8032522	683	6407	8066547	678	6457	8100308	672
6258	7964356	694	6308	7998917	688	6358	8033205	683	6408	8067225	678	6458	8100980	673
6259	7965050	693	6309	7999605	689	6359	8033888	683	6409	8067903	677	6459	8101653	672
6260	7965743	694	6310	8000294	688	6360	8034571	683	6410	8068580	678	6460	8102325	672
6261	7966437	694	6311	8000982	688	6361	8035254	683	6411	8069258	677	6461	8102997	673
6262	7967131	693	6312	8001670	688	6362	8035937	682	6412	8069935	677	6462	8103670	672
6263	7967824	693	6313	8002358	688	6363	8036619	683	6413	8070612	678	6463	8104342	671
6264	7968517	694	6314	8003046	688	6364	8037302	682	6414	8071290	677	6464	8105013	672
6265	7969211	693	6315	8003734	687	6365	8037984	682	6415	8071967	677	6465	8105685	672
6266	7969904	693	6316	8004421	688	6366	8038666	682	6416	8072644	676	6466	8106357	672
6267	7970597	693	6317	8005109	687	6367	8039348	683	6417	8073320	677	6467	8107029	671
6268	7971290	693	6318	8005796	688	6368	8040031	681	6418	8073997	677	6468	8107700	672
6269	7971983	692	6319	8006484	687	6369	8040712	682	6419	8074674	676	6469	8108372	671
6270	7972675	693	6320	8007171	687	6370	8041394	682	6420	8075350	677	6470	8109043	671
6271	7973368	692	6321	8007858	687	6371	8042076	682	6421	8076027	676	6471	8109714	671
6272	7974060	693	6322	8008545	687	6372	8042758	681	6422	8076703	676	6472	8110385	671
6273	7974753	692	6323	8009232	687	6373	8043439	682	6423	8077379	676	6473	8111056	671
6274	7975445	692	6324	8009919	686	6374	8044121	681	6424	8078055	676	6474	8111727	671
6275	7976137	692	6325	8010605	687	6375	8044802	681	6425	8078731	676	6475	8112398	670
6276	7976829	692	6326	8011292	686	6376	8045483	681	6426	8079407	676	6476	8113068	671
6277	7977521	692	6327	8011978	687	6377	8046164	681	6427	8080083	676	6477	8113739	670
6278	7978213	692	6328	8012665	686	6378	8046845	681	6428	8080759	675	6478	8114409	671
6279	7978905	691	6329	8013351	686	6379	8047526	681	6429	8081434	676	6479	8115080	670
6280	7979596	692	6330	8014037	686	6380	8048207	680	6430	8082110	675	6480	8115750	670
6281	7980288	691	6331	8014723	686	6381	8048887	681	6431	8082785	675	6481	8116420	670
6282	7980979	692	6332	8015409	686	6382	8049568	680	6432	8083460	676	6482	8117090	670
6283	7981671	691	6333	8016095	686	6383	8050248	681	6433	8084136	675	6483	8117760	670
6284	7982362	691	6334	8016781	685	6384	8050929	680	6434	8084811	675	6484	8118430	670
6285	7983053	691	6335	8017466	686	6385	8051609	680	6435	8085486	674	6485	8119100	669
6286	7983744	691	6336	8018152	685	6386	8052289	680	6436	8086160	675	6486	8119769	670
6287	7984435	690	6337	8018837	685	6387	8052969	680	6437	8086835	675	6487	8120439	669
6288	7985125	691	6338	8019522	686	6388	8053649	680	6438	8087510	674	6488	8121108	670
6289	7985816	690	6339	8020208	685	6389	8054329	680	6439	8088184	675	6489	8121778	669
6290	7986506	691	6340	8020893	685	6390	8055009	679	6440	8088859	674	6490	8122447	669
6291	7987197	690	6341	8021578	684	6391	8055688	680	6441	8089533	674	6491	8123116	669
6292	7987887	690	6342	8022262	685	6392	8056368	679	6442	8090207	674	6492	8123785	669
6293	7988577	690	6343	8022947	685	6393	8057047	679	6443	8090881	674	6493	8124454	669
6294	7989267	690	6344	8023632	684	6394	8057726	679	6444	8091555	674	6494	8125123	669
6295	7989957	690	6345	8024316	685	6395	8058405	680	6445	8092229	674	6495	8125792	668
6296	7990647	690	6346	8025001	684	6396	8059085	679	6446	8092903	674	6496	8126460	669
6297	7991337	690	6347	8025685	684	6397	8059764	678	6447	8093577	673	6497	8127129	668
6298	7992027	689	6348	8026369	684	6398	8060442	679	6448	8094250	674	6498	8127797	668
6299	7992716	689	6349	8027053	684	6399	8061121	679	6449	8094924	673	6499	8128465	669
6300	7993405		6350	8027737		6400	8061800		6450	8095597		6500	8129134	
Nomb.	Logarithmes.	Différ.	Nomb.	Logarithmes.	Différ.	Nomb.	Logarithmes.	Différ.	Nomb.	Logarithmes.	Différ.	Nomb.	Logarithmes.	Différ.

Nomb.	Logarithmes.	Differ.	Nomb.	Logarithmes.	Differ.	Nomb.	Logarithmes.	Differ.	Nomb.	Logarithmes.	Differ.	Nomb.	Logarithmes.	Differ.
6500	8129134	668	6550	8162413	663	6600	8195439	658	6650	8228216	653	6700	8260748	648
6501	8129802	668	6551	8163076	663	6601	8196097	658	6651	8228869	653	6701	8261396	648
6502	8130470	668	6552	8163739	663	6602	8196755	658	6652	8229522	653	6702	8262044	648
6503	8131138	667	6553	8164402	662	6603	8197413	658	6653	8230175	653	6703	8262692	648
6504	8131805	668	6554	8165064	663	6604	8198071	657	6654	8230828	653	6704	8263340	648
6505	8132473	668	6555	8165727	662	6605	8198728	658	6655	8231481	652	6705	8263988	647
6506	8133141	667	6556	8166389	663	6606	8199386	657	6656	8232133	653	6706	8264635	648
6507	8133808	667	6557	8167052	662	6607	8200043	657	6657	8232786	652	6707	8265283	648
6508	8134475	668	6558	8167714	662	6608	8200700	658	6658	8233438	652	6708	8265931	647
6509	8135143	667	6559	8168376	662	6609	8201358	657	6659	8234090	652	6709	8266578	647
6510	8135810	667	6560	8169038	662	6610	8202015	657	6660	8234742	652	6710	8267225	647
6511	8136477	667	6561	8169700	662	6611	8202672	656	6661	8235394	652	6711	8267872	647
6512	8137144	667	6562	8170362	662	6612	8203328	657	6662	8236046	652	6712	8268519	647
6513	8137811	667	6563	8171024	662	6613	8203985	657	6663	8236698	652	6713	8269166	647
6514	8138478	666	6564	8171686	661	6614	8204642	656	6664	8237350	652	6714	8269813	647
6515	8139144	667	6565	8172347	662	6615	8205298	657	6665	8238002	651	6715	8270460	647
6516	8139811	666	6566	8173009	661	6616	8205955	656	6666	8238653	652	6716	8271107	646
6517	8140477	667	6567	8173670	661	6617	8206611	657	6667	8239305	651	6717	8271753	647
6518	8141144	666	6568	8174331	662	6618	8207268	656	6668	8239956	651	6718	8272400	646
6519	8141810	666	6569	8174993	661	6619	8207924	656	6669	8240607	651	6719	8273046	647
6520	8142476	666	6570	8175654	661	6620	8208580	656	6670	8241258	651	6720	8273693	646
6521	8143142	666	6571	8176315	661	6621	8209236	656	6671	8241909	651	6721	8274339	646
6522	8143808	666	6572	8176976	660	6622	8209892	656	6672	8242560	651	6722	8274985	646
6523	8144474	666	6573	8177636	661	6623	8210548	655	6673	8243211	651	6723	8275631	646
6524	8145140	665	6574	8178297	661	6624	8211203	656	6674	8243862	651	6724	8276277	646
6525	8145805	666	6575	8178958	660	6625	8211859	655	6675	8244513	650	6725	8276923	646
6526	8146471	665	6576	8179618	660	6626	8212514	656	6676	8245163	651	6726	8277569	645
6527	8147136	665	6577	8180278	661	6627	8213170	655	6677	8245814	650	6727	8278214	646
6528	8147801	666	6578	8180939	660	6628	8213825	655	6678	8246464	650	6728	8278860	645
6529	8148467	665	6579	8181599	660	6629	8214480	655	6679	8247114	651	6729	8279505	646
6530	8149132	665	6580	8182259	660	6630	8215135	655	6680	8247765	650	6730	8280151	645
6531	8149797	665	6581	8182919	660	6631	8215790	655	6681	8248415	650	6731	8280796	645
6532	8150462	665	6582	8183579	660	6632	8216445	655	6682	8249065	650	6732	8281441	645
6533	8151127	664	6583	8184239	659	6633	8217100	655	6683	8249715	649	6733	8282086	645
6534	8151791	665	6584	8184898	660	6634	8217755	654	6684	8250364	650	6734	8282731	645
6535	8152456	664	6585	8185558	659	6635	8218409	655	6685	8251014	650	6735	8283376	645
6536	8153120	665	6586	8186217	660	6636	8219064	654	6686	8251664	649	6736	8284021	644
6537	8153785	664	6587	8186877	659	6637	8219718	654	6687	8252313	650	6737	8284665	645
6538	8154449	664	6588	8187536	659	6638	8220372	655	6688	8252963	649	6738	8285310	645
6539	8155113	664	6589	8188195	659	6639	8221027	654	6689	8253612	649	6739	8285955	644
6540	8155777	664	6590	8188854	659	6640	8221681	654	6690	8254261	649	6740	8286599	644
6541	8156441	664	6591	8189513	659	6641	8222335	654	6691	8254910	649	6741	8287243	644
6542	8157105	664	6592	8190172	659	6642	8222989	654	6692	8255559	649	6742	8287887	645
6543	8157769	664	6593	8190831	658	6643	8223643	653	6693	8256208	649	6743	8288532	644
6544	8158433	664	6594	8191489	659	6644	8224296	654	6694	8256857	649	6744	8289176	644
6545	8159097	663	6595	8192148	658	6645	8224950	653	6695	8257506	648	6745	8289820	643
6546	8159760	663	6596	8192806	659	6646	8225603	654	6696	8258154	649	6746	8290463	644
6547	8160423	664	6597	8193465	658	6647	8226257	653	6697	8258803	648	6747	8291107	644
6548	8161087	663	6598	8194123	658	6648	8226910	653	6698	8259451	649	6748	8291751	643
6549	8161750	663	6599	8194781	658	6649	8227563	653	6699	8260100	648	6749	8292394	644
6550	8162413		6600	8195439		6650	8228216		6700	8260748		6750	8293038	
Nomb.	Logarithmes.	Differ.	Nomb.	Logarithmes.	Differ.	Nomb.	Logarithmes.	Differ.	Nomb.	Logarithmes.	Differ.	Nomb.	Logarithmes.	Differ.

Nomb.	Logarithmes.	Différ.	Nomb.	Logarithmes.	Différ.	Nomb.	Logarithmes.	Différ.	Nomb.	Logarithmes.	Différ.	Nomb.	Logarithmes.	Différ.
50	8293038	643	6800	8325089	639	6850	8356906	634	6900	8388491	629	6950	8419848	625
51	8293681	643	6801	8325728	638	6851	8357540	634	6901	8389120	630	6951	8420473	625
52	8294324	643	6802	8326366	639	6852	8358174	633	6902	8389750	629	6952	8421098	624
53	8294967	644	6803	8327005	638	6853	8358807	634	6903	8390379	629	6953	8421722	625
54	8295611	643	6804	8327643	638	6854	8359441	634	6904	8391008	629	6954	8422347	624
55	8296254	642	6805	8328281	638	6855	8360075	633	6905	8391637	629	6955	8422971	625
56	8296896	643	6806	8328919	639	6856	8360708	633	6906	8392266	629	6956	8423596	624
57	8297539	643	6807	8329558	637	6857	8361341	634	6907	8392895	628	6957	8424220	624
58	8298182	642	6808	8330195	638	6858	8361975	633	6908	8393523	629	6958	8424844	624
59	8298824	643	6809	8330833	638	6859	8362608	633	6909	8394152	628	6959	8425468	624
60	8299467	642	6810	8331471	638	6860	8363241	633	6910	8394780	629	6960	8426092	624
61	8300109	643	6811	8332109	637	6861	8363874	633	6911	8395409	628	6961	8426716	624
62	8300752	642	6812	8332746	638	6862	8364507	633	6912	8396037	629	6962	8427340	624
63	8301394	642	6813	8333384	637	6863	8365140	633	6913	8396666	628	6963	8427964	624
64	8302036	642	6814	8334021	638	6864	8365773	632	6914	8397294	628	6964	8428588	623
65	8302678	642	6815	8334659	637	6865	8366405	633	6915	8397922	628	6965	8429211	624
66	8303320	642	6816	8335296	637	6866	8367038	632	6916	8398550	628	6966	8429835	623
67	8303962	642	6817	8335933	637	6867	8367670	633	6917	8399178	628	6967	8430458	623
68	8304604	641	6818	8336570	637	6868	8368303	632	6918	8399806	627	6968	8431081	624
69	8305245	642	6819	8337207	637	6869	8368935	632	6919	8400433	628	6969	8431705	623
70	8305887	641	6820	8337844	636	6870	8369567	632	6920	8401061	627	6970	8432328	623
71	8306528	641	6821	8338480	637	6871	8370199	633	6921	8401688	628	6971	8432951	623
72	8307169	642	6822	8339117	637	6872	8370832	631	6922	8402316	627	6972	8433574	623
73	8307811	641	6823	8339754	636	6873	8371463	632	6923	8402943	628	6973	8434197	622
74	8308452	641	6824	8340390	637	6874	8372095	632	6924	8403571	627	6974	8434819	623
75	8309093	641	6825	8341027	636	6875	8372727	632	6925	8404198	627	6975	8435442	623
76	8309734	641	6826	8341663	636	6876	8373359	631	6926	8404825	627	6976	8436065	622
77	8310375	641	6827	8342299	636	6877	8373990	632	6927	8405452	627	6977	8436687	623
78	8311016	640	6828	8342935	636	6878	8374622	631	6928	8406079	627	6978	8437310	622
79	8311656	641	6829	8343571	636	6879	8375253	631	6929	8406706	626	6979	8437932	622
780	8312297	640	6830	8344207	636	6880	8375884	632	6930	8407332	627	6980	8438554	622
781	8312937	641	6831	8344843	636	6881	8376516	631	6931	8407959	627	6981	8439176	622
782	8313578	640	6832	8345479	635	6882	8377147	631	6932	8408586	626	6982	8439798	622
783	8314218	640	6833	8346114	636	6883	8377778	631	6933	8409212	626	6983	8440420	622
784	8314858	641	6834	8346750	635	6884	8378409	630	6934	8409838	627	6984	8441042	622
785	8315499	640	6835	8347385	636	6885	8379039	631	6935	8410465	626	6985	8441664	622
786	8316139	639	6836	8348021	635	6886	8379670	631	6936	8411091	626	6986	8442286	621
787	8316778	640	6837	8348656	635	6887	8380301	630	6937	8411717	626	6987	8442907	622
788	8317418	640	6838	8349291	635	6888	8380931	631	6938	8412343	626	6988	8443529	621
789	8318058	640	6839	8349926	635	6889	8381562	630	6939	8412969	626	6989	8444150	622
790	8318698	639	6840	8350561	635	6890	8382192	630	6940	8413595	625	6990	8444772	621
791	8319337	640	6841	8351195	635	6891	8382822	631	6941	8414220	626	6991	8445393	621
792	8319977	639	6842	8351831	634	6892	8383453	630	6942	8414846	626	6992	8446014	621
793	8320616	639	6843	8352465	635	6893	8384083	630	6943	8415472	625	6993	8446635	621
794	8321255	640	6844	8353100	635	6894	8384713	630	6944	8416097	626	6994	8447256	621
795	8321895	639	6845	8353735	634	6895	8385343	630	6945	8416723	625	6995	8447877	621
796	8322534	639	6846	8354369	634	6896	8385973	629	6946	8417348	625	6996	8448498	621
797	8323173	639	6847	8355003	635	6897	8386602	630	6947	8417973	625	6997	8449119	620
798	8323812	638	6848	8355638	634	6898	8387232	629	6948	8418598	625	6998	8449739	621
799	8324450	639	6849	8356272	634	6899	8387861	630	6949	8419223	625	6999	8450360	620
800	8325089		6850	8356906		6900	8388491		6950	8419848		7000	8450980	
Nomb.	Logarithmes.	Différ.	Nomb.	Logarithmes.	Différ.	Nomb.	Logarithmes.	Différ.	Nomb.	Logarithmes.	Différ.	Nomb.	Logarithmes.	Différ.

Nomb.	Logarithmes.	Differ.	Nomb.	Logarithmes.	Differ.	Nomb.	Logarithmes.	Differ.	Nomb.	Logarithmes.	Differ.	Nomb.	Logarithmes.
7000	8450980	621	7050	8481891	616	7100	8512583	612	7150	8543060	608	7200	8573325
7001	8451601	620	7051	8482507	616	7101	8513195	612	7151	8543668	607	7201	8573928
7002	8452221	620	7052	8483123	616	7102	8513807	611	7152	8544275	607	7202	8574531
7003	8452841	620	7053	8483739	616	7103	8514418	612	7153	8544882	607	7203	8575134
7004	8453461	620	7054	8484355	615	7104	8515030	611	7154	8545489	607	7204	8575737
7005	8454081	620	7055	8484970	616	7105	8515641	611	7155	8546096	607	7205	8576340
7006	8454701	620	7056	8485586	615	7106	8516252	611	7156	8546703	607	7206	8576943
7007	8455321	620	7057	8486201	616	7107	8516863	611	7157	8547310	607	7207	8577545
7008	8455941	620	7058	8486817	615	7108	8517474	611	7158	8547917	607	7208	8578148
7009	8456561	619	7059	8487432	615	7109	8518085	611	7159	8548524	606	7209	8578750
7010	8457180	620	7060	8488047	615	7110	8518696	611	7160	8549130	607	7210	8579353
7011	8457800	619	7061	8488662	615	7111	8519307	610	7161	8549737	606	7211	8579955
7012	8458419	619	7062	8489277	615	7112	8519917	611	7162	8550343	607	7212	8580557
7013	8459038	620	7063	8489892	615	7113	8520528	611	7163	8550950	606	7213	8581159
7014	8459658	619	7064	8490507	615	7114	8521139	610	7164	8551556	606	7214	8581761
7015	8460277	619	7065	8491122	614	7115	8521749	610	7165	8552162	606	7215	8582363
7016	8460896	619	7066	8491736	615	7116	8522359	611	7166	8552768	606	7216	8582965
7017	8461515	619	7067	8492351	614	7117	8522970	610	7167	8553374	606	7217	8583567
7018	8462134	618	7068	8492965	615	7118	8523580	610	7168	8553980	606	7218	8584169
7019	8462752	619	7069	8493580	614	7119	8524190	610	7169	8554586	606	7219	8584770
7020	8463371	619	7070	8494194	614	7120	8524800	610	7170	8555192	605	7220	8585372
7021	8463990	618	7071	8494808	615	7121	8525410	610	7171	8555797	606	7221	8585973
7022	8464608	619	7072	8495423	614	7122	8526020	609	7172	8556403	605	7222	8586575
7023	8465227	618	7073	8496037	614	7123	8526629	610	7173	8557008	606	7223	8587176
7024	8465845	618	7074	8496651	613	7124	8527239	610	7174	8557614	605	7224	8587777
7025	8466463	618	7075	8497264	614	7125	8527849	610	7175	8558219	605	7225	8588379
7026	8467081	619	7076	8497878	614	7126	8528458	610	7176	8558824	605	7226	8588980
7027	8467700	618	7077	8498492	614	7127	8529068	609	7177	8559429	606	7227	8589581
7028	8468318	617	7078	8499106	613	7128	8529677	609	7178	8560035	605	7228	8590181
7029	8468935	618	7079	8499719	614	7129	8530286	609	7179	8560640	604	7229	8590782
7030	8469553	618	7080	8500333	613	7130	8530895	609	7180	8561244	605	7230	8591383
7031	8470171	618	7081	8500946	613	7131	8531504	609	7181	8561849	605	7231	8591984
7032	8470789	617	7082	8501559	613	7132	8532113	609	7182	8562454	605	7232	8592584
7033	8471406	618	7083	8502172	614	7133	8532722	609	7183	8563059	604	7233	8593185
7034	8472024	617	7084	8502786	613	7134	8533331	609	7184	8563663	605	7234	8593785
7035	8472641	617	7085	8503399	612	7135	8533940	608	7185	8564268	604	7235	8594385
7036	8473258	618	7086	8504011	613	7136	8534548	609	7186	8564872	604	7236	8594986
7037	8473876	617	7087	8504624	613	7137	8535157	608	7187	8565476	605	7237	8595586
7038	8474493	617	7088	8505237	613	7138	8535765	609	7188	8566081	604	7238	8596186
7039	8475110	617	7089	8505850	612	7139	8536374	608	7189	8566685	604	7239	8596786
7040	8475727	616	7090	8506462	613	7140	8536982	608	7190	8567289	604	7240	8597386
7041	8476343	617	7091	8507075	612	7141	8537590	608	7191	8567893	604	7241	8597985
7042	8476960	617	7092	8507687	613	7142	8538198	609	7192	8568497	604	7242	8598585
7043	8477577	616	7093	8508300	612	7143	8538807	607	7193	8569101	603	7243	8599185
7044	8478193	617	7094	8508912	612	7144	8539414	608	7194	8569704	604	7244	8599784
7045	8478810	616	7095	8509524	612	7145	8540022	608	7195	8570308	604	7245	8600384
7046	8479426	617	7096	8510136	612	7146	8540630	608	7196	8570912	603	7246	8600983
7047	8480043	616	7097	8510748	612	7147	8541238	607	7197	8571515	603	7247	8601583
7048	8480659	616	7098	8511360	612	7148	8541845	608	7198	8572118	604	7248	8602182
7049	8481275	616	7099	8511972	611	7149	8542453	607	7199	8572722	603	7249	8602781
7050	8481891		7100	8512583		7150	8543060		7200	8573325		7250	8603380
Nomb.	Logarithmes.	Differ.	Nomb.	Logarithmes.	Differ.	Nomb.	Logarithmes.	Differ.	Nomb.	Logarithmes.	Differ.	Nomb.	Logarithmes.

Nomb.	Logarithmes.	Differ.	Nomb.	Logarithmes.	Differ.	Nomb.	Logarithmes.	Differ.	Nomb.	Logarithmes.	Differ.	Nomb.	Logarithmes.	Differ.
7250	8603380	599	7300	8633229	594	7350	8662873	591	7400	8692317	587	7450	8721563	583
7251	8603979	599	7301	8633823	595	7351	8663464	591	7401	8692904	587	7451	8722146	582
7252	8604578	599	7302	8634418	595	7352	8664055	591	7402	8693491	586	7452	8722728	583
7253	8605177	599	7303	8635013	595	7353	8664646	590	7403	8694077	587	7453	8723311	583
7254	8605776	598	7304	8635608	594	7354	8665236	591	7404	8694664	587	7454	8723894	582
7255	8606374	599	7305	8636202	595	7355	8665827	590	7405	8695251	586	7455	8724476	583
7256	8606973	598	7306	8636797	594	7356	8666417	591	7406	8695837	586	7456	8725059	582
7257	8607571	599	7307	8637391	594	7357	8667008	590	7407	8696423	587	7457	8725641	583
7258	8608170	598	7308	8637985	595	7358	8667598	590	7408	8697010	586	7458	8726224	582
7259	8608768	598	7309	8638580	594	7359	8668188	590	7409	8697596	586	7459	8726806	582
7260	8609366	598	7310	8639174	594	7360	8668778	590	7410	8698182	586	7460	8727388	582
7261	8609964	598	7311	8639768	594	7361	8669368	590	7411	8698768	586	7461	8727970	582
7262	8610562	598	7312	8640362	594	7362	8669958	590	7412	8699354	586	7462	8728552	582
7263	8611160	598	7313	8640956	594	7363	8670548	590	7413	8699940	586	7463	8729134	582
7264	8611758	598	7314	8641550	593	7364	8671138	590	7414	8700526	586	7464	8729716	582
7265	8612356	598	7315	8642143	594	7365	8671728	589	7415	8701112	585	7465	8730298	582
7266	8612954	598	7316	8642737	594	7366	8672317	590	7416	8701697	586	7466	8730880	582
7267	8613552	597	7317	8643331	593	7367	8672907	589	7417	8702283	585	7467	8731462	581
7268	8614149	598	7318	8643924	593	7368	8673496	590	7418	8702868	586	7468	8732043	582
7269	8614747	597	7319	8644517	594	7369	8674086	589	7419	8703454	585	7469	8732625	581
7270	8615344	597	7320	8645111	593	7370	8674675	589	7420	8704039	585	7470	8733206	581
7271	8615941	598	7321	8645704	593	7371	8675264	589	7421	8704624	586	7471	8733787	582
7272	8616539	597	7322	8646297	593	7372	8675853	589	7422	8705210	585	7472	8734369	581
7273	8617136	597	7323	8646890	593	7373	8676442	589	7423	8705795	585	7473	8734950	581
7274	8617733	597	7324	8647483	593	7374	8677031	589	7424	8706380	585	7474	8735531	581
7275	8618330	597	7325	8648076	593	7375	8677620	589	7425	8706965	584	7475	8736112	581
7276	8618927	597	7326	8648669	593	7376	8678209	589	7426	8707549	585	7476	8736693	581
7277	8619524	597	7327	8649262	593	7377	8678798	589	7427	8708134	585	7477	8737274	581
7278	8620121	596	7328	8649855	592	7378	8679387	588	7428	8708719	585	7478	8737855	580
7279	8620717	597	7329	8650447	593	7379	8679975	589	7429	8709304	584	7479	8738435	581
7280	8621314	596	7330	8651040	592	7380	8680564	588	7430	8709888	585	7480	8739016	581
7281	8621910	597	7331	8651632	593	7381	8681152	588	7431	8710473	584	7481	8739597	580
7282	8622507	596	7332	8652225	592	7382	8681740	589	7432	8711057	584	7482	8740177	580
7283	8623103	596	7333	8652817	592	7383	8682329	588	7433	8711641	585	7483	8740757	581
7284	8623699	597	7334	8653409	592	7384	8682917	588	7434	8712226	584	7484	8741338	580
7285	8624296	596	7335	8654001	592	7385	8683505	588	7435	8712810	584	7485	8741918	580
7286	8624892	596	7336	8654593	592	7386	8684093	588	7436	8713394	584	7486	8742498	580
7287	8625488	596	7337	8655185	592	7387	8684681	586	7437	8713978	584	7487	8743078	580
7288	8626084	596	7338	8655777	592	7388	8685269	588	7438	8714562	584	7488	8743658	580
7289	8626680	595	7339	8656369	592	7389	8685857	587	7439	8715146	583	7489	8744238	580
7290	8627275	596	7340	8656961	591	7390	8686444	588	7440	8715729	584	7490	8744818	580
7291	8627871	596	7341	8657552	592	7391	8687032	588	7441	8716313	584	7491	8745398	580
7292	8628467	595	7342	8658144	591	7392	8687620	587	7442	8716897	583	7492	8745978	579
7293	8629062	596	7343	8658735	592	7393	8688207	587	7443	8717480	584	7493	8746557	580
7294	8629658	595	7344	8659327	591	7394	8688794	588	7444	8718064	583	7494	8747137	579
7295	8630253	595	7345	8659918	591	7395	8689382	587	7445	8718647	583	7495	8747716	580
7296	8630848	595	7346	8660509	591	7396	8689969	587	7446	8719230	584	7496	8748296	579
7297	8631443	596	7347	8661100	591	7397	8690556	587	7447	8719814	583	7497	8748875	579
7298	8632039	595	7348	8661691	591	7398	8691143	587	7448	8720397	583	7498	8749454	580
7299	8632634	595	7349	8662282	591	7399	8691730	587	7449	8720980	583	7499	8750034	579
7300	8633229		7350	8662873		7400	8692317		7450	8721563		7500	8750613	
Nomb.	Logarithmes.	Differ.	Nomb.	Logarithmes.	Differ.	Nomb.	Logarithmes.	Differ.	Nomb.	Logarithmes.	Differ.	Nmob.	Logarithmes.	Differ.

Nomb.	Logarithmes.	Différ.	Nomb.	Logarithmes.	Différ.	Nomb.	Logarithmes.	Différ.	Nomb.	Logarithmes	Différ.	Nomb.	Logarithmes.	Différ.
7500	8750613	579	7550	8779470	575	7600	8808136	571	7650	8836614	568	7700	8864907	564
7501	8751192	579	7551	8780045	575	7601	8808707	572	7651	8837182	568	7701	8865471	564
7502	8751771	578	7552	8780620	575	7602	8809279	571	7652	8837750	567	7702	8866035	564
7503	8752349	579	7553	8781195	575	7603	8809850	571	7653	8838317	568	7703	8866599	564
7504	8752928	579	7554	8781770	575	7604	8810421	571	7654	8838885	567	7704	8867163	563
7505	8753507	579	7555	8782345	574	7605	8810992	571	7655	8839452	567	7705	8867726	564
7506	8754086	578	7556	8782919	575	7606	8811563	571	7656	8840019	567	7706	8868290	564
7507	8754664	579	7557	8783494	575	7607	8812134	571	7657	8840586	568	7707	8868854	563
7508	8755243	578	7558	8784069	574	7608	8812705	571	7658	8841154	567	7708	8869417	563
7509	8755821	578	7559	8784643	575	7609	8813276	571	7659	8841721	567	7709	8869980	564
7510	8756399	579	7560	8785218	574	7610	8813847	570	7660	8842288	567	7710	8870544	563
7511	8756978	578	7561	8785792	575	7611	8814417	571	7661	8842855	566	7711	8871107	563
7512	8757556	578	7562	8786367	574	7612	8814988	570	7662	8843421	567	7712	8871670	563
7513	8758134	578	7563	8786941	574	7613	8815558	571	7663	8843988	567	7713	8872233	563
7514	8758712	578	7564	8787515	574	7614	8816129	570	7664	8844555	567	7714	8872796	563
7515	8759290	578	7565	8788089	574	7615	8816699	570	7665	8845122	566	7715	8873359	563
7516	8759868	578	7566	8788663	574	7616	8817269	571	7666	8845688	567	7716	8873922	563
7517	8760446	577	7567	8789237	574	7617	8817840	570	7667	8846255	566	7717	8874485	563
7518	8761023	578	7568	8789811	574	7618	8818410	570	7668	8846821	566	7718	8875048	562
7519	8761601	577	7569	8790385	574	7619	8818980	570	7669	8847387	567	7719	8875610	563
7520	8762178	578	7570	8790959	573	7620	8819550	570	7670	8847954	566	7720	8876173	563
7521	8762756	577	7571	8791532	574	7621	8820120	569	7671	8848520	566	7721	8876736	562
7522	8763333	578	7572	8792106	574	7622	8820689	570	7672	8849086	566	7722	8877298	562
7523	8763911	577	7573	8792680	573	7623	8821259	570	7673	8849652	566	7723	8877860	563
7524	8764488	577	7574	8793253	573	7624	8821829	569	7674	8850218	566	7724	8878423	562
7525	8765065	577	7575	8793826	574	7625	8822398	570	7675	8850784	566	7725	8878985	562
7526	8765642	577	7576	8794400	573	7626	8822968	569	7676	8851350	565	7726	8879547	562
7527	8766219	577	7577	8794973	573	7627	8823537	570	7677	8851915	566	7727	8880109	562
7528	8766796	577	7578	8795546	573	7628	8824107	569	7678	8852481	566	7728	8880671	562
7529	8767373	577	7579	8796119	573	7629	8824676	569	7679	8853047	565	7729	8881233	562
7530	8767950	576	7580	8796692	573	7630	8825245	570	7680	8853612	566	7730	8881795	562
7531	8768526	577	7581	8797265	573	7631	8825815	569	7681	8854178	565	7731	8882357	561
7532	8769103	577	7582	8797838	573	7632	8826384	569	7682	8854743	565	7732	8882918	562
7533	8769680	576	7583	8798411	572	7633	8826953	569	7683	8855308	566	7733	8883480	562
7534	8770256	577	7584	8798983	573	7634	8827522	568	7684	8855874	565	7734	8884042	561
7535	8770833	576	7585	8799556	572	7635	8828090	569	7685	8856439	565	7735	8884603	562
7536	8771409	576	7586	8800128	573	7636	8828659	569	7686	8857004	565	7736	8885165	561
7537	8771985	576	7587	8800701	572	7637	8829228	569	7687	8857569	565	7737	8885726	561
7538	8772561	576	7588	8801273	573	7638	8829797	568	7688	8858134	565	7738	8886287	561
7539	8773137	576	7589	8801846	572	7639	8830365	569	7689	8858699	564	7739	8886848	562
7540	8773713	576	7590	8802418	572	7640	8830934	568	7690	8859263	565	7740	8887410	561
7541	8774289	576	7591	8802990	572	7641	8831502	568	7691	8859828	565	7741	8887971	561
7542	8774865	576	7592	8803562	572	7642	8832070	569	7692	8860393	564	7742	8888532	561
7543	8775441	576	7593	8804134	572	7643	8832639	568	7693	8860957	565	7743	8889093	560
7544	8776017	575	7594	8804706	572	7644	8833207	568	7694	8861522	564	7744	8889653	561
7545	8776592	576	7595	8805278	572	7645	8833775	568	7695	8862086	565	7745	8890214	561
7546	8777168	575	7596	8805850	571	7646	8834343	568	7696	8862651	564	7746	8890775	561
7547	8777743	576	7597	8806421	572	7647	8834911	568	7697	8863215	564	7747	8891336	560
7548	8778319	575	7598	8806993	571	7648	8835479	568	7698	8863779	564	7748	8891896	561
7549	8778894	576	7599	8807564	572	7649	8836047	567	7699	8864343	564	7749	8892457	560
7550	8779470		7600	8808136		7650	8836614		7700	8864907		7750	8893017	
Nomb.	Logarithmes.	Différ.	Nomb.	Logarithmes.	Différ.	Nomb.	Logarithmes.	Différ.	Nomb.	Logarithmes.	Différ.	Nomb.	Logarithmes.	Différ.

Nomb.	Logarithmes.	Différ.	Nomb.	Logarithmes.	Différ.	Nomb.	Logarithmes.	Différ.	Nomb.	Logarithmes.	Différ.	Nomb.	Logarithmes.	Différ.
7750	8893017	560	7800	8920946	557	7850	8948697	553	7900	8976271	550	7950	9003671	547
7751	8893577	561	7801	8921503	556	7851	8949250	553	7901	8976821	549	7951	9004218	546
7752	8894138	560	7802	8922059	557	7852	8949803	553	7902	8977370	550	7952	9004764	546
7753	8894698	560	7803	8922616	557	7853	8950356	553	7903	8977920	549	7953	9005310	546
7754	8895258	560	7804	8923173	556	7854	8950909	553	7904	8978469	550	7954	9005856	546
7755	8895818	560	7805	8923729	556	7855	8951462	553	7905	8979019	549	7955	9006402	546
7756	8896378	560	7806	8924285	557	7856	8952015	553	7906	8979568	549	7956	9006948	546
7757	8896938	560	7807	8924842	556	7857	8952568	552	7907	8980117	550	7957	9007494	545
7758	8897498	560	7808	8925398	556	7858	8953120	553	7908	8980667	549	7958	9008039	546
7759	8898058	559	7809	8925954	556	7859	8953673	552	7909	8981216	549	7959	9008585	546
7760	8898617	560	7810	8926510	556	7860	8954225	553	7910	8981765	549	7960	9009131	545
7761	8899177	559	7811	8927066	556	7861	8954778	552	7911	8982314	549	7961	9009676	546
7762	8899736	560	7812	8927622	556	7862	8955330	553	7912	8982863	549	7962	9010222	545
7763	8900296	559	7813	8928178	556	7863	8955883	552	7913	8983412	548	7963	9010767	546
7764	8900855	560	7814	8928734	556	7864	8956435	552	7914	8983960	549	7964	9011313	545
7765	8901415	559	7815	8929290	556	7865	8956987	552	7915	8984509	549	7965	9011858	545
7766	8901974	559	7816	8929846	555	7866	8957539	553	7916	8985058	548	7966	9012403	545
7767	8902533	559	7817	8930401	556	7867	8958092	552	7917	8985606	549	7967	9012948	545
7768	8903092	559	7818	8930957	555	7868	8958644	551	7918	8986155	548	7968	9013493	545
7769	8903651	559	7819	8931512	556	7869	8959195	552	7919	8986703	549	7969	9014038	545
7770	8904210	559	7820	8932068	555	7870	8959747	552	7920	8987252	548	7970	9014583	545
7771	8904769	559	7821	8932623	555	7871	8960299	552	7921	8987800	548	7971	9015128	545
7772	8905328	559	7822	8933178	555	7872	8960851	552	7922	8988348	549	7972	9015673	545
7773	8905887	558	7823	8933733	555	7873	8961403	551	7923	8988897	548	7973	9016218	544
7774	8906445	559	7824	8934288	555	7874	8961954	552	7924	8989445	548	7974	9016762	545
7775	8907004	559	7825	8934843	555	7875	8962506	551	7925	8989993	548	7975	9017307	544
7776	8907563	558	7826	8935398	555	7876	8963057	551	7926	8990541	548	7976	9017851	545
7777	8908121	558	7827	8935953	555	7877	8963608	552	7927	8991089	547	7977	9018396	544
7778	8908679	559	7828	8936508	555	7878	8964160	551	7928	8991636	548	7978	9018940	545
7779	8909238	558	7829	8937063	555	7879	8964711	551	7929	8992184	548	7979	9019485	544
7780	8909796	558	7830	8937618	554	7880	8965262	551	7930	8992732	547	7980	9020029	544
7781	8910354	558	7831	8938172	555	7881	8965813	551	7931	8993279	548	7981	9020573	544
7782	8910912	558	7832	8938727	554	7882	8966364	551	7932	8993827	548	7982	9021117	544
7783	8911470	558	7833	8939281	555	7883	8966915	551	7933	8994375	547	7983	9021661	544
7784	8912028	558	7834	8939836	554	7884	8967466	551	7934	8994922	547	7984	9022205	544
7785	8912586	558	7835	8940390	554	7885	8968017	551	7935	8995469	548	7985	9022749	544
7786	8913144	558	7836	8940944	554	7886	8968568	550	7936	8996017	547	7986	9023293	544
7787	8913702	557	7837	8941498	555	7887	8969118	551	7937	8996564	547	7987	9023837	544
7788	8914259	558	7838	8942053	554	7888	8969669	551	7938	8997111	547	7988	9024381	543
7789	8914817	558	7839	8942607	554	7889	8970220	550	7939	8997658	547	7989	9024924	544
7790	8915375	557	7840	8943161	554	7890	8970770	550	7940	8998205	547	7990	9025468	543
7791	8915932	557	7841	8943715	553	7891	8971320	551	7941	8998752	547	7991	9026011	544
7792	8916489	558	7842	8944268	554	7892	8971871	550	7942	8999299	547	7992	9026555	543
7793	8917047	557	7843	8944822	554	7893	8972421	550	7943	8999846	546	7993	9027098	543
7794	8917604	557	7844	8945376	553	7894	8972971	550	7944	9000392	547	7994	9027641	544
7795	8918161	557	7845	8945929	554	7895	8973521	550	7945	9000939	547	7995	9028185	543
7796	8918718	557	7846	8946483	554	7896	8974071	550	7946	9001486	546	7996	9028728	543
7797	8919275	557	7847	8947037	553	7897	8974621	550	7947	9002032	547	7997	9029271	543
7798	8919832	557	7848	8947590	553	7898	8975171	550	7948	9002579	546	7998	9029814	543
7799	8920389	557	7849	8948143	554	7899	8975721	550	7949	9003125	546	7999	9030357	543
7800	8920946		7850	8948697		7900	8976271		7950	9003671		8000	9030900	

Nomb. Logarithmes. Différ. Nomb. Logarithmes. Différ. Nomb. Logarithmes. Différ. Nomb. Logarithmes. Différ. Nomb. Logarithmes. Différ.

Nomb.	Logarithmes.	Différ.
8000	9030900	543
8001	9031443	542
8002	9031985	543
8003	9032528	543
8004	9033071	542
8005	9033613	543
8006	9034156	542
8007	9034698	543
8008	9035241	542
8009	9035783	542
8010	9036325	542
8011	9036867	542
8012	9037409	542
8013	9037951	542
8014	9038493	542
8015	9039035	542
8016	9039577	542
8017	9040119	542
8018	9040661	541
8019	9041202	542
8020	9041744	541
8021	9042285	542
8022	9042827	541
8023	9043368	541
8024	9043909	541
8025	9044450	542
8026	9044992	541
8027	9045533	541
8028	9046074	541
8029	9046615	540
8030	9047155	541
8031	9047696	541
8032	9048237	541
8033	9048778	540
8034	9049318	541
8035	9049859	540
8036	9050399	541
8037	9050940	540
8038	9051480	540
8039	9052020	540
8040	9052560	541
8041	9053101	540
8042	9053641	540
8043	9054181	540
8044	9054721	539
8045	9055260	540
8046	9055800	540
8047	9056340	540
8048	9056880	539
8049	9057419	540
8050	9057959	

Nomb.	Logarithmes.	Différ.
8050	9057959	539
8051	9058498	540
8052	9059038	539
8053	9059577	539
8054	9060116	539
8055	9060655	540
8056	9061195	539
8057	9061734	539
8058	9062273	539
8059	9062812	538
8060	9063350	539
8061	9063889	539
8062	9064428	539
8063	9064967	538
8064	9065505	539
8065	9066044	538
8066	9066582	539
8067	9067121	538
8068	9067659	538
8069	9068197	538
8070	9068735	538
8071	9069273	539
8072	9069812	538
8073	9070350	537
8074	9070887	538
8075	9071425	538
8076	9071963	538
8077	9072501	537
8078	9073038	538
8079	9073576	538
8080	9074114	537
8081	9074651	537
8082	9075188	538
8083	9075726	537
8084	9076263	537
8085	9076800	537
8086	9077337	537
8087	9077874	537
8088	9078411	537
8089	9078948	537
8090	9079485	537
8091	9080022	537
8092	9080559	536
8093	9081095	537
8094	9081632	537
8095	9082169	536
8096	9082705	536
8097	9083241	537
8098	9083778	536
8099	9084314	536
8100	9084850	

Nomb.	Logarithmes.	Différ.
8100	9084850	536
8101	9085386	536
8102	9085922	536
8103	9086458	536
8104	9086994	536
8105	9087530	536
8106	9088066	536
8107	9088602	535
8108	9089137	536
8109	9089673	536
8110	9090209	535
8111	9090744	535
8112	9091279	536
8113	9091815	535
8114	9092350	535
8115	9092885	535
8116	9093420	535
8117	9093955	535
8118	9094490	535
8119	9095025	535
8120	9095560	535
8121	9096095	535
8122	9096630	535
8123	9097165	534
8124	9097699	535
8125	9098234	534
8126	9098768	535
8127	9099303	534
8128	9099837	534
8129	9100371	534
8130	9100905	535
8131	9101440	534
8132	9101974	534
8133	9102508	534
8134	9103042	534
8135	9103576	533
8136	9104109	534
8137	9104643	534
8138	9105177	533
8139	9105710	534
8140	9106244	534
8141	9106778	533
8142	9107311	533
8143	9107844	534
8144	9108378	533
8145	9108911	533
8146	9109444	533
8147	9109977	533
8148	9110510	533
8149	9111043	533
8150	9111576	

Nomb.	Logarithmes.	Différ.
8150	9111576	533
8151	9112109	533
8152	9112642	532
8153	9113174	533
8154	9113707	533
8155	9114240	532
8156	9114772	533
8157	9115305	532
8158	9115837	532
8159	9116369	533
8160	9116902	532
8161	9117434	532
8162	9117966	532
8163	9118498	532
8164	9119030	532
8165	9119562	532
8166	9120094	532
8167	9120626	531
8168	9121157	532
8169	9121689	532
8170	9122221	531
8171	9122752	532
8172	9123284	531
8173	9123815	531
8174	9124346	532
8175	9124878	531
8176	9125409	531
8177	9125940	531
8178	9126471	531
8179	9127002	531
8180	9127533	531
8181	9128064	531
8182	9128595	531
8183	9129126	530
8184	9129656	531
8185	9130187	530
8186	9130717	531
8187	9131248	530
8188	9131778	531
8189	9132309	530
8190	9132839	530
8191	9133369	530
8192	9133899	531
8193	9134430	530
8194	9134960	530
8195	9135490	529
8196	9136019	530
8197	9136549	530
8198	9137079	530
8199	9137609	530
8200	9138139	

Nomb.	Logarithmes.	Différ.
8200	9138139	529
8201	9138668	530
8202	9139198	529
8203	9139727	530
8204	9140257	529
8205	9140786	529
8206	9141315	529
8207	9141844	529
8208	9142373	530
8209	9142903	529
8210	9143432	529
8211	9143961	528
8212	9144489	529
8213	9145018	529
8214	9145547	529
8215	9146076	528
8216	9146604	529
8217	9147133	528
8218	9147661	529
8219	9148190	528
8220	9148718	528
8221	9149246	529
8222	9149775	528
8223	9150303	528
8224	9150831	528
8225	9151359	528
8226	9151887	528
8227	9152415	528
8228	9152943	528
8229	9153471	527
8230	9153998	528
8231	9154526	528
8232	9155054	527
8233	9155581	528
8234	9156109	527
8235	9156636	527
8236	9157163	528
8237	9157691	527
8238	9158218	527
8239	9158745	527
8240	9159272	527
8241	9159799	527
8242	9160326	527
8243	9160853	527
8244	9161380	527
8245	9161907	526
8246	9162433	527
8247	9162960	527
8248	9163487	526
8249	9164013	526
8250	9164539	

Nomb. Logarithmes. Différ. Nomb. Logarithmes. Différ. Nomb. Logarithmes. Différ. Nomb. Logarithmes. Différ. Nomb. Logarithmes. Différ.

Nomb.	Logarithmes.	Différ.	Nomb.	Logarithmes.	Différ.	Nomb.	Logarithmes.	Différ.	Nomb.	Logarithmes.	Différ.	Nomb.	Logarithmes.	Différ.
8250	9164539	527	8300	9190781	523	8350	9216865	520	8400	9242793	517	8450	9268567	514
8251	9165066	526	8301	9191304	523	8351	9217385	520	8401	9243310	517	8451	9269081	514
8252	9165592	526	8302	9191827	523	8352	9217905	520	8402	9243827	517	8452	9269595	514
8253	9166118	527	8303	9192350	523	8353	9218425	520	8403	9244344	516	8453	9270109	513
8254	9166645	526	8304	9192873	523	8354	9218945	520	8404	9244860	517	8454	9270622	514
8255	9167171	526	8305	9193396	523	8355	9219465	519	8405	9245377	517	8455	9271136	514
8256	9167697	526	8306	9193919	523	8356	9219984	520	8406	9245894	516	8456	9271650	513
8257	9168223	526	8307	9194442	523	8357	9220504	520	8407	9246410	517	8457	9272163	514
8258	9168749	526	8308	9194965	523	8358	9221024	519	8408	9246927	517	8458	9272677	513
8259	9169275	525	8309	9195488	522	8359	9221543	520	8409	9247444	516	8459	9273190	514
8260	9169800	526	8310	9196010	523	8360	9222063	519	8410	9247960	516	8460	9273704	513
8261	9170326	526	8311	9196533	522	8361	9222582	520	8411	9248476	517	8461	9274217	513
8262	9170852	526	8312	9197055	523	8362	9223102	519	8412	9248993	516	8462	9274730	513
8263	9171378	525	8313	9197578	522	8363	9223621	519	8413	9240509	516	8463	9275243	514
8264	9171903	526	8314	9198100	523	8364	9224140	519	8414	9250025	516	8464	9275757	513
8265	9172429	525	8315	9198623	522	8365	9224659	520	8415	9250541	516	8465	9276270	513
8266	9172954	525	8316	9199145	522	8366	9225179	519	8416	9251057	516	8466	9276783	513
8267	9173479	526	8317	9199667	522	8367	9225698	519	8417	9251573	516	8467	9277296	512
8268	9174005	525	8318	9200189	522	8368	9226217	519	8418	9252089	516	8468	9277808	513
8269	9174530	525	8319	9200711	522	8369	9226736	519	8419	9252605	516	8469	9278321	513
8270	9175055	525	8320	9201233	522	8370	9227255	518	8420	9253121	516	8470	9278834	513
8271	9175580	525	8321	9201755	522	8371	9227773	519	8421	9253637	515	8471	9279347	512
8272	9176105	525	8322	9202277	522	8372	9228292	519	8422	9254152	516	8472	9279859	513
8273	9176630	525	8323	9202799	522	8373	9228811	519	8423	9254668	516	8473	9280372	513
8274	9177155	525	8324	9203321	521	8374	9229330	518	8424	9255184	515	8474	9280885	512
8275	9177680	525	8325	9203842	522	8375	9229848	519	8425	9255699	516	8475	9281397	512
8276	9178205	525	8326	9204364	522	8376	9230367	518	8426	9256215	515	8476	9281909	513
8277	9178730	524	8327	9204886	521	8377	9230885	519	8427	9256730	515	8477	9282422	512
8278	9179254	525	8328	9205407	522	8378	9231404	518	8428	9257245	516	8478	9282934	512
8279	9179779	524	8329	9205929	521	8379	9231922	518	8429	9257761	515	8479	9283446	513
8280	9180303	525	8330	9206450	521	8380	9232440	518	8430	9258276	515	8480	9283959	512
8281	9180828	524	8331	9206971	522	8381	9232958	519	8431	9258791	515	8481	9284471	512
8282	9181352	525	8332	9207493	521	8382	9233477	518	8432	9259306	515	8482	9284983	512
8283	9181877	524	8333	9208014	521	8383	9233995	518	8433	9259821	515	8483	9285495	512
8284	9182401	524	8334	9208535	521	8384	9234513	518	8434	9260336	515	8484	9286007	511
8285	9182925	524	8335	9209056	521	8385	9235031	518	8435	9260851	515	8485	9286518	512
8286	9183449	524	8336	9209577	521	8386	9235549	517	8436	9261366	514	8486	9287030	512
8287	9183973	524	8337	9210098	521	8387	9236066	518	8437	9261880	515	8487	9287542	512
8288	9184497	524	8338	9210619	521	8388	9236584	518	8438	9262395	515	8488	9288054	511
8289	9185021	524	8339	9211140	521	8389	9237102	518	8439	9262910	514	8489	9288565	512
8290	9185545	524	8340	9211661	520	8390	9237620	517	8440	9263424	515	8490	9289077	511
8291	9186069	524	8341	9212181	521	8391	9238137	518	8441	9263939	514	8491	9289588	512
8292	9186593	524	8342	9212702	520	8392	9238655	517	8442	9264453	515	8492	9290100	511
8293	9187117	523	8343	9213222	521	8393	9239172	518	8443	9264968	514	8493	9290611	512
8294	9187640	524	8344	9213743	520	8394	9239690	517	8444	9265482	515	8494	9291123	511
8295	9188164	523	8345	9214263	521	8395	9240207	517	8445	9265997	514	8495	9291634	511
8296	9188687	524	8346	9214784	520	8396	9240724	518	8446	9266511	514	8496	9292145	511
8297	9189211	523	8347	9215304	520	8397	9241242	517	8447	9267025	514	8497	9292656	511
8298	9189734	524	8348	9215824	521	8398	9241759	517	8448	9267539	514	8498	9293167	511
8299	9190258	523	8349	9216345	520	8399	9242276	517	8449	9268053	514	8499	9293678	511
8300	9190781		8350	9216865		8400	9242793		8450	9268567		8500	9294189	
Nomb.	Logarithmes.	Différ.	Nomb.	Logarithmes.	Différ.	Nomb.	Logarithmes.	Différ.	Nomb.	Logarithmes.	Différ.	Nomb.	Logarithmes.	Différ.

Nomb.	Logarithmes.	Differ.	Nomb.	Logarithmes.	Differ.	Nomb.	Logarithmes.	Differ.	Nomb.	Logarithmes.	Differ.	Nomb.	Logarithmes.	Differ.
8500	9294189	511	8550	9319661	508	8600	9344985	504	8650	9370161	502	8700	9395193	49
8501	9294700	511	8551	9320169	508	8601	9345489	505	8651	9370663	502	8701	9395692	49
8502	9295211	511	8552	9320677	508	8602	9345994	505	8652	9371165	502	8702	9396191	49
8503	9295722	511	8553	9321185	507	8603	9346499	505	8653	9371667	502	8703	9396690	49
8504	9296233	510	8554	9321692	508	8604	9347004	505	8654	9372169	502	8704	9397189	49
8505	9296743	511	8555	9322200	508	8605	9347509	504	8655	9372671	501	8705	9397688	49
8506	9297254	510	8556	9322708	507	8606	9348013	505	8656	9373172	502	8706	9398187	49
8507	9297764	511	8557	9323215	508	8607	9348518	505	8657	9373674	502	8707	9398685	49
8508	9298275	510	8558	9323723	507	8608	9349023	504	8658	9374176	501	8708	9399184	49
8509	9298785	511	8559	9324230	508	8609	9349527	505	8659	9374677	502	8709	9399683	49
8510	9299296	510	8560	9324738	507	8610	9350032	504	8660	9375179	501	8710	9400182	49
8511	9299806	510	8561	9325245	507	8611	9350536	504	8661	9375680	502	8711	9400680	49
8512	9300316	510	8562	9325752	507	8612	9351040	504	8662	9376182	501	8712	9401179	49
8513	9300826	510	8563	9326259	508	8613	9351544	505	8663	9376683	501	8713	9401677	49
8514	9301336	511	8564	9326767	507	8614	9352049	504	8664	9377184	502	8714	9402176	49
8515	9301847	510	8565	9327274	507	8615	9352553	504	8665	9377686	501	8715	9402674	49
8516	9302357	509	8566	9327781	507	8616	9353057	504	8666	9378187	501	8716	9403172	49
8517	9302866	510	8567	9328288	507	8617	9353561	504	8667	9378688	501	8717	9403670	49
8518	9303376	510	8568	9328795	506	8618	9354065	504	8668	9379189	501	8718	9404169	49
8519	9303886	510	8569	9329301	507	8619	9354569	504	8669	9379690	501	8719	9404667	49
8520	9304396	510	8570	9329808	507	8620	9355073	503	8670	9380191	501	8720	9405165	49
8521	9304906	509	8571	9330315	507	8621	9355576	504	8671	9380692	501	8721	9405663	49
8522	9305415	510	8572	9330822	506	8622	9356080	504	8672	9381193	500	8722	9406161	49
8523	9305925	509	8573	9331328	507	8623	9356584	503	8673	9381693	501	8723	9406659	4
8524	9306434	510	8574	9331835	506	8624	9357087	504	8674	9382194	501	8724	9407157	4
8525	9306944	509	8575	9332341	507	8625	9357591	504	8675	9382695	500	8725	9407654	4
8526	9307453	510	8576	9332848	506	8626	9358095	503	8676	9383195	501	8726	9408152	4
8527	9307963	509	8577	9333354	506	8627	9358598	503	8677	9383696	500	8727	9408650	4
8528	9308472	509	8578	9333860	507	8628	9359101	504	8678	9384196	501	8728	9409147	4
8529	9308981	509	8579	9334367	506	8629	9359605	503	8679	9384697	500	8729	9409645	4
8530	9309490	509	8580	9334873	506	8630	9360108	503	8680	9385197	501	8730	9410142	4
8531	9309999	509	8581	9335379	506	8631	9360611	503	8681	9385698	500	8731	9410640	4
8532	9310508	509	8582	9335885	506	8632	9361114	503	8682	9386198	500	8732	9411137	4
8533	9311017	509	8583	9336391	506	8633	9361617	503	8683	9386698	500	8733	9411635	4
8534	9311526	509	8584	9336897	506	8634	9362120	503	8684	9387198	500	8734	9412132	4
8535	9312035	509	8585	9337403	506	8635	9362623	503	8685	9387698	500	8735	9412629	4
8536	9312544	509	8586	9337909	506	8636	9363126	503	8686	9388198	500	8736	9413126	4
8537	9313053	509	8587	9338415	505	8637	9363629	503	8687	9388698	500	8737	9413623	4
8538	9313562	508	8588	9338920	506	8638	9364132	503	8688	9389198	500	8738	9414120	4
8539	9314070	509	8589	9339426	506	8639	9364635	502	8689	9389698	500	8739	9414617	4
8540	9314579	508	8590	9339932	505	8640	9365137	503	8690	9390198	499	8740	9415114	4
8541	9315087	509	8591	9340437	506	8641	9365640	503	8691	9390697	500	8741	9415611	4
8542	9315596	508	8592	9340943	505	8642	9366143	502	8692	9391197	500	8742	9416108	4
8543	9316104	508	8593	9341448	505	8643	9366645	503	8693	9391697	499	8743	9416605	4
8544	9316112	509	8594	9341953	506	8644	9367148	502	8694	9392196	500	8744	9417101	4
8545	9317121	508	8595	9342459	505	8645	9367650	502	8695	9392696	499	8745	9417598	4
8546	9317629	508	8596	9342964	505	8646	9368152	503	8696	9393195	500	8746	9418095	4
8547	9318137	508	8597	9343469	505	8647	9368655	502	8697	9393695	499	8747	9418591	4
8548	9318645	508	8598	9343974	505	8648	9369157	502	8698	9394194	499	8748	9419088	4
8549	9319153	508	8599	9344479	506	8649	9369659	502	8699	9394693	500	8749	9419584	4
8550	9319661		8600	9344985		8650	9370161		8700	9395193		8750	9420081	
Nomb.	Logarithmes.	Differ.	Nomb.	Logarithmes.	Differ.	Nomb.	Logarithmes.	Differ.	Nomb.	Logarithmes.	Differ.	Nomb.	Logarithmes.	Differ.

Nomb.	Logarithmes.	Différ.	Nomb.	Logarithmes.	Différ.	Nomb.	Logarithmes.	Différ.	Nomb.	Logarithmes.	Différ.	Nomb.	Logarithmes.	Différ.
750	9420081	496	8800	9444827	493	8850	9469433	490	8900	9493900	488	8950	9518230	486
751	9420577	496	8801	9445320	494	8851	9469923	491	8901	9494388	488	8951	9518716	485
752	9421073	496	8802	9445814	493	8852	9470414	491	8902	9494876	488	8952	9519201	485
753	9421569	496	8803	9446307	493	8853	9470905	490	8903	9495364	488	8953	9519686	485
754	9422065	497	8804	9446800	494	8854	9471395	491	8904	9495852	487	8954	9520171	485
755	9422562	496	8805	9447294	493	8855	9471886	490	8905	9496339	488	8955	9520656	485
756	9423058	495	8806	9447787	493	8856	9472376	490	8906	9496827	488	8956	9521141	485
757	9423553	496	8807	9448280	493	8857	9472866	491	8907	9497315	487	8957	9521626	485
758	9424049	496	8808	9448773	493	8858	9473357	490	8908	9497802	488	8958	9522111	484
759	9424545	496	8809	9449266	493	8859	9473847	490	8909	9498290	487	8959	9522595	485
760	9425041	496	8810	9449759	493	8860	9474337	490	8910	9498777	487	8960	9523080	485
761	9425537	495	8811	9450252	493	8861	9474827	490	8911	9499264	488	8961	9523565	484
762	9426032	496	8812	9450745	493	8862	9475317	490	8912	9499752	487	8962	9524049	485
763	9426528	496	8813	9451238	492	8863	9475807	490	8913	9500239	487	8963	9524534	484
764	9427024	495	8814	9451730	493	8864	9476297	490	8914	9500726	487	8964	9525018	485
765	9427519	496	8815	9452223	493	8865	9476787	490	8915	9501213	488	8965	9525503	484
766	9428015	495	8816	9452716	492	8866	9477277	490	8916	9501701	487	8966	9525987	485
767	9428510	495	8817	9453208	493	8867	9477767	490	8917	9502188	487	8967	9526472	484
768	9429005	496	8818	9453701	492	8868	9478257	490	8918	9502675	487	8968	9526956	484
769	9429501	495	8819	9454193	493	8869	9478747	489	8919	9503162	487	8969	9527440	484
770	9429996	495	8820	9454686	492	8870	9479236	490	8920	9503649	486	8970	9527924	485
771	9430491	495	8821	9455178	493	8871	9479726	489	8921	9504135	487	8971	9528409	484
772	9430986	495	8822	9455671	492	8872	9480215	490	8922	9504622	487	8972	9528893	484
773	9431481	495	8823	9456163	492	8873	9480705	489	8923	9505109	487	8973	9529377	484
774	9431976	495	8824	9456655	492	8874	9481194	490	8924	9505596	486	8974	9529861	484
775	9432471	495	8825	9457147	492	8875	9481684	489	8925	9506082	487	8975	9530345	483
776	9432966	495	8826	9457639	492	8876	9482173	489	8926	9506569	486	8976	9530828	484
777	9433461	495	8827	9458131	492	8877	9482662	489	8927	9507055	487	8977	9531312	484
778	9433956	494	8828	9458623	492	8878	9483151	490	8928	9507542	486	8978	9531796	484
779	9434450	495	8829	9459115	492	8879	9483641	489	8929	9508028	487	8979	9532280	483
780	9434945	495	8830	9459607	492	8880	9484130	489	8930	9508515	486	8980	9532763	484
781	9435440	494	8831	9460099	492	8881	9484619	489	8931	9509001	486	8981	9533247	484
782	9435934	495	8832	9460591	491	8882	9485108	489	8932	9509487	486	8982	9533731	483
783	9436429	494	8833	9461082	492	8883	9485597	488	8933	9509973	486	8983	9534214	483
784	9436923	495	8834	9461574	492	8884	9486085	489	8934	9510459	487	8984	9534697	484
785	9437418	494	8835	9462066	491	8885	9486574	489	8935	9510946	486	8985	9535181	483
786	9437912	494	8836	9462557	492	8886	9487063	489	8936	9511432	486	8986	9535664	483
787	9438406	494	8837	9463049	491	8887	9487552	488	8937	9511918	486	8987	9536147	484
788	9438900	495	8838	9463540	491	8888	9488040	489	8938	9512404	485	8988	9536631	483
789	9439395	494	8839	9464031	492	8889	9488529	489	8939	9512889	486	8989	9537114	483
790	9439889	494	8840	9464523	491	8890	9489018	488	8940	9513375	486	8990	9537597	483
791	9440383	494	8841	9465014	491	8891	9489506	489	8941	9513861	486	8991	9538080	483
792	9440877	494	8842	9465505	491	8892	9489995	488	8942	9514347	485	8992	9538563	483
793	9441371	494	8843	9465996	491	8893	9490483	488	8943	9514832	486	8993	9539046	483
794	9441865	493	8844	9466487	491	8894	9490971	489	8944	9515318	485	8994	9539529	483
795	9442358	494	8845	9466978	491	8895	9491460	488	8945	9515803	486	8995	9540012	482
796	9442852	494	8846	9467469	491	8896	9491948	488	8946	9516289	485	8996	9540494	483
797	9443346	494	8847	9467960	491	8897	9492436	488	8947	9516774	486	8997	9540977	483
798	9443840	493	8848	9468451	491	8898	9492924	488	8948	9517260	485	8998	9541460	483
799	9444333	494	8849	9468942	491	8899	9493412	488	8949	9517745	485	8999	9541943	482
800	9444827		8850	9469433		8900	9493900		8950	9518230		9000	9542425	
Nomb.	Logarithmes.	Différ.	Nomb.	Logarithmes.	Différ.	Nomb.	Logarithmes.	Différ.	Nomb.	Logarithmes.	Différ.	Nomb.	Logarithmes.	Différ.

Nomb.	Logarithmes.	Différ.	Nomb.	Logarithmes.	Différ.	Nomb.	Logarithmes.	Différ.	Nomb.	Logarithmes.	Différ.	Nomb.	Logarithmes.	Différ.
9000	9542425	483	9050	9566486	480	9100	9590414	477	9150	9614211	475	9200	9637878	47
9001	9542908	482	9051	9566966	479	9101	9590891	477	9151	9614686	474	9201	9638350	47
9002	9543390	483	9052	9567445	480	9102	9591368	477	9152	9615160	475	9202	9638822	47
9003	9543873	482	9053	9567925	480	9103	9591845	477	9153	9615635	474	9203	9639294	47
9004	9544355	482	9054	9568405	480	9104	9592322	478	9154	9616109	474	9204	9639766	47
9005	9544837	482	9055	9568885	479	9105	9592800	476	9155	9616583	475	9205	9640238	47
9006	9545319	483	9056	9569364	480	9106	9593276	477	9156	9617058	474	9206	9640710	47
9007	9545802	482	9057	9569844	479	9107	9593753	477	9157	9617532	474	9207	9641181	47
9008	9546284	482	9058	9570323	480	9108	9594230	477	9158	9618006	475	9208	9641653	47
9009	9546766	482	9059	9570803	479	9109	9594707	477	9159	9618481	474	9209	9642125	47
9010	9547248	482	9060	9571282	479	9110	9595184	476	9160	9618955	474	9210	9642596	47
9011	9547730	482	9061	9571761	480	9111	9595660	477	9161	9619429	474	9211	9643068	47
9012	9548212	482	9062	9572241	479	9112	9596137	477	9162	9619903	474	9212	9643539	47
9013	9548694	482	9063	9572720	479	9113	9596614	476	9163	9620377	474	9213	9644011	47
9014	9549176	481	9064	9573199	479	9114	9597090	477	9164	9620851	474	9214	9644482	47
9015	9549657	482	9065	9573678	479	9115	9597567	476	9165	9621325	474	9215	9644953	47
9016	9550139	482	9066	9574157	479	9116	9598043	477	9166	9621799	473	9216	9645425	47
9017	9550621	481	9067	9574636	479	9117	9598520	476	9167	9622272	474	9217	9645896	47
9018	9551102	482	9068	9575115	479	9118	9598996	476	9168	9622746	474	9218	9646367	47
9019	9551584	481	9069	9575594	479	9119	9599472	476	9169	9623220	473	9219	9646838	47
9020	9552065	482	9070	9576073	479	9120	9599948	477	9170	9623693	474	9220	9647309	47
9021	9552547	481	9071	9576552	478	9121	9600425	476	9171	9624167	473	9221	9647780	47
9022	9553028	482	9072	9577030	479	9122	9600901	476	9172	9624640	474	9222	9648251	47
9023	9553510	481	9073	9577509	479	9123	9601377	476	9173	9625114	473	9223	9648722	47
9024	9553991	481	9074	9577988	478	9124	9601853	476	9174	9625587	474	9224	9649193	47
9025	9554472	481	9075	9578466	479	9125	9602329	476	9175	9626061	473	9225	9649664	47
9026	9554953	481	9076	9578945	478	9126	9602805	476	9176	9626534	473	9226	9650135	47
9027	9555434	482	9077	9579423	479	9127	9603281	475	9177	9627007	474	9227	9650605	47
9028	9555916	481	9078	9579902	478	9128	9603756	476	9178	9627481	473	9228	9651076	47
9029	9556397	481	9079	9580380	478	9129	9604232	476	9179	9627954	473	9229	9651546	47
9030	9556878	480	9080	9580858	479	9130	9604708	475	9180	9628427	473	9230	9652017	47
9031	9557358	481	9081	9581337	478	9131	9605183	476	9181	9628900	473	9231	9652488	47
9032	9557839	481	9082	9581815	478	9132	9605659	476	9182	9629373	473	9232	9652958	47
9033	9558320	481	9083	9582293	478	9133	9606135	475	9183	9629846	473	9233	9653428	47
9034	9558801	481	9084	9582771	478	9134	9606610	476	9184	9630319	473	9234	9653899	47
9035	9559282	480	9085	9583249	478	9135	9607086	475	9185	9630792	472	9235	9654369	47
9036	9559762	481	9086	9583727	478	9136	9607561	475	9186	9631264	473	9236	9654839	47
9037	9560243	480	9087	9584205	478	9137	9608036	476	9187	9631737	473	9237	9655309	47
9038	9560723	481	9088	9584683	478	9138	9608512	475	9188	9632210	473	9238	9655780	47
9039	9561204	480	9089	9585161	478	9139	9608987	475	9189	9632683	472	9239	9656250	47
9040	9561684	481	9090	9585639	478	9140	9609462	475	9190	9633155	473	9240	9656720	47
9041	9562165	480	9091	9586117	477	9141	9609937	475	9191	9633628	472	9241	9657190	47
9042	9562645	480	9092	9586594	478	9142	9610412	475	9192	9634100	473	9242	9657660	47
9043	9563125	481	9093	9587072	477	9143	9610887	475	9193	9634573	472	9243	9658130	46
9044	9563606	480	9094	9587549	478	9144	9611362	475	9194	9635045	472	9244	9658599	47
9045	9564086	480	9095	9588027	478	9145	9611837	475	9195	9635517	473	9245	9659069	47
9046	9564566	480	9096	9588505	477	9146	9612312	475	9196	9635990	472	9246	9659539	47
9047	9565046	480	9097	9588982	477	9147	9612787	475	9197	9636462	472	9247	9660009	46
9048	9565526	480	9098	9589459	478	9148	9613262	474	9198	9636934	472	9248	9660478	47
9049	9566006	480	9099	9589937	477	9149	9613736	475	9199	9637406	472	9249	9660948	46
9050	9566486		9100	9590414		9150	9614211		9200	9637878		9250	9661417	
Nomb.	Logarithmes.	Différ.	Nomb.	Logarithmes.	Différ.	Nomb.	Logarithmes	Différ.	Nomb.	Logarithmes.	Différ.	Nomb.	Logarithmes.	Différ.

Nomb.	Logarithmes.	Différ.	Nomb.	Logarithmes.	Différ.	Nomb.	Logarithmes.	Différ.	Nomb.	Logarithmes.	Différ.	Nomb.	Logarithmes.	Différ.
9250	9661417	470	9300	9684829	467	9350	9708116	465	9400	9731279	462	9450	9754318	460
9251	9661887	469	9301	9685296	467	9351	9708581	464	9401	9731741	461	9451	9754778	459
9252	9662356	470	9302	9685763	467	9352	9709045	464	9402	9732202	462	9452	9755237	460
9253	9662826	469	9303	9686230	467	9353	9709509	465	9403	9732664	462	9453	9755697	459
9254	9663295	469	9304	9686697	467	9354	9709974	464	9404	9733126	462	9454	9756156	459
9255	9663764	469	9305	9687164	466	9355	9710438	464	9405	9733588	462	9455	9756615	460
9256	9664233	470	9306	9687630	467	9356	9710902	464	9406	9734050	461	9456	9757075	459
9257	9664703	469	9307	9688097	467	9357	9711366	464	9407	9734511	462	9457	9757534	459
9258	9665172	469	9308	9688564	466	9358	9711830	464	9408	9734973	462	9458	9757993	459
9259	9665641	469	9309	9689030	467	9359	9712294	464	9409	9735435	461	9459	9758452	459
9260	9666110	469	9310	9689497	466	9360	9712758	464	9410	9735896	462	9460	9758911	459
9261	9666579	469	9311	9689963	467	9361	9713222	464	9411	9736358	461	9461	9759370	459
9262	9667048	469	9312	9690430	466	9362	9713686	464	9412	9736819	462	9462	9759829	459
9263	9667517	468	9313	9690896	466	9363	9714150	464	9413	9737281	461	9463	9760288	459
9264	9667985	469	9314	9691362	467	9364	9714614	464	9414	9737742	461	9464	9760747	459
9265	9668454	469	9315	9691829	466	9365	9715078	464	9415	9738203	461	9465	9761206	459
9266	9668923	469	9316	9692295	466	9366	9715542	463	9416	9738664	462	9466	9761665	459
9267	9669392	468	9317	9692761	466	9367	9716005	464	9417	9739126	461	9467	9762124	458
9268	9669860	469	9318	9693227	466	9368	9716469	463	9418	9739587	461	9468	9762582	459
9269	9670329	468	9319	9693693	466	9369	9716932	464	9419	9740048	461	9469	9763041	459
9270	9670797	469	9320	9694159	466	9370	9717396	463	9420	9740509	461	9470	9763500	458
9271	9671266	468	9321	9694625	466	9371	9717859	464	9421	9740970	461	9471	9763958	459
9272	9671734	469	9322	9695091	466	9372	9718323	463	9422	9741431	461	9472	9764417	458
9273	9672203	468	9323	9695557	466	9373	9718786	463	9423	9741892	461	9473	9764875	459
9274	9672671	468	9324	9696023	465	9374	9719249	464	9424	9742353	461	9474	9765334	458
9275	9673139	468	9325	9696488	466	9375	9719713	463	9425	9742814	460	9475	9765792	459
9276	9673607	469	9326	9696954	466	9376	9720176	463	9426	9743274	461	9476	9766251	458
9277	9674076	468	9327	9697420	465	9377	9720639	463	9427	9743735	461	9477	9766709	458
9278	9674544	468	9328	9697885	466	9378	9721102	463	9428	9744196	460	9478	9767167	458
9279	9675012	468	9329	9698351	465	9379	9721565	463	9429	9744656	461	9479	9767625	458
9280	9675480	468	9330	9698816	466	9380	9722028	463	9430	9745117	460	9480	9768083	458
9281	9675948	468	9331	9699282	465	9381	9722491	463	9431	9745577	461	9481	9768541	459
9282	9676416	468	9332	9699747	466	9382	9722954	463	9432	9746038	460	9482	9769000	458
9283	9676884	467	9333	9700213	465	9383	9723417	463	9433	9746498	461	9483	9769458	457
9284	9677351	468	9334	9700678	465	9384	9723880	463	9434	9746959	460	9484	9769915	458
9285	9677819	468	9335	9701143	465	9385	9724343	462	9435	9747419	460	9485	9770373	458
9286	9678287	467	9336	9701608	466	9386	9724805	463	9436	9747879	461	9486	9770831	458
9287	9678754	468	9337	9702074	465	9387	9725268	463	9437	9748340	460	9487	9771289	458
9288	9679222	468	9338	9702539	465	9388	9725731	462	9438	9748800	460	9488	9771747	457
9289	9679690	467	9339	9703004	465	9389	9726193	463	9439	9749260	460	9489	9772204	458
9290	9680157	468	9340	9703469	465	9390	9726656	462	9440	9749720	460	9490	9772662	458
9291	9680625	467	9341	9703934	465	9391	9727118	463	9441	9750180	460	9491	9773120	457
9292	9681092	467	9342	9704399	464	9392	9727581	462	9442	9750640	460	9492	9773577	458
9293	9681559	468	9343	9704863	465	9393	9728043	463	9443	9751100	460	9493	9774035	457
9294	9682027	467	9344	9705328	465	9394	9728506	462	9444	9751560	460	9494	9774492	458
9295	9682494	467	9345	9705793	465	9395	9728968	462	9445	9752020	459	9495	9774950	457
9296	9682961	467	9346	9706258	464	9396	9729430	462	9446	9752479	460	9496	9775407	457
9297	9683428	467	9347	9706722	465	9397	9729892	462	9447	9752939	460	9497	9775864	458
9298	9683895	467	9348	9707187	465	9398	9730354	462	9448	9753399	459	9498	9776322	457
9299	9684362	467	9349	9707652	464	9399	9730816	463	9449	9753858	460	9499	9776779	457
9300	9684829		9350	9708116		9400	9731279		9450	9754318		9500	9777236	
Nomb.	Logarithmes.	Différ.	Nomb.	Logarithmes.	Différ.	Nomb.	Logarithmes.	Différ.	Nomb.	Logarithmes.	Différ.	Nomb.	Logarithmes.	Différ.

Nomb.	Logarithmes.	Différ.
9500	9777236	457
9501	9777693	457
9502	9778150	457
9503	9778607	457
9504	9779064	457
9505	9779521	457
9506	9779978	457
9507	9780435	457
9508	9780892	456
9509	9781348	457
9510	9781805	457
9511	9782262	456
9512	9782718	457
9513	9783175	456
9514	9783631	457
9515	9784088	456
9516	9784544	457
9517	9785001	456
9518	9785457	456
9519	9785913	456
9520	9786369	457
9521	9786826	456
9522	9787282	456
9523	9787738	456
9524	9788194	456
9525	9788650	456
9526	9789106	456
9527	9789562	455
9528	9790017	456
9529	9790473	456
9530	9790929	456
9531	9791385	455
9532	9791840	456
9533	9792296	455
9534	9792751	456
9535	9793207	455
9536	9793662	456
9537	9794118	455
9538	9794573	455
9539	9795028	456
9540	9795484	455
9541	9795939	455
9542	9796394	455
9543	9796849	455
9544	9797304	455
9545	9797759	455
9546	9798214	455
9547	9798669	455
9548	9799124	455
9549	9799579	455
9550	9800034	

Nomb.	Logarithmes.	Différ.
9550	9800034	454
9551	9800488	455
9552	9800943	455
9553	9801398	454
9554	9801852	455
9555	9802307	454
9556	9802761	455
9557	9803216	454
9558	9803670	455
9559	9804125	454
9560	9804579	454
9561	9805033	454
9562	9805487	455
9563	9805942	454
9564	9806396	454
9565	9806850	454
9566	9807304	454
9567	9807758	454
9568	9808212	454
9569	9808666	453
9570	9809119	454
9571	9809573	454
9572	9810027	454
9573	9810481	453
9574	9810934	454
9575	9811388	453
9576	9811841	454
9577	9812295	453
9578	9812748	454
9579	9813202	453
9580	9813655	453
9581	9814108	454
9582	9814562	453
9583	9815015	453
9584	9815468	453
9585	9815921	453
9586	9816374	453
9587	9816827	453
9588	9817280	453
9589	9817733	453
9590	9818186	453
9591	9818639	453
9592	9819092	452
9593	9819544	453
9594	9819997	453
9595	9820450	452
9596	9820902	453
9597	9821355	452
9598	9821807	453
9599	9822260	452
9600	9822712	

Nomb.	Logarithmes.	Différ.
9600	9822712	453
9601	9823165	452
9602	9823617	452
9603	9824069	453
9604	9824522	452
9605	9824974	452
9606	9825426	452
9607	9825878	452
9608	9826330	452
9609	9826782	452
9610	9827234	452
9611	9827686	452
9612	9828138	451
9613	9828589	452
9614	9829041	452
9615	9829493	452
9616	9829945	451
9617	9830396	452
9618	9830848	451
9619	9831299	452
9620	9831751	451
9621	9832202	452
9622	9832654	451
9623	9833105	451
9624	9833556	451
9625	9834007	452
9626	9834459	451
9627	9834910	451
9628	9835361	451
9629	9835812	451
9630	9836263	451
9631	9836714	451
9632	9837165	451
9633	9837616	450
9634	9838066	451
9635	9838517	451
9636	9838968	451
9637	9839419	450
9638	9839869	451
9639	9840320	450
9640	9840770	451
9641	9841221	450
9642	9841671	451
9643	9842122	450
9644	9842572	450
9645	9843022	451
9646	9843473	450
9647	9843923	450
9648	9844373	450
9649	9844823	450
9650	9845273	

Nomb.	Logarithmes.	Différ.
9650	9845273	450
9651	9845723	450
9652	9846173	450
9653	9846623	450
9654	9847073	450
9655	9847523	450
9656	9847973	449
9657	9848422	450
9658	9848872	450
9659	9849322	449
9660	9849771	450
9661	9850221	449
9662	9850670	450
9663	9851120	449
9664	9851569	450
9665	9852019	449
9666	9852468	449
9667	9852917	449
9668	9853366	450
9669	9853816	449
9670	9854265	449
9671	9854714	449
9672	9855163	449
9673	9855612	449
9674	9856061	449
9675	9856510	449
9676	9856959	448
9677	9857407	449
9678	9857856	449
9679	9858305	449
9680	9858754	448
9681	9859202	449
9682	9859651	448
9683	9860099	449
9684	9860548	448
9685	9860996	449
9686	9861445	448
9687	9861893	448
9688	9862341	449
9689	9862790	448
9690	9863238	448
9691	9863686	448
9692	9864134	448
9693	9864582	448
9694	9865030	448
9695	9865478	448
9696	9865926	448
9697	9866374	448
9698	9866822	448
9699	9867270	447
9700	9867717	

Nomb.	Logarithmes.	Différ.
9700	9867717	448
9701	9868165	448
9702	9868613	447
9703	9869060	448
9704	9869508	447
9705	9869955	448
9706	9870403	447
9707	9870850	448
9708	9871298	447
9709	9871745	447
9710	9872192	448
9711	9872640	447
9712	9873087	447
9713	9873534	447
9714	9873981	447
9715	9874428	447
9716	9874875	447
9717	9875322	447
9718	9875769	447
9719	9876216	447
9720	9876663	446
9721	9877109	447
9722	9877556	447
9723	9878003	447
9724	9878450	446
9725	9878896	447
9726	9879343	446
9727	9879789	447
9728	9880236	446
9729	9880682	446
9730	9881128	447
9731	9881575	446
9732	9882021	446
9733	9882467	446
9734	9882913	447
9735	9883360	446
9736	9883806	446
9737	9884252	446
9738	9884698	446
9739	9885144	446
9740	9885590	445
9741	9886035	446
9742	9886481	446
9743	9886927	446
9744	9887373	445
9745	9887818	446
9746	9888264	446
9747	9888710	445
9748	9889155	446
9749	9889601	445
9750	9890046	

Nomb.	Logarithmes.	Différ.
9750	9890046	446
9751	9890492	445
9752	9890937	445
9753	9891382	446
9754	9891828	445
9755	9892273	445
9756	9892718	445
9757	9893163	445
9758	9893608	445
9759	9894053	445
9760	9894498	445
9761	9894943	445
9762	9895388	445
9763	9895833	445
9764	9896278	444
9765	9896722	445
9766	9897167	445
9767	9897612	445
9768	9898057	444
9769	9898501	445
9770	9898946	444
9771	9899390	445
9772	9899835	444
9773	9900279	444
9774	9900723	445
9775	9901168	444
9776	9901612	444
9777	9902056	444
9778	9902500	444
9779	9902944	445
9780	9903389	444
9781	9903833	444
9782	9904277	444
9783	9904721	443
9784	9905164	444
9785	9905608	444
9786	9906052	444
9787	9906496	444
9788	9906940	443
9789	9907383	444
9790	9907827	444
9791	9908271	443
9792	9908714	444
9793	9909158	443
9794	9909601	443
9795	9910044	444
9796	9910488	443
9797	9910931	443
9798	9911374	444
9799	9911818	443
9800	9912261	

Nomb.	Logarithmes.	Différ.
9800	9912261	443
9801	9912704	443
9802	9913147	443
9803	9913590	443
9804	9914033	443
9805	9914476	443
9806	9914919	443
9807	9915362	443
9808	9915805	442
9809	9916247	443
9810	9916690	443
9811	9917133	442
9812	9917575	443
9813	9918018	443
9814	9918461	442
9815	9918903	442
9816	9919345	443
9817	9919788	442
9818	9920230	443
9819	9920673	442
9820	9921115	442
9821	9921557	442
9822	9921999	442
9823	9922441	443
9824	9922884	442
9825	9923326	442
9826	9923768	442
9827	9924210	441
9828	9924651	442
9829	9925093	442
9830	9925535	442
9831	9925977	442
9832	9926419	441
9833	9926860	442
9834	9927302	442
9835	9927744	441
9836	9928185	442
9837	9928627	441
9838	9929068	442
9839	9929510	441
9840	9929951	441
9841	9930392	442
9842	9930834	441
9843	9931275	441
9844	9931716	441
9845	9932157	441
9846	9932598	441
9847	9933039	441
9848	9933480	441
9849	9933921	441
9850	9934362	

Nomb.	Logarithmes.	Différ.
9850	9934362	441
9851	9934803	441
9852	9935244	441
9853	9935685	441
9854	9936126	440
9855	9936566	441
9856	9937007	441
9857	9937448	440
9858	9937888	441
9859	9938329	440
9860	9938769	441
9861	9939210	440
9862	9939650	440
9863	9940090	441
9864	9940531	440
9865	9940971	440
9866	9941411	440
9867	9941851	440
9868	9942291	440
9869	9942731	441
9870	9943172	440
9871	9943612	439
9872	9944051	440
9873	9944491	440
9874	9944931	440
9875	9945371	440
9876	9945811	440
9877	9946251	439
9878	9946690	440
9879	9947130	439
9880	9947569	440
9881	9948009	439
9882	9948448	440
9883	9948888	439
9884	9949327	440
9885	9949767	439
9886	9950206	439
9887	9950645	440
9888	9951085	439
9889	9951524	439
9890	9951963	439
9891	9952402	439
9892	9952841	439
9893	9953280	439
9894	9953719	439
9895	9954158	439
9896	9954597	439
9897	9955036	438
9898	9955474	439
9899	9955913	439
9900	9956352	

Nomb.	Logarithmes.	Différ.
9900	9956352	439
9901	9956791	438
9902	9957229	439
9903	9957668	438
9904	9958106	439
9905	9958545	438
9906	9958983	439
9907	9959422	438
9908	9959860	438
9909	9960298	439
9910	9960737	438
9911	9961175	438
9912	9961613	438
9913	9962051	438
9914	9962489	438
9915	9962927	438
9916	9963365	438
9917	9963803	438
9918	9964241	438
9919	9964679	438
9920	9965117	437
9921	9965554	438
9922	9965992	438
9923	9966430	438
9924	9966868	437
9925	9967305	438
9926	9967743	437
9927	9968180	438
9928	9968618	437
9929	9969055	437
9930	9969492	438
9931	9969930	437
9932	9970367	437
9933	9970804	438
9934	9971242	437
9935	9971679	437
9936	9972116	437
9937	9972553	437
9938	9972990	437
9939	9973427	437
9940	9973864	437
9941	9974301	437
9942	9974738	436
9943	9975174	437
9944	9975611	437
9945	9976048	437
9946	9976485	436
9947	9976921	437
9948	9977358	436
9949	9977794	437
9950	9978231	

Nomb.	Logarithmes.	Différ.
9950	9978231	436
9951	9978667	437
9952	9979104	436
9953	9979540	436
9954	9979976	437
9955	9980413	436
9956	9980849	436
9957	9981285	436
9958	9981721	436
9959	9982157	436
9960	9982593	436
9961	9983029	436
9962	9983465	436
9963	9983901	436
9964	9984337	436
9965	9984773	436
9966	9985209	436
9967	9985645	435
9968	9986080	436
9969	9986516	436
9970	9986952	435
9971	9987387	436
9972	9987823	435
9973	9988258	436
9974	9988694	435
9975	9989129	435
9976	9989564	436
9977	9990000	435
9978	9990435	435
9979	9990870	435
9980	9991305	436
9981	9991741	435
9982	9992176	435
9983	9992611	435
9984	9993046	435
9985	9993481	435
9986	9993916	434
9987	9994350	435
9988	9994785	435
9989	9995220	435
9990	9995655	435
9991	9996090	434
9992	9996524	435
9993	9996959	434
9994	9997393	435
9995	9997828	434
9996	9998262	435
9997	9998697	434
9998	9999131	435
9999	9999566	434
10000	10000000	

TABLE DES LOGARITHMES,

DES NOMBRES PREMIERS, DEPUIS 1 JUSQU'A 1300, EXCLUSIVEMENT,

AVEC QUINZE DÉCIMALES.

Nombr.	Logarithmes.	Nombr.	Logarithmes.	Nombr.	Logarithmes.	Nombr.	Logarithmes.
1	00000 00000 00000 0	241	38201 70425 74868 5	577	76117 58131 55731 4	937	97173 95908 87778 2
2	30102 99956 63981 1	251	39967 37214 81038 1	587	76863 81012 47614 4	941	97358 96234 27256 9
3	47712 12547 19662 4	257	40993 31233 31294 5	593	77305 46933 64262 6	947	97634 99790 03273 4
5	69897 00043 36018 8	263	41995 57484 89757 8	599	77742 68223 89311 3	953	97909 29006 38326 4
7	84509 80400 14256 8	269	42975 22800 02407 9	601	77887 44720 02739 5	967	98542 64740 83001 6
11	04139 26851 58225 0	271	43296 92908 74403 7	607	78318 86910 75257 5	971	98721 92299 08004 8
13	11394 33523 06836 7	277	44247 97690 64448 3	613	78746 04745 18415 0	977	98989 45637 18773 0
17	23044 89213 78273 9	281	44870 63199 05079 8	617	79028 31640 33241 6	983	99255 35178 32133 6
19	27875 36009 52828 9	283	45178 64355 24290 2	619	79169 06490 20117 9	991	99607 36544 85275 3
23	36172 78360 17592 8	293	46686 76203 54109 4	631	80002 93592 44134 3	997	99869 51583 11653 7
29	46239 79978 98956 0	307	48713 83754 77186 4	641	80685 80295 18817 4	1009	00389 11662 36910 5
31	49136 16938 34272 6	311	49276 03890 26837 5	643	80821 09729 24222 0	1013	00560 94453 60280 4
37	56820 17240 66994 9	313	49554 43375 46448 4	647	81090 42806 68700 3	1019	00817 41840 06426 3
41	61278 38567 19735 4	317	50105 92622 17751 4	653	81491 31812 75073 9	1021	00902 57420 86910 2
43	63346 84555 79386 5	331	51982 79937 75718 7	659	81888 54145 94009 8	1031	01325 86652 83516 5
47	67209 78579 35717 4	337	52762 99008 71338 6	661	82020 14594 85640 2	1033	01410 03215 19620 5
53	72427 58696 00789 0	347	54032 94747 90873 7	673	82801 50642 23976 8	1039	01661 55475 57177 4
59	77085 20116 42144 1	349	54282 54269 59179 8	677	83058 86686 85144 3	1049	02077 04881 93557 8
61	78532 98350 10767 0	353	54777 47053 87822 5	683	83442 07036 81532 5	1051	02160 27160 28242 2
67	82607 48027 00826 4	359	55509 44485 78319 1	691	83947 80473 74197 4	1061	02571 53839 01340 6
71	85125 83487 19075 2	367	56466 60642 52089 5	701	84571 80179 66658 6	1063	02653 32645 23296 7
73	86332 28601 20455 9	373	57170 88318 08687 6	709	85064 62351 85066 5	1069	02897 77052 80778 0
79	89762 70912 90441 4	379	57863 92099 68072 2	719	85672 88903 82882 6	1087	03622 95440 86294 5
83	91907 80923 76073 9	383	58319 87739 68622 7	727	86153 44108 59037 8	1091	03782 47505 88341 8
89	94939 00066 44912 7	389	58994 96013 25707 7	733	86510 59746 41127 9	1093	03862 01619 49702 7
97	98677 17342 66244 8	397	59879 05067 63115 0	739	86864 44383 94825 7	1097	04020 66275 74711 1
101	00432 13737 82642 5	401	60314 43726 20182 3	743	87098 88157 60575 2	1103	04257 55124 40190 3
103	01283 72247 05172 2	409	61172 33080 07341 8	751	87563 99370 04168 3	1109	04493 15461 49160 0
107	02938 37776 85209 6	419	62221 40229 66295 3	757	87909 38795 00072 7	1117	04805 31731 15609 0
109	03742 64979 40623 6	421	62428 20958 35668 5	761	88138 46567 70572 8	1123	05037 97562 61457 7
113	05307 84434 83419 7	431	63447 72701 60751 6	769	88592 65598 01431 0	1129	05269 39419 24967 8
127	10380 37209 55956 8	433	63648 78963 53565 4	773	88817 94939 18324 9	1151	06107 33256 29791 8
131	11727 12956 55764 2	439	64246 45202 42121 3	787	89597 47323 59064 5	1153	06182 93072 94699 0
137	13672 05671 56406 7	443	64640 37262 23069 5	797	90145 85213 96112 3	1163	06557 97147 28448 4
139	14301 48002 54095 0	449	65224 63410 05323 1	809	90794 85216 12272 3	1171	06855 68930 72363 1
149	17318 62684 12274 0	457	65991 62000 69850 2	811	90902 08542 11156 0	1181	07224 98976 13514 7
151	17897 69472 93169 4	461	66370 09253 89648 1	821	91434 31571 19440 7	1187	07445 07189 54591 2
157	19589 96524 09233 7	463	66558 09910 17953 1	823	91539 98352 12269 8	1193	07664 04436 70541 8
163	21218 76044 03957 8	467	66931 68805 66112 1	827	91750 55095 52546 6	1201	07954 30074 02906 0
167	22271 64711 47583 2	479	68033 55134 14563 2	829	91855 45305 50275 5	1213	08386 08008 66372 9
173	23804 61031 28795 4	487	68752 89612 14634 3	839	92376 19608 28700 2	1217	08529 05782 30064 9
179	25285 30309 79893 1	491	69108 14921 22968 4	853	93094 90311 67523 0	1223	08742 64570 56283 4
181	25767 85748 69184 5	499	69810 05456 23389 9	857	93298 08219 23198 1	1229	08955 18828 86454 0
191	28103 33672 47727 5	503	70156 79850 55927 3	859	93399 31638 31242 3	1231	09025 80529 31316 3
193	28555 73090 07773 7	509	70671 77823 36758 7	863	93601 07957 15209 5	1237	09236 96996 29120 6
197	29446 62261 61592 9	521	71683 77232 99524 4	877	94299 95933 66040 5	1249	09656 24583 74135 3
199	29885 30764 09706 6	523	71850 16888 67274 2	881	94497 59084 12047 9	1259	10002 37501 07862 5
211	32428 24552 97692 6	541	73319 72651 06569 4	883	94596 07035 77568 3	1277	10619 08972 63413 3
223	34830 48630 48160 6	547	73798 73263 33430 7	887	94792 36198 31726 3	1279	10687 05444 78653 9
227	35602 58571 93122 7	557	74585 31951 73728 9	907	95760 72870 60095 2	1283	10822 66563 74928 3
229	35983 54823 39887 9	563	75050 83948 51346 2	911	95951 83769 72998 2	1289	11025 29173 53403 0
233	36735 59210 26018 9	569	75511 22663 93071 1	919	96331 55113 86111 2	1291	11092 62422 66420 3
239	37839 79009 48137 6	571	75663 61082 43348 0	929	96801 57159 93641 7	1297	11293 99760 84080 0

TABLE DES LOGARITHMES A SEPT DÉCIMALES,

DES

SINUS, TANGENTES, COSINUS,

ET COTANGENTES,

10 en 10 *Secondes centésimales pour les trois premiers et les trois derniers Grades du Quart de Cercle,*

et de Minute en Minute centésimale pour tous les autres Grades.

Minutes.	Second.	SINUS.	TANGENT.	COTANG.	COS.		Second.	Minutes.
0	00	0–0000000	0–0000000	0–0000000		0	00	100
	10	5–1961199	5–1961199	4–8038801		0	90	
	20	5–4971499	5–4971499	4–5028501		0	80	
	30	5–6732411	5–6732411	4–3267589		0	70	
	40	5–7981799	5–7981799	4–2018201		0	60	
0	50	5–8950899	5–8950899	4–1049101	0–000000	0	50	99
	60	5–9742711	5–9742711	4–0257289		0	40	
	70	6–0412179	6–0412179	3–9587821		0	30	
	80	6–0992099	6–0992099	3–9007901		0	20	
	90	6–1503624	6–1503624	3–8496376		0	10	
1	00	6–1961199	6–1961199	3–8038801		0	00	99
	10	6–2375126	6–2375126	3–7624874		0	90	
	20	6–2753011	6–2753011	3–7246989		0	80	
	30	6–3100632	6–3100632	3–6899396		0	70	
	40	6–3422479	6–3422479	3–6577521		0	60	
1	50	6–3722111	6–3722111	3–6277889	0–000000	0	50	98
	60	6–4002399	6–4002399	3–5997601		0	40	
	70	6–4265688	6–4265688	3–5734312		0	30	
	80	6–4513924	6–4513924	3–5486076		0	20	
	90	6–4748735	6–4748735	3–5251265		0	10	
2	00	6–4971499	6–4971499	3–5028501		0	00	98
	10	6–5183392	6–5183392	3–4816608		0	90	
	20	6–5385425	6–5385426	3–4614574		0	80	
	30	6–5578477	6–5578477	3–4421523		0	70	
	40	6–5763311	6–5763311	3–4236689		0	60	
2	50	6–5940599	6–5940599	3–4059401	0–000000	0	50	9
	60	6–6110932	6–6110932	3–3889068		0	40	
	70	6–6274836	6–6274837	3–3725163		0	30	
	80	6–6432779	6–6432779	3–3567221		0	20	
	90	6–6585179	6–6585179	3–3414821		0	10	
3	00	6–6732411	6–6732412	3–3267588		0	00	97
	10	6–6874816	6–6874816	3–3125184		9	90	
	20	6–7012698	6–7012699	3–2987301		9	80	
	30	6–7146338	6–4146339	3–2853661		9	70	
	40	6–7275988	6–7275988	3–2724012		9	60	
3	50	6–7401879	6–7401879	3–2598121	0–000000	9	50	96
	60	6–7524224	6–7524224	3–2475776		9	40	
	70	6–7643216	6–7643216	3–2356784		9	30	
	80	6–7759034	6–7759035	3–2240965		9	20	
	90	6–7871845	6–7871845	3–2128155		9	10	
4	00	6–7981798	6–7981799	3–2018201		9	00	96
	10	6–8089037	6–8089038	3–1910962		9	90	
	20	6–8193691	6–8193692	3–1806308		9	80	
	30	6–8295883	6–8295884	3–3704116		9	70	
	40	6–8395725	6–8395726	3–1604274		9	60	
4	50	6–8493324	6–8493325	3–1506675	9–999999	9	50	95
	60	6–8588777	6–8588778	3–1411222		9	40	
	70	6–8682177	6–8682178	3–1317822		9	30	
	80	6 8773611	6–8773612	3–1226388		9	20	
	90	6–8863159	6–8863160	3–1136840		9	10	
5	00	6–8950898	6–8950900	3–1049100		9	00	95
Minutes.	Second.	COSINUS	COTANG.	TANGENT.	SIN.		Second.	Minutes.

Minutes.	Second.	SINUS.	TANGENT.	COTANG.	COS.		Second.
5	00	6–8950898	6–8950900	3–1049100		9	00
	10	6–9056900	6–9056901	3–0963099		9	90
	20	6–9121232	6–9121233	3–0878767		9	80
	30	6–9203957	6–9203958	3–0796042		8	70
	40	6–9285136	6–9285137	3–0714863		8	60
5	50	6–9364825	6–9364827	3–0635173	9–999999	8	50
	60	6–9443078	6–9443080	3–0556920		8	40
	70	6–9519947	6–9519948	3–0480052		8	30
	80	6–9595478	6–9595480	3–0404320		8	20
	90	6–9669718	6–9669720	3–0330280		8	10
6	00	6–9742711	6–9742713	3–0257287		8	00
	10	6–9814496	6–9814498	3–0185502		8	90
	20	6–9885115	6–9885117	3–0114883		8	80
	30	6–9954604	6–9954606	3–0045394		8	70
	40	7–0022998	7–0023000	2–9977000		8	60
6	50	7–0090332	7–0090334	2–9909666	9–999999	8	50
	60	7–0156637	7–0156640	2–9843360		8	40
	70	7–0221946	7–0221948	2–9778052		8	30
	80	7–0286287	7–0286290	2–9713710		8	20
	90	7–0349689	7–0349691	2–9650309		7	10
7	00	7–0412178	7–0412181	2–9587819		7	00
	10	7–0473781	7–0473784	2–9526210		7	90
	20	7–0534525	7–0534526	2–9465474		7	80
	30	7–0594426	7–0594429	2–9405571		7	70
	40	7–0653515	7–0653518	2–9346482		7	60
7	50	7–0711810	7–0711813	2–9288187	9–999999	7	50
	60	7–0769334	7–0769337	2–9230663		7	40
	70	7–0826105	7–0826108	2–9173892		7	30
	80	7–0882144	7–0882147	2–9117853		7	20
	90	7–0937469	7–0937472	2–9062528		7	10
8	00	7–0992097	7–0992101	2–9007899		7	00
	10	7–1046048	7–1046051	2–8953949		6	90
	20	7–1099336	7–1099340	2–8900660		6	80
	30	7–1151978	7–1151982	2–8848018		6	70
	40	7–1203990	7–1203994	2–8796006		6	60
8	50	7–1255387	7–1255391	2–8744609	9–999999	6	50
	60	7–1306182	7–1306186	2–8693814		6	40
	70	7–1356390	7–1356304	2–8643606		6	30
	80	7–1406024	7–1406028	2–8593972		6	20
	90	7–1455097	7–1455102	2–8544898		6	10
9	00	7–1503622	7–1503627	2–8496373		6	00
	10	7–1551611	7–1551616	2–8448384		6	90
	20	7–1599076	7–1599020	2–8400920		5	80
	30	7–1646027	7–1646031	2–8353969		5	70
	40	7–1692476	7–1692480	2–8307520		5	60
9	50	7–1738433	7–1754438	2–8261562	9–999999	5	50
	60	7–1785909	7–1783914	2–8216086		5	40
	70	7–1828914	7–1828919	2–8171081		5	30
	80	7–1873458	7–1873463	2–8126537		5	20
	90	7–1917549	7–1917554	2–8082446		5	10
10	00	7–1961197	7–1961202	2–8058798		5	00
Minutes.	Second.	COSINUS.	COTANG.	TANGENT.	SIN.		Second.

Second.	SINUS.	TANGENT.	COTANG.	COS.	Second.	Minutes.	Minutes.	Second.	SINUS.	TANGENT.	COTANG.	COS.	Second.	Minutes.
00	7-1961197	7-1961202	2-8038798	95	00	90	15	00	7-3722107	7-3722219	2-6277881	88	00	83
10	7-2004411	7-2004416	2-7995584	95	90			10	7-3750964	7-3750976	2-6249024	88	90	
20	7-2047199	7-2047204	2-7952796	94	80			20	7-3779631	7-3779643	2-6220357	88	80	
30	7-2089569	7-2089575	2-7910425	94	70			30	7-3808109	7-3808121	2-6191879	87	70	
40	7-2131530	7-2131536	2-7868464	9-99999 94	60			40	7-3836402	7-3836414	2-6163586	9-99999 87	60	
50	7-2173090	7-2173096	2-7826904	94	50	89	15	50	7-3864511	7-3864524	2-6135476	87	50	84
60	7-2214255	7-2214261	2-7785739	94	40			60	7-3892440	7-3892453	2-6107547	87	40	
70	7-2255035	7-2255041	2-7744959	94	30			70	7-3920191	7-3920204	2-6079796	87	30	
80	7-2295434	7-2295440	2-7704560	94	20			80	7-3947765	7-3947779	2-6052221	87	20	
90	7-2335462	7-2335468	2-7664532	94	10			90	7-3975165	7-3975179	2-6024821	86	10	
00	7-2375125	7-2375130	2-7624870	94	00	89	16	00	7-4002394	7-4002408	2-5997592	86	00	84
10	7-2414426	7-2414433	2-7585567	93	90			10	7-4029453	7-4029467	2-5970533	86	90	
20	7-2453377	7-2453383	2-7546617	93	80			20	7-4056544	7-4056558	2-5943642	86	80	
30	7-2491981	7-2491988	2-7508012	93	70			30	7-4083070	7-4083084	2-5916916	86	70	
40	7-2530245	7-2530252	2-7469748	9-99999 93	60			40	7-4109632	7-4109647	2-5890353	9-99999 86	60	
50	7-2568175	7-2568182	2-7431818	93	50	88	16	50	7-4136033	7-4136048	2-5863952	85	50	83
60	7-2605776	7-2605783	2-7394217	93	40			60	7-4162275	7-4162289	2-5837711	85	40	
70	7-2643055	7-2643062	2-7356938	93	30			70	7-4188359	7-4188373	2-5811627	85	30	
80	7-2680016	7-2680024	2-7319976	93	20			80	7-4214287	7-4214302	2-5785698	85	20	
90	7-2716666	7-2716673	2-7283327	92	10			90	7-4240061	7-4240076	2-5759924	85	10	
00	7-2753009	7-2753016	2-7246984	92	00	88	17	00	7-4265683	7-4265698	2-5734302	83	00	83
10	7-2789050	7-2789058	2-7210942	92	90			10	7-4291155	7-4291170	2-5708830	84	90	
20	7-2824794	7-2824802	2-7175198	92	80			20	7-4316478	7-4316494	2-5683506	84	80	
30	7-2860247	7-2860255	2-7139745	92	70			30	7-4341654	7-4341670	2-5658330	84	70	
40	7-2895413	7-2895421	2-7104579	9-99999 92	60			40	7-4366686	7-4366702	2-5633298	9-99999 84	60	
50	7-2930296	7-2930404	2-7069696	92	50	87	17	50	7-4391574	7-4391590	2-5608410	84	50	82
60	7-2964901	7-2964910	2-7035090	91	40			60	7-4416320	7-4416337	2-5583663	83	40	
70	7-2999233	7-2999242	2-7000758	91	30			70	7-4440926	7-4440943	2-5559057	83	30	
80	7-3033296	7-3033304	2-6966696	91	20			80	7-4465393	7-4465410	2-5534590	83	20	
90	7-3067095	7-3067102	2-6932898	91	10			90	7-4489725	7-4489741	2-5510259	83	10	
00	7-3100629	7-3160638	2-6899362	91	00	87	18	00	7-4513918	7-4513935	2-5486065	83	00	82
10	7-3133909	7-3133918	2-6866082	91	90			10	7-4537979	7-4537996	2-5462004	82	90	
20	7-3166935	7-3166944	2-6833056	91	80			20	7-4561907	7-4561924	2-5438076	82	80	
30	7-3199712	7-3199721	2-6800279	91	70			30	7-4585704	7-4585722	2-5414278	82	70	
40	7-3232244	7-3232253	2-6767747	9-99999 90	60			40	7-4609371	7-4609389	2-5390611	9-99999 82	60	
50	7-3264533	7-3264543	2-6735457	90	50	86	18	50	7-4632910	7-4632928	2-5367072	82	50	81
60	7-3296585	7-3296594	2-6703406	90	40			60	7-4656322	7-4656341	2-5343659	81	40	
70	7-3328401	7-3328411	2-6671589	90	30			70	7-4679609	7-4679627	2-5320373	81	30	
80	7-3359986	7-3359996	2-6640004	90	20			80	7-4702771	7-4702790	2-5297210	81	20	
90	7-3391543	7-3391554	2-6608646	90	10			90	7-4725810	7-4725830	2-5274170	81	10	
00	7-3422476	7-3422486	2-6577514	89	00	86	19	00	7-4748728	7-4748748	2-5251252	81	00	81
10	7-3453386	7-3453397	2-6546603	89	90			10	7-4771526	7-4771545	2-5228455	80	90	
20	7-3484079	7-3484089	2-6515911	89	80			20	7-4794204	7-4794224	2-5205776	80	80	
30	7-3514555	7-3514566	2-6485434	89	70			30	7-4816765	7-4839230	2-5183215	80	70	
40	7-3544820	7-3544831	2-6455169	9-99999 89	60			40	7-4839209	7-4839230	2-5160770	9-99999 80	60	
50	7-3574875	7-3574886	2-6425114	89	50	85	19	50	7-4861538	7-4861558	2-5138442	80	50	80
60	7-3604724	7-3604735	2-6395265	89	40			60	7-4883753	7-4883773	2-5116227	79	40	
70	7-3634368	7-3634380	2-6365620	88	30			70	7-4905854	7-4905875	2-5094125	79	30	
80	7-3663812	7-3663824	2-6336176	88	20			80	7-4927844	7-4927865	2-5072135	79	20	
90	7-3693057	7-3693069	2-6306931	88	10			90	7-4949722	7-4949744	2-5050256	79	10	
00	7-3722107	7-3722119	2-6277881	88	00	85	20	00	7-4971492	7-4971513	2-5028487	79	00	80
Second.	COS.	COTANG.	TANGENT.	SIN.	Second.	Minutes.	Minutes.	Second.	COS.	COTANG	TANGENT.	SIN.	Second.	Minutes.

Minutes.	Second.	SINUS.	TANGENT.	COTANG.	COS.	Second.	Minutes.
20	00	7-4971492	7-4971513	2-5028487	79	00	80
	10	7-4993152	7-4993174	2-5006826	78	90	
	20	7-5014703	7-5014727	2-4985273	78	80	
	30	7-5036152	7-5036174	2-4963826	78	70	
	40	7-5057493	7-5051515	2-4942485	9-9999 78	60	
20	50	7-5078750	7-5078752	2-4921248	77	50	79
	60	7-5099863	7-5099886	2-4900114	77	40	
	70	7-5120895	7-5120918	2-4879082	77	30	
	80	7-5141824	7-5141848	2-4858152	77	20	
	90	7-5162654	7-5162677	2-4837323	77	10	
21	00	7-5183384	7-5183401	2-4816593	76	00	79
	10	7-5204015	7-5204039	2-4795961	76	90	
	20	7-5224549	7-5224573	2-4775427	76	80	
	30	7-5244987	7-5245011	2-4754989	76	70	
	40	7-5265328	7-5265353	2-4734647	9-9999 75	60	
21	50	7-5285575	7-5285600	2-4714400	75	50	78
	60	7-5305728	7-5305753	2-4694247	75	40	
	70	7-5325788	7-5325813	2-4674187	75	30	
	80	7-5345755	7-5345781	2-4654219	75	20	
	90	7-5365631	7-5365657	2-4634343	74	10	
22	00	7-5385417	7-5385443	2-4614557	74	00	78
	10	7-5405113	7-5405139	2-4594861	74	90	
	20	7-5424720	7-5424746	2-4575254	74	80	
	30	7-5444239	7-5444265	2-4555735	73	70	
	40	7-5463670	7-5463697	2-4536303	9-9999 73	60	
22	50	7-5483015	7-5483042	2-4516958	73	50	77
	60	7-5502274	7-5502301	2-4497699	73	40	
	70	7-5521448	7-5521476	2-4478524	72	30	
	80	7-5540538	7-5540566	2-4459434	72	20	
	90	7-5559544	7-5559572	2-4440428	72	10	
23	00	7-5578468	7-5578496	2-4421504	72	00	77
	10	7-5597309	7-5597338	2-4402662	71	90	
	20	7-5616069	7-5616098	2-4383902	71	80	
	30	7-5634748	7-5634777	2-4365223	71	70	
	40	7-5653348	7-5653377	2-4346623	9-9999 71	60	
23	50	7-5671868	7-5671897	2-4328103	70	50	76
	60	7-5690309	7-5690339	2-4309661	70	40	
	70	7-5708672	7-5708702	2-4291298	70	30	
	80	7-5726958	7-5726989	2-4273011	70	20	
	90	7-5745168	7-5745198	2-4254802	69	10	
24	00	7-5763301	7-5763332	2-4236668	69	00	76
	10	7-5781359	7-5781390	2-4218610	69	90	
	20	7-5799342	7-5799373	2-4200627	69	80	
	30	7-5811251	7-5817283	2-4182717	68	70	
	40	7-5835086	7-5835118	2-4164882	9-9999 68	60	
24	50	7-5852849	7-5852881	2-4147119	68	50	75
	60	7-5870539	7-5870571	2-4129429	68	40	
	70	7-5888157	7-5888190	2-4111810	67	30	
	80	7-5905705	7-5905738	2-4094262	67	20	
	90	7-5923181	7-5923214	2-4076786	67	10	
25	00	7-5940588	7-5940621	2-4059379	67	00	75
Minutes.	Second.	COS.	COTANG.	TANGENT.	SIN.	Second.	Minutes.

Minutes.	Second.	SINUS.	TANGENT.	COTANG.	COS.	Second.
25	00	7-5940588	7-5940621	2-4059379	67	00
	10	7-5957925	7-5957958	2-4042042	66	90
	20	7-5975193	7-5975227	2-4024773	66	80
	30	7-5992395	7-5992427	2-4007573	66	70
	40	7-6009524	7-6009559	2-3990441	9-9999 65	60
25	50	7-6026589	7-6026624	2-3973376	65	50
	60	7-6043587	7-6043622	2-3956378	65	40
	70	7-6060518	7-6060554	2-3939446	65	30
	80	7-6077384	7-6077420	2-3922580	64	20
	90	7-6094184	7-6094220	2-3905780	64	10
26	00	7-6110920	7-6110956	2-3889044	64	00
	10	7-6127592	7-6127628	2-3872372	64	90
	20	7-6144199	7-6144236	2-3855764	63	80
	30	7-6160744	7-6160781	2-3839219	63	70
	40	7-6177226	7-6177263	2-3822737	9-9999 63	60
26	50	7-6193645	7-6193683	2-3806317	62	50
	60	7-6210002	7-6210040	2-3789960	62	40
	70	7-6226299	7-6226337	2-3773663	62	30
	80	7-6242534	7-6242572	2-3757428	62	20
	90	7-6258709	7-6258747	2-3741253	61	10
27	00	7-6274823	7-6274862	2-3725138	61	00
	10	7-6290879	7-6290918	2-3709082	61	90
	20	7-6306875	7-6306914	2-3693086	60	80
	30	7-6322812	7-6322852	2-3677148	60	70
	40	7-6338691	7-6338731	2-3661269	9-9999 60	60
27	50	7-6354512	7-6354553	2-3645447	59	50
	60	7-6370276	7-6370317	2-3629683	59	40
	70	7-6385983	7-6386024	2-3613916	59	30
	80	7-6401633	7-6401674	2-3598326	59	20
	90	7-6417227	7-6417269	2-3582731	58	10
28	00	7-6432765	7-6432807	2-3567193	58	00
	10	7-6448248	7-6448290	2-3551710	58	90
	20	7-6463676	7-6463718	2-3536282	57	80
	30	7-6479049	7-6479092	2-3520908	57	70
	40	7-6494368	7-6494411	2-3505589	9-9999 57	60
28	50	7-6509633	7-6509676	2-3490324	56	50
	60	7-6524844	7-6524888	2-3475112	56	40
	70	7-6540003	7-6540047	2-3459953	56	30
	80	7-6555109	7-6555153	2-3444847	56	20
	90	7-6570162	7-6570207	2-3429793	55	10
29	00	7-6585164	7-6585209	2-3414791	55	00
	10	7-6600114	7-6600159	2-3399841	55	90
	20	7-6615012	7-6615058	2-3384942	54	80
	30	7-6629860	7-6629906	2-3370094	54	70
	40	7-6644657	7-6644703	2-3355297	9-9999 54	60
29	50	7-6659403	7-6659450	2-3340550	53	50
	60	7-6674100	7-6674147	2-3325853	53	40
	70	7-6688748	7-6688795	2-3311205	53	30
	80	7-6703346	7-6703393	2-3296607	52	20
	90	7-6717295	7-6717943	2-3282057	52	10
30	00	7-6732395	7-6732443	2-3267557	52	00
Minutes.	Second.	COS.	COTANG.	TANGENT.	SIN.	Second.

Second.	SINUS.	TANGENT.	COTANG.		COS.	Second.	Minutes.
00	7-6732595	7-6732443	2-3267557		52	00	70
10	7-6746848	7-6746896	2-3253104		51	90	
20	7-6761252	7-6761301	2-3238699		51	80	
30	7-6775609	7-6775658	2-3224342		51	70	
40	7-6789918	7-6789968	2-3210032		50	60	
50	7-6804181	7-6804230	2-3195770	9-9999	50	50	69
60	7-6818396	7-6818446	2-3181554		50	40	
70	7-6832566	7-6832616	2-3167384		50	30	
80	7-6846689	7-6846740	2-3153260		49	20	
90	7-6860767	7-6860818	2-3139182		49	10	
00	7-6874799	7-6874850	2-3125150		49	00	69
10	7-6888785	7-6888837	2-3111163		48	90	
20	7-6902727	7-6902779	2-3097221		48	80	
30	7-6916625	7-6916677	2-3083323		48	70	
40	7-6930478	7-6930530	2-3069470		47	60	
50	7-6944287	7-6944340	2-3055660	9-9999	47	50	68
60	7-6958052	7-6958105	2-3041895		46	40	
70	7-6971773	7-6971827	2-3028173		46	30	
80	7-6985452	7-6985506	2-3014494		46	20	
90	7-6999087	7-6999142	2-3000858		45	10	
00	7-7012680	7-7012735	2-2987265		45	00	68
10	7-7026231	7-7026286	2-2973714		45	90	
20	7-7039759	7-7039795	2-2960205		44	80	
30	7-7053205	7-7053261	2-2946739		44	70	
40	7-7066650	7-7066686	2-2933314		44	60	
50	7-7080014	7-7080070	2-2919930	9-9999	43	50	67
60	7-7093356	7-7093413	2-2906587		43	40	
70	7-7106657	7-7106714	2-2893286		43	30	
80	7-7119918	7-7119976	2-2880024		42	20	
90	7-7133158	7-7133196	2-2866804		42	10	
00	7-7146319	7-7146377	2-2853623		42	00	67
10	7-7159459	7-7159518	2-2840482		41	90	
20	7-7172560	7-7172619	2-2827381		41	80	
30	7-7185621	7-7185681	2-2814319		41	70	
40	7-7198644	7-7198703	2-2801297		40	60	
50	7-7211627	7-7211687	2-2788313	9-9999	40	50	66
60	7-7224571	7-7224632	2-2775368		40	40	
70	7-7227477	7-7237538	2-2762462		39	30	
80	7-7250345	7-7250407	2-2749593		39	20	
90	7-7263175	7-7263237	2-2736763		38	10	
00	7-7275967	7-7276029	2-2723971		38	00	66
10	7-7288722	7-7288784	2-2711216		38	90	
20	7-7301459	7-7301502	2-2698498		57	80	
30	7-7314119	7-7314182	2-2685818		57	70	
40	7-7326762	7-7326825	2-2673175		37	60	
50	7-7339368	7-7339432	2-2660368	9-9999	36	50	65
60	7-7351938	7-7352003	2-2647997		36	40	
70	7-7364472	7-7364537	2-2635463		35	30	
80	7-7376970	7-7377034	2-2622966		35	20	
90	7-7389431	7-7389497	2-2610503		35	10	
00	7-7401857	7-7401923	2-2598077		34	00	65
Second.	COSINUS.	COTANG.	TANGENT.		SIN.	Second.	Minutes.

Minutes.	Second.	SINUS.	TANGENT.	COTANG.		COS.	Second.	Minutes.
35	00	7-7401857	7-7401923	2-2598077		34	00	65
	10	7-7414248	7-7414314	2-2585686		34	90	
	20	7-7426603	7-7426670	2-2573330		34	80	
	30	7-7438924	7-7438990	2-2561010		33	70	
	40	7-7451209	7-7451276	2-2548724		33	60	
35	50	7-7463460	7-7463527	2-2536473	9-9999	32	50	64
	60	7-7475676	7-7475744	2-2524256		32	40	
	70	7-7487858	7-7487926	2-2512074		32	30	
	80	7-7500006	7-7500075	2-2499925		31	20	
	90	7-7512120	7-7512189	2-2487811		31	10	
36	00	7-7524201	7-7524270	2-2475730		31	00	64
	10	7-7536248	7-7536317	2-2463683		30	90	
	20	7-7548261	7-7548331	2-2451669		30	80	
	30	7-7560241	7-7560312	2-2439688		29	70	
	40	7-7572189	7-7572260	2-2427740		29	60	
36	50	7-7584104	7-7584175	2-2415825	9-9999	29	50	63
	60	7-7595986	7-7596057	2-2403943		28	40	
	70	7-7607835	7-7607908	2-2392092		28	30	
	80	7-7619653	7-7619725	2-2380275		27	20	
	90	7-7631438	7-7631511	2-2368489		27	10	
37	00	7-7643192	7-7643265	2-2356735		27	00	63
	10	7-7654913	7-7654987	2-2345013		26	90	
	20	7-7666603	7-7666678	2-2333322		26	80	
	30	7-7678262	7-7678337	2-2321163		25	70	
	40	7-7689890	7-7689965	2-2310035		25	60	
37	50	7-7701486	7-7701562	2-2298438	9-9999	25	50	62
	60	7-7713052	7-7713128	2-2286872		24	40	
	70	7-7724587	7-7724663	2-2275337		24	30	
	80	7-7736091	7-7736168	2-2263832		23	20	
	90	7-7747565	7-7747642	2-2252358		23	10	
38	00	7-7759009	7-7759086	2-2240914		23	00	62
	10	7-7770423	7-7770500	2-2229500		22	90	
	20	7-7781806	7-7781885	2-2218115		22	80	
	30	7-7793160	7-7793239	2-2206761		21	70	
	40	7-7804485	7-7804564	2-2195436		21	60	
38	50	7-7815780	7-7815859	2-2184141	9-9999	21	50	61
	60	7-7827045	7-7827125	2-2172875		20	40	
	70	7-7838282	7-7838362	2-2161638		20	30	
	80	7-7849489	7-7849570	2-2150430		19	20	
	90	7-7860668	7-7860749	2-2139251		19	10	
39	00	7-7871818	7-7871899	2-2128101		19	00	61
	10	7-7882959	7-7883021	2-2116979		18	90	
	20	7-7894032	7-7894114	2-2105886		18	80	
	30	7-7905097	7-7905179	2-2094821		17	70	
	40	7-7916133	7-7916216	2-2083784		17	60	
39	50	7-7927142	7-7927225	2-2072775	9-9999	16	50	60
	60	7-7938123	7-7938207	2-2061793		16	40	
	70	7-9949076	7-7949160	2-2050840		16	30	
	80	7-7960001	7-7960086	2-2039914		15	20	
	90	7-7970899	7-7970985	2-2029015		15	10	
40	00	7-7981770	7-7981856	2-2018144		14	00	60
Minutes.	Second.	COSINUS.	COTANG.	TANGENT.		SIN.	Second.	Minutes.

Minutes.	Second.	SINUS.	TANGENT.	COTANG.	COS.		Second.	Minutes.
40	00	7-7981770	7-7981856	2-2018144		914	00	60
	10	7-7992614	7-7992700	2-2007300		914	90	
	20	7-8003450	7-8003517	2-1996485		913	80	
	30	7-8014220	7-8014307	2-1985693		913	70	
	40	7-8024983	7-8025071	2-1974929		913	60	
40	50	7-8035720	7-8035808	2-1964192	9-9999	912	50	59
	60	7-8046450	7-8046518	2-1953482		912	40	
	70	7-8057113	7-8057202	2-1942798		911	30	
	80	7-8067771	7-8067860	2-1932140		911	20	
	90	7-8078402	7-8078492	2-1921508		910	10	
41	00	7-8089007	7-8089097	2-1910903		910	00	59
	10	7-8099587	7-8099677	2-1900323		909	90	
	20	7-8110141	7-8110232	2-1889768		909	80	
	30	7-8120669	7-8120760	2-1879240		909	70	
	40	7-8131172	7-8131263	2-1868737		908	60	
41	50	7-8141649	7-8141741	2-1858259	9-9999	908	50	58
	60	7-8152101	7-8152194	2-1847806		907	40	
	70	7-8162528	7-8162621	2-1837379		907	30	
	80	7-8172930	7-8173024	2-1826976		906	20	
	90	7-8183308	7-8183402	2-1816598		906	10	
42	00	7-8193660	7-8193155	2-1806245		905	00	58
	10	7-8203988	7-8204083	2-1793917		905	90	
	20	7-8214291	7-8214387	2-1785613		905	80	
	30	7-8224570	7-8224666	2-1775334		904	70	
	40	7-8234825	7-8234922	2-1765078		904	60	
42	50	7-8245056	7-8245153	2-1754847	9-9999	903	50	57
	60	7-8255262	7-8255360	2-1744640		903	40	
	70	7-8265443	7-8265543	2-1734457		902	30	
	80	7-8275604	7-8275702	2-1724298		902	20	
	90	7-8285739	7-8285857	2-1714163		901	10	
43	00	7-8293850	7-8293949	2-1704051		901	00	57
	10	7-8303938	7-8306058	2-1693962		900	90	
	20	7-8316003	7-8316103	2-1683897		900	80	
	30	7-8326044	7-8326145	2-1673855		900	70	
	40	7-8336062	7-8336163	2-1663837		899	60	
43	50	7-8346058	7-8346159	2-1653841	9-9999	899	50	56
	60	7-8356030	7-8356132	2-1643868		898	40	
	70	7-8365979	7-8366081	2-1633919		898	30	
	80	7-8375906	7-8376008	2-1623992		897	20	
	90	7-8385810	7-8385913	2-1614087		897	10	
44	00	7-8395691	7-8395795	2-1604205		896	00	56
	10	7-8405550	7-8405654	2-1594346		896	90	
	20	7-8415387	7-8415491	2-1584509		895	80	
	30	7-8425201	7-8425306	2-1574694		895	70	
	40	7-8434993	7-8435099	2-1564901		894	60	
44	50	7-8444764	7-8444870	2-1555130	9-9999	894	50	55
	60	7-8454512	7-8454618	2-1545382		893	40	
	70	7-8464238	7-8464345	2-1535655		893	30	
	80	7-8473943	7-8474051	2-1525949		892	20	
	90	7-8483626	7-8483734	2-1516266		892	10	
45	00	7-8493988	7-8493396	2-1506604		892	00	55
Minutes	Second.	COS.	COTANG.	TANGENT.	SIN.		Second.	Minutes.

Minutes.	Second.	SINUS.	TANGENT.	COTANG.	COS.		Second.
45	00	7-8493288	7-8493396	2-1506604		892	00
	10	7-8502928	7-8503037	2-1496963		891	90
	20	7-8512547	7-8512656	2-1487344		891	80
	30	7-8522144	7-8522254	2-1477746		890	70
	40	7-8531720	7-8531831	2-1468169		890	60
45	50	7-8541276	7-8541388	2-1458613	9-9999	889	50
	60	7-8550810	7-8550922	2-1449078		889	40
	70	7-8560523	7-8560435	2-1439565		888	30
	80	7-8569816	7-8569928	2-1430072		888	20
	90	7-8579288	7-8579401	2-1420599		887	10
46	00	7-8588739	7-8588853	2-1411147		887	00
	10	7-8598170	7-8598284	2-1401716		886	90
	20	7-8607580	7-8607695	2-1392305		886	80
	30	7-8616970	7-8617085	2-1382915		885	70
	40	7-8626340	7-8626456	2-1373544		885	60
46	50	7-8635690	7-8635806	2-1364194	9-9999	884	50
	60	7-8645019	7-8645136	2-1354864		884	40
	70	7-8654329	7-8654446	2-1345554		883	30
	80	7-8663618	7-8663736	2-1336264		883	20
	90	7-8672888	7-8673006	2-1326994		882	10
47	00	7-8682138	7-8682256	2-1317744		882	00
	10	7-8691368	7-8691487	2-1308513		881	90
	20	7-8700579	7-8700698	2-1299302		881	80
	30	7-8709770	7-8709890	2-1290110		880	70
	40	7-8718942	7-8719062	2-1280938		880	60
47	50	7-8728095	7-8728215	2-1271785	9-9999	879	50
	60	7-8737228	7-8737349	2-1262651		879	40
	70	7-8746342	7-8746464	2-1253536		878	30
	80	7-8755437	7-8755559	2-1244441		878	20
	90	7-8764513	7-8764636	2-1235364		877	10
48	00	7-8773570	7-8773693	2-1226307		877	00
	10	7-8782608	7-8782732	2-1217268		876	90
	20	7-8791628	7-8791752	2-1208248		876	80
	30	7-8800928	7-8800754	2-1199246		875	70
	40	7-8809611	7-8809736	2-1190264		874	60
48	50	7-8818574	7-8818700	2-1181300	9-9999	874	50
	60	7-8827519	7-8827646	2-1172354		873	40
	70	7-8836446	7-8836573	2-1163427		873	30
	80	7-8845354	7-8845482	2-1154518		872	20
	90	7-8854245	7-8854373	2-1145627		872	10
49	00	7-8863117	7-8863245	2-1136755		871	00
	10	7-8871971	7-8872100	2-1127900		871	90
	20	7-8880807	7-8880936	2-1119064		870	80
	30	7-8889625	7-8889755	2-1110245		870	70
	40	7-8898425	7-8898555	2-1101445		869	60
49	50	7-8907207	7-8907338	2-1092662	9-9999	869	50
	60	7-8915972	7-8916103	2-1083897		868	40
	70	7-8924719	7-8924851	2-1075149		868	30
	80	7-8933448	7-8933581	2-1066419		867	20
	90	7-8942160	7-8942293	2-1057707		867	10
50	00	7-8950854	7-8950988	2-1049012		866	00
Minutes.	Second.	COS.	COTANG.	TANGENT.	SIN.		Second.

99 GRADES.

Minutes.	Second.	SINUS.	TANGENT.	COTANG.	COS.	Second.	Minutes.
	00	7-8950854	7-8950988	2-1049012	866	00	50
	10	7-8959551	7-8959666	2-1040334	866	90	
	20	7-8968191	7-8968326	2-1031674	865	80	
	30	7-8976833	7-8976969	2-1023031	864	70	
	40	7-8985459	7-8985595	2-1014405	864	60	
	50	7-8994067	7-8994204	2-1005796	9-9999 863	50	49
	60	7-9002658	7-9002795	2-0997205	863	40	
	70	7-9011232	7-9011370	2-0988630	862	30	
	80	7-9019790	7-9019928	2-0980072	862	20	
	90	7-9028330	7-9028469	2-0971531	861	10	
	00	7-9036854	7-9036993	2-0963007	861	00	49
	10	7-9045361	7-9045501	2-0954499	860	90	
	20	7-9053851	7-9053992	2-0946008	860	80	
	30	7-9062325	7-9062466	2-0937534	859	70	
	40	7-9070783	7-9070924	2-0929076	858	60	
	50	7-9079224	7-9079366	2-0920634	9-9999 858	50	48
	60	7-9087648	7-9087791	2-0912209	857	40	
	70	7-9096056	7-9096200	2-0903800	857	30	
	80	7-9104448	7-9104592	2-0895408	856	20	
	90	7-9112824	7-9112969	2-0887031	856	10	
	00	7-9121184	7-9121329	2-0878671	855	00	48
	10	7-9129528	7-9129673	2-0870327	855	90	
	20	7-9137855	7-9138001	2-0861999	854	80	
	30	7-9146167	7-9146313	2-0853687	853	70	
	40	7-9154463	7-9154610	2-0845390	853	60	
	50	7-9162743	7-9162890	2-0837110	9-9999 852	50	47
	60	7-9171007	7-9171155	2-0828845	852	40	
	70	7-9179253	7-9179404	2-0820596	851	30	
	80	7-9187488	7-9187638	2-0812362	851	20	
	90	7-9195705	7-9195856	2-0804144	850	10	
	00	7-9203907	7-9204058	2-0795942	849	00	47
	10	7-9212094	7-9212245	2-0787755	849	90	
	20	7-9220265	7-9220416	2-0779584	848	80	
	30	7-9228420	7-9228572	2-0771428	848	70	
	40	7-9236560	7-9236713	2-0763287	847	60	
	50	7-9244685	7-9244839	2-0755161	9-9999 847	50	46
	60	7-9252795	7-9252949	2-0747051	846	40	
	70	7-9260890	7-9261045	2-0738955	845	30	
	80	7-9268970	7-9269125	2-0730875	845	20	
	90	7-9277035	7-9277190	2-0722810	844	10	
	00	7-9285084	7-9285241	2-0714759	844	00	46
	10	7-9293119	7-9293276	2-0706724	843	90	
	20	7-9301139	7-9301297	2-0698703	843	80	
	30	7-9309144	7-9309302	2-0690698	842	70	
	40	7-9317135	7-9317293	2-0682707	841	60	
	50	7-9325111	7-9325270	2-0674730	9-9999 841	50	45
	60	7-9333072	7-9333232	2-0666768	840	40	
	70	7-9341019	7-9341179	2-0658821	840	30	
	80	7-9348951	7-9349112	2-0650888	839	20	
	90	7-9356868	7-9357030	2-0642970	839	10	
	00	7-9364772	7-9364934	2-0635066	838	00	45
	Second.	COSINUS.	COTANG.	TANGENT.	SIN.	Second.	Minutes.

Minutes.	Second.	SINUS.	TANGENT.	COTANG.	COS.	Second.	Minutes.
55	00	7-9364772	7-9364934	2-0635066	838	00	45
	10	7-9372661	7-9372823	2-0627177	837	90	
	20	7-9380535	7-9380698	2-0619302	837	80	
	30	7-9388395	7-9388559	2-0611441	836	70	
	40	7-9396242	7-9396406	2-0603594	836	60	
55	50	7-9404074	7-9404239	2-0595761	9-9999 835	50	44
	60	7-9411891	7-9412057	2-0587943	834	40	
	70	7-9419695	7-9419862	2-0580138	834	30	
	80	7-9427485	7-9427652	2-0572348	833	20	
	90	7-9435261	7-9435429	2-0564571	833	10	
56	00	7-9443025	7-9443191	2-0556809	832	00	44
	10	7-9450771	7-9450940	2-0549060	831	90	
	20	7-9458506	7-9458675	2-0541325	831	80	
	30	7-9466226	7-9466396	2-0533604	830	70	
	40	7-9473933	7-9474103	2-0525897	830	60	
56	50	7-9481626	7-9481797	2-0518203	9-9999 829	50	43
	60	7-9489306	7-9489478	2-0510522	828	40	
	70	7-9496972	7-9497144	2-0502856	828	30	
	80	7-9504625	7-9504797	2-0495203	827	20	
	90	7-9512264	7-9512437	2-0487563	827	10	
57	00	7-9519889	7-9520063	2-0479937	826	00	43
	10	7-9527502	7-9527676	2-0472324	825	90	
	20	7-9535101	7-9535276	2-0464724	825	80	
	30	7-9542686	7-9542862	2-0457138	824	70	
	40	7-9550259	7-9550435	2-0449565	823	60	
57	50	7-9557818	7-9557995	2-0442005	9-9999 823	50	42
	60	7-9565364	7-9565542	2-0434458	822	40	
	70	7-9572897	7-9573076	2-0426924	822	30	
	80	7-9580417	7-9580597	2-0419403	821	20	
	90	7-9587923	7-9588104	2-0411896	820	10	
58	00	7-9595419	7-9595599	2-0404401	820	00	42
	10	7-9602900	7-9603081	2-0396919	819	90	
	20	7-9610368	7-9610550	2-0389450	819	80	
	30	7-9617824	7-9618006	2-0381994	818	70	
	40	7-9625266	7-9625449	2-0374551	817	60	
58	50	7-9632696	7-9632880	2-0367120	9-9999 817	50	41
	60	7-9640114	7-9640298	2-0359702	816	40	
	70	7-9647518	7-9647703	2-0352297	815	30	
	80	7-9654910	7-9655096	2-0344904	815	20	
	90	7-9662290	7-9662476	2-0337524	814	10	
59	00	7-9669657	7-9669843	2-0330157	814	00	41
	10	7-9677011	7-9677198	2-0322802	813	90	
	20	7-9684353	7-9684541	2-0315459	812	80	
	30	7-9691683	7-9691871	2-0308129	812	70	
	40	7-9699000	7-9699189	2-0300811	811	60	
59	50	7-9706305	7-9706495	2-0293505	9-9999 810	50	40
	60	7-9713598	7-9713788	2-0286212	810	40	
	70	7-9720878	7-9721069	2-0278931	809	30	
	80	7-9728147	7-9728338	2-0271662	808	20	
	90	7-9735403	7-9735595	2-0264405	808	10	
60	00	7-9742647	7-9742840	2-0257160	807	00	40
Minutes.	Second.	COSINUS.	COTANG.	TANGENT.	SIN.	Second.	Minutes.

Minutes.	Second.	SINUS.	TANGENT.	COTANG.		COS.	Second.	Minutes.
60	00	7-9742647	7-9742840	2-0257160		807	00	40
	10	7-9749879	7-9750073	2-0249927		806	90	
	20	7-9757099	7-9757293	2-0242707		806	80	
	30	7-9764307	7-9764502	2-0235498		805	70	
	40	7-9771505	7-9771698	2-0228502		805	60	
60	50	7-9778687	7-9778883	7-0221117	9-9999	804	50	39
	60	7-9785859	7-9786056	2-0213944		803	40	
	70	7-9793020	7-9793217	2-0206783		803	30	
	80	7-9800168	7-9800367	2-0199633		802	20	
	90	7-9807305	7-9807504	2-0192496		801	10	
61	00	7-9814431	7-9814630	2-0185370		801	00	39
	10	7-9821544	7-9821744	2-0178256		800	90	
	20	7-9828646	7-9828847	2-0171153		799	80	
	30	7-9835736	7-9835938	2-0164062		799	70	
	40	7-9842815	7-9843017	2-0156983		798	60	
61	50	7-9849882	7-9850085	2-0149915	9-9999	797	50	38
	60	7-9856938	7-9857141	2-0142859		797	40	
	70	7-9863982	7-9864186	2-0135814		796	30	
	80	7-9871015	7-9871220	2-0128780		795	20	
	90	7-9878037	7-9878242	2-0121758		795	10	
62	00	7-9885047	7-9885253	2-0114747		794	00	38
	10	7-9892046	7-9892253	2-0107747		793	90	
	20	7-9899034	7-9899241	2-0100759		793	80	
	30	7-9906010	7-9906218	2-0093782		792	70	
	40	7-9912975	7-9913184	2-0086816		791	60	
62	50	7-9919929	7-9920138	2-0079862	9-9999	791	50	37
	60	7-9926872	7-9927082	2-0072918		790	40	
	70	7-9933804	7-9934015	2-0065985		789	30	
	80	7-9940725	7-9940936	2-0059064		789	20	
	90	7-9947635	7-9947847	2-0052153		788	10	
63	00	7-9954535	7-9954746	2-0045254		787	00	37
	10	7-9961421	7-9961635	2-0038365		787	90	
	20	7-9968298	7-9968512	2-0031488		786	80	
	30	7-9975164	7-9975379	2-0024621		785	70	
	40	7-9982020	7-9982235	2-0017765		785	60	
63	50	7-9988864	7-9989080	2-0010920	9-9999	784	50	36
	60	7-9995698	7-9995914	2-0004086		783	40	
	70	8-0002521	8-0002738	1-9997262		783	30	
	80	8-0009333	8-0009551	1-9990449		782	20	
	90	8-0016134	8-0016353	1-9983647		781	10	
64	00	8-0022925	8-0023145	1-9976855		781	00	36
	10	8-0029706	8-0029926	1-9970074		780	90	
	20	8-0036475	8-0036696	1-9963304		779	80	
	30	8-0043233	8-0043456	1-9956544		778	70	
	40	8-0049983	8-0050206	1-9949794		778	60	
64	50	8-0056722	8-0056945	1-9943055	9-9999	777	50	35
	60	8-0063449	8-0063673	1-9936327		776	40	
	70	8-0070167	8-0070391	1-9929609		776	30	
	80	8-0076874	8-0077099	1-9922901		775	20	
	90	8-0083570	8-0083796	1-9916204		774	10	
65	00	8-0090257	8-0090483	1-9909517		774	00	35
Minutes.	Second.	COSINUS.	COTANG.	TANGENT.		SIN.	Second.	Minutes.

Minutes.	Second.	SINUS.	TANGENT.	COTANG.		COS.	Second.
65	00	8-0090257	8-0090483	1-9909517		774	00
	10	8-0096933	8-0097160	1-9902840		773	90
	20	8-0103599	8-0103827	1-9896173		772	80
	30	8-0110254	8-0110483	1-9889517		772	70
	40	8-0116900	8-0117129	1-9882871		771	60
65	50	8-0123535	8-0123765	1-9876235	9-9999	770	50
	60	8-0130160	8-0130391	1-9869609		769	40
	70	8-0136775	8-0137007	1-9862993		769	30
	80	8-0143380	8-0143612	1-9856388		768	20
	90	8-0149975	8-0150208	1-9849792		767	10
66	00	8-0156560	8-0156794	1-9843206		767	00
	10	8-0163155	8-0163370	1-9836630		766	90
	20	8-0169700	8-0169935	1-9830065		765	80
	30	8-0176236	8-0176491	1-9823509		764	70
	40	8-0182801	8-0183037	1-9816963		764	60
66	50	8-0189336	8-0189573	1-9810427	9-9999	763	50
	60	8-0195862	8-0196100	1-9803900		762	40
	70	8-0202378	8-0202616	1-9797384		762	30
	80	8-0208884	8-0209123	1-9790877		761	20
	90	8-0215380	8-0215620	1-9784380		760	10
67	00	8-0221867	8-0222107	1-9777893		759	00
	10	8-0228344	8-0228585	1-9771415		759	90
	20	8-0234811	8-0235053	1-9764947		758	80
	30	8-0241269	8-0241511	1-9758489		757	70
	40	8-0247717	8-0247960	1-9752040		757	60
67	50	8-0254155	8-0254399	1-9745601	9-9999	756	50
	60	8-0260584	8-0260829	1-9739171		755	40
	70	8-0267004	8-0267249	1-9732751		754	30
	80	8-0273414	8-0273660	1-9726340		754	20
	90	8-0279814	8-0280061	1-9719939		753	10
68	00	8-0286205	8-0286453	1-9713547		752	00
	10	8-0292587	8-0292836	1-9707164		752	90
	20	8-0298959	8-0299209	1-9700791		751	80
	30	8-0305322	8-0305572	1-9694428		750	70
	40	8-0311676	8-0311927	1-9688073		749	60
68	50	8-0318021	8-0318272	1-9681728	9-9999	749	50
	60	8-0324356	8-0324608	1-9675392		748	40
	70	8-0330682	8-0330935	1-9669065		747	30
	80	8-0336999	8-0337252	1-9662748		746	20
	90	8-0343306	8-0343561	1-9656439		746	10
69	00	8-0349605	8-0349860	1-9650140		745	00
	10	8-0355894	8-0356150	1-9643850		744	90
	20	8-0362174	8-0362431	1-9637569		743	80
	30	8-0368445	8-0368703	1-9631297		743	70
	40	8-0374707	8-0374966	1-9625034		742	60
69	50	8-0380961	8-0381219	1-9618781	9-9999	741	50
	60	8-0387205	8-0387464	1-9612536		740	40
	70	8-0393440	8-0393700	1-9606300		740	30
	80	8-0399666	8-0399927	1-9600073		739	20
	90	8-0405883	8-0406145	1-9593855		738	10
70	00	8-0412092	8-0412354	1-9587646		737	00
Minutes.	Second.	COSINUS.	COTANG.	TANGENT.		SIN.	Second.

Second.	SINUS.	TANGENT.	COTANG.	COS.	Second.	Minutes.
00	8-0412092	8-0412554	1-9587646	757	00	30
10	8-0418291	8-0418554	1-9581446	757	90	
20	8-0424482	8-0424746	1-9575254	756	80	
30	8-0430664	8-0430929	1-9569071	755	70	
40	8-0436837	8-0437102	1-9562898	754	60	
50	8-0443001	8-0443267	1-9556735	9-9999 754	50	29
60	8-0449157	8-0449424	1-9550576	753	40	
70	8-0455304	8-0455571	1-9544429	752	30	
80	8-0461442	8-0461710	1-9538290	751	20	
90	8-0467571	8-0467841	1-9532159	751	10	
00	8-0473692	8-0473962	1-9526038	730	00	29
10	8-0479804	8-0480075	1-9519925	729	90	
20	8-0485908	8-0486180	1-9513820	728	80	
30	8-0492005	8-0492276	1-9507724	728	70	
40	8-0498090	8-0498363	1-9501637	727	60	
50	8-0504168	8-0504442	1-9495558	9-9999 726	50	28
60	8-0510237	8-0510512	1-9489488	725	40	
70	8-0516299	8-0516574	1-9483426	725	30	
80	8-0522351	8-0522627	1-9477373	724	20	
90	8-0528395	8-0528672	1-9471328	723	10	
00	8-0534431	8-0534709	1-9468291	722	00	28
10	8-0540459	8-0540737	1-9459263	721	90	
20	8-0546478	8-0546757	1-9453243	721	80	
30	8-0552488	8-0552768	1-9447232	720	70	
40	8-0558491	8-0558772	1-9441228	719	60	
50	8-0564485	8-0564767	1-9435235	9-9999 718	50	27
60	8-0570471	8-0570753	1-9429247	718	40	
70	8-0576448	8-0576732	1-9423268	717	30	
80	8-0582418	8-0582702	1-9417298	716	20	
90	8-0588379	8-0588664	1-9411336	715	10	
00	8-0594332	8-0594618	1-9405382	714	00	27
10	8-0600277	8-0600564	1-9599436	714	90	
20	8-0606214	8-0606501	1-9593499	713	80	
30	8-0612143	8-0612430	1-9587570	712	70	
40	8-0618065	8-0618352	1-9581648	711	60	
50	8-0623976	8-0624265	1-9375735	9-9999 711	50	26
60	8-0629880	8-0630170	1-9369830	710	40	
70	8-0635777	8-0636068	1-9363932	709	30	
80	8-0641665	8-0641957	1-9358043	708	20	
90	8-0647546	8-0647838	1-9352162	707	10	
00	8-0653418	8-0653712	1-9346288	707	00	26
10	8-0659283	8-0659577	1-9340423	706	90	
20	8-0665139	8-0665434	1-9334566	705	80	
30	8-0670988	8-0671284	1-9328716	704	70	
40	8-0676829	8-0677126	1-9322874	703	60	
50	8-0682662	8-0682960	1-9317040	9-9999 703	50	25
60	8-0688488	8-0688786	1-9311214	702	40	
70	8-0694505	8-0694604	1-9305396	701	30	
80	8-0700115	8-0700415	1-9299585	700	20	
90	8-0705917	8-0706217	1-9293783	699	10	
00	8-0711711	8-0712012	1-9287988	699	00	25
Second.	COS.	COTANG.	TANGENT.	SIN.	Second.	Minutes.

Minutes.	Second.	SINUS.	TANGENT.	COTANG.	COS.	Second.	Minutes.
75	00	8-0711711	8-0712012	1-9287988	699	00	25
	10	8-0717497	8-0717800	1-9282200	698	90	
	20	8-0723276	8-0723579	1-9276421	697	80	
	30	8-0729047	8-0729351	1-9270649	696	70	
	40	8-0734811	8-0735115	1-9264885	695	60	
75	50	8-0740566	8-0740872	1-9259128	9-9999 695	50	24
	60	8-0746313	8-0746621	1-9253379	694	40	
	70	8-0752053	8-0752362	1-9247638	693	30	
	80	8-0757788	8-0758096	1-9241904	692	20	
	90	8-0763514	8-0763822	1-9236178	691	10	
76	00	8-0769232	8-0769541	1-9230459	691	00	24
	10	8-0774942	8-0775252	1-9224748	690	90	
	20	8-0780645	8-0780956	1-9219044	689	80	
	30	8-0786340	8-0786652	1-9213348	688	70	
	40	8-0792028	8-0792341	1-9207659	687	60	
76	50	8-0797709	8-0798022	1-9201978	9-9999 686	50	23
	60	8-0803582	8-0803696	1-9196304	686	40	
	70	8-0809047	8-0809363	1-9190637	685	30	
	80	8-0814706	8-0815022	1-9184978	684	20	
	90	8-0820357	8-0820673	1-9179327	683	10	
77	00	8-0826000	8-0826318	1-9173682	682	00	23
	10	8-0831636	8-0831955	1-9168045	681	90	
	20	8-0837265	8-0837585	1-9162415	681	80	
	30	8-0842887	8-0843207	1-9156793	680	70	
	40	8-0848501	8-0848822	1-9151178	679	60	
77	50	8-0854109	8-0854430	1-9145570	9-9999 678	50	22
	60	8-0859708	8-0860031	1-9139969	677	40	
	70	8-0865301	8-0865625	1-9134375	677	30	
	80	8-0870887	8-0871211	1-9128789	676	20	
	90	8-0876465	8-0876790	1-9123210	675	10	
78	00	8-0882036	8-0882362	1-9117638	674	00	22
	10	8-0887600	8-0887927	1-9112073	673	90	
	20	8-0893157	8-0893485	1-9106515	672	80	
	30	8-0898707	8-0899035	1-9100965	671	70	
	40	8-0904250	8-0904579	1-9095421	671	60	
78	50	8-0909785	8-0910115	1-9089885	9-9999 670	50	21
	60	8-0915314	8-0915645	1-9084355	669	40	
	70	8-0920855	8-0921167	1-9078833	668	30	
	80	8-0926330	8-0926683	1-9073317	667	20	
	90	8-0931858	8-0932191	1-9067809	666	10	
79	00	8-0937558	8-0937693	1-9062307	666	00	21
	10	8-0942852	8-0943187	1-9056813	665	90	
	20	8-0948339	8-0948673	1-9051325	664	80	
	30	8-0953818	8-0954155	1-9045845	663	70	
	40	8-0959291	8-0959629	1-9040371	662	60	
79	50	8-0964757	8-0965096	1-9034904	9-9999 661	50	20
	60	8-0970216	8-0970556	1-9029444	660	40	
	70	8-0975669	8-0976009	1-9023991	660	30	
	80	8-0981114	8-0981455	1-9018545	659	20	
	90	8-0986553	8-0986895	1-9013105	658	10	
80	00	8-0991984	8-0992327	1-9007673	657	00	20
Minutes.	Second.	COS.	COTANG.	TANGENT.	SIN.	Second.	Minutes.

Minutes.	Second.	SINUS.	TANGENT.	COTANG.		COS.	Second.	Minutes.
80	00	8–0991984	8–0992527	1–9007673		657	00	20
	10	8–0997409	8–0997753	1–9002247		656	90	
	20	8–1002828	8–1003172	1–8996828		655	80	
	30	8–1008259	8–1008585	1–8991415		655	70	
	40	8–1013644	8–1013090	1–8986010		654	60	
80	50	8–1019042	8–1019389	1–8980611	9–9999	653	50	19
	60	8–1024433	8–1024781	1–8975219		652	40	
	70	8–1029818	8–1030167	1–8969833		651	30	
	80	8–1035196	8–1035546	1–8964454		650	20	
	90	8–1040567	8–1040918	1–8959082		649	10	
81	00	8–1045932	8–1046285	1–8953717		648	00	19
	10	8–1051290	8–1051642	1–8948358		648	90	
	20	8–1056641	8–1056995	1–8943005		647	80	
	30	8–1061986	8–1062340	1–8937660		646	70	
	40	8–1067324	8–1067680	1–8932320		645	60	
81	50	8–1072656	8–1073012	1–8926988	9–9999	644	50	18
	60	8–1077981	8–1078338	1–8921662		643	40	
	70	8–1083300	8–1083658	1–8916342		642	30	
	80	8–1088612	8–1088971	1–8911029		641	20	
	90	8–1093918	8–1084277	1–8905723		641	10	
82	00	8–1099217	8–1099578	1–8900422		640	00	18
	10	8–1104510	8–1104871	1–8895129		639	90	
	20	8–1109796	8–1110158	1–8889842		638	80	
	30	8–1115076	8–1115439	1–8884561		637	70	
	40	8–1120350	8–1120714	1–8879286		636	60	
82	50	8–1125617	8–1125981	1–8874019	9–9999	635	50	17
	60	8–1130877	8–1131243	1–8868757		634	40	
	70	8–1136122	8–1138498	1–8863502		634	30	
	80	8–1141380	8–1141747	1–8858253		633	20	
	90	8–1146621	8–1146990	1–8853010		632	10	
83	00	8–1151857	8–1152226	1–8847774		631	00	17
	10	8–1157086	8–1157456	1–8842544		630	90	
	20	8–1162308	8–1162679	1–8837321		629	80	
	30	8–1167525	8–1167897	1–8832103		628	70	
	40	8–1172735	8–1173108	1–8826892		627	60	
83	50	8–1177939	8–1178313	1–8821687	9–9999	626	50	16
	60	8–1183137	8–1183511	1–8816489		626	40	
	70	8–1188328	8–1188704	1–8811296		625	30	
	80	8–1193514	8–1193890	1–8806110		624	20	
	90	8–1198693	8–1199070	1–8800930		623	10	
84	00	8–1203866	8–1204244	1–8795756		622	00	16
	10	8–1209032	8–1209411	1–8790589		621	90	
	20	8–1214193	8–1214573	1–8785427		620	80	
	30	8–1219348	8–1219728	1–8780272		619	70	
	40	8–1224496	8–1224878	1–8775122		618	60	
84	50	8–1229638	8–1230021	1–8769979	9–9999	617	50	15
	60	8–1234775	8–1235158	1–8764842		617	40	
	70	8–1239903	8–1240289	1–8759711		616	30	
	80	8–1245029	8–1245414	1–8754586		615	20	
	90	8–1250147	8–1250533	1–8749467		614	10	
85	00	8–1255259	8–1255646	1–8744354		613	00	51
Minutes.	Second.	COS.	COTANG.	TANGENT.		SIN.	Second.	Minutes.

Minutes.	Second.	SINUS.	TANGENT.	COTANG.		COS.	Second.
85	00	8–1255259	8–1255646	1–8744354		613	00
	10	8–1260365	8–1260753	1–8739247		612	90
	20	8–1265465	8–1265854	1–8734146		611	89
	30	8–1270559	8–1270949	1–8729051		610	70
	40	8–1275647	8–1276038	1–8723962		609	60
85	50	8–1280729	8–1281121	1–8718879	9–9999	608	50
	60	8–1285806	8–1286198	1–8713802		607	40
	70	8–1290876	8–1291269	1–8708731		606	30
	80	8–1295940	8–1296335	1–8703665		606	30
	90	8–1300999	8–1301394	1–8698606		605	10
86	00	8–1306051	8–1306447	1–8693553		604	00
	10	8–1311098	8–1311495	1–8688505		603	90
	20	8–1316139	8–1316537	1–8683463		602	80
	30	8–1321174	8–1321573	1–8678427		601	70
	40	8–1326203	8–1326603	1–8673397		600	60
86	50	8–1331226	8–1331627	1–8668373	9–9999	599	50
	60	8–1336244	8–1336646	1–8663354		598	40
	70	8–1341255	8–1341658	1–8658342		597	30
	80	8–1346261	8–1346665	1–8653335		596	20
	90	8–1351262	8–1351666	1–8648334		595	10
87	00	8–1356256	8–1356662	1–8643338		594	00
	10	8–1361243	8–1361651	1–8638349		594	90
	20	8–1366228	8–1366635	1–8633365		593	80
	30	8–1371205	8–1371613	1–8628387		592	70
	40	8–1376177	8–1376586	1–8623414		591	60
87	50	8–1381143	8–1381553	1–8618447	9–9999	590	50
	60	8–1386103	8–1386514	1–8613486		589	40
	70	8–1391057	8–1391470	1–8608530		588	30
	80	8–1396006	8–1396419	1–8603581		587	20
	90	8–1400950	8–1401364	1–8598636		586	10
88	00	8–1405887	8–1406302	1–8593698		585	00
	10	8–1410819	8–1411235	1–8588765		584	90
	20	8–1415746	8–1416163	1–8583837		583	80
	30	8–1420667	8–1421084	1–8578916		582	70
	40	8–1425582	8–1426001	1–8573999		581	60
88	50	8–1430492	8–1430911	1–8569089	9–9999	580	50
	60	8–1435396	8–1435816	1–8564184		579	40
	70	8–1440294	8–1440716	1–8559284		578	30
	80	8–1445188	8–1445610	1–8554390		577	20
	90	8–1450075	8–1450499	1–8549501		577	10
89	00	8–1454957	8–1455382	1–8544618		576	00
	10	8–1459834	8–1460259	1–8539741		575	90
	20	8–1464705	8–1465132	1–8534868		574	80
	30	8–1469571	8–1469998	1–8530002		573	70
	40	8–1474431	8–1474860	1–8525140		572	60
89	50	8–1479286	8–1479715	1–8520285	9–9999	571	50
	60	8–1484135	8–1484566	1–8515454		570	40
	70	8–1488979	8–1489411	1–8510589		569	30
	80	8–1493818	8–1494250	1–8505750		568	20
	90	8–1498651	8–1499084	1–8500916		567	10
90	00	8–1503479	8–1503913	1–8496087		566	00
Minutes.	Second.	COS.	COTANG.	TANGENT.		SIN.	Second.

Second.	SINUS.	TANGENT.	COTANG.	COS.		Second.	Minutes.	Minutes.	Second.	SINUS.	TANGENT.	COTANG.	COS.		Second.	Minutes.
00	8-1503479	8-1503913	1-8496087		566	00	10	95	00	8-1738274	8-1738757	1-8261243		516	00	5
10	8-1508302	8-1508737	1-8491263		565	90			10	8-1742842	8-1743327	1-8256673		515	90	
20	8-1513119	8-1513555	1-8486445		564	80			20	8-1747406	8-1747892	1-8252108		514	80	
30	8-1517931	8-1518368	1-8481632		563	70			30	8-1751966	8-1752452	1-8247548		513	70	
40	8-1522737	8-1523175	1-8476825		562	60			40	8-1756520	8-1757008	1-8242992		512	60	
50	8-1527538	8-1527977	1-8472023	9-9999	561	50	9	95	50	8-1761069	8-1761558	1-8238442	9-9999	511	50	4
60	8-1532334	8-1532774	1-8467226		560	40			60	8-1765614	8-1766104	1-8233896		510	40	
70	8-1537125	8-1537566	1-8462434		559	30			70	8-1770155	8-1770645	1-8229355		509	30	
80	8-1541910	8-1542352	1-8457648		558	20			80	8-1774690	8-1775182	1-8224818		508	20	
90	8-1546690	8-1547133	1-8452867		557	10			90	8-1779221	8-1779713	1-8220287		507	10	
00	8-1551465	8-1551908	1-8448092		556	00	9	96	00	8-1783747	8-1784240	1-8215760		506	00	4
10	8-1556234	8-1556679	1-8443321		555	90			10	8-1788268	8-1788763	1-8211237		505	90	
20	8-1560999	8-1561444	1-8438556		554	80			20	8-1792784	8-1793280	1-8206720		504	80	
30	8-1565758	8-1566204	1-8433796		553	70			30	8-1797296	8-1797793	1-8202207		503	70	
40	8-1570512	8-1570959	1-8429041		552	60			40	8-1801803	8-1802301	1-8197699		502	60	
50	8-1575260	8-1575709	1-8424291	9-9999	551	50	8	96	50	8-1806306	8-1806805	1-8193195	9-9999	501	50	3
60	8-1580004	8-1580453	1-8419547		550	40			60	8-1810803	8-1811303	1-8188697		500	40	
70	8-1584742	8-1585193	1-8414807		549	30			70	8-1815297	8-1815798	1-8184202		499	30	
80	8-1589475	8-1589927	1-8410073		548	20			80	8-1819785	8-1820287	1-8179713		498	20	
90	8-1594203	8-1594656	1-8405344		547	10			90	8-1824269	8-1824772	1-8175228		497	10	
00	8-1598926	8-1599379	1-8400621		547	00	8	97	00	8-1828748	8-1829252	1-8170748		496	00	3
10	8-1603644	8-1604098	1-8395902		546	90			10	8-1833223	8-1833728	1-8166272		495	90	
20	8-1608356	8-1608812	1-8391188		545	80			20	8-1837693	8-1838199	1-8161801		494	80	
30	8-1613064	8-1613520	1-8386480		544	70			30	8-1842158	8-1842665	1-8157335		493	70	
40	8-1617766	8-1618223	1-8381777		543	60			40	8-1846619	8-1847127	1-8152873		492	60	
50	8-1622463	8-1622922	1-8377078	9-9999	542	50	7	97	50	8-1851075	8-1851585	1-8148415	9-9999	491	50	2
60	8-1627155	8-1627615	1-8372385		541	40			60	8-1855527	8-1856037	1-8143963		490	40	
70	8-1631843	8-1632303	1-8367697		540	30			70	8-1859974	8-1860485	1-8139515		489	30	
80	8-1636525	8-1636986	1-8363014		539	20			80	8-1864416	8-1864929	1-8135071		487	20	
90	8-1641202	8-1641664	1-8358336		538	10			90	8-1868853	8-1869368	1-8130632		486	10	
00	8-1645874	8-1646337	1-8353663		537	00	7	98	00	8-1873288	8-1873803	1-8126197		485	00	2
10	8-1650541	8-1651005	1-8348995		536	90			10	8-1877717	8-1878233	1-8121767		484	90	
20	8-1655203	8-1655668	1-8344332		535	80			20	8-1882141	8-1882658	1-8117342		483	80	
30	8-1659860	8-1660326	1-8339674		534	70			30	8-1886561	8-1887079	1-8112921		482	70	
40	8-1664512	8-1664979	1-8335021		533	60			40	8-1890977	8-1891496	1-8108504		481	60	
50	8-1669159	8-1669627	1-8330373	9-9999	532	50	6	98	50	8-1895388	8-1895908	1-8104092	9-9999	480	50	1
60	8-1673801	8-1674270	1-8325730		531	40			60	8-1899794	8-1900315	1-8099685		479	40	
70	8-1678438	8-1678908	1-8321092		530	30			70	8-1904196	8-1904718	1-8095282		478	30	
80	8-1683070	8-1683542	1-8316458		529	20			80	8-1908594	8-1909117	1-8090883		477	20	
90	8-1687697	8-1688170	1-8311830		528	10			90	8-1912987	8-1913511	1-8086489		476	10	
00	8-1692319	8-1692793	1-8307207		527	00	6	99	00	8-1917376	8-1917901	1-8082099		475	00	1
10	8-1696937	8-1697411	1-8302589		526	90			10	8-1921760	8-1922286	1-8077714		474	90	
20	8-1701549	8-1702025	1-8297975		525	80			20	8-1926140	8-1926667	1-8073333		473	80	
30	8-1706157	8-1706633	1-8293367		524	70			30	8-1930515	8-1931044	1-8068956		472	70	
40	8-1710760	8-1711237	1-8288763		523	60			40	8-1934886	8-1935416	1-8064584		471	60	
50	8-1715357	8-1715836	1-8284164	9-9999	521	50	5	99	50	8-1939253	8-1939783	1-8060217	9-9999	470	50	0
60	8-1719950	8-1720430	1-8279570		520	40			60	8-1943615	8-1944147	1-8055853		468	40	
70	8-1724538	8-1725019	1-8274981		519	30			70	8-1947975	8-1948506	1-8051494		467	30	
80	8-1729122	8-1729603	1-8270397		518	20			80	8-1952326	8-1952860	1-8047140		466	20	
90	8-1733700	8-1734183	1-8265817		517	10			90	8-1956673	8-1957210	1-8042790		465	10	
00	8-1738274	8-1738757	1-8261243		516	00	5	100	00	8-1961020	8-1961556	1-8038444		464	00	0
Second.	COSINUS.	COTANG.	TANGENT.	SIN.		Second.	Minutes.	Minutes.	Second.	COSINUS.	COTANG.	TANGENT.	SIN.		Second.	Minutes.

Minutes.	Second.	SINUS.	TANGENT.	COTANG.	COS.	Second.	Minutes.
0	00	8-1961020	8-1961556	1-8038444	464	00	100
	10	8-1965361	8-1965897	1-8034103	463	90	
	20	8-1969697	8-1970235	1-8029765	462	80	
	30	8-1974028	8-1974568	1-8025432	461	70	
	40	8-1978356	8-1978896	1-8021104	460	60	
0	50	8-1982679	8-1983220	1-8016780	9-9999 459	50	99
	60	8-1986998	8-1987540	1-8012460	458	40	
	70	8-1991312	8-1991856	1-8008144	457	30	
	80	8-1995623	8-1996167	1-8003833	456	20	
	90	8-1999929	8-2000474	1-7999526	454	10	
1	00	8-2004230	8-2004777	1-7995223	453	00	99
	10	8-2008528	8-2009075	1-7990925	452	90	
	20	8-2012821	8-2013370	1-7986630	451	80	
	30	8-2017110	8-2017660	1-7982340	450	70	
	40	8-2021395	8-2021946	1-7978054	449	60	
1	50	8-2025675	8-2026227	1-7973773	9-9999 448	50	98
	60	8-2029951	8-2030505	1-7969495	447	40	
	70	8-2034224	8-2034778	1-7965222	446	30	
	80	8-2038491	8-2039047	1-7960953	445	20	
	90	8-2042755	8-2043312	1-7956688	444	10	
2	00	8-2047015	8-2047572	1-7952428	443	00	98
	10	8-2051270	8-2051829	1-7948171	441	90	
	20	8-2055521	8-2056081	1-7943919	440	80	
	30	8-2059768	8-2060329	1-7939671	439	70	
	40	8-2064011	8-2064573	1-7935427	438	60	
2	50	8-2068250	8-2068813	1-7931187	9-9999 437	50	97
	60	8-2072484	8-2073048	1-7926952	436	40	
	70	8-2076715	8-2077280	1-7922720	435	30	
	80	8-2080941	8-2081507	1-7918493	434	20	
	90	8-2085165	8-2085731	1-7914269	433	10	
3	00	8-2089382	8-2089950	1-7910050	432	00	97
	10	8-2093596	8-2094165	1-7905835	430	90	
	20	8-2097806	8-2098376	1-7901624	429	80	
	30	8-2102011	8-2102583	1-7897417	428	70	
	40	8-2106213	8-2106786	1-7893214	427	60	
3	50	8-2110411	8-2110985	1-7889015	9-9999 426	50	96
	60	8-2114605	8-2115180	1-7884820	425	40	
	70	8-2118794	8-2119371	1-7880629	424	30	
	80	8-2122980	8-2123557	1-7876443	423	20	
	90	8-2127161	8-2127740	1-7872260	422	10	
4	00	8-2131339	8-2131919	1-7868081	420	00	96
	10	8-2135513	8-2136093	1-7863907	419	90	
	20	8-2139682	8-2140264	1-7859736	418	80	
	30	8-2143848	8-2144430	1-7855570	417	70	
	40	8-2148009	8-2148593	1-7851407	416	60	
4	50	8-2152167	8-2152752	1-7847248	9-9999 415	50	95
	60	8-2156320	8-2156907	1-7843093	414	40	
	70	8-2160470	8-2161057	1-7838943	413	30	
	80	8-2164615	8-2165204	1-7834796	412	20	
	90	8-2168757	8-2169347	1-7830653	410	10	
5	00	8-2172893	8-2173486	1-7826514	409	00	95
Minutes.	Second.	COSINUS.	COTANG.	TANGENT.	SIN.	Second.	Minutes.

Minutes.	Second.	SINUS.	TANGENT.	COTANG.	COS.	Second.
5	00	8-2172893	8-2173486	1-7826514	409	00
	10	8-2177029	8-2177621	1-7822379	408	90
	20	8-2181159	8-2181752	1-7818248	407	80
	30	8-2185284	8-2185879	1-7814121	406	70
	40	8-2189406	8-2190002	1-7809998	405	60
5	50	8-2193523	8-2194121	1-7805879	9-9999 404	50
	60	8-2197639	8-2198236	1-7801764	402	40
	70	8-2201749	8-2202348	1-7797652	401	30
	80	8-2205856	8-2206455	1-7793545	400	20
	90	8-2209958	8-2210559	1-7789441	399	10
6	00	8-2214057	8-2214659	1-7785341	398	00
	10	8-2218151	8-2218755	1-7781245	397	90
	20	8-2222242	8-2222847	1-7777153	396	80
	30	8-2226330	8-2226935	1-7773065	395	70
	40	8-2230413	8-2231020	1-7768980	393	60
6	50	8-2234492	8-2235100	1-7764900	9-9999 392	50
	60	8-2238568	8-2239177	1-7760823	391	40
	70	8-2242640	8-2243250	1-7756750	390	30
	80	8-2246708	8-2247319	1-7752681	389	20
	90	8-2250772	8-2251384	1-7748616	388	10
7	00	8-2254832	8-2255446	1-7744554	387	00
	10	8-2258889	8-2259503	1-7740497	385	90
	20	8-2262941	8-2263557	1-7736443	384	80
	30	8-2266990	8-2267607	1-7732393	383	70
	40	8-2271036	8-2271654	1-7728346	382	60
7	50	8-2275077	8-2275696	1-7724304	9-9999 381	50
	60	8-2279115	8-2279735	1-7720265	380	40
	70	8-2283149	8-2283770	1-7716230	378	30
	80	8-2287179	8-2287802	1-7712198	377	20
	90	8-2291205	8-2291829	1-7708171	376	10
8	00	8-2295228	8-2295853	1-7704147	375	00
	10	8-2299247	8-2299873	1-7700127	374	90
	20	8-2303262	8-2303890	1-7696110	373	80
	30	8-2307274	8-2307902	1-7692098	372	70
	40	8-2311282	8-2311911	1-7688089	370	60
8	50	8-2315286	8-2315917	1-7684083	9-9999 369	50
	60	8-2319286	8-2319918	1-7680082	368	40
	70	8-2323283	8-2323916	1-7676084	367	30
	80	8-2327276	8-2327911	1-7672089	366	20
	90	8-2331266	8-2331901	1-7668099	365	10
9	00	8-2335252	8-2335888	1-7664112	363	00
	10	8-2339234	8-2339871	1-7660129	362	90
	20	8-2343212	8-2343851	1-7656149	361	80
	30	8-2347187	8-2347827	1-7652173	359	70
	40	8-2351158	8-2351800	1-7648200	359	60
9	50	8-2355126	8-2355768	1-7644232	9-9999 328	50
	60	8-2359090	8-2359733	1-7640267	356	40
	70	8-2363050	8-2363695	1-7636305	355	30
	80	8-2367007	8-2367653	1-7632347	354	20
	90	8-2370960	8-2371607	1-7628393	353	10
10	00	8-2374910	8-2375558	1-7624442	352	00
Minutes.	Second.	COSINUS.	COTANG.	TANGENT.	SIN.	Second.

98 GRADES.

Minutes.	Second.	SINUS.	TANGENT.	COTANG.		COS.	Second.	Minutes.
0	00	8-2374910	8-2375538	1-7624442		332	00	90
	10	8-2378855	8-2379565	1-7620495		550	90	
	20	8-2382798	8-2383448	1-7616552		549	80	
	30	8-2386757	8-2387588	1-7612612		348	70	
	40	8-2390672	8-2391525	1-7608675		547	60	
0	50	8-2394605	8-2395258	1-7604742	9-9999	546	50	89
	60	8-2398551	8-2399187	1-7600813		545	40	
	70	8-2402456	8-2403115	1-7596887		543	30	
	80	8-2406377	8-2407035	1-7592963		542	20	
	90	8-2410294	8-2410954	1-7589046		341	10	
1	00	8-2414208	8-2414869	1-7585131		340	00	89
	10	8-2418119	8-2418780	1-7581220		339	90	
	20	8-2422026	8-2422688	1-7577312		337	80	
	30	8-2425929	8-2426593	1-7573407		336	70	
	40	8-2429829	8-2430494	1-7569506		335	60	
	50	8-2433725	8-2434592	1-7565608	9-9999	334	50	88
	60	8-2437618	8-2438286	1-7561714		335	40	
	70	8-2441508	8-2442176	1-7557824		331	30	
	80	8-2445394	8-2446063	1-7553937		330	20	
	90	8-2449276	8-2449947	1-7550053		329	10	
	00	8-2453155	8-2445827	1-7546173		328	00	88
	10	8-2457050	8-2457704	1-7542296		327	90	
	20	8-2460902	8-2461577	1-7538423		325	80	
	30	8-2464771	8-2465447	1-7534553		324	70	
	40	8-2468656	8-2469315	1-7530687		323	60	
	50	8-2472498	8-2473176	1-7526824	9-9999	322	50	87
	60	8-2476356	8-2477036	1-7522964		321	40	
	70	8-2480211	8-2480892	1-7519108		319	30	
	80	8-2484065	8-2484744	1-7515256		318	20	
	90	8-2487911	8-2488593	1-7511407		317	10	
	00	8-2491755	8-2492439	1-7507561		316	00	87
	10	8-2495596	8-2496282	1-7503718		315	90	
	20	8-2499434	8-2500121	1-7499879		313	80	
	30	8-2503269	8-2503957	1-7496043		312	70	
	40	8-2507100	8-2507789	1-7492211		311	60	
	50	8-2510927	8-2511618	1-7488582	9-9999	310	50	86
	60	8-2514752	8-2515445	1-7484557		309	40	
	70	8-2518575	8-2519265	1-7408755		307	30	
	80	8-2522590	8-2523084	1-7476916		306	20	
	90	8-2526204	8-2526900	1-7473100		305	10	
	00	8-2530015	8-2530712	1-7469288		304	00	86
	10	8-2533825	8-2534520	1-7465480		302	90	
	20	8-2537627	8-2538526	1-7461674		301	80	
	30	8-2541428	8-2542128	1-7457872		300	70	
	40	8-2545225	8-2545927	1-7454073		299	60	
	50	8-2549019	8-2549722	1-7450278	9-9999	298	50	85
	60	8-2552810	8-2553514	1-7446486		296	40	
	70	8-2556598	8-2557305	1-7442697		295	30	
	80	8-2560582	8-2561088	1-7438912		294	20	
	90	8-2564165	8-2564871	1-7435129		293	10	
	00	8-2567941	8-2568650	1-7431550		291	00	85
	Second.	COSINUS.	COTANG.	TANGENT.		SIN.	Second.	Minutes.

Minutes.	Second.	SINUS.	TANGENT.	COTANG.		COS.	Second.	Minutes.
15	00	8-2567941	8-2568650	1-7431550		291	00	85
	10	8-2571715	8-2572425	1-7427575		290	90	
	20	8-2575486	8-2576198	1-7423882		289	80	
	30	8-2579234	8-2579967	1-7420033		288	70	
	40	8-2583019	8-2583733	1-7416267		286	60	
15	50	8-2586780	8-2587495	1-7412505	9-9999	285	50	84
	60	8-2590558	8-2591255	1-7408745		284	40	
	70	8-2594293	8-2595011	1-7404989		283	30	
	80	8-2598045	8-2598763	1-7401237		281	20	
	90	8-2601793	8-2602513	1-7397487		280	10	
16	00	8-2605558	8-2606259	1-7393741		279	00	84
	10	8-2609280	8-2610002	1-7389998		278	90	
	20	8-2613019	8-2613742	1-7386258		277	80	
	30	8-2616754	8-2617479	1-7382521		275	70	
	40	8-2620487	8-2621213	1-7378787		274	60	
16	50	8-2624216	8-2624943	1-7375057	9-9999	273	50	83
	60	8-2627941	8-2628670	1-7371330		272	40	
	70	8-2631664	8-2632594	1-7367606		270	30	
	80	8-2635384	8-2636115	1-7363885		269	20	
	90	8-2639100	8-2639832	1-7360168		268	10	
17	00	8-2642815	8-2643546	1-7356454		267	00	83
	10	8-2646523	8-2647258	1-7352742		265	90	
	20	8-2650230	8-2650966	1-7349034		264	80	
	30	8-2653933	8-2654670	1-7345330		263	70	
	40	8-2657634	8-2658372	1-7341628		261	60	
17	50	8-2661331	8-2662071	1-7337929	9-9999	260	50	82
	60	8-2665025	8-2665766	1-7334234		259	40	
	70	8-2668716	8-2669458	1-7330542		258	30	
	80	8-2672404	8-2673147	1-7326853		256	20	
	90	8-2676089	8-2676833	1-7323167		255	10	
18	00	8-2679770	8-2680516	1-7319484		254	00	82
	10	8-2683449	8-2684196	1-7315804		253	90	
	20	8-2687124	8-2687873	1-7312127		251	80	
	30	8-2690796	8-2691546	1-7308454		250	70	
	40	8-2694465	8-2695217	1-7304783		249	60	
18	50	8-2698131	8-2698884	1-7301116	9-9999	248	50	81
	60	8-2701794	8-2702548	1-7297452		246	40	
	70	8-2705454	8-2706209	1-7293791		245	30	
	80	8-2709111	8-2709867	1-7290133		244	20	
	90	8-2712765	8-2713522	1-7286478		242	10	
19	00	8-2716415	8-2717174	1-7282826		241	00	81
	10	8-2720065	8-2720823	1-7279177		240	90	
	20	8-2723708	8-2724469	1-7275531		239	80	
	30	8-2727349	8-2728112	1-7271888		237	70	
	40	8-2730987	8-2731751	1-7268249		236	60	
19	50	8-2734625	8-2735388	1-7264612	9-9999	235	50	80
	60	8-2738255	8-2739022	1-7260978		234	40	
	70	8-2741884	8-2742652	1-7257348		232	30	
	80	8-2745511	8-2746280	1-7253720		231	20	
	90	8-2749134	8-2749904	1-7250096		230	10	
20	00	8-2752754	8-2753526	1-7246474		228	00	80
Minutes.	Second.	COSINUS.	COTANG.	TANGENT.		SIN.	Second.	Minutes.

Minutes.	Second.	SINUS.	TANGENT.	COTANG.	COS. (9-9999)	Second.	Minutes.
20	00	8-2752754	8-2753526	1-7246474	228	00	80
	10	8-2756371	8-2757144	1-7242856	227	90	
	20	8-2759985	8-2760760	1-7239240	226	80	
	30	8-2763597	8-2764372	1-7235628	225	70	
	40	8-2767205	8-2767982	1-7232018	223	60	
20	50	8-2770810	8-2771588	1-7228412	222	50	79
	60	8-2774412	8-2775191	1-7224809	221	40	
	70	8-2778011	8-2778792	1-7221208	219	30	
	80	8-2781607	8-2782389	1-7217611	218	20	
	90	8-2785201	8-2785984	1-7214016	217	10	
21	00	8-2788791	8-2789575	1-7210425	216	00	79
	10	8-2792378	8-2793164	1-7206836	214	90	
	20	8-2795963	8-2796750	1-7203250	213	80	
	30	8-2799544	8-2800332	1-7199668	212	70	
	40	8-2803122	8-2803912	1-7196088	210	60	
21	50	8-2806698	8-2807489	1-7192511	209	50	78
	60	8-2810270	8-2811063	1-7188937	208	40	
	70	8-2813840	8-2814634	1-7185366	206	30	
	80	8-2817407	8-2818202	1-7181798	205	20	
	90	8-2820970	8-2821767	1-7178233	204	10	
22	00	8-2824531	8-2825329	1-7174671	202	00	78
	10	8-2828089	8-2828888	1-7171112	201	90	
	20	8-2831644	8-2832444	1-7167556	200	80	
	30	8-2835196	8-2835998	1-7164002	199	70	
	40	8-2838745	8-2839548	1-7160452	197	60	
22	50	8-2842292	8-2843096	1-7156904	196	50	77
	60	8-2845835	8-2846640	1-7153360	195	40	
	70	8-2849376	8-2850182	1-7149818	193	30	
	80	8-2852913	8-2853721	1-7146279	192	20	
	90	8-2856448	8-2857257	1-7142743	191	10	
23	00	8-2859980	8-2860790	1-7139210	189	00	77
	10	8-2863509	8-2864321	1-7135679	188	90	
	20	8-2867035	8-2867848	1-7132152	187	80	
	30	8-2870558	8-2871373	1-7128627	185	70	
	40	8-2874078	8-2874894	1-7125106	184	60	
23	50	8-2877596	8-2878413	1-7121587	183	50	76
	60	8-2881111	8-2881929	1-7118071	181	40	
	70	8-2884622	8-2885442	1-7114558	180	30	
	80	8-2888131	8-2888953	1-7111047	179	20	
	90	8-2891638	8-2892460	1-7107540	177	10	
24	00	8-2895141	8-2895965	1-7104035	176	00	76
	10	8-2898641	8-2899467	1-7100533	175	90	
	20	8-2902139	8-2902966	1-7097034	173	80	
	30	8-2905634	8-2906462	1-7093538	172	70	
	40	8-2909126	8-2909955	1-7090045	171	60	
24	50	8-2912615	8-2913446	1-7086554	169	50	75
	60	8-2916102	8-2916934	1-7083066	168	40	
	70	8-2919585	8-2920419	1-7079581	167	30	
	80	8-2923066	8-2923901	1-7076099	165	20	
	90	8-2926544	8-2927380	1-7072620	164	10	
25	00	8-2930020	8-2930857	1-7069143	163	00	75
Minutes.	Second.	COSINUS	COTANG.	TANGENT.	SIN.	Second.	Minutes.

Minutes.	Second.	SINUS.	TANGENT.	COTANG.	COS. (9-9999)	Second.
25	00	8-2930020	8-2930857	1-7069143	163	00
	10	8-2933492	8-2934331	1-7065669	161	90
	20	8-2936962	8-2937802	1-7062198	160	80
	30	8-2940429	8-2941270	1-7058730	159	70
	40	8-2943893	8-2944736	1-7055264	157	60
25	50	8-2947355	8-2948199	1-7051801	156	50
	60	8-2950815	8-2951659	1-7048341	155	40
	70	8-2954269	8-2955116	1-7044884	153	30
	80	8-2957723	8-2958571	1-7041429	152	20
	90	8-2961173	8-2962022	1-7037978	151	10
26	00	8-2964621	8-2965471	1-7034529	149	00
	10	8-2968066	8-2968918	1-7031082	148	90
	20	8-2971508	8-2972361	1-7027639	147	80
	30	8-2974947	8-2975802	1-7024198	145	70
	40	8-2978384	8-2979240	1-7020760	144	60
26	50	8-2981818	8-2982676	1-7017324	143	50
	60	8-2985250	8-2986108	1-7013892	141	40
	70	8-2988678	8-2989538	1-7010462	140	30
	80	8-2992104	8-2992966	1-7007034	138	20
	90	8-2995527	8-2996390	1-7003610	137	10
27	00	8-2998948	8-2999812	1-7000188	136	00
	10	8-3002366	8-3003231	1-6996769	134	90
	20	8-3005781	8-3006648	1-6993352	133	80
	30	8-3009193	8-3010062	1-6989938	132	70
	40	8-3012603	8-3013473	1-6986527	130	60
27	50	8-3016010	8-3016881	1-6983119	129	50
	60	8-3019415	8-3020287	1-6979713	128	40
	70	8-3022817	8-3023690	1-6976310	126	30
	80	8-3026216	8-3027091	1-6972909	125	20
	90	8-3029612	8-3030489	1-6969511	123	10
28	00	8-3033006	8-3033884	1-6966116	122	00
	10	8-3036397	8-3037276	1-6962724	121	90
	20	8-3039785	8-3040666	1-6959334	119	80
	30	8-3043171	8-3044053	1-6955947	118	70
	40	8-3046555	8-3047438	1-6952562	117	60
28	50	8-3049935	8-3050820	1-6949180	115	50
	60	8-3053313	8-3054199	1-6945801	114	40
	70	8-3056688	8-3057576	1-6942424	112	30
	80	8-3060061	8-3060950	1-6939050	111	20
	90	8-3063431	8-3064321	1-6935679	110	10
29	00	8-3066799	8-3067690	1-6932310	108	00
	10	8-3070164	8-3071057	1-6928943	107	90
	20	8-3073526	8-3074420	1-6925580	106	80
	30	8-3076885	8-3077781	1-6922219	104	70
	40	8-3080242	8-3081140	1-6918860	103	60
29	50	8-3083597	8-3084496	1-6915504	101	50
	60	8-3086949	8-3087849	1-6912151	100	40
	70	8-3090298	8-3091199	1-6908801	099	30
	80	8-3093645	8-3094547	1-6905453	097	20
	90	8-3096989	8-3097893	1-6902107	096	10
30	00	8-3100330	8-3101236	1-6898764	094	00
Minutes.	Second.	COSINUS.	COTANG.	TANGENT.	SIN.	Second.

Minutes.	Second.	SINUS.	TANGENT.	COTANG.		COS.	Second.	Minutes.
30	00	8-3100330	8-3101236	1-6898764		094	00	70
	10	8-3103669	8-3104576	1-6895424		093	90	
	20	8-3107006	8-3107914	1-6892086		092	80	
	30	8-3110340	8-3111249	1-6888751		090	70	
	40	8-3113671	8-3114582	1-6885418		089	60	
30	50	8-3117000	8-3117912	1-6882088	9-9999	087	50	69
	60	8-3120326	8-3121240	1-6878760		086	40	
	70	8-3123650	8-3124565	1-6875435		085	30	
	80	8-3126971	8-3127887	1-6872113		083	20	
	90	8-3130289	8-3131207	1-6868793		082	10	
31	00	8-3133605	8-3134525	1-6865475		080	00	69
	10	8-3136919	8-3137840	1-6862160		079	90	
	20	8-3140230	8-3141152	1-6858848		078	80	
	30	8-3143538	8-3144462	1-6855538		076	70	
	40	8-3146844	8-3147769	1-6852231		075	60	
31	50	8-3150147	8-3151074	1-6848926	9-9999	073	50	68
	60	8-3153448	8-3154376	1-6845624		072	40	
	70	8-3156747	8-3157676	1-6842324		071	30	
	80	8-3160043	8-3160973	1-6839027		069	20	
	90	8-3163336	8-3164268	1-6835732		068	10	
32	00	8-3166627	8-3167560	1-6832440		066	00	68
	10	8-3169915	8-3170850	1-6829150		065	90	
	20	8-3173201	8-3174138	1-6825862		064	80	
	30	8-3176485	8-3177423	1-6822577		062	70	
	40	8-3179766	8-3180705	1-6819295		061	60	
32	50	8-3183044	8-3183985	1-6816015	9-9999	059	50	67
	60	8-3186320	8-3187262	1-6812738		058	40	
	70	8-3189593	8-3190537	1-6809465		056	30	
	80	8-3192864	8-3193810	1-6806190		055	20	
	90	8-3196133	8-3197080	1-6802920		054	10	
33	00	8-3199399	8-3200347	1-6799653		052	00	67
	10	8-3202663	8-3203612	1-6796388		051	90	
	20	8-3205924	8-3206875	1-6793125		049	80	
	30	8-3209183	8-3210135	1-6789865		048	70	
	40	8-3212439	8-3213393	1-6786607		046	60	
33	50	8-3215693	8-3216648	1-6783352	9-9999	045	50	66
	60	8-3218945	8-3219901	1-6780099		044	40	
	70	8-3222194	8-3223151	1-6776849		042	30	
	80	8-3225440	8-3226399	1-6773601		041	20	
	90	8-3228684	8-3229645	1-6770355		039	10	
34	00	8-3231926	8-3232888	1-6767112		038	00	66
	10	8-3235165	8-3236129	1-6763871		036	90	
	20	8-3238402	8-3239367	1-6760633		035	80	
	30	8-3241637	8-3242603	1-6757397		034	70	
	40	8-3244869	8-3245837	1-6754163		032	60	
34	50	8-3248099	8-3249068	1-6750932	9-9999	031	50	65
	60	8-3251326	8-3252297	1-6747703		029	40	
	70	8-3254551	8-3255523	1-6744477		028	30	
	80	8-3257773	8-3258747	1-6741253		026	20	
	90	8-3260993	8-3261968	1-6738032		025	10	
35	00	8-3264211	8-3265188	1-6734812		023	00	65
	Second.	COSINUS.	COTANG.	TANGENT.		SIN.	Second.	Minutes.

Minutes.	Second.	SINUS.	TANGENT.	COTANG.		COS.	Second.	Minutes.
35	00	8-3264211	8-3265188	1-6734812		023	00	65
	10	8-3267426	8-3268404	1-6731596		022	90	
	20	8-3270639	8-3271619	1-6728381		021	80	
	30	8-3273850	8-3274831	1-6725169		019	70	
	40	8-3277058	8-3278040	1-6721960		018	60	
35	50	8-3280264	8-3281248	1-6718752	9-9999	016	50	64
	60	8-3283467	8-3284453	1-6715547		015	40	
	70	8-3286668	8-3287655	1-6712345		013	30	
	80	8-3289867	8-3290855	1-6709145		012	20	
	90	8-3293063	8-3294053	1-6705947		010	10	
36	00	8-3296257	8-3297249	1-6702751		9009	00	64
	10	8-3299449	8-3300442	1-6699558		9007	90	
	20	8-3302639	8-3303633	1-6696367		9006	80	
	30	8-3305826	8-3306821	1-6693179		9005	70	
	40	8-3309010	8-3310007	1-6689993		9003	60	
36	50	8-3312193	8-3313191	1-6686809	9-999	9002	50	63
	60	8-3315373	8-3316372	1-6683628		9000	40	
	70	8-3318550	8-3319551	1-6680449		8999	30	
	80	8-3321726	8-3322728	1-6677272		8997	20	
	90	8-3324899	8-3325903	1-6674097		8996	10	
37	00	8-3328069	8-3329075	1-6670925		994	00	63
	10	8-3331238	8-3332245	1-6667755		993	90	
	20	8-3334404	8-3335412	1-6664588		991	80	
	30	8-3337567	8-3338578	1-6661422		990	70	
	40	8-3340729	8-3341741	1-6658259		988	60	
37	50	8-3343888	8-3344901	1-6655099	9-9998	987	50	62
	60	8-3347045	8-3348060	1-6651940		985	40	
	70	8-3350200	8-3351216	1-6648784		984	30	
	80	8-3353352	8-3354369	1-6645631		983	20	
	90	8-3356502	8-3357521	1-6642479		981	10	
38	00	8-3359650	8-3360670	1-6639330		980	00	62
	10	8-3362795	8-3363817	1-6636183		978	90	
	20	8-3365938	8-3366962	1-6633038		977	80	
	30	8-3369079	8-3370104	1-6629896		975	70	
	40	8-3372218	8-3373244	1-6626756		974	60	
38	50	8-3375354	8-3376382	1-6623618	9-9998	972	50	61
	60	8-3378488	8-3379517	1-6620483		971	40	
	70	8-3381620	8-3382651	1-6617349		969	30	
	80	8-3384749	8-3385782	1-6614218		668	20	
	90	8-3387877	8-3388910	1-6611090		966	10	
39	00	8-3391002	8-3392037	1-6607963		965	00	61
	10	8-3394124	8-3395161	1-6604839		963	90	
	20	8-3397245	8-3398283	1-6601717		962	80	
	30	8-3400363	8-3401403	1-6598597		960	70	
	40	8-3403479	8-3404521	1-6595479		959	60	
39	50	8-3406593	8-3407636	1-6592364	9-9998	957	50	60
	60	8-3409705	8-3410749	1-6589251		956	40	
	70	8-3412814	8-3413860	1-6586140		954	30	
	80	8-3415921	8-3416969	1-6583031		953	20	
	90	8-3419026	8-3420075	1-6579925		951	10	
40	00	8-3422129	8-3423179	1-6576821		950	00	60
Minutes.	Second.	COSINUS.	COTANG.	TANGENT.		SIN.	Second.	Minutes.

Minutes.	Second.	SINUS.	TANGENT.	COTANG.	COS.	Second.	Minutes.
40	00	8-3422129	8-3423179	1-6576821	950	00	60
	10	8-3425230	8-3426281	1-6573719	948	90	
	20	8-3428328	8-3429381	1-6570619	947	80	
	30	8-3431424	8-3432479	1-6567521	945	70	
	40	8-3434518	8-3435574	1-6564426	944	60	
40	50	8-3437609	8-3438667	1-6561333	9-9998 942	50	59
	60	8-3440699	8-3441758	1-6558242	941	40	
	70	8-3443786	8-3444847	1-6555153	939	30	
	80	8-3446871	8-3447934	1-6552066	938	20	
	90	8-3449954	8-3451018	1-6548982	936	10	
41	00	8-3453035	8-3454100	1-6545900	935	00	59
	10	8-3456113	8-3457180	1-6542820	933	90	
	20	8-3459190	8-3460258	1-6539742	932	80	
	30	8-3462264	8-3463334	1-6536666	930	70	
	40	8-3465336	8-3466407	1-6533593	929	60	
41	50	8-3468406	8-3469478	1-6530522	9-9998 927	50	58
	60	8-3471473	8-3472548	1-6527452	926	40	
	70	8-3474539	8-3475615	1-6524385	924	30	
	80	8-3477602	8-3478679	1-6521321	923	20	
	90	8-3480663	8-3481742	1-6518258	921	10	
42	00	8-3483722	8-3484803	1-6515197	920	00	58
	10	8-3486779	8-3487861	1-6512139	918	90	
	20	8-3489834	8-3490917	1-6509083	916	80	
	30	8-3492886	8-3493971	1-6506029	915	70	
	40	8-3495936	8-3497023	1-6502977	913	60	
42	50	8-3498985	8-3500073	1-6499927	9-9998 912	50	57
	60	8-3502031	8-3503121	1-6496879	910	40	
	70	8-3505075	8-3506166	1-6493834	909	30	
	80	8-3508117	8-3509209	1-6490791	907	20	
	90	8-3511156	8-3512251	1-6487749	906	10	
43	00	8-3514194	8-3515290	1-6484710	904	00	57
	10	8-3517229	8-3518327	1-6481673	903	90	
	20	8-3520263	8-3521362	1-6478638	901	80	
	30	8-3523294	8-3524394	1-6475606	900	70	
	40	8-3526323	8-3527425	1-6472575	898	60	
43	50	8-3529350	8-3530453	1-6469547	9-9998 897	50	56
	60	8-3532375	8-3533480	1-6466520	895	40	
	70	8-3535398	8-3536504	1-6463496	894	30	
	80	8-3538418	8-3539526	1-6460474	892	20	
	90	8-3541437	8-3542546	1-6457454	890	10	
44	00	8-3544453	8-3545564	1-6454436	889	00	56
	10	8-3547468	8-3548580	1-6451420	887	90	
	20	8-3550480	8-3551594	1-6448406	886	80	
	30	8-3553490	8-3554606	1-6445394	884	70	
	40	8-3556498	8-3557616	1-6442384	883	60	
44	50	8-3559504	8-3560623	1-6439377	9-9998 881	50	55
	60	8-3562508	8-3563629	1-6436371	880	40	
	70	8-3565510	8-3566632	1-6433368	878	30	
	80	8-3568510	8-3569633	1-6430367	877	20	
	90	8-3571508	8-3572633	1-6427367	875	10	
45	00	8-3574503	8-3575630	1-6424370	873	00	55
Minutes.	Second.	COSINUS	COTANG.	TANGENT.	SIN.	Second.	Minutes.

Minutes.	Second.	SINUS.	TANGENT.	COTANG.	COS.	Second.	Minutes.
45	00	8-3574503	8-3575630	1-6424370	873	00	5
	10	8-3577497	8-3578625	1-6421375	872	90	
	20	8-3580488	8-3581618	1-6418382	870	80	
	30	8-3583478	8-3584609	1-6415391	869	70	
	40	8-3586465	8-3587598	1-6412402	867	60	
45	50	8-3589451	8-3590585	1-6409415	9-9998 866	50	5
	60	8-3592434	8-3593570	1-6406430	864	40	
	70	8-3595415	8-3596553	1-6403447	862	30	
	80	8-3598394	8-3599533	1-6400467	861	20	
	90	8-3601372	8-3602512	1-6397488	859	10	
46	00	8-3604347	8-3605489	1-6394511	858	00	5
	10	8-3607320	8-3608464	1-6391536	856	90	
	20	8-3610191	8-3611436	1-6388564	855	80	
	30	8-3613260	8-3614407	1-6385593	853	70	
	40	8-3616227	8-3617375	1-6382625	852	60	
46	50	8-3619192	8-3620342	1-3379658	9-9998 850	50	5
	60	8-3622155	8-3623306	1-6376694	848	40	
	70	8-3625116	8-3626269	1-6373731	847	30	
	80	8-3628074	8-3629229	1-6370771	845	20	
	90	8-3631031	8-3632188	1-6367812	844	10	
47	00	8-3633986	8-3635144	1-6364856	842	00	5
	10	8-3636939	8-3638099	1-6361901	841	90	
	20	8-3639890	8-3641051	1-6358949	839	80	
	30	8-3642839	8-3644001	1-6355999	837	70	
	40	8-3645786	8-3646950	1-6353050	836	60	
47	50	8-3648730	8-3649896	1-6350104	9-9998 834	50	5
	60	8-3651673	8-3652841	1-6347159	833	40	
	70	8-3654614	8-3655783	1-6344217	831	30	
	80	8-3657553	8-3658724	1-6341276	829	20	
	90	8-3660490	8-3661662	1-6338338	828	10	
48	00	8-3663425	8-3664598	1-6335402	826	00	5
	10	8-3666358	8-3667533	1-6332467	825	90	
	20	8-3669289	8-3670465	1-6329535	823	80	
	30	8-3672218	8-3673396	1-6326604	822	70	
	40	8-3675145	8-3676325	1-6323675	820	60	
48	50	8-3678070	8-3679251	1-6320749	9-9998 818	50	5
	60	8-3680993	8-3682176	1-6317824	817	40	
	70	8-3683914	8-3685098	1-6314902	815	30	
	80	8-3686833	8-3688019	1-6311981	814	20	
	90	8-3689750	8-3690938	1-6309062	812	10	
49	00	8-3692665	8-3693855	1-6306145	810	00	5
	10	8-3695578	8-3696769	1-6303231	809	90	
	20	8-3698489	8-3699682	1-6300318	807	80	
	30	8-3701399	8-3702593	1-6297407	806	70	
	40	8-3704306	8-3705502	1-6294498	804	60	
49	50	8-3707212	8-3708409	1-6291591	9-9998 802	50	5
	60	8-3710115	8-3711314	1-6288686	801	40	
	70	8-3713017	8-3714217	1-6285783	799	30	
	80	8-3715916	8-3717119	1-6282881	798	20	
	90	8-3718814	8-3720018	1-6279982	796	10	
50	00	8-3721710	8-3722915	1-6277085	794	00	5
Minutes.	Second.	COSINUS.	COTANG.	TANGENT.	SIN.	Second.	Minutes.

Second.	SINUS.	TANGENT.	COTANG.	COS.	Second.	Minutes.	Minutes.	Second.	SINUS.	TANGENT.	COTANG.	COS.	Second.	Minutes.
00	8-3721710	8-3722915	1-6277085	794	00	50	55	00	8-3864087	8-3865374	1-6134626	713	00	45
10	8-3724603	8-3725811	1-6274189	793	90			10	8-3866887	8-3868176	1-6131824	711	90	
20	8-3727495	8-3728704	1-6271296	791	80			20	8-3869686	8-3870977	1-6129023	709	80	
30	8-3730385	8-3731596	1-6268404	790	70			30	8-3872485	8-3873775	1-6126225	708	70	
40	8-3733273	8-3734485	1-6265515	788	60			40	8-3875278	8-3876572	1-6123428	706	60	
50	8-3736159	8-3737373	1-6262627	9-9998 786	50	49	55	50	8-3878071	8-3879367	1-6120633	9-9998 704	50	44
60	8-3739043	8-3740259	1-6259741	785	40			60	8-3880862	8-3882160	1-6117840	703	40	
70	8-3741926	8-3743143	1-6256857	783	30			70	8-3883652	8-3884951	1-6115049	701	30	
80	8-3744806	8-3746025	1-6253975	781	20			80	8-3886440	8-3887740	1-6112260	699	20	
90	8-3747684	8-3748905	1-6251095	780	10			90	8-3889226	8-3890528	1-6109472	698	10	
00	8-3750361	8-3751783	1-6248217	778	00	49	56	00	8-3892010	8-3893314	1-6106686	696	00	44
10	8-3753436	8-3754659	1-6245341	777	90			10	8-3894793	8-3896098	1-6103902	694	90	
20	8-3756308	8-3757533	1-6242467	773	80			20	8-3897573	8-3898881	1-6101119	693	80	
30	8-3759179	8-3760406	1-6239594	775	70			30	8-3900352	8-3901661	1-6098339	691	70	
40	8-3762048	8-3763276	1-6236724	772	60			40	8-3903129	8-3904440	1-6095560	689	60	
50	8-3764915	8-3766145	1-6233855	9-9998 770	50	48	56	50	8-3905905	8-3907217	1-6092783	9-9998 688	50	43
60	8-3767780	8-3769012	1-6230988	768	40			60	8-3908678	8-3909992	1-6090008	686	40	
70	8-3770644	8-3771877	1-6228123	767	30			70	8-3911450	8-3912766	1-6087234	684	30	
80	8-3773505	8-3774740	1-6225260	765	20			80	8-3914220	8-3915538	1-6084462	683	20	
90	8-3776364	8-3777601	1-6222399	764	10			90	8-3916989	8-3918308	1-6081692	681	10	
00	8-3779222	8-3780460	1-6219540	762	00	48	57	00	8-3919755	8-3921076	1-6078924	679	00	43
10	8-3782078	8-3783317	1-6216683	760	90			10	8-3922520	8-3923842	1-6076158	678	90	
20	8-3784932	8-3786173	1-6213827	759	80			20	8-3925283	8-3926607	1-6073393	676	80	
30	8-3787784	8-3789027	1-6210973	757	70			30	8-3928044	8-3929370	1-6070630	674	70	
40	8-3790634	8-3791878	1-6208122	755	60			40	8-3930804	8-3932131	1-6067869	672	60	
50	8-3793482	8-3794728	1-6205272	9-9998 754	50	47	57	50	8-3933561	8-3934891	1-6065109	9-9998 671	50	42
60	8-3796328	8-3797576	1-6202424	752	40			60	8-3936317	8-3937648	1-6062352	669	40	
70	8-3799173	8-3800422	1-6199578	751	30			70	8-3939072	8-3940404	1-6059596	667	30	
80	8-3802015	8-3803266	1-6196734	749	20			80	8-3941824	8-3943158	1-6056842	666	20	
90	8-3804856	8-3806109	1-6193891	747	10			90	8-3944575	8-3945911	1-6054089	664	10	
00	8-3807695	8-3808949	1-6191051	746	00	47	58	00	8-3947324	8-3948661	1-6051339	662	00	42
10	8-3810532	8-3811788	1-6188212	744	90			10	8-3950071	8-3951410	1-6048590	661	90	
20	8-3813367	8-3814625	1-6185375	742	80			20	8-3952817	8-3954158	1-6045842	659	80	
30	8-3816201	8-3817460	1-6182540	741	70			30	8-3955560	8-3956903	1-6043097	657	70	
40	8-3819032	8-3820293	1-6179707	739	60			40	8-3958302	8-3959647	1-6040353	656	60	
50	8-3821862	8-3823124	1-6176876	9-9998 737	50	46	58	50	8-3961043	8-3962389	1-6037611	9-9998 654	50	41
60	8-3824690	8-3825954	1-6174046	736	40			60	8-3963781	8-3965129	1-6034871	652	40	
70	8-3827516	8-3828781	1-6171219	734	30			70	8-3966518	8-3967868	1-6032132	650	30	
80	8-3830340	8-3831607	1-6168393	732	20			80	8-3969253	8-3970603	1-6029595	649	20	
90	8-3833162	8-3834431	1-6165569	731	10			90	8-3971987	8-3973340	1-6026660	647	10	
00	8-3835982	8-3837253	1-6162747	729	00	46	59	00	8-3974718	8-3976075	1-6023927	645	00	41
10	8-3838801	8-3840074	1-6159926	728	90			10	8-3977448	8-3978805	1-6021195	644	90	
20	8-3841618	8-3842892	1-6157108	726	80			20	8-3980177	8-3981535	1-6018465	642	80	
30	8-3844433	8-3845709	1-6154291	724	70			30	8-3982903	8-3984265	1-6015737	640	70	
40	8-3847246	8-3848523	1-6151477	723	60			40	8-3985628	8-3986990	1-6013010	638	60	
50	8-3850057	8-3851336	1-6148664	9-9998 721	50	45	59	50	8-3988551	8-3989715	1-6010285	9-9998 637	50	40
60	8-3852867	8-3854148	1-6145852	719	40			60	8-3991073	8-3992458	1-6007562	635	40	
70	8-3855674	8-3856957	1-6143043	718	30			70	8-3993792	8-3995159	1-6004841	633	30	
80	8-3858480	8-3859764	1-6140236	716	20			80	8-3996510	8-3997879	1-6002121	632	20	
90	8-3861284	8-3862570	1-6137430	714	10			90	8-3999227	8-4000597	1-5999403	630	10	
00	8-3864087	8-3865374	1-6134626	713	00	45	60	00	8-4001941	8-4003313	1-5996687	628	00	40
Second.	COSINUS.	COTANG.	TANGENT.	SIN.	Second.	Minutes.	Minutes.	Second.	COSINUS.	COTANG.	TANGENT.	SIN.	Second.	Minutes.

Minutes.	Second.	SINUS.	TANGENT.	COTANG.	COS.	Second.	Minutes.	Minutes.	Second.	SINUS.	TANGENT.	COTANG.	COS.	Second.
60	00	8-4001941	8-4003313	1-5996687	623	00	40	65	00	8-4135552	8-4137011	1-5862989	541	00
	10	8-4004654	8-4006028	1-5993972	626	90			10	8-4138183	8-4139643	1-5860357	539	90
	20	8-4007366	8-4008741	1-5991259	625	80			20	8-4140812	8-4142274	1-5857726	538	80
	30	8-4010075	8-4011452	1-5988548	623	70			30	8-4143439	8-4144903	1-5855097	536	70
	40	8-4012783	8-4014161	1-5985839	621	60			40	8-4146065	8-4147531	1-5852469	534	60
60	50	8-4015489	8-4016869	1-5983131	9-9998 620	50	39	65	50	8-4148689	8-4150157	1-5849843	9-9998 532	50
	60	8-4018194	8-4019576	1-5980424	618	40			60	8-4151312	8-4152782	1-5847218	531	40
	70	8-4020896	8-4022280	1-5977720	616	30			70	8-4153933	8-4155405	1-5844595	529	30
	80	8-4023597	8-4024983	1-5975017	614	20			80	8-4156553	8-4158026	1-5841974	527	20
	90	8-4026297	8-4027684	1-5972316	613	10			90	8-4159171	8-4160646	1-5839354	525	10
61	00	8-4028995	8-4030384	1-5969616	611	00	39	66	00	8-4161788	8-4163264	1-5836736	523	00
	10	8-4031691	8-4033081	1-5966919	609	90			10	8-4164402	8-4165881	1-5834119	522	90
	20	8-4034385	8-4035778	1-5964222	608	80			20	8-4167016	8-4168496	1-5831504	520	80
	30	8-4037078	8-4038472	1-5961528	606	70			30	8-4169627	8-4171109	1-5828891	518	70
	40	8-4039769	8-4041165	1-5958835	604	60			40	8-4172237	8-4173721	1-5826279	516	60
61	50	8-4042458	8-4043856	1-5956144	9-9998 602	50	38	66	50	8-4174846	8-4176332	1-5823668	9-9998 514	50
	60	8-4045146	8-4046545	1-5953455	601	40			60	8-4177453	8-4178940	1-5821060	513	40
	70	8-4047832	8-4049233	1-5950767	599	30			70	8-4180058	8-4181547	1-5818453	511	30
	80	8-4050516	8-4051919	1-5948081	597	20			80	8-4182662	8-4184153	1-5815847	509	20
	90	8-4053199	8-4054604	1-5945396	595	10			90	8-4185265	8-4186757	1-5813243	507	10
62	00	8-4055880	8-4057286	1-5942714	594	00	38	67	00	8-4187865	8-4189360	1-5810640	506	00
	10	8-4058560	8-4059968	1-5940032	592	90			10	8-4190464	8-4191961	1-5808039	504	90
	20	8-4061237	8-4062647	1-5937353	590	80			20	8-4193062	8-4194560	1-5805440	502	80
	30	8-4063913	8-4065325	1-5934675	588	70			30	8-4195658	8-4197158	1-5802842	500	70
	40	8-4066588	8-4068001	1-5931999	587	60			40	8-4198253	8-4199754	1-5800246	498	60
62	50	8-4069261	8-4070676	1-5929324	9-9998 585	50	37	67	50	8-4200846	8-4202349	1-5797651	9-9998 497	50
	60	8-4071932	8-4073349	1-5926651	583	40			60	8-4203437	8-4204942	1-5795058	495	40
	70	8-4074601	8-4076020	1-5923980	582	30			70	8-4206027	8-4207534	1-5792466	493	30
	80	8-4077269	8-4078690	1-5921310	580	20			80	8-4208615	8-4210124	1-5789876	491	20
	90	8-4079936	8-4081358	1-5918642	578	10			90	8-4211202	8-4212713	1-5787287	489	10
63	00	8-4082600	8-4084024	1-5915976	576	00	37	68	00	8-4213788	8-4215300	1-5784700	488	00
	10	8-4085263	8-4086689	1-5913311	575	90			10	8-4216371	8-4217885	1-5782115	486	90
	20	8-4087925	8-4089352	1-5910648	573	80			20	8-4218953	8-4220469	1-5779531	484	80
	30	8-4090584	8-4092013	1-5907987	571	70			30	8-4221534	8-4223052	1-5776948	482	70
	40	8-4093242	8-4094673	1-5905327	569	60			40	8-4224113	8-4225633	1-5774367	480	60
63	50	8-4095899	8-4097331	1-5902669	9-9998 568	50	36	68	50	8-4226691	8-4228212	1-5771788	9-9998 479	50
	60	8-4098554	8-4099988	1-5900012	566	40			60	8-4229267	8-4230790	1-5769210	477	40
	70	8-4101207	8-4102643	1-5897357	564	30			70	8-4231841	8-4233366	1-5766634	475	30
	80	8-4103859	8-4105296	1-5894704	562	20			80	8-4234414	8-4235941	1-5764059	473	20
	90	8-4106509	8-4107948	1-5892052	561	10			90	8-4236986	8-4238514	1-5761486	471	10
64	00	8-4109157	8-4110598	1-5889402	559	00	36	69	00	8-4239556	8-4241086	1-5758914	470	00
	10	8-4111804	8-4113247	1-5886753	557	90			10	8-4242124	8-4243656	1-5756344	468	90
	20	8-4114449	8-4115894	1-5884106	555	80			20	8-4244691	8-4246225	1-5753775	466	80
	30	8-4117092	8-4118539	1-5881461	553	70			30	8-4247256	8-4248792	1-5751208	464	70
	40	8-4119734	8-4121182	1-5878818	552	60			40	8-4249820	8-4251358	1-5748642	462	60
64	50	8-4122374	8-4123824	1-5876176	9-9998 550	50	35	69	50	8-4252383	8-4253922	1-5746078	9-9998 460	50
	60	8-4125013	8-4126465	1-5873535	548	40			60	8-4254944	8-4256485	1-5743515	459	40
	70	8-4127650	8-4129104	1-5870896	546	30			70	8-4257503	8-4259046	1-5740954	657	30
	80	8-4130286	8-4131741	1-5868259	545	20			80	8-4260061	8-4261606	1-5738394	455	20
	90	8-4132920	8-4134377	1-5865623	543	10			90	8-4262617	8-4264164	1-5735836	453	10
65	00	8-4135552	8-4137011	1-5862989	541	00	35	70	00	8-4265172	8-4266721	1-5733279	451	00
Minutes.	Second.	COSINUS.	COTANG.	TANGENT.	SIN.	Second.	Minutes.	Minutes.	Second.	COSINUS.	COTANG.	TANGENT.	SIN.	Second.

Second.	SINUS.	TANGENT.	COTANG.		COS.	Second.	Minutes.	Minutes.
00	8-4265172	8-4266721	1-5733279		451	00	30	75
10	8-4267725	8-4269276	1-5730724		450	90		
20	8-4270277	8-4271829	1-5728171		448	80		
30	8-4272827	8-4274381	1-5725619		446	70		
40	8-4275376	8-4276932	1-5723068		444	60		
50	8-4277923	8-4279481	1-5720519	9-9998	442	50	29	75
60	8-4280469	8-4282029	1-5717971		440	40		
70	8-4283013	8-4284575	1-5715425		439	30		
80	8-4285556	8-4287120	1-5712880		437	20		
90	8-4288098	8-4289663	1-5710337		435	10		
00	8-4290638	8-4292205	1-5707795		433	00	29	76
10	8-4293176	8-4294745	1-5705255		431	90		
20	8-4295713	8-4297283	1-5702717		430	80		
30	8-4298248	8-4299821	1-5700179		428	70		
40	8-4300782	8-4302357	1-5697643		426	60		
50	8-4303315	8-4304891	1-5695109	9-9998	424	50	28	76
60	8-4305846	8-4307424	1-5692576		422	40		
70	8-4308375	8-4309955	1-5690045		420	30		
80	8-4310903	8-4312485	1-5687515		418	20		
90	8-4313430	8-4315013	1-5684987		417	10		
00	8-4315955	8-4317540	1-5682460		415	00	28	77
10	8-4318478	8-4320066	1-5679934		413	90		
20	8-4321001	8-4322590	1-5677410		411	80		
30	8-4323521	8-4325112	1-5674888		409	70		
40	8-4326040	8-4327633	1-5672367		407	60		
50	8-4328558	8-4330153	1-5669847	9-9998	405	50	27	77
60	8-4331075	8-4332671	1-5667329		404	40		
70	8-4333589	8-4335188	1-5664812		402	30		
80	8-4336103	8-4337703	1-5662297		400	20		
90	8-4338615	8-4340217	1-5659783		398	10		
00	8-4341125	8-4342729	1-5657271		396	00	27	78
10	8-4343634	8-4345240	1-5654760		394	90		
20	8-4346142	8-4347749	1-5652251		393	80		
30	8-4348648	8-4350257	1-5649743		391	70		
40	8-4351153	8-4352764	1-5647236		389	60		
50	8-4353656	8-4355269	1-5644731	9-9998	387	50	26	78
60	8-4356158	8-4357773	1-5642227		385	40		
70	8-4358658	8-4360275	1-5639725		383	30		
80	8-4361157	8-4362776	1-5637224		381	20		
90	8-4363654	8-4365275	1-5634725		380	10		
00	8-4366151	8-4367773	1-5632227		378	00	26	79
10	8-4368645	8-4370269	1-5629731		376	90		
20	8-4371138	8-4372764	1-5627236		374	80		
30	8-4373630	8-4375258	1-5624742		372	70		
40	8-4376120	8-4377750	1-5622250		370	60		
50	8-4378609	8-4380241	1-5619759	9-9998	368	50	25	79
60	8-4381097	8-4382730	1-5617270		366	40		
70	8-4383583	8-4385218	1-5614782		365	30		
80	8-4386067	8-4387705	1-5612295		363	20		
90	8-4388551	8-4390190	1-5609810		361	10		
00	8-4391032	8-4392675	1-5607327		359	00	25	80
Second.	COS.	COTANG.	TANGENT.		SIN.	Second.	Minutes.	Minutes.

Second.	SINUS.	TANGENT.	COTANG.		COS.	Second.	Minutes.
00	8-4391032	8-4392673	1-5607327		359	00	25
10	8-4393515	8-4395156	1-5604844		357	90	
20	8-4395992	8-4397636	1-5602364		355	80	
30	8-4398469	8-4400116	1-5599884		353	70	
40	8-4400945	8-4402594	1-5597406		351	60	
50	8-4403420	8-4405070	1-5594930	9-9998	350	50	24
60	8-4405893	8-4407545	1-5592455		348	40	
70	8-4408365	8-4410019	1-5589981		346	30	
80	8-4410836	8-4412492	1-5587508		344	20	
90	8-4413305	8-4414963	1-5585037		342	10	
00	8-4415772	8-4417432	1-5582568		340	00	24
10	8-4418238	8-4419900	1-5580100		338	90	
20	8-4420703	8-4422367	1-5577633		336	80	
30	8-4423167	8-4424832	1-5575168		334	70	
40	8-4425629	8-4427296	1-5572704		333	60	
50	8-4428089	8-4429759	1-5570241	9-9998	331	50	23
60	8-4430549	8-4432220	1-5567780		329	40	
70	8-4433007	8-4434680	1-5565320		327	30	
80	8-4435465	8-4437138	1-5562862		325	20	
90	8-4437918	8-4439595	1-5560405		323	10	
00	8-4440372	8-4442051	1-5557949		321	00	23
10	8-4442824	8-4444505	1-5555495		319	90	
20	8-4445275	8-4446958	1-5553042		317	80	
30	8-4447725	8-4449409	1-5550591		316	70	
40	8-4450173	8-4451859	1-5548141		314	60	
50	8-4452620	8-4454308	1-5545692	9-9998	312	50	22
60	8-4455065	8-4456755	1-5543245		310	40	
70	8-4457509	8-4459201	1-5540799		308	30	
80	8-4459952	8-4461646	1-5538354		306	20	
90	8-4462393	8-4464089	1-5535911		304	10	
00	8-4464833	8-4466531	1-5533469		302	00	22
10	8-4467271	8-4468971	1-5531029		300	90	
20	8-4469709	8-4471410	1-5528590		298	80	
30	8-4472144	8-4473848	1-5526152		296	70	
40	8-4474579	8-4476284	1-5523716		295	60	
50	8-4477012	8-4478719	1-5521281	9-9998	293	50	21
60	8-4479444	8-4481153	1-5518847		291	40	
70	8-4481874	8-4483585	1-5516415		289	30	
80	8-4484303	8-4486016	1-5513984		287	20	
90	8-4486731	8-4488446	1-5511554		285	10	
00	8-4489157	8-4490874	1-5509126		283	00	21
10	8-4491582	8-4493301	1-5506699		281	90	
20	8-4494005	8-4495726	1-5504274		279	80	
30	8-4496427	8-4498150	1-5501850		277	70	
40	8-4498848	8-4500573	1-5499427		275	60	
50	8-4501268	8-4502994	1-5497006	9-9998	273	50	20
60	8-4503686	8-4505414	1-5494586		272	40	
70	8-4506103	8-4507833	1-5492167		270	30	
80	8-4508518	8-4510251	1-5489749		268	20	
90	8-4510932	8-4512667	1-5487333		266	10	
00	8-4513345	8-4515081	1-5484919		264	00	20
Second.	COS.	COTANG.	TANGENT		SIN.	Second.	Minutes.

Minutes.	Second.	SINUS.	TANGENT.	COTANG.		COS.	Second.	Minutes.
80	00	8-4513345	8-4515081	1-5484919		264	00	20
	10	8-4515757	8-4517493	1-5482505		262	90	
	20	8-4518167	8-4519907	1-5480093		260	80	
	30	8-4520575	8-4522317	1-5477683		258	70	
	40	8-4522983	8-4524727	1-5475273		256	60	
80	50	8-4525389	8-4527135	1-5472865	9-998	254	50	19
	60	8-4527794	8-4529541	1-5470459		252	40	
	70	8-4530197	8-4531747	1-5468053		250	30	
	80	8-4532599	8-4534351	1-5465649		248	20	
	90	8-4535000	8-4536754	1-5463246		246	10	
81	00	8-4537399	8-4539155	1-5460845		244	00	19
	10	8-4539797	8-4541555	1-5458445		243	90	
	20	8-4542194	8-4543954	1-5456046		241	80	
	30	8-4544590	8-4546351	1-5453649		239	70	
	40	8-4546984	8-4548747	1-5451253		237	60	
81	50	8-4549377	8-4551142	1-5448858	9-998	235	50	18
	60	8-4551768	8-4553536	1-5446464		233	40	
	70	8-4554158	8-4555928	1-5444072		231	30	
	80	8-4556547	8-4558318	1-5441682		229	20	
	90	8-4558935	8-4560708	1-5439292		227	10	
82	00	8-4561321	8-4563096	1-5436904		225	00	18
	10	8-4563706	8-4565483	1-5434517		223	90	
	20	8-4566090	8-4567869	1-5432131		221	80	
	30	8-4568472	8-4570253	1-5429747		219	70	
	40	8-4570853	8-4572636	1-5427364		217	60	
82	50	8-4573233	8-4575017	1-5424983	9-998	215	50	17
	60	8-4575611	8-4577398	1-5422602		213	40	
	70	8-4577988	8-4579777	1-5420223		211	30	
	80	8-4580364	8-4582155	1-5417845		209	20	
	90	8-4582738	8-4584531	1-5415469		207	10	
83	00	8-4585112	8-4586906	1-5413094		205	00	17
	10	8-4587483	8-4589280	1-5410720		203	90	
	20	8-4589854	8-4591653	1-5408347		202	80	
	30	8-4592223	8-4594024	1-5405976		200	70	
	40	8-4594591	8-4596394	1-5403606		198	60	
83	50	8-4596958	8-4598762	1-5401238	9-998	196	50	16
	60	8-4599323	8-4601130	1-5398870		194	40	
	70	8-4601688	8-4603496	1-5396504		192	30	
	80	8-4604050	8-4605861	1-5394139		190	20	
	90	8-4606412	8-4608224	1-5391776		188	10	
84	00	8-4608772	8-4610587	1-5389413		186	00	16
	10	8-4611131	8-4612948	1-5387052		184	90	
	20	8-4613489	8-4615307	1-5384693		182	80	
	30	8-4615845	8-4617666	1-5382334		180	70	
	40	8-4618201	8-4620023	1-5379977		178	60	
84	50	8-4620555	8-4622379	1-5377621	9-998	176	50	15
	60	8-4622907	8-4624733	1-5375267		174	40	
	70	8-4625258	8-4627087	1-5372913		172	30	
	80	8-4627608	8-4629439	1-5370561		170	20	
	90	8-4629957	8-4631789	1-5368211		168	10	
85	00	8-4632305	8-4634159	1-5365861		166	00	15
Minutes.	Second.	COS.	COTANG.	TANGENT.		SIN.	Second.	Minutes.

Minutes.	Second.	SINUS.	TANGENT.	COTANG.		COS.	Second.
85	00	8-4632305	8-4634159	1-5365861		166	00
	10	8-4634651	8-4636487	1-5363513		164	90
	20	8-4636996	8-4638834	1-5361166		162	80
	30	8-4639340	8-4641180	1-5358820		160	70
	40	8-4641682	8-4643524	1-5356476		158	60
85	50	8-4644023	8-4645867	1-5354133	9-998	156	50
	60	8-4646363	8-4648209	1-5351791		154	40
	70	8-4648702	8-4650550	1-5349450		152	30
	80	8-4651039	8-4652889	1-5347111		150	20
	90	8-4653375	8-4655227	1-5344773		148	10
86	00	8-4655710	8-4657564	1-5342436		146	00
	10	8-4658044	8-4659900	1-5340100		144	90
	20	8-4660376	8-4662234	1-5337766		142	80
	30	8-4662707	8-4664567	1-5335433		140	70
	40	8-4665037	8-4666899	1-5333101		138	60
86	50	8-4667366	8-4669230	1-5330770	9-998	136	50
	60	8-4669693	8-4671559	1-5328441		134	40
	70	8-4672019	8-4673887	1-5326113		132	30
	80	8-4674344	8-4676214	1-5323786		130	20
	90	8-4676668	8-4678540	1-5321460		128	10
87	00	8-4678990	8-4680864	1-5319136		126	00
	10	8-4681311	8-4683187	1-5316813		124	90
	20	8-4683631	8-4685509	1-5314491		122	80
	30	8-4685950	8-4687830	1-5312170		120	70
	40	8-4688267	8-4690149	1-5309851		118	60
87	50	8-4690584	8-4692468	1-5307532	9-998	116	50
	60	8-4692899	8-4694785	1-5305215		114	40
	70	8-4695212	8-4697100	1-5302900		112	30
	80	8-4697525	8-4699415	1-5300585		110	20
	90	8-4699836	8-4701728	1-5298272		108	10
88	00	8-4702146	8-4704040	1-5295960		106	00
	10	8-4704455	8-4706351	1-5293649		104	90
	20	8-4706762	8-4708660	1-5291340		102	80
	30	8-4709069	8-4710969	1-5289031		100	70
	40	8-4711374	8-4713276	1-5286724		098	60
88	50	8-4713678	8-4715582	1-5284418	9-998	096	50
	60	8-4715980	8-4717886	1-5282114		094	40
	70	8-4718282	8-4720190	1-5279810		092	30
	80	8-4720582	8-4722492	1-5277508		090	20
	90	8-4722881	8-4724793	1-5275207		088	10
89	00	8-4725179	8-4727093	1-5272907		086	00
	10	8-4727475	8-4729392	1-5270608		084	90
	20	8-4729771	8-4731689	1-5268311		032	80
	30	8-4732065	8-4733985	1-5266015		080	70
	40	8-4734358	8-4736280	1-5263720		078	60
89	50	8-4736650	8-4738574	1-5261426	9-998	076	50
	60	8-4738940	8-4740866	1-5259134		074	40
	70	8-4741229	8-4743158	1-5256842		072	30
	80	8-4743517	8-4745448	1-5254552		070	20
	90	8-4745804	8-4747737	1-5252263		068	10
90	00	8-4748090	8-4750025	1-5249975		066	00
Minutes.	Second.	COS.	COTANG.	TANGENT.		SIN.	Second.

Minutes.	Second.	SINUS.	TANGENT.	COTANG.		COS.	Second.	Minutes.
90	00	8-4748090	8-4750025	1-5249975		066	00	10
	10	8-4750374	8-4752311	1-5247689		063	90	
	20	8-4752658	8-4754596	1-5245404		061	80	
	30	8-4754940	8-4756880	1-5243120		059	70	
	40	8-4757221	8-4759163	1-5240837	9-9998	057	60	
90	50	8-4759500	8-4761445	1-5238555		055	50	9
	60	8-4761779	8-4763726	1-5236274		053	40	
	70	8-4764056	8-4766005	1-5233995		051	30	
	80	8-4766332	8-4768285	1-5231717		049	20	
	90	8-4768607	8-4770560	1-5229440		047	10	
91	00	8-4770881	8-4772836	1-5227164		045	00	9
	10	8-4773155	8-4775110	1-5224890		043	90	
	20	8-4775425	8-4777384	1-5222616		041	80	
	30	8-4777695	8-4779656	1-5220344		039	70	
	40	8-4779964	8-4781927	1-5218073	9-9998	037	60	
91	50	8-4782232	8-4784197	1-5215803		035	50	8
	60	8-4784498	8-4786465	1-5213535		033	40	
	70	8-4786764	8-4788733	1-5211267		031	30	
	80	8-4789028	8-4790999	1-5209001		029	20	
	90	8-4791291	8-4793264	1-5206736		027	10	
92	00	8-4793553	8-4795528	1-5204472		025	00	8
	10	8-4795813	8-4797791	1-5202209		023	90	
	20	8-4798073	8-4800052	1-5199948		020	80	
	30	8-4800331	8-4802313	1-5197687		018	70	
	40	8-4802588	8-4804572	1-5195428	9-9998	016	60	
92	50	8-4804844	8-4806830	1-5193170		014	50	7
	60	8-4807099	8-4809087	1-5190913		012	40	
	70	8-4809353	8-4811343	1-5188657		010	30	
	80	8-4811605	8-4813597	1-5186403		008	20	
	90	8-4813856	8-4815850	1-5184150		006	10	
93	00	8-4816107	8-4818103	1-5181897		8004	00	7
	10	8-4818356	8-4820354	1-5179646		8001	90	
	20	8-4820603	8-4822604	1-5177396		8000	80	
	30	8-4822850	8-4824852	1-5175148		7998	70	
	40	8-4825095	8-4827100	1-5172900	9-999	7996	60	
93	50	8-4827340	8-4829346	1-5170654		7994	50	6
	60	8-4829583	8-4831591	1-5168409		7991	40	
	70	8-4831825	8-4833835	1-5166165		7989	30	
	80	8-4834066	8-4836078	1-5163922		7987	20	
	90	8-4836305	8-4838320	1-5161680		7985	10	
94	00	8-4838544	8-4840561	1-5159439		983	00	6
	10	8-4840781	8-4842800	1-5157200		981	90	
	20	8-4843017	8-4845038	1-5154962		979	80	
	30	8-4845252	8-4847276	1-5152724		977	70	
	40	8-4847486	8-4849512	1-5150488		975	60	
	50	8-4849719	8-4851746	1-5148254	9-9997	973	50	5
	60	8-4851951	8-4853980	1-5146020		971	40	
	70	8-4854181	8-4856213	1-5143787		969	30	
	80	8-4856411	8-4858444	1-5141556		967	20	
	90	8-4858639	8-4860674	1-5139526		964	10	
	00	8-4860866	8-4862903	1-5137097		962	00	5
	Second.	COSINUS.	COTANG.	TANGENT.		SIN.	Se cond.	Minutes

Minutes.	Second.	SINUS.	TANGENT.	COTANG		COS.	Second.	Minutes.
95	00	8-4860866	8-4862903	1-5137097		962	00	5
	10	8-4863092	8-4865151	1-5134869		960	90	
	20	8-4865316	8-4867358	1-5132642		958	80	
	30	8-4867540	8-4869584	1-5130416		956	70	
	40	8-4869762	8-4871809	1-5128191	9-9997	954	60	
95	50	8-4871984	8-4874032	1-5125968		952	50	4
	60	8-4874204	8-4876254	1-5123746		950	40	
	70	8-4876423	8-4878475	1-5121525		948	30	
	80	8-4878641	8-4880695	1-5119305		946	20	
	90	8-4880858	8-4882914	1-5117086		945	10	
96	00	8-4883075	8-4885132	1-5114868		941	00	4
	10	8-4885288	8-4887349	1-5112651		939	90	
	20	8-4887501	8-4889564	1-5110436		937	80	
	30	8-4889714	8-4891779	1-5108221		935	70	
	40	8-4891925	8-4893992	1-5106008	9-9997	933	60	
96	50	8-4894135	8-4896204	1-5103796		931	50	3
	60	8-4896344	8-4898415	1-5101585		929	40	
	70	8-4898551	8-4900625	1-5099375		927	30	
	80	8-4900758	8-4902833	1-5097167		925	20	
	90	8-4902964	8-4905041	1-5094959		922	10	
97	00	8-4905168	8-4907248	1-5092752		920	00	3
	10	8-4907371	8-4909453	1-5090547		918	90	
	20	8-4909573	8-4911657	1-5088343		916	80	
	30	8-4911774	8-4913860	1-5086140		914	70	
	40	8-4913974	8-4916062	1-5083938	9-9997	912	60	
97	50	8-4916173	8-4918263	1-5081737		910	50	2
	60	8-4918371	8-4920463	1-5079537		908	40	
	70	8-4920567	8-4922662	1-5077338		906	30	
	80	8-4922763	8-4924860	1-5075140		903	20	
	90	8-4924957	8-4927056	1-5072944		901	10	
98	00	8-4927150	8-4929251	1-5070749		899	00	2
	10	8-4929345	8-4931446	1-5068554		897	90	
	20	8-4931534	8-4933639	1-5066361		895	80	
	30	8-4933724	8-4935831	1-5064169		893	70	
	40	8-4935912	8-4938022	1-5061978	9-9997	891	60	
98	50	8-4938100	8-4940212	1-5059788		889	50	1
	60	8-4940287	8-4942400	1-5057600		886	40	
	70	8-4942472	8-4944588	1-5055412		884	30	
	80	8-4944657	8-4946775	1-5053225		882	20	
	90	8-4946840	8-4948960	1-5051040		880	10	
99	00	8-4949022	8-4951144	1-5048856		878	00	1
	10	8-4951203	8-4953328	1-5046672		876	90	
	20	8-4953383	8-4955510	1-5044490		874	80	
	30	8-4955562	8-4957691	1-5042309		871	70	
	40	8-4957740	8-4959871	1-5040129		869	60	
99	50	8-4959917	8-4962050	1-5037950	9-9997	867	50	0
	60	8-4962093	8-4964228	1-5035772		865	40	
	70	8-4964267	8-4966404	1-5033596		863	30	
	80	8-4966441	8-4968580	1-5031420		861	20	
	90	8-4968613	8-4970754	1-5029246		859	10	
100	00	8-4970784	8-4972928	1-5027072		856	00	0
Minutes.	Second.	COSINUS.	COTANG.	TANGENT		SIN.	Second.	Minutes.

2 GRADES.

Minutes.	Second.	SINUS.	TANGENT.	COTANG.		COS.	Second.	Minutes.
0	00	8-4970784	8-4972928	1-5027072		856	00	100
	10	8-4972955	8-4975100	1-5024900		854	90	
	20	8-4975124	8-4977272	1-5022728		852	80	
	30	8-4977292	8-4979442	1-5020558		850	70	
	40	8-4979459	8-4981611	1-5018389		848	60	
0	50	8-4981625	8-4983779	1-5016221	9-9997	846	50	99
	60	8-4983789	8-4985946	1-5014054		844	40	
	70	8-4985953	8-4988112	1-5011888		841	30	
	80	8-4988116	8-4990277	1-5009723		839	20	
	90	8-4990277	8-4992440	1-5007560		837	10	
1	00	8-4992438	8-4994603	1-5005397		835	00	99
	10	8-4994597	8-4996764	1-5003236		833	90	
	20	8-4996756	8-4998925	1-5001075		831	80	
	30	8-4998915	8-5001084	1-4998916		829	70	
	40	8-5001069	8-5003243	1-4996757		826	60	
1	50	8-5003224	8-5005400	1-4994600	9-9997	824	50	98
	60	8-5005378	8-5007556	1-4992444		822	40	
	70	8-5007531	8-5009711	1-4990289		820	30	
	80	8-5009683	8-5011865	1-4988135		818	20	
	90	8-5011834	8-5014018	1-4985982		816	10	
2	00	8-5013984	8-5016170	1-4983830		813	00	98
	10	8-5016132	8-5018321	1-4981679		811	90	
	20	8-5018280	8-5020471	1-4979529		809	80	
	30	8-5020427	8-5022620	1-4977380		807	70	
	40	8-5022572	8-5024767	1-4975233		805	60	
2	50	8-5024717	8-5026914	1-4973086	9-9997	803	50	97
	60	8-5026860	8-5029060	1-4970940		800	40	
	70	8-5029002	8-5031204	1-4968796		798	30	
	80	8-5031144	8-5033348	1-4966652		796	20	
	90	8-5033284	8-5035490	1-4964510		794	10	
3	00	8-5035425	8-5037632	1-4962368		792	00	97
	10	8-5037561	8-5039772	1-4960228		790	90	
	20	8-5039698	8-5041911	1-4958089		787	80	
	30	8-5041834	8-5044049	1-4955951		785	70	
	40	8-5043969	8-5046186	1-4953814		783	60	
3	50	8-5046103	8-5048323	1-4951677	9-9997	781	50	96
	60	8-5048236	8-5050458	1-4949542		779	40	
	70	8-5050368	8-5052592	1-4947408		776	30	
	80	8-5052499	8-5054725	1-4945275		774	20	
	90	8-5054628	8-5056856	1-4943144		772	10	
4	00	8-5056757	8-5058987	1-4941013		770	00	96
	10	8-5058885	8-5061117	1-4938883		768	90	
	20	8-5061011	8-5063246	1-4936754		765	80	
	30	8-5063137	8-5065374	1-4934626		763	70	
	40	8-5065261	8-5067500	1-4932500		761	60	
4	50	8-5067385	8-5069626	1-4930374	9-9997	759	50	95
	60	8-5069507	8-5071751	1-4928249		757	40	
	70	8-5071629	8-5073874	1-4926126		755	30	
	80	8-5073749	8-5075997	1-4924003		752	20	
	90	8-5075869	8-5078118	1-4921882		750	10	
5	00	8-5077987	8-5080239	1-4919761		748	00	95
Minutes.	Second.	COS.	COTANG.	TANGENT.		SIN.	Second.	Minutes.

Minutes.	Second.	SINUS.	TANGENT.	COTANG.		COS.	Second.	Minutes.
5	00	8-5077987	8-5080239	1-4919761		748	00	95
	10	8-5080104	8-5082358	1-4917642		746	90	
	20	8-5082220	8-5084477	1-4915523		744	80	
	30	8-5084335	8-5086594	1-4913406		741	70	
	40	8-5086450	8-5088711	1-4911289		739	60	
5	50	8-5088563	8-5090826	1-4909174	9-9997	737	50	94
	60	8-5090675	8-5092940	1-4907060		735	40	
	70	8-5092786	8-5095053	1-4904947		733	30	
	80	8-5094896	8-5097166	1-4902834		730	20	
	90	8-5097005	8-5099277	1-4900723		728	10	
6	00	8-5099113	8-5101387	1-4898613		726	00	9
	10	8-5101220	8-5103496	1-4896504		724	90	
	20	8-5103326	8-5105604	1-4894396		722	80	
	30	8-5105431	8-5107712	1-4892288		719	70	
	40	8-5107535	8-5109818	1-4890182		717	60	
6	50	8-5109638	8-5111923	1-4888077	9-9997	715	50	9
	60	8-5111740	8-5114027	1-4885973		713	40	
	70	8-5113840	8-5116130	1-4883870		710	30	
	80	8-5115940	8-5118232	1-4881768		708	20	
	90	8-5118039	8-5120333	1-4879667		706	10	
7	00	8-5120137	8-5122433	1-4877567		704	00	9
	10	8-5122234	8-5124532	1-4875468		702	90	
	20	8-5124329	8-5126630	1-4873370		699	80	
	30	8-5126424	8-5128727	1-4871273		697	70	
	40	8-5128518	8-5130823	1-4869177		695	60	
7	50	8-5130611	8-5132918	1-4867082	9-9997	693	50	9
	60	8-5132703	8-5135012	1-4864988		690	40	
	70	8-5134795	8-5137105	1-4862895		688	30	
	80	8-5136885	8-5139197	1-4860803		686	20	
	90	8-5138972	8-5141288	1-4858712		684	10	
8	00	8-5141059	8-5143378	1-4856622		682	00	9
	10	8-5143146	8-5145467	1-4854533		679	90	
	20	8-5145232	8-5147555	1-4852445		677	80	
	30	8-5147317	8-5149642	1-4850358		675	70	
	40	8-5149400	8-5151728	1-4848272		673	60	
8	50	8-5151483	8-5153813	1-4846187	9-9997	670	50	9
	60	8-5153565	8-5155897	1-4844103		668	40	
	70	8-5155645	8-5157979	1-4842021		666	30	
	80	8-5157725	8-5160061	1-4839939		664	20	
	90	8-5159804	8-5162142	1-4837858		661	10	
9	00	8-5161881	8-5164222	1-4835778		659	00	
	10	8-5163958	8-5166301	1-4833699		657	90	
	20	8-5166034	8-5168379	1-4831621		655	80	
	30	8-5168109	8-5170456	1-4829544		652	70	
	40	8-5170182	8-5172532	1-4827468		650	60	
9	50	8-5172255	8-5174607	1-4825393	9-9997	948	50	
	60	8-5174327	8-5176681	1-4823319		646	40	
	70	8-5176398	8-5178754	1-4821246		643	30	
	80	8-5178467	8-5180826	1-4819174		641	20	
	90	8-5180536	8-5182897	1-4817103		639	10	
10	00	8-5182604	8-5184967	1-4815033		637	00	
Minutes.	Second.	COS.	COTANG.	TANGENT.		SIN.	Second.	Minutes.

97 GRADES.

Second.	SINUS	TANGENT.	COTANG.	COS.	Second.	Minutes.	Minutes.	Second.	SINUS.	TANGENT.	COTANG.	COS.	Second.	Minutes.
00	8-5182604	8-5184967	1-4815033	637	00	90	15	00	8-5284758	8-5287235	1-4712765	523	00	85
10	8-5184671	8-5187036	1-4812964	634	90			10	8-5286777	8-5289256	1-4710744	521	90	
20	8-5186737	8-5189105	1-4810895	632	80			20	8-5288794	8-5291276	1-4708724	518	80	
30	8-5188802	8-5191172	1-4808828	630	70			30	8-5290811	8-5293295	1-4706705	516	70	
40	8-5190865	8-5193238	1-4806762	628	60			40	8-5292827	8-5295313	1-4704687	514	60	
50	8-5192928	8-5195303	1-4804697	9-9997 625	50	89	15	50	8-5294842	8-5297331	1-4702669	9-9997 511	50	84
60	8-5194990	8-5197367	1-4802633	623	40			60	8-5296856	8-5299347	1-4700653	509	40	
70	8-5197051	8-5199430	1-4800570	621	30			70	8-5298869	8-5301363	1-4698637	507	30	
80	8-5199111	8-5201493	1-4798507	619	20			80	8-5300881	8-5303377	1-4696623	504	20	
90	8-5201170	8-5203554	1-4796446	616	10			90	8-5302893	8-5305391	1-4694609	502	10	
00	8-5203228	8-5205614	1-4794386	614	00	89	16	00	8-5304905	8-5307403	1-4692597	500	00	84
10	8-5205285	8-5207673	1-4792327	612	90			10	8-5306912	8-5309415	1-4690585	497	90	
20	8-5207341	8-5209732	1-4790268	610	80			20	8-5308921	8-5311426	1-4688574	495	80	
30	8-5209396	8-5211789	1-4788211	607	70			30	8-5310928	8-5313436	1-4686564	493	70	
40	8-5211450	8-5213845	1-4786155	605	60			40	8-5312935	8-5315445	1-4684555	490	60	
50	8-5213504	8-5215901	1-4784099	9-9997 603	50	88	16	50	8-5314941	8-5317453	1-4682547	9-9997 488	50	83
60	8-5215556	8-5217955	1-4782045	601	40			60	8-5316945	8-5319460	1-4680540	486	40	
70	8-5217607	8-5220009	1-4779991	598	30			70	8-5318949	8-5321466	1-4678534	483	30	
80	8-5219657	8-5222061	1-4777939	596	20			80	8-5320952	8-5323471	1-4676529	481	20	
90	8-5221706	8-5224113	1-4775887	594	10			90	8-5322954	8-5325475	1-4674525	479	10	
00	8-5223755	8-5226163	1-4773837	592	00	88	17	00	8-5324955	8-5327479	1-4672521	477	00	83
10	8-5225802	8-5228213	1-4771787	589	90			10	8-5326955	8-5329481	1-4670519	474	90	
20	8-5227848	8-5230261	1-4769739	587	80			20	8-5328954	8-5331483	1-4668517	472	80	
30	8-5229894	8-5232309	1-4767691	585	70			30	8-5330953	8-5333483	1-4666517	470	70	
40	8-5231938	8-5234356	1-4765644	582	60			40	8-5332950	8-5335483	1-4664517	467	60	
50	8-5233982	8-5236401	1-4763599	9-9997 580	50	87	17	50	8-5334946	8-5337482	1-4662518	9-9997 465	50	82
60	8-5236024	8-5238446	1-4761554	578	40			60	8-5336942	8-5339479	1-4660521	463	40	
70	8-5238066	8-5240490	1-4759510	576	30			70	8-5338937	8-5341476	1-4658524	460	30	
80	8-5240106	8-5242534	1-4757466	573	20			80	8-5340930	8-5343472	1-4656528	458	20	
90	8-5242146	8-5244575	1-4755425	571	10			90	8-5342923	8-5345466	1-4654534	456	10	
00	8-5244184	8-5246616	1-4753384	569	00	87	18	00	8-5344915	8-5347462	1-4652538	453	00	82
10	8-5246222	8-5248656	1-4751344	566	90			10	8-5346906	8-5349455	1-4650545	451	90	
20	8-5248259	8-5250695	1-4749305	564	80			20	8-5348896	8-5351447	1-4648553	449	80	
30	8-5250295	8-5252733	1-4747267	562	70			30	8-5350885	8-5353439	1-4646561	446	70	
40	8-5252330	8-5254770	1-4745230	560	60			40	8-5352873	8-5355429	1-4644571	444	60	
50	8-5254363	8-5256806	1-4743194	9-9997 557	50	86	18	50	8-5354860	8-5357419	1-4642581	9-9997 442	50	81
60	8-5256396	8-5258841	1-4741159	555	40			60	8-5356847	8-5359408	1-4640592	439	40	
70	8-5258428	8-5260876	1-4739124	553	30			70	8-5358832	8-5361396	1-4638604	437	30	
80	8-5260459	8-5262909	1-4737091	550	20			80	8-5360817	8-5363383	1-4636617	434	20	
90	8-5262489	8-5264941	1-4735059	548	10			90	8-5362801	8-5365368	1-4634632	432	10	
00	8-5264519	8-5266973	1-4733027	546	00	86	19	00	8-5364785	8-5367354	1-4632646	430	00	81
10	8-5266547	8-5269003	1-4730997	544	90			10	8-5366765	8-5369338	1-4630662	427	90	
20	8-5268574	8-5271033	1-4728967	541	80			20	8-5368746	8-5371321	1-4628679	425	80	
30	8-5270600	8-5273061	1-4726939	539	70			30	8-5370726	8-5373303	1-4626697	423	70	
40	8-5272626	2-5275089	1-4724911	537	60			40	8-5372705	8-5375285	1-4624715	420	60	
50	8-5274650	8-5277116	1-4722884	9-9997 534	50	85	19	50	8-5374683	8-5377265	1-4622735	9-9997 418	50	80
60	8-5276673	8-5279141	1-4720859	532	40			60	8-5376660	8-5379245	1-4620755	416	40	
70	8-5278696	8-5281166	1-4718834	530	30			70	8-5378637	8-5381224	1-4618776	413	30	
80	8-5280717	8-5283190	1-4716810	527	20			80	8-5380613	8-5383202	1-4616798	411	20	
90	8-5282738	8-5285213	1-4714787	525	10			90	8-5382587	8-5385179	1-4614821	409	10	
00	8-5284758	8-5287235	1-4712765	523	00	85	20	00	8-5384561	8-5387155	1-4612845	406	00	80
Second.	COS.	COTANG.	TANGENT.	SIN.	Second.	Minutes.	Minutes.	Second.	COS.	COTANG.	TANGENT.	SIN.	Second.	Minutes.

Minutes.	Second.	SINUS.	TANGENT.	COTANG.	COS.	Second.	Minutes.	Minutes.	Second.	SINUS.	TANGENT.	COTANG.	COS.	Second.
20	00	8-5384561	8-5387155	1-4612845	406	00	80	25	00	8-5482120	8-5484833	1-4515167	287	00
	10	8-5386534	8-5389130	1-4610870	404	90			10	8-5484049	8-5486764	1-4513236	285	90
	20	8-5388506	8-5391104	1-4608896	402	80			20	8-5485977	8-5488695	1-4511305	282	80
	30	8-5390477	8-5393078	1-4606922	399	70			30	8-5487904	8-5490624	1-4509376	280	70
	40	8-5392447	8-5395050	1-4604950	397	60			40	8-5489830	8-5492553	1-4507447	277	60
20	50	8-5394416	8-5397022	1-4602978	9-9997 394	50	79	25	50	8-5491756	8-5494481	1-4505519	9-9997 275	50
	60	8-5396385	8-5398993	1-4601007	392	40			60	8-5493681	8-5496408	1-4503592	272	40
	70	8-5398352	8-5400962	1-4599038	390	30			70	8-5495605	8-5498335	1-4501665	270	30
	80	8-5400319	8-5402931	1-4597069	387	20			80	8-5497528	8-5500260	1-4499740	268	20
	90	8-5402284	8-5404899	1-4595101	385	10			90	8-5499450	8-5502184	1-4497816	265	10
21	00	8-5404249	8-5406867	1-4593133	383	00	79	26	00	8-5501371	8-5504108	1-4495892	263	00
	10	8-5406213	8-5408833	1-4591167	380	90			10	8-5503291	8-5506031	1-4493969	260	90
	20	8-5408176	8-5410798	1-4589202	378	80			20	8-5505211	8-5507953	1-4492047	258	80
	30	8-5410138	8-5412763	1-4587237	376	70			30	8-5507130	8-5509874	1-4490126	256	70
	40	8-5412099	8-5414726	1-4585274	373	60			40	8-5509048	8-5511794	1-4488206	253	60
21	50	8-5414060	8-5416689	1-4583311	9-9997 371	50	78	26	50	8-5510965	8-5513714	1-4486286	9-9997 251	50
	60	8-5416019	8-5418651	1-4581349	368	40			60	8-5512881	8-5515633	1-4484367	248	40
	70	8-5417978	8-5420612	1-4579388	366	30			70	8-5514796	8-5517550	1-4482450	246	30
	80	8-5419936	8-5422572	1-4577428	364	20			80	8-5516711	8-5519467	1-4480533	243	20
	90	8-5421892	8-5424531	1-4575469	361	10			90	8-5518624	8-5521383	1-4478617	241	10
22	00	8-5423848	8-5426489	1-4573511	359	00	78	27	00	8-5520537	8-5523299	1-4476701	239	00
	10	8-5425803	8-5428447	1-4571553	357	90			10	8-5522449	8-5525213	1-4474787	236	90
	20	8-5427757	8-5430403	1-4569597	354	80			20	8-5524360	8-5527126	1-4472874	234	80
	30	8-5429711	8-5432359	1-4567641	352	70			30	8-5526270	8-5529039	1-4470961	231	70
	40	8-5431663	8-5434314	1-4565686	349	60			40	8-5528180	8-5530951	1-4469049	229	60
22	50	8-5433615	8-5436268	1-4563732	9-9997 347	50	77	27	50	8-5530088	8-5532862	1-4467138	9-9997 226	50
	60	8-5435565	8-5438221	1-4561779	345	40			60	8-5531996	8-5534772	1-4465228	224	40
	70	8-5437515	8-5440173	1-4559827	342	30			70	8-5533903	8-5536682	1-4463318	221	30
	80	8-5439464	8-5442124	1-4557876	340	20			80	8-5535809	8-5538590	1-4461410	219	20
	90	8-5441412	8-5444075	1-4555925	337	10			90	8-5537714	8-5540498	1-4459502	217	10
23	00	8-5443359	8-5446024	1-4553976	335	00	77	28	00	8-5539619	8-5542405	1-4457595	214	00
	10	8-5445306	8-5447973	1-4552027	333	90			10	8-5541522	8-5544311	1-4455689	212	90
	20	8-5447251	8-5449921	1-4550079	330	80			20	8-5543425	8-5546216	1-4453784	209	80
	30	8-5449195	8-5451868	1-4548132	328	70			30	8-5545327	8-5548120	1-4451880	207	70
	40	8-5451139	8-5453814	1-4546186	325	60			40	8-5547228	8-5550024	1-4449976	204	60
23	50	8-5453082	8-5455759	1-4544241	9-9997 323	50	76	28	50	8-5549128	8-5551926	1-4448074	9-9997 202	50
	60	8-5455024	8-5457703	1-4542297	321	40			60	8-5551028	8-5553828	1-4446172	199	40
	70	8-5456965	8-5459647	1-4540353	318	30			70	8-5552926	8-5555729	1-4444271	197	30
	80	8-5458905	8-5461589	1-4538411	316	20			80	8-5554824	8-5557629	1-4442371	195	20
	90	8-5460844	8-5463531	1-4536469	313	10			90	8-5556721	8-5559529	1-4440471	192	10
24	00	8-5462783	8-5465472	1-4534528	311	00	76	29	00	8-5558617	8-5561427	1-4438573	190	00
	10	8-5464720	8-5467412	1-4532588	309	90			10	8-5560512	8-5563325	1-4436675	187	90
	20	8-5466657	8-5469351	1-4530649	306	80			20	8-5562407	8-5565222	1-4434778	185	80
	30	8-5468593	8-5471289	1-4528711	304	70			30	8-5564300	8-5567118	1-4432882	182	70
	40	8-5470528	8-5473227	1-4526773	301	60			40	8-5566193	8-5569013	1-4430987	180	60
24	50	8-5472462	8-5475163	1-4524837	9-9997 299	50	75	29	50	8-5568085	8-5570908	1-4429092	9-9997 177	50
	60	8-5474395	8-5477099	1-4522901	297	40			60	8-5569976	8-5572801	1-4427199	175	40
	70	8-5476328	8-5479034	1-4520966	294	30			70	8-5571866	8-5574694	1-4425306	172	30
	80	8-5478259	8-5480967	1-4519033	292	20			80	8-5573756	8-5576586	1-4423414	170	20
	90	8-5480190	8-5482901	1-4517099	289	10			90	8-5575644	8-5578477	1-4421523	168	10
25	00	8-5482120	8-5484833	1-4515167	287	00	75	30	00	8-5577532	8-5580367	1-4419633	165	00
Minutes.	Second.	COS.	COTANG.	TANGENT.	SIN.	Second.	Minutes.	Minutes.	Second.	COS.	COTANG.	TANGENT.	SIN.	Second.

97 GRADES.

Minutes.	Second.	SINUS.	TANGENT.	COTANG.		COS.	Second.	Minutes.
30	00	8-5577532	8-5580367	1-4419633		165	00	70
	10	8-5579419	8-5582257	1-4417743		163	90	
	20	8-5581305	8-5584145	1-4415855		160	80	
	30	8-5583191	8-5586033	1-4413967		158	70	
	40	8-5585075	8-5587920	1-4412080		155	60	
30	50	8-5586959	8-5589806	1-4410194	9-9997	153	50	69
	60	8-5588842	8-5591692	1-4408308		150	40	
	70	8-5590724	8-5593576	1-4406424		148	30	
	80	8-5592605	8-5595460	1-4404540		145	20	
	90	8-5594486	8-5597343	1-4402657		143	10	
31	00	8-5596366	8-5599225	1-4400775		140	00	69
	10	8-5598244	8-5601107	1-4398893		138	90	
	20	8-5600122	8-5602987	1-4397013		135	80	
	30	8-5602000	8-5604867	1-4395133		133	70	
	40	8-5603876	8-5606746	1-4393254		130	60	
31	50	8-5605752	8-5608624	1-4391376	9-9997	128	50	68
	60	8-5607626	8-5610501	1-4389499		125	40	
	70	8-5609500	8-5612377	1-4387623		123	30	
	80	8-5611373	8-5614253	1-4385747		120	20	
	90	8-5613246	8-5616128	1-4383872		118	10	
32	00	8-5615117	8-5618002	1-4381998		116	00	68
	10	8-5616988	8-5619875	1-4380125		113	90	
	20	8-5618858	8-5621747	1-4378253		111	80	
	30	8-5620727	8-5623619	1-4376381		108	70	
	40	8-5622595	8-5625490	1-4374510		106	60	
32	50	8-5624462	8-5627360	1-4372640	9-9997	103	50	67
	60	8-5626329	8-5629229	1-4370771		101	40	
	70	8-5628195	8-5631097	1-4368903		098	30	
	80	8-5630061	8-5632965	1-4367035		096	20	
	90	8-5631925	8-5634832	1-4365168		093	10	
33	00	8-5633788	8-5636698	1-4363302		091	00	67
	10	8-5635651	8-5638563	1-4361437		088	90	
	20	8-5637513	8-5640427	1-4359573		086	80	
	30	8-5639374	8-5642291	1-4357709		083	70	
	40	8-5641234	8-5644154	1-4355846		081	60	
33	50	8-5643094	8-5646016	1-4353984	9-9997	078	50	66
	60	8-5644953	8-5647877	1-4352123		076	40	
	70	8-5646810	8-5649737	1-4350263		073	30	
	80	8-5648667	8-5651597	1-4348403		071	20	
	90	8-5650524	8-5653456	1-4346544		068	10	
34	00	8-5652379	8-5655314	1-4344686		066	00	66
	10	8-5654234	8-5657171	1-4342829		063	90	
	20	8-5656088	8-5659028	1-4340972		061	80	
	30	8-5657941	8-5660883	1-4339117		058	70	
	40	8-5659794	8-5662738	1-4337262		056	60	
34	50	8-5661645	8-5664592	1-4335408	9-9997	053	50	65
	60	8-5663496	8-5666445	1-4333555		050	40	
	70	8-5665346	8-5668298	1-4331702		048	30	
	80	8-5667195	8-5670150	1-4329850		045	20	
	90	8-5669043	8-5672001	1-4327999		043	10	
35	00	8-5670891	8-5673851	1-4326149		040	00	65
	Second.	COS.	COTANG.	TANGENT.		SIN.	Second.	Minutes.

Minutes.	Second.	SINUS.	TANGENT.	COTANG.		COS.	Second.	Minutes.
35	00	8-5670891	8-5673851	1-4326149		040	00	65
	10	8-5672738	8-5675700	1-4324300		038	90	
	20	8-5674584	8-5677549	1-4322451		035	80	
	30	8-5676429	8-5679396	1-4320604		033	70	
	40	8-5678274	8-5681243	1-4318757		030	60	
35	50	8-5680117	8-5683090	1-4316910	9-9997	028	50	64
	60	8-5681960	8-5684935	1-4315065		025	40	
	70	8-5683802	8-5686780	1-4313220		023	30	
	80	8-5685644	8-5688624	1-4311376		020	20	
	90	8-5687484	8-5690467	1-4309533		018	10	
36	00	8-5689324	8-5692309	1-4307691		7015	00	64
	10	8-5691163	8-5694150	1-4305850		7013	90	
	20	8-5693001	8-5695991	1-4304009		7010	80	
	30	8-5694839	8-5697831	1-4302169		7008	70	
	40	8-5696675	8-5699670	1-4300330		7005	60	
36	50	8-5698511	8-5701509	1-4298491	9-999	7003	50	63
	60	8-5700346	8-5703346	1-4296654		7000	40	
	70	8-5702181	8-5705183	1-4294817		6997	30	
	80	8-5704014	8-5707019	1-4292981		6995	20	
	90	8-5705847	8-5708853	1-4291145		6992	10	
37	00	8-5707679	8-5710689	1-4289311		990	00	63
	10	8-5709510	8-5712523	1-4287477		987	90	
	20	8-5711341	8-5714356	1-4285644		985	80	
	30	8-5713170	8-5716188	1-4283812		982	70	
	40	8-5714999	8-5718020	1-4281980		980	60	
37	50	8-5716827	8-5719850	1-4280150	9-9996	977	50	62
	60	8-5718655	8-5721680	1-4278320		975	40	
	70	8-5720481	8-5723509	1-4276491		972	30	
	80	8-5722307	8-5725338	1-4274662		969	20	
	90	8-5724132	8-5727165	1-4272835		967	10	
38	00	8-5725957	8-5728992	1-4271008		964	00	62
	10	8-5727780	8-5730818	1-4269182		962	90	
	20	8-5729603	8-5732644	1-4267356		959	80	
	30	8-5731425	8-5734468	1-4265532		957	70	
	40	8-5733246	8-5736292	1-4263708		954	60	
38	50	8-5735067	8-5738115	1-4261885	9-9996	952	50	61
	60	8-5736886	8-5739937	1-4260063		949	40	
	70	8-5738705	8-5741759	1-4268241		946	30	
	80	8-5740523	8-5743580	1-4256420		944	20	
	90	8-5742341	8-5745400	1-4254600		941	10	
39	00	8-5744158	8-5747219	1-4252781		939	00	61
	10	8-5745973	8-5749037	1-4250963		936	90	
	20	8-5747789	8-5750855	1-4249145		934	80	
	30	8-5749603	8-5752672	1-4247328		931	70	
	40	8-5751416	8-5754488	1-4245512		929	60	
39	50	8-5753229	8-5756304	1-4243696	9-9996	926	50	60
	60	8-5755041	8-5758118	1-4241882		923	40	
	70	8-5756853	8-5759932	1-4240068		921	30	
	80	8-5758664	8-5761745	1-4238255		918	20	
	90	8-5760473	8-5763558	1-4236442		916	10	
40	00	8-5762282	8-5765369	1-4234631		913	00	60
	Second.	COS.	COTANG.	TANGENT.		SIN.	Second.	Minutes.

Minutes.	Second.	SINUS.	TANGENT.	COTANG.	COS.	Second.	Minutes.
40	00	8-5762282	8-5765369	1-4234631	913	00	60
	10	8-5764091	8-5767180	1-4232820	911	90	
	20	8-5765898	8-5768990	1-4231010	908	80	
	30	8-5767705	8-5770799	1-4229201	905	70	
	40	8-5769511	8-5772608	1-4227392	903	60	
40	50	8-5771517	8-5774416	1-4225584	9-9996 900	50	59
	60	8-5773121	8-5776223	1-4223777	898	40	
	70	8-5774925	8-5778030	1-4221970	895	30	
	80	8-5776728	8-5779836	1-4220164	892	20	
	90	8-5778530	8-5781641	1-4218359	890	10	
41	00	8-5780332	8-5783445	1-4216555	887	00	59
	10	8-5782133	8-5785248	1-4214752	885	90	
	20	8-5783933	8-5787051	1-4212949	882	80	
	30	8-5785732	8-5788853	1-4211147	880	70	
	40	8-5787531	8-5790654	1-4209346	877	60	
41	50	8-5789328	8-5792454	1-4207546	9-9996 874	50	58
	60	8-5791125	8-5794254	1-4205746	872	40	
	70	8-5792922	8-5796053	1-4203947	869	30	
	80	8-5794717	8-5797851	1-4202149	867	20	
	90	8-5796512	8-5799648	1-4200352	864	10	
42	00	8-5798306	8-5801445	1-4198555	861	00	58
	10	8-5801000	8-5803241	1-4196759	859	90	
	20	8-5801892	8-5805036	1-4194964	856	80	
	30	8-5803684	8-5806831	1-4193169	854	70	
	40	8-5805475	8-5808625	1-4191375	851	60	
42	50	8-5807266	8-5810418	1-4189582	9-9996 848	50	57
	60	8-5809055	8-5812210	1-4187790	846	40	
	70	8-5810844	8-5814001	1-4185999	843	30	
	80	8-5812633	8-5815792	1-4184208	841	20	
	90	8-5814420	8-5817582	1-4182418	838	10	
43	00	8-5816207	8-5819371	1-4180629	835	00	57
	10	8-5817993	8-5821160	1-4178840	833	90	
	20	8-5819778	8-5822948	1-4177052	830	80	
	30	8-5821563	8-5824735	1-4175265	828	70	
	40	8-5823346	8-5826521	1-4173479	825	60	
43	50	8-5825129	8-5828307	1-4171693	9-9996 822	50	56
	60	8-5826912	8-5830092	1-4169908	820	40	
	70	8-5828693	8-5831876	1-4168124	817	30	
	80	8-5830474	8-5833659	1-4166341	815	20	
	90	8-5832254	8-5835442	1-4164558	812	10	
44	00	8-5834034	8-5837224	1-4162776	809	00	56
	10	8-5835812	8-5839005	1-4160995	807	90	
	20	8-5837590	8-5840786	1-4159214	804	80	
	30	8-5839367	8-5842566	1-4157434	801	70	
	40	8-5841144	8-5844345	1-4155655	799	60	
44	50	8-5842920	8-5846123	1-4153877	9-9996 796	50	55
	60	8-5844695	8-5847901	1-4152099	794	40	
	70	8-5846469	8-5849678	1-4150322	791	30	
	80	8-5848243	8-5851454	1-4148546	788	20	
	90	8-5850015	8-5853230	1-4146770	786	10	
45	00	8-5851788	8-5855005	1-4144995	783	00	55
Minutes	Second.	COSINUS.	COTANG.	TANGENT	SIN.	Second.	Minutes

Minutes.	Second.	SINUS.	TANGENT.	COTANG.	COS.	Second.
45	00	8-5851788	8-5855005	1-4144995	783	00
	10	8-5853559	8-5856779	1-4143221	780	90
	20	8-5855330	8-5858552	1-4141448	778	80
	30	8-5857100	8-5860324	1-4139676	775	70
	40	8-5858869	8-5862096	1-4137904	773	60
45	50	8-5860637	8-5863867	1-4136133	9-9996 770	50
	60	8-5862405	8-5865637	1-4134363	767	40
	70	8-5864172	8-5867407	1-4132593	765	30
	80	8-5865938	8-5869176	1-4130824	762	20
	90	8-5867704	8-5870944	1-4129056	759	10
46	00	8-5869469	8-5872712	1-4127288	757	00
	10	8-5871233	8-5874479	1-4125521	754	90
	20	8-5872996	8-5876245	1-4123755	752	80
	30	8-5874759	8-5878010	1-4121990	749	70
	40	8-5876521	8-5879775	1-4120225	746	60
46	50	8-5878282	8-5881539	1-4118461	9-9996 744	50
	60	8-5880043	8-5883302	1-4116698	741	40
	70	8-5881803	8-5885065	1-4114935	738	30
	80	8-5883562	8-5886827	1-4113173	736	20
	90	8-5885321	8-5888588	1-4111412	733	10
47	00	8-5887079	8-5890348	1-4109652	730	00
	10	8-5888836	8-5892108	1-4107892	728	90
	20	8-5890592	8-5893867	1-4106133	725	80
	30	8-5892348	8-5895625	1-4104375	722	70
	40	8-5894103	8-5897383	1-4102617	720	60
47	50	8-5895857	8-5899140	1-4100860	9-9996 717	50
	60	8-5897610	8-5900896	1-4099104	714	40
	70	8-5899363	8-5902651	1-4097349	712	30
	80	8-5901115	8-5904406	1-4095594	709	20
	90	8-5902866	8-5906160	1-4093840	707	10
48	00	8-5904617	8-5907913	1-4092087	704	00
	10	8-5906367	8-5909666	1-4090334	701	90
	20	8-5908116	8-5911418	1-4088582	699	80
	30	8-5909865	8 5913169	1-4086831	696	70
	40	8-5911613	8-5914919	1-4085081	693	60
48	50	8-5913360	8-5916669	1-4083331	9-9996 691	50
	60	8-5915106	8-5918418	1-4081582	688	40
	70	8-5916852	8-5920166	1-4079834	685	30
	80	8-5918597	8-5921914	1-4078086	683	20
	90	8-5920341	8-5923661	1-4076339	680	10
49	00	8-5922085	8-5925408	1-4074592	677	00
	10	8-5923828	8-5927153	1-4072847	674	90
	20	8-5925570	8-5928898	1-4071102	672	80
	30	8-5927311	8-5930642	1-4069358	669	70
	40	8-5929052	8-5932386	1-4067614	667	60
49	50	8-5930792	8-5934129	1-4065871	9-9996 664	50
	60	8-5932532	8-5935871	1-4064129	661	40
	70	8-5934271	8-5937612	1-4062388	658	30
	80	8-5936009	8-5939353	1-4060647	656	20
	90	8-5937746	8-5941093	1-4058907	653	10
50	00	8-5939485	8-5942832	1-4057168	650	00
Minutes.	Second.	COSINUS.	COTANG.	TANGENT.	SIN.	Second.

97 GRADES.

Minutes.	Second.	SINUS.	TANGENT.	COTANG.	COS.	Second.	Minutes.	Minutes.	Second.	SINUS.	TANGENT.	COTANG.	COS.	Second.	Minutes.
50	00	8-5939483	8-5942832	1-4057168	650	00	50	55	00	8-6025439	8-6028924	1-3971076	515	00	45
	10	8-5941219	8-5944571	1-4055429	648	90			10	8-6027141	8-6030629	1-3969371	512	90	
	20	8-5942954	8-5946309	1-4053691	645	80			20	8-6028842	8-6032333	1-3967667	510	80	
	30	8-5944688	8-5948046	1-4051954	642	70			30	8-6030543	8-6034036	1-3965964	507	70	
	40	8-5946422	8-5949782	1-4050218	9-9996 640	60			40	8-6032243	8-6035739	1-3964261	9-9996 504	60	
50	50	8-5948155	8-5951518	1-4048482	637	50	49	55	50	8-6033942	8-6037441	1-3962559	501	50	44
	60	8-5949888	8-5953253	1-4046747	634	40			60	8-6035640	8-6039142	1-3960858	499	40	
	70	8-5951620	8-5954988	1-4045012	632	30			70	8-6037338	8-6040842	1-3959158	496	30	
	80	8-5953351	8-5956722	1-4043278	629	20			80	8-6039035	8-6042542	1-3957458	493	20	
	90	8-5955081	8-5958455	1-4041545	626	10			90	8-6040732	8-6044241	1-3955759	490	10	
51	00	8-5956811	8-5960187	1-4039813	624	00	49	56	00	8-6042428	8-6045940	1-3954060	488	00	44
	10	8-5958540	8-5961919	1-4038081	621	90			10	8-6044123	8-6047638	1-3952362	485	90	
	20	8-5960268	8-5963650	1-4036350	618	80			20	8-6045818	8-6049335	1-3950665	482	80	
	30	8-5961996	8-5965380	1-4034620	616	70			30	8-6047512	8-6051032	1-3948968	479	70	
	40	8-5963723	8-5967110	1-4032890	9-9996 613	60			40	8-6049205	8-6052728	1-3947272	9-9996 477	60	
51	50	8-5965449	8-5968839	1-4031161	610	50	48	56	50	8-6050897	8-6054423	1-3945577	474	50	43
	60	8-5967175	8-5970567	1-4029433	607	40			60	8-6052589	8-6056118	1-3943882	471	40	
	70	8-5968900	8-5972295	1-4027705	605	30			70	8-6054280	8-6057812	1-3942188	468	30	
	80	8-5970624	8-5974022	1-4025978	602	20			80	8-6055971	8-6059505	1-3940495	466	20	
	90	8-5972347	8-5975748	1-4024252	599	10			90	8-6057661	8-6061198	1-3938802	463	10	
52	00	8-5974070	8-5977473	1-4022527	597	00	48	57	00	8-6059350	8-6062890	1-3937110	460	00	43
	10	8-5975792	8-5979198	1-4020802	594	90			10	8-6061039	8-6064581	1-3935419	457	90	
	20	8-5977513	8-5980922	1-4019078	591	80			20	8-6062727	8-6066272	1-3933728	455	80	
	30	8-5979234	8-5982646	1-4017354	589	70			30	8-6064414	8-6067962	1-3932038	452	70	
	40	8-5980954	8-5984369	1-4015631	9-9996 586	60			40	8-6066101	8-6069652	1-3930348	9-9996 449	60	
52	50	8-5782674	8-5986091	1-4013909	583	50	47	57	50	8-6067787	8-6071341	1-3928659	446	50	42
	60	8-5984393	8-5987812	1-4012188	580	40			60	8-6069472	8-6073029	1-3926971	444	40	
	70	8-5986111	8-5989533	1-4010467	578	30			70	8-6071157	8-6074716	1-3925284	441	30	
	80	8-5987828	8-5991253	1-4008747	575	20			80	8-6072841	8-6076403	1-3923597	438	20	
	90	8-5989545	8-5992972	1-4007028	572	10			90	8-6074524	8-6078089	1-3921911	435	10	
53	00	8-5991261	8-5994691	1-4005309	570	00	47	58	00	8-6076207	8-6079774	1-3920226	433	00	42
	10	8-5992976	8-5996409	1-4003591	567	90			10	8-6077889	8-6081459	1-3918541	430	90	
	20	8-5994691	8-5998126	1-4001874	564	80			20	8-6079570	8-6083143	1-3916857	427	80	
	30	8-5996405	8-5999843	1-4000157	561	70			30	8-6081251	8-6084827	1-3915173	424	70	
	40	8-5998118	8-6001559	1-3998441	9-9996 559	60			40	8-6082931	8-6086510	1-3913490	9-9996 422	60	
53	50	8-5999831	8-6003274	1-3996726	556	50	46	58	50	8-6084611	8-6088192	1-3911808	419	50	41
	60	8-6001543	8-6004989	1-3995011	553	40			60	8-6086290	8-6089874	1-3910126	416	40	
	70	8-6003254	8-6006703	1-3993297	551	30			70	8-6087968	8-6091555	1-3908445	413	30	
	80	8-6004964	8-6008416	1-3991584	548	20			80	8-6089645	8-6093235	1-3906765	410	20	
	90	8-6006674	8-6010129	1-3989871	545	10			90	8-6091322	8-6094914	1-3905086	408	10	
54	00	8-6008384	8-6011841	1-3988159	542	00	46	59	00	8-6092998	8-6096593	1-3903407	405	00	41
	10	8-6010092	8-6013552	1-3986448	540	90			10	8-6094674	8-6098272	1-3901728	402	90	
	20	8-6011800	8-6015263	1-3984737	537	80			20	8-6096349	8-6099950	1-3900050	399	80	
	30	8-6013507	8-6016973	1-3983027	534	70			30	8-6098023	8-6101627	1-3898373	397	70	
	40	8-6015214	8-6018682	1-3981318	9-9996 531	60			40	8-6099697	8-6103303	1-3896697	9-9996 394	60	
54	50	8-6016920	8-6020391	1-3979609	529	50	45	59	50	8-6101370	8-6104979	1-3895021	391	50	40
	60	8-6018625	8-6022099	1-3977901	526	40			60	8-6103042	8-6106654	1-3893346	388	40	
	70	8-6020330	8-6023806	1-3976194	523	30			70	8-6104714	8-6108328	1-3891672	385	30	
	80	8-6022034	8-6025513	1-3974487	521	20			80	8-6106385	8-6110002	1-3889998	383	20	
	90	8-6023737	8-6027219	1-3972781	518	10			90	8-6108055	8-6111675	1-3888325	380	10	
55	00	8-6025439	8-6028924	1-3971076	515	00	45	60	00	8-6109725	8-6113348	1-3886652	377	00	40
	Second.	COS.	COTANG.	TANGENT.	SIN.	Second.	Minutes.	Minutes.	Second.	COS.	COTANG.	TANGENT.	SIN.	Second.	Minutes.

Minutes.	Second.	SINUS.	TANGENT.	COTANG.	COS.	Second.	Minutes.
60	00	8-6109725	8-6113348	1-3886652	377	00	40
	10	8-6111394	8-6115020	1-3884980	374	90	
	20	8-6113062	8-6116691	1-3883309	371	80	
	30	8-6114730	8-6118362	1-3881638	369	70	
	40	8-6116397	8-6120032	1-3879968	366	60	
60	50	8-6118064	8-6121701	1-3878299	9-9996 363	50	39
	60	8-6119730	8-6123370	1-3876630	360	40	
	70	8-6121395	8-6125038	1-3874962	358	30	
	80	8-6123060	8-6126705	1-3873295	355	20	
	90	8-6124724	8-6128372	1-3871628	352	10	
61	00	8-6126387	8-6130038	1-3869962	349	00	39
	10	8-6128050	8-6131705	1-3868297	346	90	
	20	8-6129712	8-6133368	1-3866632	344	80	
	30	8-6131373	8-6135033	1-3864967	341	70	
	40	8-6133034	8-6136696	1-3863304	338	60	
61	50	8-6134694	8-6138359	1-3861641	9-9996 335	50	38
	60	8-6136354	8-6140022	1-3859978	332	40	
	70	8-6138013	8-6141683	1-3858317	330	30	
	80	8-6139671	8-6143344	1-3856656	327	20	
	90	8-6141329	8-6145005	1-3854995	324	10	
62	00	8-6142986	8-6146665	1-3853335	321	00	38
	10	8-6144642	8-6148324	1-3851676	318	90	
	20	8-6146298	8-6149982	1-3850018	315	80	
	30	8-6147953	8-6151640	1-3848360	313	70	
	40	8-6149607	8-6153297	1-3846703	310	60	
62	50	8-6151261	8-6154954	1-3845046	9-9996 307	50	37
	60	8-6152914	8-6156610	1-3843390	304	40	
	70	8-6154567	8-6158266	1-3841734	301	30	
	80	8-6156219	8-6159920	1-3840080	299	20	
	90	8-6157870	8-6161574	1-3838426	296	10	
63	00	8-6159521	8-6163228	1-3836772	293	00	37
	10	8-6161171	8-6164881	1-3835119	290	90	
	20	8-6162820	8-6166533	1-3833467	287	80	
	30	8-6164469	8-6168185	1-3831815	284	70	
	40	8-6166117	8-6169836	1-3830164	282	60	
63	50	8-6167765	8-6171486	1-3828514	9-9996 279	50	36
	60	8-6169412	8-6173136	1-3826864	276	40	
	70	8-6171058	8-6174785	1-3825215	273	30	
	80	8-6172704	8-6176433	1-3823567	270	20	
	90	8-6174349	8-6178081	1-3821919	268	10	
64	00	8-6175993	8-6179729	1-3820271	265	00	36
	10	8-6177637	8-6181375	1-3818625	262	90	
	20	8-6179280	8-6183021	1-3816979	259	80	
	30	8-6180923	8-6184667	1-3815333	256	70	
	40	8-6182565	8-6186311	1-3813689	253	60	
64	50	8-6184206	8-6187955	1-3812045	9-9996 251	50	35
	60	8-6185847	8-6189599	1-3810401	248	40	
	70	8-6187487	8-6191242	1-3808758	245	30	
	80	8-6189126	8-6192884	1-3807116	242	20	
	90	8-6190765	8-6194526	1-3805474	239	10	
65	00	8-6192403	8-6196167	1-3803833	236	00	35
Minutes.	Second.	COSINUS.	COTANG.	TANGENT.	SIN.	Second.	Minutes.

Minutes.	Second.	SINUS.	TANGENT.	COTANG.	COS.	Second.	Minutes.
65	00	8-6192403	8-6196167	1-3803833	236	00	35
	10	8-6194041	8-6197807	1-3802193	234	90	
	20	8-6195678	8-6199447	1-3800553	231	80	
	30	8-6197314	8-6201086	1-3798914	228	70	
	40	8-6198950	8-6202725	1-3797275	225	60	
65	50	8-6200585	8-6204363	1-3795637	9-9996 222	50	34
	60	8-6202219	8-6206000	1-3794000	219	40	
	70	8-6203853	8-6207637	1-3792363	216	30	
	80	8-6205487	8-6209273	1-3790727	214	20	
	90	8-6207119	8-6210909	1-3789091	211	10	
66	00	8-6208751	8-6212544	1-3787456	208	00	34
	10	8-6210383	8-6214178	1-3785822	205	90	
	20	8-6212014	8-6215812	1-3784188	202	80	
	30	8-6213644	8-6217445	1-3782555	199	70	
	40	8-6215273	8-6219077	1-3780923	196	60	
66	50	8-6216902	8-6220709	1-3779291	9-9996 194	50	33
	60	8-6218531	8-6222340	1-3777660	191	40	
	70	8-6220159	8-6223971	1-3776029	188	30	
	80	8-6221786	8-6225601	1-3774399	185	20	
	90	8-6223412	8-6227230	1-3772770	182	10	
67	00	8-6225038	8-6228859	1-3771141	179	00	33
	10	8-6226663	8-6230487	1-3769513	176	90	
	20	8-6228288	8-6232115	1-3767885	173	80	
	30	8-6229912	8-6233742	1-3766258	171	70	
	40	8-6231536	8-6235368	1-3764632	168	60	
67	50	8-6233159	8-6236994	1-3763006	9-9996 165	50	32
	60	8-6234781	8-6238619	1-3761381	162	40	
	70	8-6236403	8-6240243	1-3759757	159	30	
	80	8-6238024	8-6241867	1-3758133	156	20	
	90	8-6239644	8-6243491	1-3756509	153	10	
68	00	8-6241264	8-6245115	1-3754887	151	00	32
	10	8-6242883	8-6246735	1-3753265	148	90	
	20	8-6244502	8-6248357	1-3751643	145	80	
	30	8-6246120	8-6249978	1-3750022	142	70	
	40	8-6247737	8-6251598	1-3748402	139	60	
68	50	8-6249354	8-6253218	1-3746782	9-9996 136	50	3
	60	8-6250970	8-6254837	1-3745163	133	40	
	70	8-6252586	8-6256455	1-3743545	130	30	
	80	8-6254201	8-6258075	1-3741927	128	20	
	90	8-6255815	8-6259691	1-3740309	125	10	
69	00	8-6257429	8-6261307	1-3738693	122	00	3
	10	8-6259042	8-6262923	1-3737077	119	90	
	20	8-6260655	8-6264539	1-3735461	116	80	
	30	8-6262267	8-6266154	1-3733846	113	70	
	40	8-6263878	8-6267768	1-3732232	110	60	
69	50	8-6265489	8-6269382	1-3730618	9-9996 107	50	3
	60	8-6267099	8-6270995	1-3729005	104	40	
	70	8-6268709	8-6272607	1-3727393	102	30	
	80	8-6270318	8-6274219	1-3725781	099	20	
	90	8-6271927	8-6275831	1-3724169	096	10	
70	00	8-6273534	8-6277441	1-3722559	093	00	3
Minutes.	Second.	COSINUS.	COTANG.	TANGENT.	SIN.	Second.	Minutes.

Second.	SINUS.	TANGENT.	COTANG.	COS.		Second.	Minutes.	Minutes.	Second.	SINUS.	TANGENT.	COTANG.	COS.		Second.	Minutes.
00	8-6273534	8-6277441	1-3722559		095	00	30	75	00	8-6353175	8-6357228	1-3642772		947	00	25
10	8-6275141	8-6279051	1-3720949		090	90			10	8-6354753	8-6358809	1-3641191		944	90	
20	8-6276748	8-6280661	1-3719339		087	80			20	8-6356330	8-6360389	1-3639611		941	80	
30	8-6278354	8-6282270	1-3717730		084	70			30	8-6357907	8-6361969	1-3638031		938	70	
40	8-6279960	8-6283878	1-3716122		081	60			40	8-6359483	8-6363548	1-3636452		935	60	
50	8-6281565	8-6285486	1-3714514	9-9996	078	50	29	75	50	8-6361059	8-6365127	1-3634873	9-9995	932	50	24
60	8-6283169	8-6287093	1-3712907		076	40			60	8-6362634	8-6366705	1-3633295		929	40	
70	8-6284773	8-6288700	1-3711300		073	30			70	8-6364209	8-6368283	1-3631717		926	30	
80	8-6286376	8-6290306	1-3709694		070	20			80	8-6365783	8-6369860	1-3630140		923	20	
90	8-6287978	8-6291911	1-3708089		067	10			90	8-6367356	8-6371436	1-3628564		920	10	
00	8-6289580	8-6293516	1-3706484		064	00	29	76	00	8-6368929	8-6373012	1-3626988		917	00	24
10	8-6291181	8-6295120	1-3704880		061	90			10	8-6370501	8-6374587	1-3625413		914	90	
20	8-6292782	8-6296724	1-3703276		058	80			20	8-6372073	8-6376162	1-3623838		911	80	
30	8-6294382	8-6298327	1-3701673		055	70			30	8-6373644	8-6377736	1-3622264		908	70	
40	8-6295982	8-6299929	1-3700071		052	60			40	8-6375213	8-6379309	1-3620691		905	60	
50	8-6297581	8-6301531	1-3698469	9-9996	049	50	28	76	50	8-6376783	8-6380882	1-3619118	9-9995	902	50	23
60	8-6299179	8-6303132	1-3696868		046	40			60	8-6378354	8-6382454	1-3617546		900	40	
70	8-6300777	8-6304733	1-3695267		044	30			70	8-6379923	8-6384026	1-3615974		897	30	
80	8-6302374	8-6306333	1-3693667		041	20			80	8-6381491	8-6385598	1-3614402		894	20	
90	8-6303970	8-6307933	1-3692067		038	10			90	8-6383059	8-6387168	1-3612832		891	10	
00	8-6305566	8-6309532	1-3690468		035	00	28	77	00	8-6384626	8-6388738	1-3611262		888	00	23
10	8-6307162	8-6311130	1-3688870		032	90			10	8-6386193	8-6390308	1-3609692		885	90	
20	8-6308757	8-6312728	1-3687272		029	80			20	8-6387759	8-6391877	1-3608123		882	80	
30	8-6310351	8-6314325	1-3685675		026	70			30	8-6389324	8-6393445	1-3606555		879	70	
40	8-6311945	8-6315921	1-3684079		023	60			40	8-6390889	8-6395013	1-3604987		876	60	
50	8-6313538	8-6317517	1-3682483	9-9996	020	50	27	77	50	8-6392453	8-6396581	1-3603419	9-9995	873	50	22
60	8-6315130	8-6319113	1-3680887		017	40			60	8-6394017	8-6398147	1-3601853		870	40	
70	8-6316722	8-6320708	1-3679292		014	30			70	8-6395580	8-6399713	1-3600287		867	30	
80	8-6318313	8-6322302	1-3677698		011	20			80	8-6397143	8-6401279	1-3598721		864	20	
90	8-6319904	8-6323896	1-3676104		009	10			90	8-6398705	8-6402844	1-3597156		861	10	
00	8-6321494	8-6325489	1-3674511		6006	00	27	78	00	8-6400266	8-6404409	1-3595591		858	00	22
10	8-6323084	8-6327081	1-3672919		6003	90			10	8-6401827	8-6405973	1-3594027		855	90	
20	8-6324673	8-6328673	1-3671327		6000	80			20	8-6403388	8-6407536	1-3592464		852	80	
30	8-6326261	8-6330264	1-3669736		5997	70			30	8-6404948	8-6409099	1-3590901		849	70	
40	8-6327849	8-6331855	1-3668145		5994	60			40	8-6406507	8-6410661	1-3589339		846	60	
50	8-6329436	8-6333445	1-3666555	9-999	5991	50	26	78	50	8-6408065	8-6412223	1-3587777	9-9995	843	50	21
60	8-6331023	8-6335035	1-3664965		5988	40			60	8-6409623	8-6413784	1-3586216		840	40	
70	8-6332609	8-6336624	1-3663376		5985	30			70	8-6411181	8-6415344	1-3584656		837	30	
80	8-6334194	8-6338212	1-3661788		5982	20			80	8-6412738	8-6416904	1-3583096		834	20	
90	8-6335779	8-6339800	1-3660200		5979	10			90	8-6414294	8-6418463	1-3581537		831	10	
00	8-6337363	8-6341387	1-3658613		976	00	26	79	00	8-6415850	8-6420022	1-3579978		828	00	21
10	8-6338947	8-6342974	1-3657026		973	90			10	8-6417406	8-6421581	1-3578419		825	90	
20	8-6340530	8-6344560	1-3655440		970	80			20	8-6418961	8-6423139	1-3576861		822	80	
30	8-6342113	8-6346146	1-3653854		967	70			30	8-6420515	8-6424696	1-3575304		819	70	
40	8-6343695	8-6347731	1-3652269		964	60			40	8-6422068	8-6426252	1-3573748		816	60	
50	8-6345276	8-6349315	1-3650685	9-9995	962	50	25	79	50	8-6423621	8-6427808	1-3572192	9-9995	813	50	20
60	8-6346857	8-6350899	1-3649101		959	40			60	8-6425174	8-6429364	1-3570636		810	40	
70	8-6348437	8-6352482	1-3647518		956	30			70	8-6426726	8-6430919	1-3569081		807	30	
80	8-6350017	8-6354065	1-3645935		953	20			80	8-6428277	8-6432473	1-3567527		805	20	
90	8-6351596	8-6355647	1-3644353		950	10			90	8-6429828	8-6434027	1-3565973		801	10	
00	8-6353175	8-6357228	1-3642772		947	00	25	80	00	8-6431379	8-6435581	1-3564419		798	00	20
Second.	COSINUS.	COTANG.	TANGENT.	SIN.		Second.	Minutes.	Minutes.	Second.	COSINUS.	COTANG.	TANGENT.	SIN.		Second.	Minutes.

Minutes.	Second.	SINUS.	TANGENT.	COTANG.		COS.	Second.	Minutes.
80	00	8-6431379	8-6435581	1-3564419		798	00	20
	10	8-6432929	8-6437134	1-3562866		795	90	
	20	8-6434478	8-6438686	1-3561314		792	80	
	30	8-6436026	8-6440237	1-3559763		789	70	
	40	8-6437574	8-6441788	1-3558212		786	60	
80	50	8-6439122	8-6443339	1-3556661	9-9995	783	50	19
	60	8-6440669	8-6444889	1-3555111		780	40	
	70	8-6442215	8-6446439	1-3553561		777	30	
	80	8-6443761	8-6447988	1-3552012		774	20	
	90	8-6445307	8-6449536	1-3550464		771	10	
81	00	8-6446852	8-6451084	1-3548916		768	00	19
	10	8-6448396	8-6452631	1-3547369		765	90	
	20	8-6449940	8-6454178	1-3545822		762	80	
	30	8-6451483	8-6455724	1-3544276		759	70	
	40	8-6453025	8-6457269	1-3542731		756	60	
81	50	8-6454567	8-6458814	1-3541186	9-9995	753	50	18
	60	8-6456109	8-6460359	1-3539641		750	40	
	70	8-6457650	8-6461903	1-3538097		747	30	
	80	8-6459190	8-6463446	1-3536554		744	20	
	90	8-6460730	8-6464989	1-3535011		741	10	
82	00	8-6462269	8-6466532	1-3533468		738	00	18
	10	8-6463808	8-6468074	1-3531926		735	90	
	20	8-6465346	8-6469615	1-3530385		732	80	
	30	8-6466884	8-6471156	1-3528844		729	70	
	40	8-6468421	8-6472696	1-3527304		726	60	
82	50	8-6469958	8-6474235	1-3525765	9-9995	723	50	17
	60	8-6471494	8-6475774	1-3524226		720	40	
	70	8-6473029	8-6477313	1-3522687		717	30	
	80	8-6474564	8-6478851	1-3521149		714	20	
	90	8-6476099	8-6480388	1-3519612		711	10	
83	00	8-6477633	8-6481925	1-3518075		708	00	17
	10	8-6479166	8-6483461	1-3516539		704	90	
	20	8-6480699	8-6484997	1-3515003		701	80	
	30	8-6482231	8-6486533	1-3513467		698	70	
	40	8-6483763	8-6488068	1-3511932		695	60	
83	50	8-6485294	8-6489602	1-3510398	9-9995	692	50	16
	60	8-6486824	8-6491135	1-3508865		689	40	
	70	8-6488354	8-6492668	1-3507332		686	30	
	80	8-6489884	8-6494201	1-3505799		683	20	
	90	8-6491413	8-6495733	1-3504267		680	10	
84	00	8-6492942	8-6497264	1-3502736		677	00	16
	10	8-6494470	8-6498795	1-3501205		674	90	
	20	8-6495997	8-6500326	1-3499674		671	80	
	30	8-6497524	8-6501856	1-3498144		668	70	
	40	8-6499050	8-6503385	1-3496615		665	60	
84	50	8-6500576	8-6504914	1-3495086	9-9995	662	50	15
	60	8-6502101	8-6506442	1-3493558		659	40	
	70	8-6503626	8-6507970	1-3492030		656	30	
	80	8-6505150	8-6509497	1-3490503		653	20	
	90	8-6506674	8-6511024	1-3488976		650	10	
85	00	8-6508197	8-6512550	1-3487450		647	00	15
Minutes.	Second.	COSINUS.	COTANG.	TANGENT.		SIN.	Second.	Minutes.

Minutes.	Second.	SINUS.	TANGENT.	COTANG.		COS.	Second.
85	00	8-6508197	8-6512550	1-3487450		647	00
	10	8-6509719	8-6514076	1-3485924		644	90
	20	8-6511241	8-6515601	1-3484399		640	80
	30	8-6512763	8-6517125	1-3482875		637	70
	40	8-6514284	8-6518649	1-3481351		634	60
85	50	8-6515804	8-6520173	1-3479827	9-9995	631	50
	60	8-6517324	8-6521696	1-3478304		628	40
	70	8-6518843	8-6523218	1-3476782		625	30
	80	8-6520362	8-6524740	1-3475260		622	20
	90	8-6521880	8-6526261	1-3473739		619	10
86	00	8-6523398	8-6527782	1-3472218		616	00
	10	8-6524915	8-6529302	1-3470698		613	90
	20	8-6526432	8-6530822	1-3469178		610	80
	30	8-6527948	8-6532341	1-3467659		607	70
	40	8-6529464	8-6533860	1-3466140		604	60
86	50	8-6530979	8-6535378	1-3464622	9-9995	601	50
	60	8-6532494	8-6536896	1-3463104		598	40
	70	8-6534008	8-6538413	1-3461587		594	30
	80	8-6535521	8-6539930	1-3460070		591	20
	90	8-6537034	8-6541446	1-3458554		588	10
87	00	8-6538546	8-6542961	1-3457039		585	00
	10	8-6540058	8-6544476	1-3455524		582	90
	20	8-6541570	8-6545991	1-3454009		579	80
	30	8-6543081	8-6547505	1-3452495		576	70
	40	8-6544591	8-6549018	1-3450982		573	60
87	50	8-6546101	8-6550531	1-3449469	9-9995	570	50
	60	8-6547610	8-6552043	1-3447957		567	40
	70	8-6549119	8-6553555	1-3446445		564	30
	80	8-6550627	8-6555067	1-3444933		561	20
	90	8-6552135	8-6556578	1-3443422		558	10
88	00	8-6553642	8-6558088	1-3441912		554	00
	10	8-6555149	8-6559598	1-3440402		551	90
	20	8-6556655	8-6561107	1-3438893		548	80
	30	8-6558161	8-6562616	1-3437384		545	70
	40	8-6559666	8-6564124	1-3435876		542	60
88	50	8-6561170	8-6565631	1-3434369	9-9995	539	50
	60	8-6562674	8-6567138	1-3432862		536	40
	70	8-6564178	8-6568645	1-3431355		533	30
	80	8-6565681	8-6570151	1-3429849		530	20
	90	8-6567183	8-6571657	1-3428343		527	10
89	00	8-6568685	8-6573162	1-3426838		523	00
	10	8-6570187	8-6574667	1-3425333		520	90
	20	8-6571688	8-6576171	1-3423829		517	80
	30	8-6573188	8-6577674	1-3422326		514	70
	40	8-6574688	8-6579177	1-3420823		511	60
89	50	8-6576187	8-6580680	1-3419320	9-9995	508	50
	60	8-6577686	8-6582182	1-3417818		505	40
	70	8-6579185	8-6583683	1-3416317		502	30
	80	8-6580683	8-6585184	1-3414816		499	20
	90	8-6582180	8-6586684	1-3413316		496	10
90	00	8-6583677	8-6588184	1-3411816		492	00
Minutes.	Second.	COSINUS.	COTANG.	TANGENT.		SIN.	Second.

97 GRADES.

Minutes.	Second.	SINUS.	TANGENT.	COTANG.	COS.	Second.	Minutes.	Minutes.	Second.	SINUS.	TANGENT.	COTANG	COS.	Second.	Minutes.
90	00	8-6583677	8-6588184	1-3411816	492	00	10	95	00	8-6657864	8-6662529	1-3337471	336	00	5
	10	8-6585173	8-6589684	1-3410316	489	90			10	8-6659335	8-6664003	1-3335997	332	90	
	20	8-6586669	8-6591183	1-3408817	486	80			20	8-6660806	8-6665477	1-3334523	329	80	
	30	8-6588164	8-6592681	1-3407319	483	70			30	8-6662276	8-6666950	1-3333050	326	70	
	40	8-6589659	8-6594179	1-3405821	480	60			40	8-6663745	8-6668422	1-3331578	323	60	
90	50	8-6591153	8-6595676	1-3404324	9-9995 477	50	9	95	50	8-6665214	8-6669894	1-3330106	9-9995 320	50	4
	60	8-6592647	8-6597173	1-3402827	474	40			60	8-6666682	8-6671366	1-3328634	317	40	
	70	8-6594140	8-6598669	1-3401331	471	30			70	8-6668150	8-6672837	1-3327163	313	30	
	80	8-6595632	8-6600165	1-3399835	468	20			80	8-6667618	8-6674307	1-3325693	310	20	
	90	8-6597124	8-6601660	1-3398340	464	10			90	8-6671085	8-6675777	1-3324223	307	10	
91	00	8-6598616	8-6603155	1-3396845	461	00	9	96	00	8-6672551	8-6677247	1-3322753	304	00	4
	10	8-6600107	8-6604649	1-3395351	458	90			10	8-6674017	8-6678716	1-3321284	301	90	
	20	8-6601598	8-6606143	1-3393857	455	80			20	8-6675482	8-6680185	1-3319815	298	80	
	30	8-6603088	8-6607636	1-3392364	452	70			30	8-6676947	8-6681653	1-3318347	294	70	
	40	8-6604578	8-6609129	1-3390871	449	60			40	8-6678412	8-6683120	1-3316880	291	60	
91	50	8-6606067	8-6610621	1-3389379	9-9995 446	50	8	96	50	8-6679876	8-6684587	1-3315413	9-9993 288	50	3
	60	8-6607555	8-6612113	1-3387887	443	40			60	8-6681339	8-6686054	1-3313946	285	40	
	70	8-6609043	8-6613604	1-3386396	439	30			70	8-6682802	8-6687520	1-3312480	282	30	
	80	8-6610531	8-6615095	1-3384905	436	20			80	8-6684264	8-6688986	1-3311014	279	20	
	90	8-6612018	8-6616585	1-3383415	433	10			90	8-6685726	8-6690451	1-3309549	275	10	
92	00	8-6613504	8-6618074	1-3381926	430	00	8	97	00	8-6687188	8-6691916	1-3308084	272	00	3
	10	8-6614990	8-6619563	1-3380437	427	90			10	8-6688649	8-6693380	1-3306620	269	90	
	20	8-6616476	8-6621052	1-3378948	424	80			20	8-6690109	8-6694844	1-3305156	266	80	
	30	8-6617961	8-6622540	1-3377460	421	70			30	8-6691569	8-6696307	1-3303693	263	70	
	40	8-6619445	8-6624028	1-3375972	418	60			40	8-6693029	8-6697769	1-3302231	259	60	
2	50	8-6620929	8-6625515	1-3374485	9-9995 414	50	7	97	50	8-6694488	8-6699231	1-3300769	9-9993 256	50	2
	60	8-6622413	8-6627002	1-3372998	411	40			60	8-6695946	8-6700693	1-3299307	253	40	
	70	8-6623896	8-6628488	1-3371512	408	30			70	8-6697404	8-6702154	1-3297846	250	30	
	80	8-6625378	8-6629973	1-3370027	405	20			80	8-6698862	8-6703615	1-3296385	247	20	
	90	8-6626860	8-6631458	1-3368542	402	10			90	8-6700319	8-6705075	1-3294925	243	10	
3	00	8-6628342	8-6632943	1-3367057	399	00	7	98	00	8-6701775	8-6706535	1-3293465	240	00	2
	10	8-6629823	8-6634427	1-3365573	396	90			10	8-6703231	8-6707994	1-3292006	237	90	
	20	8-6631303	8-6635911	1-3364089	392	80			20	8-6704687	8-6709453	1-3290547	234	80	
	30	8-6632783	8-6637394	1-3362606	389	70			30	8-6706142	8-6710911	1-3289089	231	70	
	40	8-6634262	8-6638876	1-3361124	386	60			40	8-6707597	8-6712369	1-3287631	227	60	
3	50	8-6635741	8-6640358	1-3359642	9-9993 383	50	6	98	50	8-6709051	8-6713826	1-3286174	9-9993 224	50	1
	60	8-6637220	8-6641840	1-3358160	380	40			60	8-6710504	8-6715283	1-3284717	221	40	
	70	8-6638698	8-6643321	1-3356679	377	30			70	8-6711957	8-6716740	1-3283260	218	30	
	80	8-6640175	8-6644802	1-3355198	373	20			80	8-6713410	8-6718196	1-3281804	215	20	
	90	8-6641652	8-6646282	1-3353718	370	10			90	8-6714862	8-6719651	1-3280349	211	10	
4	00	8-6643128	8-6647761	1-3352239	367	00	6	99	00	8-6716314	8-6721106	1-3278894	208	00	1
	10	8-6644604	8-6649240	1-3350760	364	90			10	8-6717765	8-6722560	1-3277440	205	90	
	20	8-6646079	8-6650719	1-3349281	361	80			20	8-6719216	8-6724014	1-3275986	202	80	
	30	8-6647554	8-6652197	1-3347803	358	70			30	8-6720666	8-6725467	1-3274533	199	70	
	40	8-6649029	8-6653674	1-3346326	355	60			40	8-6722116	8-6726920	1-3273080	195	60	
4	50	8-6650503	8-6655151	1-3344849	9-9993 351	50	5	99	50	8-6723565	8-6728373	1-3271627	9-9993 192	50	0
	60	8-6651976	8-6656628	1-3343372	348	40			60	8-6725014	8-6729825	1-3270175	189	40	
	70	8-6653449	8-6658104	1-3341896	345	30			70	8-6726462	8-6731276	1-3268724	186	30	
	80	8-6654921	8-6659579	1-3340421	342	20			80	8-6727910	8-6732727	1-3267273	183	20	
	90	8-6656393	8-6661054	1-3338946	339	10			90	8-6729357	8-6734178	1-3265822	179	10	
	00	8-6657864	8-6662529	1-3337471	336	00	5	100	00	8-6730804	8-6735628	1-3264372	176	00	0
	Second.	COSINUS.	COTANG.	TANGENT.	SIN.	Second.	Minutes.	Minutes.	Second.	COSINUS.	COTANG.	TANGENT.	SIN.	Second.	Minutes.

Minutes.	SINUS.	TANGENT.	COTANG.	COSINUS.	Minutes.
0	8-6730804	8-6735628	1-3264372	9-9995176	100
1	8-6745246	8-6750102	1-3249898	9-9995144	99
2	8-6759639	8-6764528	1-3235472	9-9995112	98
3	8-6773985	8-6778906	1-3221094	9-9995079	97
4	8-6788284	8-6793237	1-3206763	9-9995047	96
5	8-6802536	8-6807522	1-3192478	9-9995014	95
6	8-6816741	8-6821759	1-3178241	9-9994981	94
7	8-6830899	8-6835951	1-3164049	9-9994948	93
8	8-6845012	8-6850096	1-3149904	9-9994915	92
9	8-6859078	8-6864196	1-3135804	9-9994882	91
10	8-6873099	8-6878250	1-3121750	9-9994849	90
11	8-6887075	8-6892259	1-3107741	9-9994816	89
12	8-6901006	8-6906223	1-3093777	9-9994782	88
13	8-6914892	8-6920143	1-3079857	9-9994749	87
14	8-6928734	8-6934019	1-3065981	9-9994715	86
15	8-6942532	8-6947851	1-3052149	9-9994681	85
16	8-6956286	8-6961638	1-3038362	9-9994648	84
17	8-6969997	8-6975383	1-3024617	9-9994614	83
18	8-6983664	8-6989084	1-3010916	9-9994580	82
19	8-6997288	8-7002743	1-2997257	9-9994545	81
20	8-7010870	8-7016358	1-2983642	9-9994511	80
21	8-7024409	8-7029932	1-2970068	9-9994477	79
22	8-7037906	8-7043463	1-2956537	9-9994442	78
23	8-7051361	8-7056953	1-2943047	9-9994408	77
24	8-7064774	8-7070401	1-2929599	9-9994373	76
25	8-7078146	8-7083807	1-2916193	9-9994338	75
26	8-7091477	8-7097173	1-2902827	9-9994303	74
27	8-7104766	8-7110498	1-2889502	9-9994268	73
28	8-7118016	8-7123782	1-2876218	9-9994233	72
29	8-7131224	8-7137026	1-2862974	9-9994198	71
30	8-7144393	8-7150230	1-2849770	9-9994163	70
31	8-7157522	8-7163395	1-2836605	9-9994127	69
32	8-7170611	8-7176519	1-2823481	9-9994092	68
33	8-7183661	8-7189605	1-2810395	9-9994056	67
34	8-7196671	8-7202651	1-2797349	9-9994020	66
35	8-7209642	8-7215658	1-2784342	9-9993984	65
36	8-7222575	8-7228627	1-2771373	9-9993948	64
37	8-7235469	8-7241557	1-2758443	9-9993912	63
38	8-7248325	8-7254449	1-2745551	9-9993876	62
39	8-7261143	8-7267303	1-2732697	9-9993840	61
40	8-7273925	8-7280120	1-2719880	9-9993803	60
41	8-7286666	8-7292899	1-2707101	9-9993767	59
42	8-7299371	8-7305641	1-2694359	9-9993730	58
43	8-7312039	8-7318345	1-2681655	9-9993693	57
44	8-7324670	8-7331013	1-2668987	9-9993657	56
45	8-7337264	8-7343644	1-2656356	9-9993620	55
46	8-7349821	8-7356239	1-2643761	9-9993583	54
47	8-7362343	8-7368797	1-2631203	9-9993545	53
48	8-7374828	8-7381320	1-2618680	9-9993508	52
49	8-7387278	8-7393807	1-2606193	9-9993471	51
50	8-7399691	8-7406258	1-2593742	9-9993433	50
Minutes.	COSINUS.	COTANG.	TANGENT.	SINUS.	Minutes.

Minutes.	SINUS.	TANGENT.	COTANG.	COSINUS.
50	8-7399691	8-7406258	1-2593742	9-9993433
51	8-7412069	8-7418674	1-2581326	9-9993396
52	8-7424412	8-7431054	1-2568946	9-9993358
53	8-7436720	8-7443400	1-2556600	9-9993320
54	8-7448993	8-7455711	1-2544289	9-9993282
55	8-7461231	8-7467987	1-2532013	9-9993244
56	8-7473435	8-7480229	1-2519771	9-9993206
57	8-7485605	8-7492437	1-2507563	9-9993168
58	8-7497740	8-7504610	1-2495390	9-9993129
59	8-7509841	8-7516750	1-2483250	9-9993091
60	8-7521909	8-7528856	1-2471144	9-9993052
61	8-7533943	8-7540929	1-2459071	9-9993014
62	8-7545944	8-7552969	1-2447031	9-9992975
63	8-7557911	8-7564975	1-2435025	9-9992936
64	8-7569846	8-7576949	1-2423051	9-9992897
65	8-7581748	8-7588890	1-2411110	9-9992858
66	8-7593617	8-7600798	1-2399202	9-9992819
67	8-7605454	8-7612674	1-2387326	9-9992780
68	8-7617258	8-7624518	1-2375482	9-9992740
69	8-7629030	8-7636330	1-2363670	9-9992701
70	8-7640771	8-7648110	1-2351890	9-9992661
71	8-7652479	8-7659858	1-2340142	9-9992621
72	8-7664156	8-7671575	1-2328425	9-9992581
73	8-7675802	8-7683261	1-2316739	9-9992541
74	8-7687416	8-7694915	1-2305085	9-9992501
75	8-7699000	8-7706539	1-2293461	9-9992461
76	8-7710552	8-7718131	1-2281869	9-9992421
77	8-7722074	8-7729693	1-2270307	9-9992380
78	8-7733565	8-7741225	1-2258775	9-9992340
79	8-7745025	8-7752726	1-2247274	9-9992299
80	8-7756456	8-7764197	1-2235803	9-9992259
81	8-7767856	8-7775638	1-2224362	9-9992218
82	8-7779226	8-7787049	1-2212951	9-9992177
83	8-7790566	8-7798430	1-2201570	9-9992136
84	8-7801877	8-7809782	1-2190218	9-9992095
85	8-7813159	8-7821105	1-2178895	9-9992053
86	8-7824410	8-7832398	1-2167602	9-9992012
87	8-7835633	8-7843663	1-2156337	9-9991971
88	8-7846827	8-7854898	1-2145102	9-9991929
89	8-7857992	8-7866105	1-2133895	9-9991887
90	8-7869128	8-7877282	1-2122718	9-9991846
91	8-7880236	8-7888432	1-2111568	9-9991804
92	8-7891315	8-7899553	1-2100447	9-9991762
93	8-7902366	8-7910646	1-2089354	9-9991720
94	8-7913388	8-7921711	1-2078289	9-9991677
95	8-7924383	8-7932748	1-2067252	9-9991635
96	8-7935350	8-7943757	1-2056243	9-9991593
97	8-7946289	8-7954739	1-2045261	9-9991550
98	8-7957200	8-7965693	1-2034307	9-9991507
99	8-7968084	8-7976619	1-2023381	9-9991465
100	8-7978941	8-7987519	1-2012481	9-9991422
Minutes.	COSINUS.	COTANG.	TANGENT.	SINUS.

4 GRADES.

Minutes.	SINUS.	TANGENT.	COTANG.	COSINUS.	Minutes.	Minutes.	SINUS.	TANGENT.	COTANG.	COSINUS.	Minutes.
0	8-7978941	8-7987519	1-2012481	9-9991422	100	50	8-8489707	8-8500565	1-1499435	9-9989141	50
1	8-7989770	8-7998391	1-2001609	9-9991379	99	51	8-8499331	8-8510238	1-1489762	9-9989093	49
2	8-8000573	8-8009237	1-1990763	9-9991336	98	52	8-8508934	8-8519889	1-1480111	9-9989044	48
3	8-8011348	8-8020056	1-1979944	9-9991292	97	53	8-8518515	8-8529519	1-1470481	9-9988996	47
4	8-8022097	8-8030848	1-1969152	9-9991249	96	54	8-8528076	8-8539128	1-1460872	9-9988947	46
5	8-8032819	8-8041613	1-1958387	9-9991206	95	55	8-8537615	8-8548716	1-1451284	9-9988898	45
6	8-8043515	8-8052353	1-1947647	9-9991162	94	56	8-8547133	8-8558283	1-1441717	9-9988849	44
7	8-8054184	8-8063065	1-1936935	9-9991119	93	57	8-8556630	8-8567830	1-1432170	9-9988800	43
8	8-8064827	8-8073752	1-1926248	9-9991075	92	58	8-8566107	8-8577355	1-1422645	9-9988751	42
9	8-8075444	8-8084413	1-1915587	9-9991031	91	59	8-8575562	8-8586860	1-1413140	9-9988702	41
10	8-8086035	8-8095048	1-1904952	9-9990987	90	60	8-8584997	8-8596344	1-1403656	9-9988653	40
11	8-8096600	8-8105657	1-1894343	9-9990943	89	61	8-8594412	8-8605808	1-1394192	9-9988603	39
12	8-8107139	8-8116240	1-1883760	9-9990899	88	62	8-8603806	8-8615252	1-1384748	9-9988554	38
13	8-8117653	8-8126798	1-1873202	9-9990855	87	63	8-8613179	8-8624675	1-1375325	9-9988504	37
14	8-8128141	8-8137330	1-1862670	9-9990810	86	64	8-8622533	8-8634078	1-1365922	9-9988454	36
15	8-8138603	8-8147838	1-1852162	9-9990766	85	65	8-8631866	8-8643461	1-1356539	9-9988405	35
16	8-8149041	8-8158320	1-1841680	9-9990721	84	66	8-8641179	8-8652824	1-1347176	9-9988355	34
17	8-8159453	8-8168777	1-1831223	9-9990677	83	67	8-8650472	8-8662167	1-1337833	9-9988305	33
18	8-8169841	8-8179209	1-1820791	9-9990632	82	68	8-8659745	8-8671491	1-1328509	9-9988254	32
19	8-8180203	8-8189616	1-1810384	9-9990587	81	69	8-8668998	8-8680794	1-1319206	9-9988204	31
20	8-8190541	8-8199999	1-1800001	9-9990542	80	70	8-8678231	8-8690078	1-1309922	9-9988154	30
21	8-8200854	8-8210357	1-1789643	9-9990497	79	71	8-8687445	8-8699342	1-1300658	9-9988103	29
22	8-8211142	8-8220691	1-1779309	9-9990451	78	72	8-8696639	8-8708587	1-1291413	9-9988053	28
23	8-8221406	8-8231000	1-1769000	9-9990406	77	73	8-8705814	8-8717812	1-1282188	9-9988002	27
24	8-8231646	8-8241285	1-1758715	9-9990361	76	74	8-8714969	8-8727018	1-1272982	9-9987951	26
25	8-8241862	8-8251547	1-1748453	9-9990315	75	75	8-8724105	8-8736204	1-1263796	9-9987900	25
26	8-8252053	8-8261784	1-1738216	9-9990269	74	76	8-8733221	8-8745372	1-1254628	9-9987849	24
27	8-8262221	8-8271997	1-1728003	9-9990224	73	77	8-8742318	8-8754520	1-1245480	9-9987798	23
28	8-8272364	8-8282187	1-1717813	9-9990178	72	78	8-8751396	8-8763650	1-1236350	9-9987747	22
29	8-8282484	8-8292352	1-1707648	9-9990132	71	79	8-8760455	8-8772760	1-1227240	9-9987695	21
30	8-8292581	8-8302495	1-1697505	9-9990086	70	80	8-8769496	8-8781852	1-1218148	6-9987644	20
31	8-8302653	8-8312614	1-1687386	9-9990040	69	81	8-8778517	8-8790925	1-1209075	9-9987592	19
32	8-8312702	8-8322709	1-1677291	9-9989993	68	82	8-8787519	8-8799979	1-1200021	9-9987540	18
33	8-8322729	8-8332782	1-1667218	9-9989947	67	83	8-8796503	8-8809014	1-1190986	9-9987489	17
34	8-8332732	8-8342831	1-1657169	9-9989900	66	84	8-8805468	8-8818031	1-1181969	9-9987437	16
35	8-8342711	8-8352858	1-1647142	9-9989854	65	85	8-8814414	8-8827030	1-1172970	9-9987385	15
36	8-8352668	8-8362861	1-1637139	9-9989807	64	86	8-8823342	8-8836010	1-1163990	9-9987333	14
37	8-8362602	8-8372842	1-1627158	9-9989760	63	87	8-8832252	8-8844971	1-1155029	9-9987280	13
38	8-8372513	8-8382800	1-1617200	9-9989713	62	88	8-8841143	8-8853915	1-1146085	9-9987228	12
39	8-8382401	8-8392735	1-1607265	9-9989666	61	89	8-8850016	8-8862840	1-1137160	9-9987176	11
40	8-8392267	8-8402648	1-1597352	9-9989619	60	90	8-8858871	8-8871748	1-1128252	9-9987123	10
41	8-8402111	8-8412539	1-1587461	9-9989572	59	91	8-8867707	8-8880637	1-1119363	9-9987070	9
42	8-8411932	8-8422408	1-1577592	9-9989524	58	92	8-8876526	8-8889509	1-1110491	9-9987018	8
43	8-8421731	8-8432254	1-1567746	9-9989477	57	93	8-8885326	8-8898362	1-1101638	9-9986965	7
44	8-8431507	8-8442078	1-1557922	9-9989429	56	94	8-8894109	8-8907197	1-1092803	9-9986912	6
45	8-8441262	8-8451880	1-1548120	9-9989381	55	95	8-8902874	8-8916015	1-1083985	9-9986859	5
46	8-8450994	8-8461661	1-1538339	9-9989334	54	96	8-8911621	8-8924816	1-1075184	9-9986805	4
47	8-8460705	8-8471419	1-1528581	9-9989286	53	97	8-8920350	8-8933598	1-1066402	9-9986752	3
48	8-8470394	8-8481156	1-1518844	9-9989238	52	98	8-8929062	8-8942363	1-1057637	9-9986699	2
49	8-8480061	8-8490872	1-1509128	9-9989189	51	99	8-8937756	8-8951111	1-1048889	9-9986645	1
50	8-8489707	8-8500565	1-1499435	9-9989141	50	100	8-8946433	8-8959842	1-1040158	9-9986591	0
Minutes.	COSINUS.	COTANG.	TANGENT.	SINUS.	Minutes.	Minutes.	COSINUS.	COTANG.	TANGENT.	SINUS.	Minutes.

95 GRADES.

Minutes.	SINUS.	TANGENT.	COTANG.	COSINUS.	Minutes.	Minutes.	SINUS.	TANGENT.	COTANG.	COSINUS.	Minutes.
0	8-8946433	8-8959842	1-1040158	9-9986591	100	50	8-9359422	8-9375650	1-0624350	9-9983772	50
1	8-8955092	8-8968555	1-1031445	9-9986538	99	51	8-9367291	8-9383578	1-0616422	9-9983713	49
2	8-8963734	8-8977250	1-1022750	9-9986484	98	52	8-9375146	8-9391492	1-0608508	9-9983653	48
3	8-8972359	8-8985929	1-1014071	9-9986430	97	53	8-9382987	8-9399393	1-0600607	9-9983594	47
4	8-8980967	8-8994591	1-1005409	9-9986376	96	54	8-9390814	8-9407279	1-0592721	9-9983535	46
5	8-8989557	8-9003235	1-0996765	9-9986322	95	55	8-9398626	8-9415150	1-0584850	9-9983475	45
6	8-8998130	8-9011863	1-0988137	9-9986267	94	56	8-9406424	8-9423008	1-0576992	9-9983416	44
7	8-9006687	8-9020473	1-0979527	9-9986213	93	57	8-9414208	8-9430852	1-0569148	9-9983356	43
8	8-9015226	8-9029067	1-0970933	9-9986159	92	58	8-9421978	8-9438682	1-0561318	9-9983296	42
9	8-9023749	8-9037645	1-0962355	9-9986104	91	59	8-9429735	8-9446499	1-0553501	9-9983236	41
10	8-9032254	8-9046205	1-0953795	9-9986049	90	60	8-9437477	8-9454301	1-0545699	9-9983176	40
11	8-9040743	8-9054749	1-0945251	9-9985994	89	61	8-9445205	8-9462089	1-0537911	9-9983116	39
12	8-9049216	8-9063276	1-0936724	9-9985939	88	62	8-9452920	8-9469864	1-0530136	9-9983055	38
13	8-9057671	8-9071787	1-0928213	9-9985884	87	63	8-9460620	8-9477625	1-0522375	9-9982995	37
14	8-9066110	8-9080281	1-0919719	9-9985829	86	64	8-9468307	8-9485373	1-0514627	9-9982934	36
15	8-9074533	8-9088759	1-0911241	9-9985774	85	65	8-9475981	8-9493107	1-0506893	9-9982874	35
16	8-9082940	8-9097221	1-0902779	9-9985719	84	66	8-9483640	8-9500828	1-0499172	9-9982813	34
17	8-9091329	8-9105666	1-0894334	9-9985663	83	67	8-9491286	8-9508534	1-0491466	9-9982752	33
18	8-9099703	8-9114095	1-0885905	9-9985608	82	68	8-9498919	8-9516227	1-0483773	9-9982691	32
19	8-9108061	8-9122509	1-0877491	9-9985552	81	69	8-9506538	8-9523907	1-0476093	9-9982630	31
20	8-9116402	8-9130906	1-0869094	9-9985496	80	70	8-9514143	8-9531574	1-0468426	9-9982569	30
21	8-9124727	8-9139287	1-0860713	9-9985440	79	71	8-9521735	8-9539228	1-0460772	9-9982508	29
22	8-9133037	8-9147652	1-0852348	9-9985384	78	72	8-9529314	8-9546868	1-0453132	9-9982446	28
23	8-9141329	8-9156001	1-0843999	9-9985328	77	73	8-9536880	8-9554495	1-0445505	9-9982385	27
24	8-9149607	8-9164335	1-0835665	9-9985272	76	74	8-9544432	8-9562109	1-0437891	9-9982323	26
25	8-9157868	8-9172653	1-0827347	9-9985216	75	75	8-9551971	8-9569709	1-0430291	9-9982261	25
26	8-9166114	8-9180955	1-0819045	9-9985159	74	76	8-9559497	8-9577297	1-0422703	9-9982199	24
27	8-9174344	8-9189241	1-0810759	9-9985103	73	77	8-9567009	8-9584872	1-0415128	9-9982137	23
28	8-9182558	8-9197512	1-0802488	9-9985046	72	78	8-9574509	8-9592433	1-0407567	9-9982075	22
29	8-9190756	8-9205767	1-0794233	9-9984989	71	79	8-9581995	8-9599982	1-0400018	9-9982013	21
30	8-9198939	8-9214007	1-0785993	9-9984932	70	80	8-9589469	8-9607518	1-0392482	9-9981951	20
31	8-9207107	8-9222232	1-0777768	9-9984875	69	81	8-9596930	8-9615041	1-0384959	9-9981889	19
32	8-9215259	8-9230441	1-0769559	9-9984818	68	82	8-9604377	8-9622551	1-0377449	9-9981826	18
33	8-9223396	8-9238635	1-0761365	9-9984761	67	83	8-9611812	8-9630049	1-0369951	9-9981764	17
34	8-9231517	8-9246814	1-0753186	9-9984704	66	84	8-9619234	8-9637533	1-0362467	9-9981701	16
35	8-9239624	8-9254977	1-0745023	9-9984646	65	85	8-9626644	8-9645005	1-0354995	9-9981638	15
36	8-9247714	8-9263126	1-0736874	9-9984589	64	86	8-9634040	8-9652465	1-0347535	9-9981575	14
37	8-9255790	8-9271259	1-0728741	9-9984531	63	87	8-9641424	8-9659912	1-0340088	9-9981512	13
38	8-9263851	8-9279377	1-0720623	9-9984473	62	88	8-9648795	8-9667346	1-0332654	9-9981449	12
39	8-9271897	8-9287481	1-0712519	9-9984416	61	89	8-9656154	8-9674768	1-0325232	9-9981386	11
40	8-9279927	8-9295570	1-0704430	9-9984358	60	90	8-9663500	8-9682178	1-0317822	9-9981322	10
41	8-9287943	8-9303643	1-0696357	9-9984300	59	91	8-9670834	8-9689575	1-0310425	9-9981259	9
42	8-9295944	8-9311702	1-0688298	9-9984241	58	92	8-9678155	8-9696959	1-0303041	9-9981195	8
43	8-9303930	8-9319747	1-0680253	9-9984183	57	93	8-9685464	8-9704332	1-0295668	9-9981132	7
44	8-9311901	8-9327776	1-0672224	9-9984125	56	94	8-9692760	8-9711692	1-0288308	9-9981068	6
45	8-9319858	8-9335791	1-0664209	9-9984066	55	95	8-9700044	8-9719040	1-0280960	9-9981004	5
46	8-9327800	8-9343792	1-0656208	9-9984008	54	96	8-9707315	8-9726375	1-0273625	9-9980940	4
47	8-9335727	8-9351778	1-0648222	9-9983949	53	97	8-9714575	8-9733699	1-0266301	9-9980876	3
48	8-9343640	8-9359750	1-0640250	9-9983890	52	98	8-9721822	8-9741010	1-0258990	9-9980812	2
49	8-9351538	8-9367707	1-0632293	9-9983831	51	99	8-9729057	8-9748310	1-0251690	9-9980747	1
50	8-9359422	8-9375650	1-0624350	9-9983772	50	100	8-9736280	8-9755597	1-0244403	9-9980683	0
Minutes.	COSINUS.	COTANG.	TANGENT.	SINUS.	Minutes.	Minutes.	COSINUS.	COTANG.	TANGENT.	SINUS.	Minutes.

Minutes.	SINUS.	TANGENT.	COTANG.	COSINUS.	Minutes.	Minutes.	SINUS.	TANGENT.	COTANG.	COSINUS.	Minutes.
0	8-9736280	8-9755597	1-0244403	9-9980685	100	50	9-0082784	9-0105461	0-9894539	9-9977324	50
1	8-9743491	8-9762872	1-0237128	9-9980618	99	51	9-0089437	9-0112183	0-9887817	9-9977254	49
2	8-9750689	8-9770136	1-0229864	9-9980554	98	52	9-0096080	9-0118896	0-9881104	9-9977185	48
3	8-9757876	8-9777388	1-0222612	9-9980489	97	53	9-0102712	9-0125599	0-9874401	9-9977113	47
4	8-9765051	8-9784627	1-0215373	9-9980424	96	54	9-0109334	9-0132291	0-9867709	9-9977043	46
5	8-9772215	8-9791854	1-0208146	9-9980359	95	55	9-0115947	9-0138974	0-9861026	9-9976973	45
6	8-9779364	8-9799070	1-0200930	9-9980294	94	56	9-0122549	9-0145647	0-9854353	9-9976902	44
7	8-9786503	8-9806274	1-0193726	9-9980229	93	57	9-0129141	9-0152309	0-9847691	9-9976832	43
8	8-9793630	8-9813467	1-0186533	9-9980164	92	58	9-0135722	9-0158961	0-9841039	9-9976761	42
9	8-9800746	8-9820648	1-0179352	9-9980098	91	59	9-0142294	9-0165604	0-9834396	9-9976690	41
10	8-9807850	8-9827817	1-0172183	9-9980033	90	60	9-0148856	9-0172237	0-9827763	9-9976619	40
11	8-9814942	8-9834974	1-0165026	9-9979967	89	61	9-0155407	9-0178859	0-9821141	9-9976548	39
12	8-9822022	8-9842120	1-0157880	9-9979901	88	62	9-0161949	9-0185472	0-9814528	9-9976477	38
13	8-9829090	8-9849255	1-0150745	9-9979836	87	63	9-0168481	9-0192075	0-9807925	9-9976406	37
14	8-9836147	8-9856378	1-0143622	9-9979770	86	64	9-0175002	9-0198668	0-9801332	9-9976334	36
15	8-9843193	8-9863489	1-0136511	9-9979704	85	65	9-0181514	9-0205251	0-9794749	9-9976263	35
16	8-9850227	8-9870589	1-0129411	9-9979637	84	66	9-0188016	9-0211825	0-9788175	9-9976191	34
17	8-9857249	8-9877678	1-0122322	9-9979571	83	67	9-0194509	9-0218389	0-9781611	9-9976120	33
18	8-9864260	8-9884756	1-0115244	9-9979505	82	68	9-0200991	9-0224943	0-9775057	9-9976048	32
19	8-9871260	8-9891822	1-0108178	9-9979438	81	69	9-0207464	9-0231488	0-9768512	9-9975976	31
20	8-9878248	8-9898877	1-0101123	9-9979372	80	70	9-0213927	9-0238023	0-9761977	9-9975904	30
21	8-9885225	8-9905920	1-0094080	9-9979305	79	71	9-0220380	9-0244548	0-9755452	9-9975832	29
22	8-9892191	8-9912953	1-0087047	9-9979238	78	72	9-0226823	9-0251064	0-9748936	9-9975760	28
23	8-9899145	8-9919974	1-0080026	9-9979171	77	73	9-0233257	9-0257570	0-9742430	9-9975687	27
24	8-9906088	8-9926984	1-0073016	9-9979104	76	74	9-0239682	9-0264067	0-9735933	9-9975615	26
25	8-9913020	8-9933983	1-0066017	9-9979037	75	75	9-0246096	9-0270554	0-9729446	9-9975542	25
26	8-9919941	8-9940971	1-0059029	9-9978970	74	76	9-0252501	9-0277032	0-9722968	9-9975470	24
27	8-9926851	8-9947948	1-0052052	9-9978902	73	77	9-0258897	9-0283500	0-9716500	9-9975397	23
28	8-9933749	8-9954914	1-0045086	9-9978835	72	78	9-0265283	9-0289959	0-9710041	9-9975324	22
29	8-9940637	8-9961870	1-0038130	9-9978767	71	79	9-0271659	9-0296408	0-9703592	9-9975251	21
30	8-9947513	8-9968814	1-0031186	9-9978700	70	80	9-0278026	9-0302848	0-9697152	9-9975178	20
31	8-9954379	8-9975747	1-0024253	9-9978632	69	81	9-0284384	9-0309279	0-9690721	9-9975105	19
32	8-9961234	8-9982670	1-0017330	9-9978564	68	82	9-0290732	9-0315701	0-9684299	9-9975031	18
33	8-9968077	8-9989581	1-0010419	9-9978496	67	83	9-0297071	9-0322113	0-9677887	9-9974958	17
34	8-9974910	8-9996482	1-0003518	9-9978428	66	84	9-0303401	9-0328516	0-9671484	9-9974884	16
35	8-9981732	9-0003372	0-9996628	9-9978360	65	85	9-0309721	9-0334910	0-9665090	9-9974811	15
36	8-9988544	9-0010252	0-9989748	9-9978291	64	86	9-0316032	9-0341295	0-9658705	9-9974737	14
37	8-9995344	9-0017121	0-9982879	9-9978223	63	87	9-0322334	9-0347670	0-9652330	9-9974663	13
38	9-0002133	9-0023979	0-9976021	9-9978154	62	88	9-0328626	9-0354037	0-9645963	9-9974589	12
39	9-0008912	9-0030827	0-9969173	9-9978086	61	89	9-0334909	9-0360394	0-9639606	9-9974515	11
40	9-0015681	9-0037664	0-9962336	9-9978017	60	90	9-0341183	9-0366742	0-9633258	9-9974441	10
41	9-0022438	9-0044490	0-9955510	9-9977948	59	91	9-0347448	9-0373082	0-9626918	9-9974367	9
42	9-0029185	9-0051306	0-9948694	9-9977879	58	92	9-0353704	9-0379412	0-9620588	9-9974292	8
43	9-0035922	9-0058112	0-9941888	9-9977810	57	93	9-0359951	9-0385733	0-9614267	9-9974218	7
44	9-0042648	9-0064907	0-9935093	9-9977741	56	94	9-0366188	9-0392045	0-9607955	9-9974143	6
45	9-0049365	9-0071692	0-9928308	9-9977672	55	95	9-0372417	9-0398348	0-9601652	9-9974068	5
46	9-0056068	9-0078466	0-9921534	9-9977602	54	96	9-0378636	9-0404643	0-9595357	9-9973994	4
47	9-0062765	9-0085230	0-9914770	9-9977533	53	97	9-0384847	9-0410928	0-9589072	9-9973919	3
48	9-0069447	9-0091984	0-9908016	9-9977463	52	98	9-0391048	9-0417205	0-9582795	9-9973844	2
49	9-0076121	9-0098727	0-9901273	9-9977393	51	99	9-0397241	9-0423472	0-9576528	9-9973769	1
50	9-0082784	9-0105461	0-9994539	9-9977324	50	100	9-0403424	9-0429731	0-9570269	9-9973693	0
	COSINUS.	COTANG.	TANGENT.	SINUS.	Minutes.	Minutes.	COSINUS.	COTANG.	TANGENT	SINUS.	Minutes.

Minutes.	SINUS.	TANGENT.	COTANG.	COS.	Minutes.	Minutes.	SINUS.	TANGENT.	COTANG.	COSINUS.
0	9-0403424	9-0429731	0-9570269	9-9973693	100	50	9-0701761	9-0731969	0-9268031	9-9969792
1	9-0409599	9-0435981	0-9564019	9-9973618	99	51	9-0707521	9-0737810	0-9262190	9-9969711
2	9-0415765	9-0442223	0-9557777	9-9973542	98	52	9-0713273	9-0743643	0-9256357	9-9969630
3	9-0421922	9-0448455	0-9551545	9-9973467	97	53	9-0719017	9-0749468	0-9250532	9-9969549
4	9-0428070	9-0454679	0-9545321	9-9973391	96	54	9-0724754	9-0755286	0-9244714	9-9969468
5	9-0434210	9-0460894	0-9539106	9-9973315	95	55	9-0730483	9-0761096	0-9238904	9-9969387
6	9-0440340	9-0467101	0-9532899	9-9973239	94	56	9-0736203	9-0766899	0-9233101	9-9969303
7	9-0446462	9-0473299	0-9526701	9-9973163	93	57	9-0741918	9-0772694	0-9227306	9-9969224
8	9-0452575	9-0479488	0-9520512	9-9973087	92	58	9-0747624	9-0778482	0-9221518	9-9969142
9	9-0458680	9-0485669	0-9514331	9-9973011	91	59	9-0753323	9-0784262	0-9215738	9-9969061
10	9-0464776	9-0491841	0-9508159	9-9972935	90	60	9-0759014	9-0790035	0-9209965	9-9968979
11	9-0470863	9-0498004	0-9501996	9-9972858	89	61	9-0764698	9-0795800	0-9204200	9-9968897
12	9-0476941	9-0504159	0-9495841	9-9972782	88	62	9-0770374	9-0801558	0-9198442	9-9968815
13	9-0483011	9-0510306	0-9489694	9-9972705	87	63	9-0776042	9-0807309	0-9192691	9-9968733
14	9-0489072	9-0516444	0-9483556	9-9972628	86	64	9-0781703	9-0813052	0-9186948	9-9968651
15	9-0495125	9-0522574	0-9477426	9-9972551	85	65	9-0787356	9-0818788	0-9181212	9-9968569
16	9-0501169	9-0528695	0-9471305	9-9972474	84	66	9-0793002	9-0824516	0-9175484	9-9968486
17	9-0507205	9-0534808	0-9465192	9-9972397	83	67	9-0798641	9-0830237	0-9169763	9-9968404
18	9-0513232	9-0540912	0-9459088	9-9972320	82	68	9-0804272	9-0835951	0-9164049	9-9968321
19	9-0519251	9-0547008	0-9452992	9-9972243	81	69	9-0809896	9-0841657	0-9158343	9-9968238
20	9-0525261	9-0553096	0-9446904	9-9972165	80	70	9-0815512	9-0847357	0-9152643	9-9968155
21	9-0531263	9-0559175	0-9440825	9-9972088	79	71	9-0821121	9-0853048	0-9146952	9-9968072
22	9-0537257	9-0565247	0-9434753	9-9972010	78	72	9-0826722	9-0858733	0-9141267	9-9967989
23	9-0543242	9-0571310	0-9428690	9-9971932	77	73	9-0832317	9-0864411	0-9135589	9-9967906
24	9-0549219	9-0577364	0-9422636	9-9971854	76	74	9-0837904	9-0870081	0-9129919	9-9967823
25	9-0555187	9-0583411	0-9416589	9-9971776	75	75	9-0843484	9-0875744	0-9124256	9-9967739
26	9-0561147	9-0589449	0-9410551	9-9971698	74	76	9-0849056	9-0881400	0-9118600	9-9967656
27	9-0567099	9-0595479	0-9404521	9-9971620	73	77	9-0854621	9-0887049	0-9112951	9-9967572
28	9-0573043	9-0601501	0-9398499	9-9971542	72	78	9-0860179	9-0892691	0-9107309	9-9967488
29	9-0578979	9-0607515	0-9392485	9-9971464	71	79	9-0865730	9-0898325	0-9101675	9-9967405
30	9-0584906	9-0613521	0-9386479	9-9971385	70	80	9-0871274	9-0903953	0-9096047	9-9967321
31	9-0590825	9-0619518	0-9380482	9-9971306	69	81	9-0876810	9-0909573	0-9090427	9-9967237
32	9-0596736	9-0625508	0-9374492	9-9971228	68	82	9-0882339	9-0915187	0-9084813	9-9967152
33	9-0602638	9-0631490	0-9368510	9-9971149	67	83	9-0887861	9-0920793	0-9079207	9-9967068
34	9-0608533	9-0637463	0-9362537	9-9971070	66	84	9-0893376	9-0926392	0-9073608	9-9966984
35	9-0614420	9-0643429	0-9356571	9-9970991	65	85	9-0898884	9-0931985	0-9068015	9-9966899
36	9-0620299	9-0649386	0-9350614	9-9970912	64	86	9-0904385	9-0937570	0-9062430	9-9966815
37	9-0626169	9-0655336	0-9344664	9-9970832	63	87	9-0909879	9-0943149	0-9056851	9-9966730
38	9-0632031	9-0661278	0-9338722	9-9970753	62	88	9-0915365	9-0948720	0-9051280	9-9966645
39	9-0637885	9-0667212	0-9332788	9-9970673	61	89	9-0920845	9-0954285	0-9045715	9-9966560
40	9-0643732	9-0673138	0-9326862	9-9970594	60	90	9-0926318	9-0959842	0-9040158	9-9966475
41	9-0649570	9-0679056	0-9320944	9-9970514	59	91	9-0931783	9-0965393	0-9034607	9-9966390
42	9-0655400	9-0684966	0-9315034	9-9970434	58	92	9-0937242	9-0970937	0-9029063	9-9966305
43	9-0661223	9-0690869	0-9309131	9-9970354	57	93	9-0942694	9-0976474	0-9023526	9-9966219
44	9-0667038	9-0696763	0-9303237	9-9970274	56	94	9-0948139	9-0982005	0-9017995	9-9966134
45	9-0672844	9-0702650	0-9297350	9-9970194	55	95	9-0953576	9-0987528	0-9012472	9-9966048
46	9-0678643	9-0708529	0-9291471	9-9970114	54	96	9-0959007	9-0993045	0-9006955	9-9965963
47	9-0684434	9-0714401	0-9285599	9-9970034	53	97	9-0964431	9-0998555	0-9001445	9-9965877
48	9-0690218	9-0720264	0-9279736	9-9969955	52	98	9-0969849	9-1004058	0-8995942	9-9965791
49	9-0695993	9-0726120	0-9273880	9-9969873	51	99	9-0975259	9-1009554	0-8990446	9-9965705
50	9-0701761	9-0731969	0-9268031	9-9969792	50	100	9-0980662	9-1015044	0-8984956	9-9965619
Minutes.	COSINUS.	COTANG.	TANGENT.	SINUS.	Minutes.	Minutes.	COSINUS.	COTANG.	TANGENT.	SINUS.

Minutes.	SINUS.	TANGENT.	COTANG.	COSINUS.	Minutes.
0	9-0980662	9-1015044	0-8984956	9-9965619	100
1	9-0986059	9-1020527	0-8979473	9-9965533	99
2	9-0991449	9-1026003	0-8973997	9-9965446	98
3	9-0996832	9-1031472	0-8968528	9-9965360	97
4	9-1002208	9-1036935	0-8963065	9-9965273	96
5	9-1007578	9-1042391	0-8957609	9-9965187	95
6	9-1012941	9-1047841	0-8952159	9-9965100	94
7	9-1018297	9-1053284	0-8946716	9-9965013	93
8	9-1023646	9-1058720	0-8941280	9-9964926	92
9	9-1028989	9-1064150	0-8935850	9-9964839	91
10	9-1034325	9-1069573	0-8930427	9-9964752	90
11	9-1039654	9-1074990	0-8925010	9-9964664	89
12	9-1044977	9-1080400	0-8919600	9-9964577	88
13	9-1050293	9-1085804	0-8914196	9-9964489	87
14	9-1055603	9-1091201	0-8908799	9-9964402	86
15	9-1060906	9-1096592	0-8903408	9-9964314	85
16	9-1066202	9-1101976	0-8898024	9-9964226	84
17	9-1071492	9-1107354	0-8892646	9-9964138	83
18	9-1076775	9-1112725	0-8887275	9-9964050	82
19	9-1082052	9-1118090	0-8881910	9-9963962	81
20	9-1087322	9-1123448	0-8876552	9-9963873	80
21	9-1092586	9-1128800	0-8871200	9-9963785	79
22	9-1097843	9-1134146	0-8865854	9-9963697	78
23	9-1103094	9-1139486	0-8860514	9-9963608	77
24	9-1108338	9-1144819	0-8855181	9-9963519	76
25	9-1113576	9-1150145	0-8849855	9-9963430	75
26	9-1118807	9-1155466	0-8844534	9-9963341	74
27	9-1124032	9-1160780	0-8839220	9-9963252	73
28	9-1129251	9-1166088	0-8833912	9-9963163	72
29	9-1134463	9-1171389	0-8828611	9-9963074	71
30	9-1139669	9-1176685	0-8823315	9-9962984	70
31	9-1144869	9-1181974	0-8818026	9-9962895	69
32	9-1150062	9-1187257	0-8812743	9-9962805	68
33	9-1155249	9-1192533	0-8807467	9-9962716	67
34	9-1160430	9-1197804	0-8802196	9-9962626	66
35	9-1165604	9-1203068	0-8796932	9-9962536	65
36	9-1170772	9-1208327	0-8791673	9-9962446	64
37	9-1175934	9-1213579	0-8786421	9-9962356	63
38	9-1181090	9-1218824	0-8781176	9-9962265	62
39	9-1186239	9-1224064	0-8775936	9-9962175	61
40	9-1191383	9-1229298	0-8770702	9-9962085	60
41	9-1196520	9-1234526	0-8765474	9-9961994	59
42	9-1201650	9-1239747	0-8760253	9-9961903	58
43	9-1206775	9-1244963	0-8755037	9-9961812	57
44	9-1211894	9-1250172	0-8749828	9-9961721	56
45	9-1217006	9-1255376	0-8744624	9-9961630	55
46	9-1222112	9-1260573	0-8739427	9-9961539	54
47	9-1227213	9-1265765	0-8734235	9-9961448	53
48	9-1232307	9-1270950	0-8729050	9-9961357	52
49	9-1237395	9-1276129	0-8723871	9-9961265	51
50	9-1242477	9-1281303	0-8718697	9-9961174	50
Minutes.	COSINUS.	COTANG.	TANGENT.	SINUS.	Minutes.

Minutes.	SINUS.	TANGENT.	COTANG.	COSINUS.	Minutes.
50	9-1242477	9-1281303	0-8718697	9-9961174	50
51	9-1247553	9-1286471	0-8713529	9-9961082	49
52	9-1252623	9-1291632	0-8708368	9-9960990	48
53	9-1257686	9-1296788	0-8703212	9-9960898	47
54	9-1262744	9-1301938	0-8698062	9-9960806	46
55	9-1267796	9-1307082	0-8692918	9-9960714	45
56	9-1272842	9-1312220	0-8687780	9-9960622	44
57	9-1277882	9-1317352	0-8682648	9-9960530	43
58	9-1282916	9-1322479	0-8677521	9-9960437	42
59	9-1287944	9-1327600	0-8672400	9-9960345	41
60	9-1292966	9-1332714	0-8667286	9-9960252	40
61	9-1297982	9-1337823	0-8662177	9-9960159	39
62	9-1302993	9-1342927	0-8657073	9-9960066	38
63	9-1307997	9-1348024	0-8651976	9-9959973	37
64	9-1312996	9-1353116	0-8646884	9-9959880	36
65	9-1317989	9-1358202	0-8641798	9-9959787	35
66	9-1322975	9-1363282	0-8636718	9-9959694	34
67	9-1327956	9-1368356	0-8631644	9-9959600	33
68	9-1332932	9-1373425	0-8626575	9-9959507	32
69	9-1337901	9-1378488	0-8621512	9-9959413	31
70	9-1342865	9-1383546	0-8616454	9-9959319	30
71	9-1347823	9-1388597	0-8611403	9-9959225	29
72	9-1352775	9-1393643	0-8606357	9-9959131	28
73	9-1357721	9-1398684	0-8601316	9-9959037	27
74	9-1362662	9-1403719	0-8596281	9-9958943	26
75	9-1367597	9-1408748	0-8591252	9-9958849	25
76	9-1372526	9-1413772	0-8586228	9-9958754	24
77	9-1377450	9-1418790	0-8581210	9-9958660	23
78	9-1382368	9-1423802	0-8576198	9-9958565	22
79	9-1387280	9-1428809	0-8571191	9-9958471	21
80	9-1392186	9-1433810	0-8566190	9-9958376	20
81	9-1397087	9-1438806	0-8561194	9-9958281	19
82	9-1401982	9-1443797	0-8556203	9-9958186	18
83	9-1406872	9-1448782	0-8551218	9-9958090	17
84	9-1411756	9-1453761	0-8546239	9-9957995	16
85	9-1416634	9-1458735	0-8541265	9-9957900	15
86	9-1421507	9-1463703	0-8536297	9-9957804	14
87	9-1426374	9-1468666	0-8531334	9-9957709	13
88	9-1431236	9-1473623	0-8526377	9-9957613	12
89	9-1436092	9-1478575	0-8521425	9-9957517	11
90	9-1440943	9-1483522	0-8516478	9-9957421	10
91	9-1445788	9-1488463	0-8511537	9-9957325	9
92	9-1450628	9-1493399	0-8506601	9-9957229	8
93	9-1455462	9-1498329	0-8501671	9-9957133	7
94	9-1460291	9-1503254	0-8496746	9-9957036	6
95	9-1465114	9-1508174	0-8491826	9-9956940	5
96	9-1469931	9-1513088	0-8486912	9-9956843	4
97	9-1474743	9-1517997	0-8482003	9-9956747	3
98	9-1479550	9-1522901	0-8477099	9-9956650	2
99	9-1484352	9-1527799	0-8472201	9-9956553	1
100	9-1489148	9-1532692	0-8467308	9-9956456	0
Minutes.	COSINUS.	COTANG.	TANGENT.	SINUS.	Minutes.

Minutes.	SINUS.	TANGENT.	COTANG.	COSINUS.	Minutes.	Minutes.	SINUS.	TANGENT.	COTANG.	COSINUS.	Minutes.
0	9-1489148	9-1532692	0-8467308	9-9956456	100	50	9-1722305	9-1770840	0-8229160	9-9951464	50
1	9-1493939	9-1537580	0-8462420	9-9956359	99	51	9-1726840	9-1775478	0-8224522	9-9951362	49
2	9-1498724	9-1542462	0-8457538	9-9956261	98	52	9-1731370	9-1780111	0-8219889	9-9951259	48
3	9-1503504	9-1547340	0-8452660	9-9956164	97	53	9-1735895	9-1784739	0-8215261	9-9951156	47
4	9-1508278	9-1552212	0-8447788	9-9956066	96	54	9-1740416	9-1789363	0-8210637	9-9951053	46
5	9-1513047	9-1557078	0-8442922	9-9955969	95	55	9-1744932	9-1793982	0-8206018	9-9950950	45
6	9-1517811	9-1561940	0-8438060	9-9955871	94	56	9-1749443	9-1798596	0-8201404	9-9950847	44
7	9-1522569	9-1566796	0-8433204	9-9955773	93	57	9-1753949	9-1803205	0-8196795	9-9950744	43
8	9-1527323	9-1571647	0-8428353	9-9955676	92	58	9-1758451	9-1807810	0-8192190	9-9950640	42
9	9-1532071	9-1576493	9-8423507	0-9955578	91	59	9-1762947	9-1812410	0-8187590	9-9950537	41
10	9-1536813	9-1581334	0-8418666	9-9955479	90	60	9-1767439	9-1817006	0-8182994	9-9950433	40
11	9-1541550	9-1586169	0-8413831	9-9955381	89	61	9-1771926	9-1821597	0-8178403	9-9950330	39
12	9-1546282	9-1591000	0-8409000	9-9955282	88	62	9-1776409	9-1826183	0-8173817	9-9950226	38
13	9-1551009	9-1595825	0-8404175	9-9955184	87	63	9-1780887	9-1830765	0-8169235	9-9950122	37
14	9-1555731	9-1600645	0-8399355	9-9955086	86	64	9-1785360	9-1835342	0-8164658	9-9950018	36
15	9-1560447	9-1605460	0-8394540	9-9954987	85	65	9-1789828	9-1839914	0-8160086	9-9949914	35
16	9-1565157	9-1610269	0-8389731	9-9954888	84	66	9-1794291	9-1844982	0-8155518	9-9949809	34
17	9-1569863	9-1615074	0-8384926	9-9954789	83	67	9-1798750	9-1849045	0-8150955	9-9949705	33
18	9-1574564	9-1619874	0-8380126	9-9954690	82	68	9-1803205	9-1853604	0-8146396	9-9949601	32
19	9-1579260	9-1624669	0-8375331	9-9954591	81	69	9-1807654	9-1858158	0-8141842	9-9949496	31
20	9-1583950	9-1629458	0-8370542	9-9954492	80	70	9-1812099	9-1862708	0-8137292	9-9949391	30
21	9-1588635	9-1634242	0-8365758	9-9954393	79	71	9-1816539	9-1867253	0-8132747	9-9949287	29
22	9-1593315	9-1639022	0-8360978	9-9954293	78	72	9-1820975	9-1871793	0-8128207	9-9949182	28
23	9-1597990	9-1643796	0-8356204	9-9954194	77	73	9-1825406	9-1876329	0-8123671	9-9949077	27
24	9-1602660	9-1648566	0-8351434	9-9954094	76	74	9-1829832	9-1880861	0-8119139	9-9948971	26
25	9-1607324	9-1653330	0-8346670	9-9953994	75	75	9-1834254	9-1885388	0-8114612	9-9948866	25
26	9-1611984	9-1658089	0-8341911	9-9953894	74	76	9-1838671	9-1889910	0-8110090	9-9948761	24
27	9-1616638	9-1662843	0-8337157	9-9953794	73	77	9-1843083	9-1894428	0-8105572	9-9948655	23
28	9-1621287	9-1667593	0-8332407	9-9953694	72	78	9-1847491	9-1898942	0-8101058	9-9948550	22
29	9-1625931	9-1672337	0-8327663	9-9953594	71	79	9-1851895	9-1903451	0-8096549	9-9948444	21
30	9-1630570	9-1677077	0-8322923	9-9953494	70	80	9-1856294	9-1907955	0-8092045	9-9948338	20
31	9-1635204	9-1681811	0-8318189	9-9953393	69	81	9-1860688	9-1912455	0-8087545	9-9948232	19
32	9-1639833	9-1686541	0-8313459	9-9953293	68	82	9-1865077	9-1916951	0-8083049	9-9948126	18
33	9-1644457	9-1691265	0-8308735	9-9953192	67	83	9-1869462	9-1921442	0-8078558	9-9948020	17
34	9-1649076	9-1695985	0-8304015	9-9953091	66	84	9-1873843	9-1925929	0-8074071	9-9947914	16
35	9-1653690	9-1700700	0-8299300	9-9952991	65	85	9-1878219	9-1930412	0-8069588	9-9947808	15
36	9-1658299	9-1705410	0-8294590	9-9952890	64	86	9-1882591	9-1934890	0-8065110	9-9947701	14
37	9-1662903	9-1710115	0-8289885	9-9952789	63	87	9-1886958	9-1939363	0-8060637	9-9947595	13
38	9-1667502	9-1714815	0-8285185	9-9952687	62	88	9-1891321	9-1943833	0-8056167	9-9947488	12
39	9-1672096	9-1719510	0-8280490	9-9952586	61	89	9-1895679	9-1948298	0-8051702	9-9947381	11
40	9-1676685	9-1724200	0-8275800	9-9952485	60	90	9-1900032	9-1952758	0-8047242	9-9947274	10
41	9-1681269	9-1728886	0-8271114	9-9952383	59	91	9-1904381	9-1957214	0-8042786	9-9947167	9
42	9-1685848	9-1733567	0-8266433	9-9952281	58	92	9-1908726	9-1961666	0-8038334	9-9947060	8
43	9-1690422	9-1738243	0-8261757	9-9952180	57	93	9-1913066	9-1966113	0-8033887	9-9946953	7
44	9-1694992	9-1742914	0-8257086	9-9952078	56	94	9-1917402	9-1970556	0-8029444	9-9946846	6
45	9-1699556	9-1747580	0-8252420	9-9951976	55	95	9-1921734	9-1974995	0-8025005	9-9946738	5
46	9-1704115	9-1752242	0-8247758	9-9951874	54	96	9-1926061	9-1979430	0-8020570	9-9946631	4
47	9-1708670	9-1756898	0-8243102	9-9951772	53	97	9-1930383	9-1983860	0-8016140	9-9946523	3
48	9-1713220	9-1761550	0-8238450	9-9951669	52	98	9-1934701	9-1988286	0-8011714	9-9946415	2
49	9-1717765	9-1766198	0-8233802	9-9951567	51	99	9-1939015	9-1992708	0-8007292	9-9946307	1
50	9-1722305	9-1770840	0-8229160	9-9951464	50	100	9-1943324	9-1997125	0-8002875	9-9946199	0
Minutes.	COSINUS.	COTANG.	TANGENT.	SINUS.	Minutes.	Minutes.	COSINUS.	COTANG.	TANGENT.	SINUS.	Minutes.

90 GRADES.

Minutes.	SINUS.	TANGENT.	COTANG.	COSINUS.	Minutes.	Minutes.	SINUS.	TANGENT.	COTANG.	COSINUS.	Minutes.
0	9-1943324	9-1997125	0-8002875	9-9946199	100	50	9-2153384	9-2212724	0-7787276	9-9940659	50
1	9-1947629	9-2001538	0-7998462	9-9946091	99	51	9-2157480	9-2216934	0-7783066	9-9940546	49
2	9-1951930	9-2005947	0-7994053	9-9945983	98	52	9-2161573	9-2221141	0-7778859	9-9940432	48
3	9-1956226	9-2010352	0-7989648	9-9945875	97	53	9-2165661	9-2225343	0-7774657	9-9940318	47
4	9-1960518	9-2014752	0-7985248	9-9945766	96	54	9-2169746	9-2229542	0-7770458	9-9940204	46
5	9-1964806	9-2019148	0-7980852	9-9945658	95	55	9-2173827	9-2233737	0-7766263	9-9940090	45
6	9-1969089	9-2023540	0-7976460	9-9645549	94	56	9-2177904	9-2237928	0-7762072	9-9939976	44
7	9-1973368	9-2027927	0-7972073	9-9945440	93	57	9-2181977	9-2242115	0-7757885	9-9939862	43
8	9-1977642	9-2032311	0-7967689	9-9945331	92	58	9-2186046	9-2246298	0-7753702	9-9939748	42
9	9-1981913	9-2036690	0-7963310	9-9945222	91	59	9-2190111	9-2250478	0-7749522	9-9939633	41
10	9-1986179	9-2041065	0-7958935	9-9945113	90	60	9-2194172	9-2254653	0-7745347	9-9939518	40
11	9-1990440	9-2045436	0-7954564	9-9945004	89	61	9-2198229	9-2258825	0-7741175	9-9939404	39
12	9-1994698	9-2049803	0-7950197	9-9944895	88	62	9-2202282	9-2262993	0-7737007	9-9939289	38
13	9-1998951	9-2054165	0-7945835	9-9944785	87	63	9-2206332	9-2267158	0-7732842	9-9939174	37
14	9-2003200	9-2058524	0-7941476	9-9944676	86	64	9-2210377	9-2271319	0-7728681	9-9939059	36
15	9-2007444	9-2062878	0-7937122	9-9944566	85	65	9-2214419	9-2275475	0-7724525	9-9938944	35
16	9-2011684	9-2067228	0-7932772	9-9944456	84	66	9-2218457	9-2279628	0-7720372	9-9938829	34
17	9-2015921	9-2071574	0-7928426	9-9944347	83	67	9-2222491	9-2283778	0-7716222	9-9938713	33
18	9-2020153	9-2075916	0-7924084	9-9944237	82	68	9-2226521	9-2287923	0-7712077	9-9938598	32
19	9-2024380	9-2080253	0-7919747	9-9944127	81	69	9-2230547	9-2292065	0-7707935	9-9938482	31
20	9-2028603	9-2084587	0-7915413	9-9944016	80	70	9-2234570	9-2296203	0-7703797	9-9938366	30
21	9-2032823	9-2088916	0-7911084	9-9943906	79	71	9-2238588	9-2300338	0-7699662	9-9938251	29
22	9-2037038	9-2093242	0-7906758	9-9943796	78	72	9-2242603	9-2304468	0-7695532	9-9938135	28
23	9-2041248	9-2097563	0-7902437	9-9943685	77	73	9-2246614	9-2308595	0-7691405	9-9938019	27
24	9-2045455	9-2101880	0-7898120	9-9943574	76	74	9-2250621	9-2312719	0-7687281	9-9937903	26
25	9-2049657	9-2106194	0-7893806	9-9943464	75	75	9-2254625	9-2316838	0-7683162	9-9937786	25
26	9-2053856	9-2110503	0-7889497	9-9943353	74	76	9-2258624	9-2320954	0-7679046	9-9937670	24
27	9-2058050	9-2114808	0-7885192	9-9943242	73	77	9-2262620	9-2325066	0-7674934	9-9937554	23
28	9-2062240	9-2119109	0-7880891	9-9943131	72	78	9-2266612	9-2329175	0-7670825	9-9937437	22
29	9-2066426	9-2123406	0-7876594	9-9943020	71	79	9-2270600	9-2333280	0-7666720	9-9937320	21
30	9-2070607	9-2127699	0-7872301	9-9942908	70	80	9-2274585	9-2337381	0-7662619	9-9937203	20
31	9-2074785	9-2131988	0-7868012	9-9942797	69	81	9-2278566	9-2341479	0-7658521	9-9937087	19
32	9-2078958	9-2136273	0-7863727	9-9942685	68	82	9-2282543	9-2345573	0-7654427	9-9936970	18
33	9-2083127	9-2140554	0-7859446	9-9942574	67	83	9-2286516	9-2349663	0-7650337	9-9936852	17
34	9-2087293	9-2144830	0-7855170	9-9942462	66	84	9-2290485	9-2353750	0-7646250	9-9936735	16
35	9-2091454	9-2149103	0-7850897	9-9942350	65	85	9-2294450	9-2357833	0-7642167	9-9936618	15
36	9-2095611	9-2153372	0-7846628	9-9942238	64	86	9-2298413	9-2361913	0-7638087	9-9936500	14
37	9-2099764	9-2157637	0-7842363	9-9942126	63	87	9-2302371	9-2365988	0-7634012	9-9936383	13
38	9-2103912	9-2161898	0-7838102	9-9942014	62	88	9-2306326	9-2370060	0-7629940	9-9936265	12
39	9-2180057	9-2166155	0-7833845	9-9941902	61	89	9-2310277	9-2374129	0-7625871	9-9936147	11
40	9-2112198	9-2170408	0-7829592	9-9941789	60	90	9-2314224	9-2378195	0-7621805	9-9936029	10
41	9-2116335	9-2174658	0-7825342	9-9941677	59	91	9-2318167	9-2382256	0-7617744	9-9935911	9
42	9-2120467	9-2178903	0-7821097	9-9941564	58	92	9-2322107	9-2386314	0-7613686	9-9935793	8
43	9-2124596	9-2183144	0-7816856	9-9941452	57	93	9-2326043	9-2390368	0-7609632	9-9935675	7
44	9-2128720	9-2187372	0-7812618	9-9941339	56	94	9-2329976	9-2394419	0-7605581	9-9935557	6
45	9-2132841	9-2191615	0-7808385	9-9941226	55	95	9-2333905	9-2398466	0-7601534	9-9935438	5
46	9-2136957	9-2195845	0-7804155	9-9941113	54	96	9-2337830	9-2402510	0-7597490	9-9935320	4
47	9-2141070	9-2200070	0-7799930	9-9941000	53	97	9-2341751	9-2406550	0-7593450	9-9935201	3
48	9-2145179	9-2204292	0-7795708	9-9940886	52	98	9-2345669	9-2410587	0-7589413	9-9935082	2
49	9-2149283	9-2208510	0-7791490	9-9940773	51	99	9-2349583	9-2414620	0-7585380	9-9934963	1
50	9-2153384	9-2212724	0-7787276	9-9940659	50	100	9-2353494	9-2418650	0-7581350	9-9934844	0
	COSINUS.	COTANG.	TANGENT.	SINUS.	Minutes	Minutes.	COSINUS.	COTANG.	TANGENT.	SINUS.	Minutes.

11 GRADES.

Minutes.	SINUS.	TANGENT.	COTANG.	COSINUS.	Minutes.	Minutes.	SINUS.	TANGENT.	COTANG.	COSINUS.	Minutes.
0	9-2353494	9-2418650	0-7581350	9-9934844	100	50	9-2544532	9-2615779	0-7384221	9-9928753	50
1	9-2357401	9-2422676	0-7577324	9-9934725	99	51	9-2548266	9-2619637	0-7380363	9-9928628	49
2	9-2361304	9-2426698	0-7573302	9-9934606	98	52	9-2551996	9-2623492	0-7376508	9-9928504	48
3	9-2365204	9-2430717	0-7569283	9-9934487	97	53	9-2555723	9-2627344	0-7372656	9-9928379	47
4	9-2369100	9-2434733	0-7565267	9-9934367	96	54	9-2559447	9-2631193	0-7368807	9-9928254	46
5	9-2372993	9-2438745	0-7561255	9-9934248	95	55	9-2563167	9-2635038	0-7364962	9-9928129	45
6	9-2376882	9-2442753	0-7557247	9-9934128	94	56	9-2566884	9-2638881	0-7361119	9-9928004	44
7	9-2380767	9-2446758	0-7553242	9-9934008	93	57	9-2570598	9-2642720	0-7357280	9-9927878	43
8	9-2384649	9-2450760	0-7549240	9-9933888	92	58	9-2574309	9-2646556	0-7353444	9-9927753	42
9	9-2388527	9-2454758	0-7545242	9-9933768	91	59	9-2578016	9-2650389	0-7349611	9-9927627	41
10	9-2392401	9-2458753	0-7541247	9-9933648	90	60	9-2581720	9-2654218	0-7345782	9-9927502	40
11	9-2396272	9-2462744	0-7537256	9-9933528	89	61	9-2585421	9-2658045	0-7341955	9-9927376	39
12	9-2400140	9-2466732	0-7533268	9-9933408	88	62	9-2589118	9-2661868	0-7338132	9-9927250	38
13	9-2404004	9-2470717	0-7529283	9-9933287	87	63	9-2592813	9-2665688	0-7334312	9-9927124	37
14	9-2407864	9-2474698	0-7525302	9-9933167	86	64	9-2596504	9-2669505	0-7330495	9-9926998	36
15	9-2411721	9-2478675	0-7521325	9-9933046	85	65	9-2600191	9-2673319	0-7326681	9-9926872	35
16	9-2415574	9-2482649	0-7517351	9-9932925	84	66	9-2603876	9-2677130	0-7322870	9-9926745	34
17	9-2419424	9-2486620	0-7513380	9-9932804	83	67	9-2607557	9-2680938	0-7319062	9-9926619	33
18	9-2423271	9-2490587	0-7509413	9-9932683	82	68	9-2611235	9-2684743	0-7315257	9-9926493	32
19	9-2427114	9-2494551	0-7505449	9-9932562	81	69	9-2614910	9-2688544	0-7311456	9-9926366	31
20	9-2430953	9-2498512	0-7501488	9-9932441	80	70	9-2618582	9-2692343	0-7307657	9-9926239	30
21	9-2434789	9-2502469	0-7497531	9-9932320	79	71	9-2622250	9-2696138	0-7303862	9-9926112	29
22	9-2438621	9-2506423	0-7493577	9-9932198	78	72	9-2625915	9-2699930	0-7300070	9-9925985	28
23	9-2442450	9-2510373	0-7489627	9-9932077	77	73	9-2629577	9-2703719	0-7290281	9-9925858	27
24	9-2446275	9-2514320	0-7485680	9-9931955	76	74	9-2633256	9-2707505	0-7292495	9-9925731	26
25	9-2450097	9-2518264	0-7481736	9-9931833	75	75	9-2636892	9-2711288	0-7288712	9-9925604	25
26	9-2453915	9-2522204	0-7477796	9-9931711	74	76	9-2640544	9-2715068	0-7284932	9-9925476	24
27	9-2457730	9-2526141	0-7473859	9-9931589	73	77	9-2644194	9-2718845	0-7281155	9-9925349	23
28	9-2461542	9-2530074	0-7469926	9-9931467	72	78	9-2647840	9-2722619	0-7277381	9-9925221	22
29	9-2465350	9-2534004	0-7465996	9-9931345	71	79	9-2651483	9-2726389	0-7273611	9-9925093	21
30	9-2469154	9-2537931	0-7462069	9-9931223	70	80	9-2655123	9-2730157	0-7269843	9-9924966	20
31	9-2472955	9-2541855	0-7458145	9-9931100	69	81	9-2658759	9-2733922	0-7266078	9-9924838	19
32	9-2476753	9-2545775	0-7454225	9-9930978	68	82	9-2662393	9-2737683	0-7262317	9-9924710	18
33	9-2480547	9-2549692	0-7450308	9-9930855	67	83	9-2666023	9-2741442	0-7258558	9-9924581	17
34	9-2484338	9-2553606	0-7446394	9-9930732	66	84	9-2669650	9-2745197	0-7254803	9-9924453	16
35	9-2488126	9-2557516	0-7442484	9-9930609	65	85	9-2673274	9-2748950	0-7251050	9-9924325	15
36	9-2491910	9-2561423	0-7438577	9-9930487	64	86	9-2676895	9-2752699	0-7247301	9-9924196	14
37	9-2495690	9-2565327	0-7434673	9-9930364	63	87	9-2680513	9-2756446	0-7243554	9-9924067	13
38	9-2499468	9-2569227	0-7430773	9-9930240	62	88	9-2684128	9-2760189	0-7239811	9-9923939	12
39	9-2503242	9-2573125	0-7426875	9-9930117	61	89	9-2687739	9-2765929	0-7236071	9-9923810	11
40	9-2507012	9-2577019	0-7422981	9-9929993	60	90	9-2691348	9-2767667	0-7232333	9-9923681	10
41	9-2510779	9-2580909	0-7419091	9-9929870	59	91	9-2694953	9-2771401	0-7228599	9-9923552	9
42	9-2514543	9-2584797	0-7415203	9-9929746	58	92	9-2698555	9-2775133	0-7224867	9-9923423	8
43	9-2518303	9-2588681	0-7411319	9-9929623	57	93	9-2702155	9-2778861	0-7221139	9-9923293	7
44	9-2522060	9-2592562	0-7407438	9-9929499	56	94	9-2705751	9-2782587	0-7217413	9-9923164	6
45	9-2525814	9-2596439	0-7403561	9-9929375	55	95	9-2709544	9-2786309	0-7213691	9-9923034	5
46	9-2529564	9-2600314	0-7399686	9-9929251	54	96	9-2712934	9-2790029	0-7209971	9-9922905	4
47	9-2533311	9-2604185	0-7395815	9-9929126	53	97	9-2716521	9-2793746	0-7206254	9-9922775	3
48	9-2537055	9-2608053	0-7391947	9-9929002	52	98	9-2720104	9-2797459	0-7202541	9-9922645	2
49	9-2540795	9-2611917	0-7388083	9-9928878	51	99	9-2723685	9-2801170	0-7198850	9-9922515	1
50	9-2544532	9-2615779	0-7384221	9-9928753	50	100	9-2727263	9-2804878	0-7195122	9-9922385	0
Minutes.	COSINUS.	COTANG.	TANGENT.	SINUS.	Minutes.	Minutes.	COSINUS.	COTANG.	TANGENT.	SINUS.	Minutes.

88 GRADES.

12 GRADES.

Minutes.	SINUS.	TANGENT.	COTANG.	COSINUS.	Minutes.	Minutes.	SINUS.	TANGENT.	COTANG.	COSINUS.	Minutes.
0	9-2727263	9-2804878	0-7195122	9-9922385	100	50	9-2902357	9-2986618	0-7013382	9-9915739	50
1	9-2730837	9-2808583	0-7191417	9-9922255	99	51	9-2905785	9-2990182	0-7009818	9-9915604	49
2	9-2734409	9-2812284	0-7187716	9-9922125	98	52	9-2909211	9-2993743	0-7006257	9-9915468	48
3	9-2737978	9-2815983	0-7184017	9-9921994	97	53	9-2912633	9-2997301	0-7002699	9-9915332	47
4	9-2741543	9-2819679	0-7180321	9-9921864	96	54	9-2916053	9-3000855	0-6999145	9-9915196	46
5	9-2745106	9-2823372	0-7176628	9-9921733	95	55	9-2919470	9-3004411	0-6995589	9-9915060	45
6	9-2748665	9-2827063	0-7172937	9-9921602	94	56	9-2922884	9-3007961	0-6992039	9-9914923	44
7	9-2752221	9-2830750	0-7169250	9-9921471	93	57	9-2926296	9-3011509	0-6988491	9-9914787	43
8	9-2755775	9-2834434	0-7165566	9-9921340	92	58	9-2929704	9-3015054	0-6984946	9-9914650	42
9	9-2759325	9-2838116	0-7161884	9-9921209	91	59	9-2933110	9-3018596	0-6981404	9-9914514	41
10	9-2762873	9-2841794	0-7158206	9-9921078	90	60	9-2936513	9-3022136	0-6977864	9-9914377	40
11	9-2766417	9-2845470	0-7154530	9-9920947	89	61	9-2939913	9-3025673	0-6974327	9-9914240	39
12	9-2769958	9-2849143	0-7150857	9-9920815	88	62	9-2943311	9-3029208	0-6970792	9-9914103	38
13	9-2773497	9-2852813	0-7147187	9-9920684	87	63	9-2946706	9-3032740	0-6967260	9-9913966	37
14	9-2777032	9-2856480	0-7143520	9-9920552	86	64	9-2950098	9-3036269	0-6963731	9-9913829	36
15	9-2780565	9-2860144	0-7139856	9-9920421	85	65	9-2953487	9-3039795	0-6960205	9-9913691	35
16	9-2784094	9-2863805	0-7136195	9-9920289	84	66	9-2956873	9-3043319	0-6956681	9-9913554	34
17	9-2787621	9-2867464	0-7132536	9-9920157	83	67	9-2960257	9-3046841	0-6953159	9-9913416	33
18	9-2791144	9-2871119	0-7128881	9-9920025	82	68	9-2963638	9-3050359	0-6949641	9-9913279	32
19	9-2794665	9-2874772	0-7125228	9-9919892	81	69	9-2967016	9-3053875	0-6946125	9-9913141	31
20	9-2798182	9-2878422	0-7121578	9-9919760	80	70	9-2970392	9-3057389	0-6942611	9-9913003	30
21	9-2801697	9-2882069	0-7117931	9-9919628	79	71	9-2973765	9-3060900	0-6939100	9-9912865	29
22	9-2805208	9-2885713	0-7114287	9-9919495	78	72	9-2977135	9-3064408	0-6935592	9-9912727	28
23	9-2808717	9-2889355	0-7110645	9-9919363	77	73	9-2980502	9-3067913	0-6932087	9-9912589	27
24	9-2812223	9-2892993	0-7107007	9-9919230	76	74	9-2983867	9-3071416	0-6928584	9-9912451	26
25	9-2815726	9-2896629	0-7103371	9-9919097	75	75	9-2987229	9-3074916	0-6925084	9-9912312	25
26	9-2819226	9-2900262	0-7099738	9-9918964	74	76	9-2990588	9-3078414	0-6921586	9-9912174	24
27	9-2822723	9-2903892	0-7096108	9-9918831	73	77	9-2993944	9-3081909	0-6918091	9-9912035	23
28	9-2826217	9-2907519	0-7092481	9-9918697	72	78	9-2997298	9-3085402	0-6914598	9-9911896	22
29	9-2829708	9-2911144	0-7088856	9-9918564	71	79	9-3000649	9-3088892	0-6911108	9-9911757	21
30	9-2833196	9-2914765	0-7085235	9-9918431	70	80	9-3003998	9-3092379	0-6907621	9-9911618	20
31	9-2836682	9-2918384	0-7081616	9-9918298	69	81	9-3007343	9-3095864	0-6904136	9-9911479	19
32	9-2840164	9-2922000	0-7078000	9-9918164	68	82	9-3010686	9-3099346	0-6900654	9-9911340	18
33	9-2843644	9-2925613	0-7074387	9-9918030	67	83	9-3014027	9-3102826	0-6897174	9-9911201	17
34	9-2847120	9-2929224	0-7070776	9-9917896	66	84	9-3017365	9-3106303	0-6893697	9-9911061	16
35	9-2850594	9-2932832	0-7067168	9-9917762	65	85	9-3020700	9-3109778	0-6890222	9-9910922	15
36	9-2854065	9-2936437	0-7063563	9-9917628	64	86	9-3024032	9-3113250	0-6886750	9-9910782	14
37	9-2857533	9-2940039	0-7059961	9-9917494	63	87	9-3027362	9-3116719	0-6883281	9-9910642	13
38	9-2860998	9-2943638	0-7056362	9-9917360	62	88	9-3030689	9-3120186	0-6879814	9-9910502	12
39	9-2864460	9-2947235	0-7052765	9-9917225	61	89	9-3034013	9-3123651	0-6876349	9-9910362	11
40	9-2867920	9-2950829	0-7049171	9-9917091	60	90	9-3037335	9-3127113	0-6872887	9-9910222	10
41	9-2871376	9-2954420	0-7045580	9-9916956	59	91	9-3040654	9-3130572	0-6869428	9-9910082	9
42	9-2874830	9-2958009	0-7041991	9-9916821	58	92	9-3043970	9-3134029	0-6865971	9-9909942	8
43	9-2878281	9-2961594	0-7038406	9-9916687	57	93	9-3047284	9-3137483	0-6862517	9-9909801	7
44	9-2881729	9-2965177	0-7034823	9-9916552	56	94	9-3050595	9-3140935	0-6859065	9-9909661	6
45	9-2885174	9-2968758	0-7031242	9-9916416	55	95	9-3053904	9-3144384	0-6855616	9-9909520	5
46	9-2888616	9-2972335	0-7027665	9-9916281	54	96	9-3057210	9-3147830	0-6852170	9-9909379	4
47	9-2892056	9-2975910	0-7024090	9-9916146	53	97	9-3060513	9-3151274	0-6848726	9-9909239	3
48	9-2895492	9-2979482	0-7020518	9-9916011	52	98	9-3063814	9-3154716	0-6845284	9-9909098	2
49	9-2898926	9-2983051	0-7016949	9-9915875	51	99	9-3067112	9-3158155	0-6841845	9-9908956	1
50	9-2902357	9-2986618	0-7013382	9-9915739	50	100	9-3070407	9-3161592	0-6838408	9-9908815	0
Minutes.	COSINUS.	COTANG.	TANGENT.	SINUS.	Minutes.	Minutes.	COSINUS.	COTANG.	TANGENT.	SINUS.	Minutes.

87 GRADES.

Minutes.	SINUS.	TANGENT.	COTANG.	COSINUS.	Minutes.
0	9-3070407	9-3161592	0-6838408	9-9908815	100
1	9-3073700	9-3165026	0-6834974	9-9908674	99
2	9-3076991	9-3168438	0-6831542	9-9908532	98
3	9-3080278	9-3171887	0-6828113	9-9908391	97
4	9-3083563	9-3175314	0-6824686	9-9908249	96
5	9-3086846	9-3178738	0-6821262	9-9908107	95
6	9-3090126	9-3182160	0-6817840	9-9907966	94
7	9-3093403	9-3185579	0-6814421	9-9907824	93
8	9-3096678	9-3188996	0-6811004	9-9907681	92
9	9-3099950	9-3192411	0-6807589	9-9907539	91
10	9-3103219	9-3195823	0-6804177	9-9907397	90
11	9-3106486	9-3199232	0-6800768	9-9907254	89
12	9-3109751	9-3202639	0-6797361	9-9907112	88
13	9-3113013	9-3206043	0-6793957	9-9906969	87
14	9-3116272	9-3209446	0-6790554	9-9906826	86
15	9-3119529	9-3212845	0-6787155	9-9906684	85
16	9-3122783	9-3216243	0-6783757	9-9906541	84
17	9-3126035	9-3219637	0-6780363	9-9906397	83
18	9-3129284	9-3223030	0-6776970	9-9906254	82
19	9-3132531	9-3226420	0-6773580	9-9906111	81
20	9-3135775	9-3229807	0-6770193	9-9905967	80
21	9-3139016	9-3233192	0-6766808	9-9905824	79
22	9-3142255	9-3236575	0-6763425	9-9905680	78
23	9-3145492	9-3239955	0-6760045	9-9905536	77
24	9-3148726	9-3243333	0-6756667	9-9905392	76
25	9-3151957	9-3246709	0-6753291	9-9905248	75
26	9-3155186	9-3250082	0-6749918	9-9905104	74
27	9-3158413	9-3253453	0-6746547	9-9904960	73
28	9-3161637	9-3256821	0-6743179	9-9904816	72
29	9-3164858	9-3260187	0-6739813	9-9904671	71
30	9-3168077	9-3263550	0-6736450	9-9904527	70
31	9-3171294	9-3266912	0-6733088	9-9904382	69
32	9-3174508	9-3270270	0-6729730	9-9904237	68
33	9-3177719	9-3273627	0-6726373	9-9904092	67
34	9-3180928	9-3276981	0-6723019	9-9903947	66
35	9-3184135	9-3280333	0-6719667	9-9903802	65
36	9-3187339	9-3283682	0-6716318	9-9903657	64
37	9-3190540	9-3287029	0-6712971	9-9903512	63
38	9-3193739	9-3290373	0-6709627	9-9903366	62
39	9-3196936	9-3293716	0-6706284	9-9903220	61
40	9-3200130	9-3297056	0-6702944	9-9903075	60
41	9-3203322	9-3300393	0-6699607	9-9902929	59
42	9-3206512	9-3303728	0-6696272	9-9902783	58
43	9-3209699	9-3307061	0-6692939	9-9902637	57
44	9-3212885	9-3310392	0-6689608	9-9902491	56
45	9-3216065	9-3313720	0-6686280	9-9902345	55
46	9-3219244	9-3317046	0-6682954	9-9902198	54
47	9-3222421	9-3320370	0-6679630	9-9902052	53
48	9-3225596	9-3323691	0-6676309	9-9901905	52
49	9-3228768	9-3327010	0-6672990	9-9901758	51
50	9-3231938	9-3330327	0-6669573	9-9901612	50
Minutes.	COSINUS.	COTANG.	TANGENT.	SINUS.	Minutes.

Minutes.	SINUS.	TANGENT.	COTANG.	COSINUS.	Minutes.
50	9-3231938	9-3330327	0-6669673	9-9901612	50
51	9-3235106	9-3333641	0-6666359	9-9901465	49
52	9-3238271	9-3336953	0-6663047	9-9901318	48
53	9-3241435	9-3340263	0-6659737	9-9901171	47
54	9-3244594	9-3343570	0-6656430	9-9901023	46
55	9-3247751	9-3346875	0-6653125	9-9900876	45
56	9-3250907	9-3350178	0-6649822	9-9900728	44
57	9-3254060	9-3353479	0-6646521	9-9900581	43
58	9-3257210	9-3356777	0-6643223	9-9900433	42
59	9-3260358	9-3360073	0-6639927	9-9900285	41
60	9-3263504	9-3363367	0-6636633	9-9900137	40
61	9-3266648	9-3366658	0-6633342	9-9899989	39
62	9-3269789	9-3369948	0-6630052	9-9899841	38
63	9-3272927	9-3373234	0-6626766	9-9899693	37
64	9-3276064	9-3376519	0-6623481	9-9899544	36
65	9-3279198	9-3379802	0-6620198	9-9899396	35
66	9-3282329	9-3383082	0-6616918	9-9899247	34
67	9-3285458	9-3386360	0-6613640	9-9899099	33
68	9-3288585	9-3389635	0-6610365	9-9898950	32
69	9-3291710	9-3392909	0-6607091	9-9898801	31
70	9-3294832	9-3396180	0-6603820	9-9898652	30
71	9-3297952	9-3399449	0-6600551	9-9898503	29
72	9-3301069	9-3402716	0-6597284	9-9898353	28
73	9-3304184	9-3405980	0-6594020	9-9898204	27
74	9-3307297	9-3409242	0-6590758	9-9898054	26
75	9-3310407	9-3412502	0-6587498	9-9897905	25
76	9-3313515	9-3415760	0-6584240	9-9897755	24
77	9-3316621	9-3419016	0-6580984	9-9897605	23
78	9-3319724	9-3422269	0-6577731	9-9897455	22
79	9-3322826	9-3425520	0-6574480	9-9897305	21
80	9-3325924	9-3428769	0-6571231	9-9897155	20
81	9-3329021	9-3432016	0-6567984	9-9897005	19
82	9-3332115	9-3435261	0-6564739	9-9896854	18
83	9-3335207	9-3438503	0-6561497	9-9896704	17
84	9-3338296	9-3441743	0-6558257	9-9896553	16
85	9-3341383	9-3444981	0-6555019	9-9896402	15
86	9-3344468	9-3448217	0-6551783	9-9896252	14
87	9-3347551	9-3451450	0-6548550	9-9896101	13
88	9-3350631	9-3454682	0-6545318	9-9895950	12
89	9-3353709	9-3457911	0-6542089	9-9895798	11
90	9-3356785	9-3461138	0-6538862	9-9895647	10
91	9-3359859	9-3464363	0-6535637	9-9895496	9
92	9-3362930	9-3467586	0-6532414	9-9895344	8
93	9-3365999	9-3470806	0-6529194	9-9895192	7
94	9-3369065	9-3474025	0-6525975	9-9895041	6
95	9-3372130	9-3477241	0-6522759	9-9894889	5
96	9-3375192	9-3480455	0-6519545	9-9894737	4
97	9-3378252	9-3483667	0-6516333	9-9894585	3
98	9-3381309	9-3486877	0-6513123	9-9894433	2
99	9-3384365	9-3490084	0-6509916	9-9894280	1
100	9-3387418	9-3493290	0-6506710	9-9894128	0
Minutes.	COSINUS.	COTANG.	TANGENT.	SINUS.	Minutes.

Minutes.	SINUS.	TANGENT.	COTANG.	COSINUS.	Minutes.	Minutes.	SINUS.	TANGENT,	COTANG.	COSINUS.	Minutes.
0	9-3387418	9-3493290	0-6506710	9-9894128	100	50	9-3537264	9-3650901	0-6349099	9-9886363	50
1	9-3390468	9-3496493	0-6503507	9-9893975	99	51	9-3540206	9-3654001	0-6345999	9-9886204	49
2	9-3393517	9-3499694	0-6500306	9-9893823	98	52	9-3543146	9-3657100	0-6342900	9-9886046	48
3	9-3396563	9-3502893	0-6497107	9-9893670	97	53	9-3546084	9-3660196	0-6339804	9-9885888	47
4	9-3399607	9-3506090	0-6493910	9-9893517	96	54	9-3549020	9-3663290	0-6336710	9-9885729	46
5	9-3402649	9-3509285	0-6490715	9-9893364	95	55	9-3551955	9-3666383	0-6333617	9-9885571	45
6	9-3405689	9-3512478	0-6487522	9-9893211	94	56	9-3554885	9-3669473	0-6330527	9-9885412	44
7	9-3408726	9-3515668	0-6484332	9-9893058	93	57	9-3557815	9-3672562	0-6327438	9-9885253	43
8	9-3411761	9-3518857	0-6481143	9-9892904	92	58	9-3560742	9-3675648	0-6324352	9-9885094	42
9	9-3414794	9-3522043	0-6477957	9-9892751	91	59	9-3563667	9-3678732	0-6321268	5-9884935	41
10	9-3417825	9-3525228	0-6474772	9-9892597	90	60	9-3566591	9-3681815	0-6318185	9-9884776	40
11	9-3420853	9-3528410	0-6471590	9-9892444	89	61	9-3569512	9-3684895	0-6315105	9-9884616	39
12	9-3423880	9-3531590	0-6468410	9-9892290	88	62	9-3572431	9-3687974	0-6312026	9-9884457	38
13	9-3426904	9-3534768	0-6465232	9-9892136	87	63	9-3575348	9-3691051	0-6308949	9-9884297	37
14	9-3429925	9-3537943	0-6462057	9-9891982	86	64	9-3578263	9-3694125	0-6305875	9-9884138	36
15	9-3432945	9-3541117	0-6458883	9-9891828	85	65	9-3581176	9-3697198	0-6302802	9-9883978	35
16	9-3435962	9-3544289	0-6455711	9-9891674	84	66	9-3584087	9-3700269	0-6299731	9-9883818	34
17	9-3438978	9-3547458	0-6452542	9-9891519	83	67	9-3586996	9-3703338	0-6296662	9-9883658	33
18	9-3441991	9-3550626	0-6449374	9-9891365	82	68	9-3589903	9-3706405	0-6293595	9-9883498	32
19	9-3445002	9-3553791	0-6446209	9-9891210	81	69	9-3592808	9-3709470	0-6290530	9-9883338	31
20	9-3448010	9-3556955	0-6443045	9-9891056	80	70	9-3595710	9-3712533	0-6287467	9-9883178	30
21	9-3451017	9-3560116	0-6439884	9-9890901	79	71	9-3598611	9-3715594	0-6284406	9-9883017	29
22	9-3454021	9-3563275	0-6436725	9-9890746	78	72	9-3601510	9-3718653	0-6281347	9-9882857	28
23	9-3457023	9-3566432	0-6433568	9-9890591	77	73	9-3604406	9-3721710	0-6278290	9-9882696	27
24	9-3460023	9-3569587	0-6430413	9-9890436	76	74	9-3607301	9-3724766	0-6275234	9-9882535	26
25	9-3463020	9-3572740	0-6427260	9-9890280	75	75	9-3610193	9-3727819	0-6272181	6-9882374	25
26	9-3466016	9-3575891	0-6424109	9-9890125	74	76	9-3613084	9-3730871	0-6269129	6-9882213	24
27	9-3469009	9-3579040	0-6420960	9-9889970	73	77	9-3615972	9-3733920	0-6266080	9-9882052	23
28	9-3472000	9-3582186	0-6417814	9-9889814	72	78	9-3618859	9-3736968	0-6263032	9-9881891	22
29	9-3474989	9-3585331	0-6414669	9-9889658	71	79	9-3621745	9-3740013	0-6259987	9-9881730	21
30	9-3477976	9-3588474	0-6411526	9-9889503	70	80	9-3624625	9-3743057	0-6259643	9-9881568	20
31	9-3480961	9-3591614	0-6408386	9-9889347	69	81	9-3627506	9-3746099	0-6253901	9-9881407	19
32	9-3483944	9-3594753	0-6405247	9-9889191	68	82	9-3630384	9-3749159	0-6250861	9-9881245	18
33	9-3486924	9-3597890	0-6402110	9-9889034	67	83	9-3633260	9-3752177	0-6247823	9-9881083	17
34	9-3489902	9-3601024	0-6398976	9-9888878	66	84	9-3636133	9-3755214	0-6244786	9-9880921	16
35	9-3492878	9-3604156	0-6395844	9-9888722	65	85	9-3639007	9-3758248	0-6241752	9-9880759	15
36	9-3495852	9-3607287	0-6392713	9-9888565	64	86	9-3641877	9-3761280	0-6238720	9-9880597	14
37	9-3498824	9-3610415	0-6389585	9-9888409	63	87	9-3644746	9-3764311	0-6235689	9-9880435	13
38	9-3501794	9-3613542	0-6386458	9-9888252	62	88	9-3647612	9-3767340	0-6232660	9-9880272	12
39	9-3504761	9-3616666	0-6383334	9-9888095	61	89	9-3650476	9-3770366	0-6229634	9-9880110	11
40	9-3507727	9-3619788	0-6380212	9-9887938	60	90	9-3653339	9-3773391	0-6226609	9-9879947	10
41	9-3510690	9-3622909	0-6377091	9-9887781	59	91	9-3656199	9-3776414	0-6223586	9-9879785	9
42	9-3513651	9-3626027	0-6373973	9-9887624	58	92	9-3659057	9-3779435	0-6220565	9-9879622	8
43	9-3516610	9-3629143	0-6370857	9-9887467	57	93	9-3661914	9-3782455	0-6217545	9-9879459	7
44	9-3519567	9-3632257	0-6367743	9-9887309	56	94	9-3664768	9-3785472	0-6214528	9-9879296	6
45	9-3522522	9-3635370	0-6364630	9-9887152	55	95	9-3667620	9-3788488	0-6211512	9-9879133	5
46	9-3525474	9-3638480	0-6361520	9-9886994	54	96	9-3670471	9-3791501	0-6208499	9-9878969	4
47	9-3528425	9-3641588	0-6358412	9-9886836	53	97	9-3673319	9-3794513	0-6205487	9-9878806	3
48	9-3531373	9-3644695	0-6355305	9-9886679	52	98	9-3676166	9-3797523	0-6202477	9-9878642	2
49	9-3534320	9-3647799	0-6352201	9-9886521	51	99	9-3679010	9-3800531	0-6199469	9-9878479	1
50	9-3537264	9-3650901	0-6349099	9-9886363	50	100	9-3681853	9-3803537	0-6196463	9-9878315	0
	COSINUS.	COTANG.	TANGENT.	SINUS.	Minutes.	Minutes.	COSINUS.	COTANG.	TANGENT.	SINUS.	Minutes.

Minutes.	SINUS.	TANGENT.	COTANG.	COSINUS.	Minutes.
0	9-3681853	9-3803537	0-6196463	9-9878315	100
1	9-3684693	9-3806542	0-6193458	9-9878151	99
2	9-3687532	9-3809544	0-6190456	9-9877987	98
3	9-3690368	9-3812545	0-6187455	9-9877823	97
4	9-3693203	9-3815544	0-6184456	9-9877659	96
5	9-3696036	9-3818541	0-6181459	9-9877495	95
6	9-3698866	9-3821536	0-6178464	9-9877330	94
7	9-3701695	9-3824529	0-6175471	9-9877166	93
8	9-3704522	9-3827521	0-6172479	9-9877001	92
9	9-3707347	9-3830510	0-6169490	9-9876837	91
10	9-3710170	9-3833498	0-6166502	9-9876672	90
11	9-3712991	9-3836484	0-6163516	9-9876507	89
12	9-3715810	9-3839468	0-6160532	9-9876342	88
13	9-3718627	9-3842451	0-6157549	9-9876176	87
14	9-3721442	9-3845431	0-6154569	9-9876011	86
15	9-3724256	9-3848410	0-6151590	9-9875846	85
16	9-3727067	9-3851387	0-6148613	9-9875680	84
17	9-3729876	9-3854362	0-6145638	9-9875515	83
18	9-3732684	9-3857335	0-6142665	9-9875349	82
19	9-3735489	9-3860306	0-6139694	9-9875183	81
20	9-3738293	9-3863276	0-6136724	9-9875017	80
21	9-3741095	9-3866244	0-6133756	9-9874851	79
22	9-3743895	9-3869210	0-6130790	9-9874685	78
23	9-3746693	9-3872174	0-6127826	9-9874518	77
24	9-3749489	9-3875137	0-6124863	9-9874352	76
25	9-3752283	9-3878097	0-6121903	9-9874185	75
26	9-3755075	9-3881056	0-6118944	9-9874019	74
27	9-3757865	9-3884013	0-6115987	9-9873852	73
28	9-3760654	9-3886969	0-6113031	9-9873685	72
29	9-3763440	9-3889922	0-6110078	9-9873518	71
30	9-3766225	9-3892874	0-6107126	9-9873351	70
31	9-3769007	9-3895824	0-6104176	9-9873184	69
32	9-3771788	9-3898772	0-6101228	9-9873016	68
33	9-3774567	9-3901718	0-6098282	9-9872849	67
34	9-3777344	9-3904663	0-6095337	9-9872681	66
35	9-3780119	9-3907606	0-6092394	9-9872513	65
36	9-3782893	9-3910547	0-6089453	9-9872346	64
37	9-3785664	9-3913486	0-6086514	9-9872178	63
38	9-3788434	9-3916424	0-6083576	9-9872010	62
39	9-3791201	9-3919360	0-6080640	9-9871842	61
40	9-3793967	9-3922294	0-6077706	9-9871673	60
41	9-3796731	9-3925226	0-6074774	9-9871505	59
42	9-3799493	9-3928157	0-6071843	9-9871336	58
43	9-3802253	9-3931086	0-6068914	9-9871168	57
44	9-3805012	9-3934013	0-6065987	9-9870999	56
45	9-3807768	9-3936138	0-6063062	9-9870830	55
46	9-3810523	9-3939862	0-6060138	9-9870661	54
47	9-3813276	9-3942783	0-6057217	9-9870492	53
48	9-3816027	9-3945703	0-6054297	9-9870323	52
49	9-3818776	9-3948622	0-6051378	9-9870154	51
50	9-3821523	9-3951538	0-6048462	9-9869984	50
Minutes.	COSINUS.	COTANG.	TANGENT.	SINUS.	Minutes.

Minutes.	SINUS.	TANGENT.	COTANG.	COSINUS.
50	9-3821523	9-3951538	0-6048462	9-9869984
51	9-3824268	9-3954453	0-6045547	9-9869815
52	9-3827012	9-3957367	0-6042633	9-9869645
53	9-3829754	9-3960278	0-6039722	9-9869475
54	9-3832495	9-3963188	0-6036812	9-9869306
55	9-3835231	9-3966096	0-6033904	9-9869136
56	9-3837968	9-3969002	0-6030998	9-9868966
57	9-3840702	9-3971907	0-6028093	9-9868795
58	9-3843435	9-3974809	0-6025191	9-9868625
59	9-3846165	9-3977711	0-6022289	9-9868455
60	9-3848894	9-3980610	0-6019390	9-9868284
61	9-3851621	9-3983508	0-6016492	9-9868113
62	9-3854347	9-3986404	0-6013596	9-9867943
63	9-3857070	9-3989298	0-6010702	9-9867772
64	9-3859792	9-3992191	0-6007809	9-9867601
65	9-3862511	9-3995082	0-6004918	9-9867430
66	9-3865229	9-3997971	0-6002029	9-9867259
67	9-3867946	9-4000858	0-5999142	9-9867087
68	9-3870660	9-4003744	0-5996256	9-9866916
69	9-3873373	9-4006628	0-5993372	9-9866744
70	9-3876083	9-4009511	0-5990489	9-9866572
71	9-3878792	9-4012392	0-5987608	9-9866401
72	9-3881500	9-4015271	0-5984729	9-9866229
73	9-3884205	9-4018148	0-5981852	9-9866057
74	9-3886909	9-4021024	0-5978976	9-9865885
75	9-3889611	9-4023898	0-5976102	9-9865712
76	9-3892311	9-4026770	0-5973230	9-9865540
77	9-3895009	9-4029641	0-5970359	9-9865368
78	9-3897705	9-4032510	0-5967490	9-9865195
79	9-3900400	9-4035378	0-5964622	9-9865022
80	9-3903093	9-4038243	0-5961757	9-9864849
81	9-3905784	9-4041107	0-5958893	9-9864677
82	9-3908473	9-4043970	0-5956030	9-9864503
83	9-3911161	9-4046831	0-5953169	9-9864330
84	9-3913847	9-4049690	0-5950310	9-9864157
85	9-3916531	9-4052547	0-5947453	9-9863984
86	9-3919213	9-4055403	0-5944597	9-9863810
87	9-3921894	9-4058257	0-5941743	9-9863637
88	9-3924573	9-4061110	0-5938890	9-9863463
89	9-3927250	9-4063961	0-5936039	9-9863289
90	9-3929925	9-4066810	0-5933190	9-9863115
91	9-3932598	9-4069657	0-5930343	9-9862941
92	9-3935270	9-4072503	0-5927497	9-9862767
93	9-3937940	9-4075348	0-5924652	9-9862592
94	9-3940608	9-4078190	0-5921810	9-9862418
95	9-3943275	9-4081031	0-5918969	9-9862244
96	9-3945940	9-4083871	0-5916129	9-9862069
97	9-3948603	9-4086708	0-5913292	9-9861894
98	9-3951264	9-4089545	0-5910455	9-9861719
99	9-3953923	9-4092379	0-5907621	9-9861544
100	9-3956581	9-4095212	0-5904788	9-9861369
Minutes.	COSINUS.	COTANG.	TANGENT.	SINUS.

Minutes.	SINUS.	TANGENT.	COTANG.	COSINUS.	Minutes.	Minutes.	SINUS.	TANGENT.	COTANG.	COSINUS.	Minutes.
0	9-3956581	9-4095212	0-5904788	9-9861369	100	50	9-4087306	9-4234838	0-5765162	9-9852468	50
1	9-3959237	9-4098043	0-5901957	9-9861194	99	51	9-4089878	9-4237591	0-5762409	9-9852287	49
2	9-3961892	9-4100873	0-5899127	9-9861019	98	52	9-4092449	9-4240342	0-5759658	9-9852106	48
3	9-3964544	9-4103701	0-5896299	9-9860843	97	53	9-4095017	9-4243092	0-5756908	9-9851925	47
4	9-3967195	9-4106527	0-5893473	9-9860668	96	54	9-4097584	9-4245840	0-5754160	9-9851744	46
5	9-3969844	9-4109352	0-5890648	9-9860492	95	55	9-4100150	9-4248587	0-5751413	9-9851563	45
6	9-3972492	9-4112176	0-5887824	9-9860316	94	56	9-4102714	9-4251333	0-5748667	9-9851381	44
7	9-3975138	9-4114997	0-5885003	9-9860140	93	57	9-4105276	9-4254077	0-5745923	9-9851199	43
8	9-3977782	9-4117817	0-5882183	9-9859964	92	58	9-4107837	9-4256819	0-5743181	9-9851018	42
9	9-3980424	9-4120636	0-5879364	9-9859788	91	59	9-4110396	9-4259560	0-5740440	9-9850836	41
10	9-3983064	9-4123453	0-5876547	9-9859612	90	60	9-4112954	9-4262300	0-5737700	9-9850654	40
11	9-3985703	9-4126268	0-5873732	9-9859436	89	61	9-4115509	9-4265038	0-5734962	9-9850472	39
12	9-3988340	9-4129081	0-5870919	9-9859259	88	62	9-4118064	9-4267774	0-5732226	9-9850290	38
13	9-3990976	9-4131893	0-5868107	9-9859082	87	63	9-4120616	9-4270509	0-5729491	9-9850107	37
14	9-3993610	9-4134704	0-5865296	9-9858906	86	64	9-4123167	9-4273242	0-5726758	9-9849925	36
15	9-3996242	9-4137513	0-5862487	9-9858729	85	65	9-4125717	9-4275975	0-5724025	9-9849742	35
16	9-3998872	9-4140320	0-5859680	9-9858552	84	66	9-4128265	9-4278705	0-5721295	9-9849560	34
17	9-4001501	9-4143126	0-5856874	9-9858375	83	67	9-4130811	9-4281434	0-5718566	9-9849377	33
18	9-4004128	9-4145930	0-5854070	9-9858198	82	68	9-4133356	9-4284162	0-5715838	9-9849194	32
19	9-4006753	9-4148732	0-5851268	9-9858021	81	69	9-4135899	9-4286888	0-5713112	9-9849011	31
20	9-4009376	9-4151533	0-5848467	9-9857843	80	70	9-4138440	9-4289612	0-5710388	9-9848828	30
21	9-4011998	9-4154333	0-5845667	9-9857665	79	71	9-4140980	9-4292335	0-5707665	9-9848645	29
22	9-4014619	9-4157130	0-5842870	9-9857488	78	72	9-4143518	9-4295057	0-5704943	9-9848461	28
23	9-4017237	9-4159927	0-5840073	9-9857310	77	73	9-4146055	9-4297777	0-5702223	9-9848278	27
24	9-4019854	9-4162721	0-5837279	9-9857132	76	74	9-4148590	9-4300496	0-5699504	9-9848094	26
25	9-4022469	9-4165514	0-5834486	9-9856954	75	75	9-4151123	9-4303213	0-5696787	9-9847911	25
26	9-4025082	9-4168306	0-5831694	9-9856776	74	76	9-4153655	9-4305928	0-5694072	9-9847727	24
27	9-4027694	9-4171096	0-5828904	9-9856598	73	77	9-4156186	9-4308643	0-5691357	9-9847543	23
28	9-4030304	9-4173884	0-5826116	9-9856420	72	78	9-4158714	9-4311355	0-5688645	9-9847359	22
29	9-4032913	9-4176671	0-5823329	9-9856242	71	79	9-4161241	9-4314067	0-5685933	9-9847175	21
30	9-4035519	9-4179456	0-5820544	9-9856063	70	80	9-4163767	9-4316777	0-5683223	9-9846990	20
31	9-4038124	9-4182240	0-5817760	9-9855884	69	81	9-4166291	9-4319485	0-5680515	9-9846806	19
32	9-4040728	9-4185022	0-5814978	9-9855706	68	82	9-4168814	9-4322192	0-5677808	9-9846621	18
33	9-4043330	9-4187803	0-5812197	9-9855527	67	83	9-4171334	9-4324897	0-5675103	9-9846437	17
34	9-4045930	9-4190582	0-5809418	9-9855348	66	84	9-4173854	9-4327601	0-5672399	9-9846252	16
35	9-4048528	9-4193359	0-5806641	9-9855169	65	85	9-4176371	9-4330304	0-5669696	9-9846067	15
36	9-4051125	9-4196136	0-5803864	9-9854989	64	86	9-4178888	9-4333005	0-5666995	9-9845882	14
37	9-4053720	9-4198910	0-5801090	9-9854810	63	87	9-4181402	9-4335705	0-5664295	9-9845697	13
38	9-4056313	9-4201683	0-5798317	9-9854631	62	88	9-4183915	9-4338403	0-5661597	9-9845512	12
39	9-4058905	9-4204454	0-5795546	9-9854451	61	89	9-4186427	9-4341100	0-5658900	9-9845327	11
40	9-4061495	9-4207224	0-5792776	9-9854271	60	90	9-4188937	9-4343795	0-5656205	9-9845141	10
41	9-4064084	9-4209992	0-5790008	9-9854092	59	91	9-4191445	9-4346489	0-5653511	9-9844956	9
42	9-4066671	9-4212759	0-5787241	9-9853912	58	92	9-4193952	9-4349181	0-5650819	9-9844770	8
43	9-4069256	9-4215524	0-5784476	9-9853732	57	93	9-4196457	9-4351872	0-5648128	9-9844584	7
44	9-4071839	9-4218288	0-5781712	9-9853552	56	94	9-4198961	9-4354562	0-5645438	9-9844399	6
45	9-4074421	9-4221050	0-5778950	9-9853371	55	95	9-4201463	9-4357250	0-5642750	9-9844213	5
46	9-4077001	9-4223810	0-5776190	9-9853191	54	96	9-4203963	9-4359937	0-5640063	9-9844026	4
47	9-4079580	9-4226569	0-5773431	9-9853010	53	97	9-4206462	9-4362622	0-5637378	9-9843840	3
48	9-4082157	9-4229327	0-5770673	9-9852830	52	98	9-4208960	9-4365306	0-5634694	9-9843654	2
49	9-4084732	9-4232083	0-5767917	9-9852649	51	99	9-4211456	9-4367988	0-5632012	9-9843467	1
50	9-4087306	9-4234838	0-5765162	9-9852468	50	100	9-4213950	9-4370669	0-5629331	9-9843281	0
Minutes.	COSINUS.	COTANG.	TANGENT.	SINUS.	Minutes.	Minutes.	COSINUS.	COTANG.	TANGENT.	SINUS.	Minutes.

Minutes.	SINUS.	TANGENT.	COTANG.	COSINUS.	Minutes.
0	9-4213950	9-4370669	0-5629331	9-9843281	100
1	9-4216443	9-4373349	0-5626651	9-9843094	99
2	9-4218934	9-4376027	0-5623973	9-9842907	98
3	9-4221423	9-4378704	0-5621296	9-9842720	97
4	9-4223913	9-4381379	0-5618621	9-9842533	96
5	9-4226399	9-4384053	0-5615947	9-9842346	95
6	9-4228885	9-4386726	0-5613274	9-9842159	94
7	9-4231368	9-4389397	0-5610603	9-9841972	93
8	9-4233851	9-4392066	0-5607934	9-9841784	92
9	9-4236331	9-4394735	0-5605265	9-9841597	91
10	9-4238810	9-4397401	0-5602599	9-9841409	90
11	9-4241288	9-4400067	0-5599933	9-9841221	89
12	9-4243764	9-4402731	0-5597269	9-9841033	88
13	9-4246239	9-4405394	0-5594606	9-9840845	87
14	9-4248712	9-4408055	0-5591945	9-9840657	86
15	9-4251183	9-4410715	0-5589285	9-9840469	85
16	9-4253653	9-4413373	0-5586627	9-9840280	84
17	9-4256122	9-4416030	0-5583970	9-9840092	83
18	9-4258589	9-4418686	0-5581314	9-9839903	82
19	9-4261054	9-4421340	0-5578660	9-9839714	81
20	9-4263518	9-4423993	0-5576007	9-9839525	80
21	9-4265981	9-4426644	0-5573356	9-9839336	79
22	9-4268442	9-4429294	0-5570706	9-9839147	78
23	9-4270901	9-4431943	0-5568057	9-9838958	77
24	9-4273359	9-4434590	0-5565410	9-9838769	76
25	9-4275815	9-4437236	0-5562764	9-9838579	75
26	9-4278270	9-4439881	0-5560119	9-9838390	74
27	9-4280724	9-4442524	0-5557476	9-9838200	73
28	9-4283176	9-4445166	0-5554834	9-9838010	72
29	9-4285626	9-4447806	0-5552194	9-9837820	71
30	9-4288075	9-4450445	0-5549555	9-9837630	70
31	9-4290523	9-4453083	0-5546917	9-9837440	69
32	9-4292969	9-4455719	0-5544281	9-9837250	68
33	9-4295414	9-4458354	0-5541646	9-9837059	67
34	9-4297857	9-4460988	0-5539012	9-9836869	66
35	9-4300298	9-4463620	0-5536380	9-9836678	65
36	9-4302738	9-4466251	0-5533749	9-9836488	64
37	9-4305177	9-4468880	0-5531120	9-9836297	63
38	9-4307614	9-4471508	0-5528492	9-9836106	62
39	9-4310050	9-4474135	0-5525865	9-9835915	61
40	9-4312484	9-4476761	0-5523239	9-9835724	60
41	9-4314917	9-4479385	0-5520615	9-9835532	59
42	9-4317348	9-4482007	0-5517993	9-9835341	58
43	9-4319778	9-4484629	0-5515371	9-9835149	57
44	9-4322206	9-4487249	0-5512751	9-9834958	56
45	9-4324633	9-4489867	0-5510133	9-9834766	55
46	9-4327059	9-4492484	0-5507516	9-9834574	54
47	9-4329483	9-4495100	0-5504900	9-9834382	53
48	9-4331905	9-4497715	0-5502285	9-9834190	52
49	9-4334326	9-4500328	0-5499672	9-9833998	51
50	9-4336746	9-4502940	0-5497060	9-9833805	50
Minutes.	COSINUS.	COTANG.	TANGENT.	SINUS.	Minutes.

Minutes.	SINUS.	TANGENT	COTANG.	COSINUS.	Minutes.
50	9-4336746	9-4502940	0-5497060	9-9833805	50
51	9-4339164	9-4505551	0-5494449	9-9833613	49
52	9-4341580	9-4508160	0-5491840	9-9833420	48
53	9-4343996	9-4510768	0-5489232	9-9833228	47
54	9-4346409	9-4513375	0-5486625	9-9833035	46
55	9-4348822	9-4515980	0-5484020	9-9832842	45
56	9-4351233	9-4518584	0-5481416	9-9832649	44
57	9-4353642	9-4521186	0-5478814	9-9832456	43
58	9-4356050	9-4523787	0-5476213	9-9832263	42
59	9-4358457	9-4526387	0-5473613	9-9832069	41
60	9-4360862	9-4528986	0-5471014	9-9831876	40
61	9-4363265	9-4531583	0-5468417	9-9831682	39
62	9-4365668	9-4534179	0-5465821	9-9831488	38
63	9-4368069	9-4536774	0-5463226	9-9831294	37
64	9-4370468	9-4539367	0-5460633	9-9831100	36
65	9-4372866	9-4541959	0-5458041	9-9830906	35
66	9-4375262	9-4544550	0-5455450	9-9830712	34
67	9-4377657	9-4547139	0-5452861	9-9830518	33
68	9-4380051	9-4549727	0-5450273	9-9830324	32
69	9-4382443	9-4552314	0-5447686	9-9830129	31
70	9-4384834	9-4554900	0-5445100	9-9829934	30
71	9-4387223	9-4557484	0-5442516	9-9829740	29
72	9-4389611	9-4560067	0-5439933	9-9829545	28
73	9-4391998	9-4562648	0-5437352	9-9829350	27
74	9-4394383	9-4565228	0-5434772	9-9829155	26
75	9-4390767	9-4567807	0-5432193	9-9828959	25
76	9-4399149	9-4570385	0-5429615	9-9828764	24
77	9-4401530	9-4572961	0-5427039	9-9828568	23
78	9-4403909	9-4575536	0-5424464	9-9828373	22
79	9-4406287	9-4578110	0-5421890	9-9828177	21
80	9-4408664	9-4580683	0-5419317	9-9827981	20
81	9-4411039	9-4583254	0-5416746	9-9827785	19
82	9-4413413	9-4585824	0-5414176	9-9827589	18
83	9-4415786	9-4588392	0-5411608	9-9827393	17
84	9-4418157	9-4590960	0-5409040	9-9827197	16
85	9-4420526	9-4593526	0-5406474	9-9827001	15
86	9-4422894	9-4596090	0-5403910	9-9826804	14
87	9-4425261	9-4598654	0-5401346	9-9826607	13
88	9-4427627	9-4601216	0-5398784	9-9826411	12
89	9-4429991	9-4603777	0-5396223	9-9826214	11
90	9-4432353	9-4606337	0-5393663	9-9826017	10
91	9-4434715	9-4608895	0-5391105	9-9825820	9
92	9-4437075	9-4611452	0-5388548	9-9825623	8
93	9-4439433	9-4614008	0-5385992	9-9825425	7
94	9-4441790	9-4616562	0-5383438	9-9825228	6
95	9-4444146	9-4619116	0-5380884	9-9825030	5
96	9-4446500	9-4621668	0-5378332	9-9824833	4
97	9-4448853	9-4624218	0-5375782	9-9824635	3
98	9-4451205	9-4626768	0-5373232	9-9824437	2
99	9-4453555	9-4629316	0-5370684	9-9824239	1
100	9-4455904	9-4631863	0-5368137	9-9824041	0
Minutes.	COSINUS.	COTANG.	TANGENT.	SINUS.	Minutes.

82 GRADES.

Minutes.	SINUS.	TANGENT.	COTANG.	COSINUS.	Minutes.	Minutes.	SINUS.	TANGENT.	COTANG.	COSINUS.	Minutes.
0	9-4455904	9-4631863	0-5368137	9-9824041	100	50	9-4571618	9-4757633	0-5242367	9-9813986	50
1	9-4458251	9-4634409	0-5365591	9-9823842	99	51	9-4573899	9-4760117	0-5239883	9-9813781	49
2	9-4460597	9-4636953	0-5363047	9-9823644	98	52	9-4576178	9-4762601	0-5237399	9-9813577	48
3	9-4462942	9-4639496	0-5360504	9-9823446	97	53	9-4578456	9-4765083	0-5234917	9-9813373	47
4	9-4465285	9-4642038	0-5357962	9-9823247	96	54	9-4580732	9-4767564	0-5232436	9-9813169	46
5	9-4467627	9-4644579	0-5355421	9-9823048	95	55	9-4583008	9-4770043	0-5229957	9-9812964	45
6	9-4469968	9-4647118	0-5352882	9-9822849	94	56	9-4585281	9-4772522	0-5227478	9-9812759	44
7	9-4472307	9-4649656	0-5350344	9-9822651	93	57	9-4587554	9-4775000	0-5225000	9-9812555	43
8	9-4474645	9-4652193	0-5347807	9-9822451	92	58	9-4589825	9-4777476	0-5222524	9-9812350	42
9	9-4476981	9-4654729	0-5345271	9-9822252	91	59	9-4592095	9-4779951	0-5220049	9-9812145	41
10	9-4479316	9-4657263	0-5342737	9-9822053	90	60	9-4594364	9-4782425	0-5217575	9-9811940	40
11	9-4481650	9-4659796	0-5340204	9-9821854	89	61	9-4596632	9-4784897	0-5215103	9-9811734	39
12	9-4483982	9-4662328	0-5337672	9-9821654	88	62	9-4598898	9-4787369	0-5212631	9-9811529	38
13	9-4486313	9-4664859	0-5335141	9-9821454	87	63	9-4601163	9-4789839	0-5210161	9-9811323	37
14	9-4488643	9-4667388	0-5332612	9-9821255	86	64	9-4603426	9-4792308	0-5207692	9-9811118	36
15	9-4490971	9-4669916	0-5330084	9-9821055	85	65	9-4605689	9-4794776	0-5205224	9-9810912	35
16	9-4493298	9-4672443	0-5327557	9-9820855	84	66	9-4607950	9-4797243	0-5202757	9-9810706	34
17	9-4495624	9-4674969	0-5325031	9-9820655	83	67	9-4610209	9-4799709	0-5200291	9-9810500	33
18	9-4497948	9-4677493	0-5322507	9-9820455	82	68	9-4612468	9-4802173	0-5197827	9-9810294	32
19	9-4500271	9-4680017	0-5319983	9-9820254	81	69	9-4614725	9-4804637	0-5195363	9-9810088	31
20	9-4502592	9-4682539	0-5317461	9-9820054	80	70	9-4616981	9-4807099	0-5192901	9-9809882	30
21	9-4504912	9-4685059	0-5314941	9-9819853	79	71	9-4619235	9-4809560	0-5190440	9-9809675	29
22	9-4507231	9-4687579	0-5312421	9-9819652	78	72	9-4621489	9-4812020	0-5187980	9-9809469	28
23	9-4509549	9-4690097	0-5309903	9-9819452	77	73	9-4623741	9-4814479	0-5185521	9-9809262	27
24	9-4511865	9-4692614	0-5307386	9-9819250	76	74	9-4625992	9-4816936	0-5183064	9-9809055	26
25	9-4514180	9-4695130	0-5304870	9-9819050	75	75	9-4628241	9-4819392	0-5180608	9-9808849	25
26	9-4516493	9-4697645	0-5302355	9-9818848	74	76	9-4630489	9-4821848	0-5178152	9-9808642	24
27	9-4518806	9-4700158	0-5299842	9-9818647	73	77	9-4632736	9-4824302	0-5175698	9-9808434	23
28	9-4521116	9-4702671	0-5297329	9-9818446	72	78	9-4634982	9-4826755	0-5173245	9-9808227	22
29	9-4523426	9-4705181	0-5294819	9-9818244	71	79	9-4637226	9-4829206	0-5170794	9-9808020	21
30	9-4525734	9-7707691	0-5292309	9-9818043	70	80	9-4639470	9-4831657	0-5168343	9-9807812	20
31	9-4528041	9-4710200	0-5289800	9-9817841	69	81	9-4641712	9-4834107	0-5165893	9-9807605	19
32	9-4530346	9-4712707	0-5287293	9-9817639	68	82	9-4643952	9-4836555	0-5163445	9-9807397	18
33	9-4532650	9-4715213	0-5284787	9-9817437	67	83	9-4646192	9-4839002	0-5160998	9-9807189	17
34	9-4534953	9-4717718	0-5282282	9-9817235	66	84	9-4648430	9-4841448	0-5158552	9-9806981	16
35	9-4537255	9-4720222	0-5279778	9-9817033	65	85	9-4650666	9-4843893	0-5156107	9-9806775	15
36	9-4539555	9-4722724	0-5277276	9-9816830	64	86	9-4652902	9-4846337	0-5153663	9-9806565	14
37	9-4541854	9-4725226	0-5274774	9-9816628	63	87	9-4655136	9-4848779	0-5151221	9-9806357	13
38	9-4544151	9-4727726	0-5272274	9-9816425	62	88	9-4657370	9-4851221	0-5148779	9-9806149	12
39	9-4546447	9-4730225	0-5269775	9-9816223	61	89	9-4659601	9-4853661	0-5146339	9-9805940	11
40	9-4548742	9-4732722	0-5267278	9-9816020	60	90	9-4661832	9-4856101	0-5143899	9-9805731	10
41	9-4551036	9-4735219	0-5264781	9-9815817	59	91	9-4664061	9-4858539	0-5141461	9-9805523	9
42	9-4553328	9-4737714	0-5262286	9-9815614	58	92	9-4666289	9-4860975	0-5139025	9-9805314	8
43	9-4555619	9-4740208	0-5259792	9-9815411	57	93	9-4668516	9-4863411	0-5136589	9-9805105	7
44	9-4557908	9-4742701	0-5257299	9-9815208	56	94	9-4670742	9-4865846	0-5134154	9-9804896	6
45	9-4560197	9-4745192	0-5254808	9-9815004	55	95	9-4672966	9-4868279	0-5131721	9-9804686	5
46	9-4562484	9-4747683	0-5252317	9-9814801	54	96	9-4675189	9-4870712	0-5129288	9-9804477	4
47	9-4564769	9-4750172	0-5249828	9-9814597	53	97	9-4677411	9-4873143	0-5126857	9-9804268	3
48	9-4567054	9-4752660	0-5247340	9-9814393	52	98	9-4679631	9-4875573	0-5124427	9-9804058	2
49	9-4569337	9-4755147	0-5244853	9-9814190	51	99	9-4681851	9-4878002	0-5121998	9-9803848	1
50	9-4571618	9-4757633	0-5242367	9-9813986	50	100	9-4684069	9-4880430	0-5119570	9-9803639	0
	COSINUS.	COTANG.	TANGENT.	SINUS.	Minutes.	Minutes.	COSINUS.	COTANG.	TANGENT.	SINUS.	Minutes.

Minutes.	SINUS.	TANGENT.	COTANG.	COSINUS.	Minutes.	Minutes.	SINUS.	TANGENT.	COTANG.	COSINUS.
0	9-4684069	9-4880430	0-5119570	9-9803659	100	50	9-4793420	9-5000422	0-4999578	9-9792998
1	9-4686286	9-4882857	0-5117143	9-9803429	99	51	9-4795576	9-5002794	0-4997206	9-9792782
2	9-4688501	9-4885283	0-5114717	9-9803219	98	52	9-4797732	9-5005165	0-4994835	9-9792567
3	9-4690716	9-4887707	0-5112293	9-9803008	97	53	9-4799886	9-5007535	0-4992465	9-9792350
4	9-4692929	9-4890131	0-5109869	9-9802798	96	54	9-4802039	9-5009904	0-4990096	9-9792134
5	9-4695141	9-4892553	0-5107447	9-9802588	95	55	9-4804191	9-5012272	0-4987728	9-9791918
6	9-4697352	9-4894974	0-5105026	9-9802377	94	56	9-4806341	9-5014639	0-4985361	9-9791702
7	9-4699561	9-4897394	0-5102606	9-9802167	93	57	9-4808491	9-5017005	0-4982995	9-9791485
8	9-4701769	9-4899813	0-5100187	9-9801956	92	58	9-4810639	9-5019370	0-4980630	9-9791268
9	9-4703976	9-4902231	0-5097769	9-9801745	91	59	9-4812786	9-5021734	0-4978266	9-9791052
10	9-4706182	9-4904648	0-5095352	9-9801534	90	60	9-4814932	9-5024097	0-4975903	9-9790835
11	9-4708387	9-4907064	0-5092936	9-9801323	89	61	9-4817077	9-5026459	0-4973541	9-0790618
12	9-4710590	9-4909478	0-5090522	9-9801112	88	62	9-4819220	9-5028819	0-4971181	9-9790401
13	9-4712792	9-4911892	0-5088108	9-9800900	87	63	9-1821363	9-5031179	0-4968821	9-9790184
14	9-4714993	9-4914304	0-5085696	9-9800689	86	64	9-4823504	9-5033538	0-4966462	9-9789966
15	9-4717193	9-4916715	0-5083285	9-9800477	85	65	9-4825644	9-5035895	0-4964105	9-9789749
16	9-4719391	9-4919125	0-5080875	9-9800266	84	66	9-4827783	9-5038252	0-4961748	9-9789531
17	9-4721588	9-4921534	0-5078466	9-9800054	83	67	9-1829921	9-5040607	0-4959393	9-9789313
18	9-4723784	9-4923942	0-5076058	9-9799842	82	68	9-4832057	9-5042962	0-4957038	9-9789096
19	9-4725979	9-4926349	0-5073651	9-9799630	81	69	9-4834193	9-5045315	0-4954685	9-9788878
20	9-4728172	9-4928755	0-5071245	9-9799418	80	70	9-4836327	9-5047667	0-4952333	9-9788660
21	9-4730365	9-4931159	0-5068841	9-9799205	79	71	9-4838460	9-5050018	0-4949982	9-9788442
22	9-4732556	9-4933563	0-5066437	9-9798993	78	72	9-4840592	9-5052369	0-4947631	9-9788223
23	9-4734746	9-4935965	0-5064035	9-9798781	77	73	9-4842723	9-5054718	0-4945282	9-9788005
24	9-4736935	9-4938367	0-5061633	9-9798568	76	74	9-4844853	9-5057066	0-4942934	9-9787786
25	9-4739122	9-4940767	0-5059233	9-9798355	75	75	9-4846981	9-5059413	0-4940587	9-9787568
26	9-4741308	9-4943166	0-5056834	9-9798142	74	76	9-4849109	9-5061760	0-4938240	9-9787349
27	9-4743493	9-4945564	0-5054436	9-9797929	73	77	9-4851235	9-5064105	0-4935895	9-9787130
28	9-4745677	9-4947961	0-5052039	9-9797716	72	78	9-4853360	9-5066449	0-4933551	9-9786911
29	9-4747860	9-4950357	0-5049643	9-9797503	71	79	9-4855484	9-5068792	0-4931208	9-9786692
30	9-4750041	9-4952752	0-5047248	9-9797290	70	80	9-4857606	9-5071134	0-4928866	9-9786473
31	9-4752222	9-4955146	0-5044854	9-9797076	69	81	9-4859728	9-5073475	0-4926525	9-9786253
32	9-4754401	9-4957538	0-5042462	9-9796863	68	82	9-4861849	9-5075815	0-4924185	9-9786034
33	9-4756579	9-4959930	0-5040070	9-9796649	67	83	9-4863968	9-5078154	0-4921846	9-9785814
34	9-4758755	9-4962320	0-5037680	9-9796435	66	84	9-4866086	9-5080492	0-4919508	9-9785595
35	9-4760931	9-4964710	0-5035290	9-9796221	65	85	9-4868203	9-5082829	0-4917171	9-9785375
36	9-4763105	9-4967098	0-5032902	9-9796007	64	86	9-4870319	9-5085164	0-4914836	9-9785155
37	9-4765278	9-4969485	0-5030515	9-9795793	63	87	9-4872434	9-5087499	0-4912501	9-9784935
38	9-4767450	9-4971871	0-5028129	9-9795579	62	88	9-4874548	9-5089833	0-4910167	9-9784715
39	9-4769621	9-4974256	0-5025744	9-9795364	61	89	9-4876660	9-5092166	0-4907834	9-9784494
40	9-4771790	9-4976640	0-5023360	9-9795150	60	90	9-4848772	9-5094498	0-4905502	9-9784274
41	9-4773959	9-4979023	0-5020977	9-9794935	59	91	9-4880882	9-5096829	0-4903171	9-9784053
42	9-4776126	9-4981405	0-5018595	9-9794720	58	92	9-4882991	9-5099158	0-4900842	9-9783833
43	9-4778292	9-4983786	0-5016214	9-9794506	57	93	9-4885099	9-5101487	0-4898513	9-9783612
44	9-4780456	9-4986166	0-5013834	9-9794291	56	94	9-4887206	9-5103815	0-4896185	9-9783391
45	9-4782620	9-4988544	0-5011456	9-9794076	55	95	9-4889312	9-5106142	0-4893858	9-9783170
46	9-4784782	9-4990922	0-5009078	9-9793860	54	96	9-4891416	9-5108467	0-4891533	9-9782949
47	9-4786943	9-4993298	0-5006702	9-9793645	53	97	9-4893520	9-5110792	0-4889208	9-9782728
48	9-4789103	9-4995674	0-5004326	9-9793430	52	98	9-4895622	9-5113116	0-4886884	9-9782506
49	9-4791262	9-4998048	0-5001952	9-9793214	51	99	9-4897724	9-5115439	0-4884561	9-9782285
50	9-4793420	9-5000422	0-4999578	9-9792998	50	100	9-4899824	9-5117760	0-4882240	9-9782063
Minutes.	COSINUS.	COTANG.	TANGENT.	SINUS.	Minutes.	Minutes.	COSINUS.	COTANG.	TANGENT.	SINUS.

80 GRADES.

Minutes.	SINUS.	TANGENT.	COTANG.	COSINUS.	Minutes.	Minutes.	SINUS.	TANGENT.	COTANG.	COSINUS.	Minutes.
0	9-4899824	9-5117760	0-4882240	9-9782063	100	50	9-5003421	9-5232589	0-4767411	9-9770832	50
1	9-4901923	9-5120081	0-4879919	9-9781842	99	51	9-5005465	9-5234861	0-4765139	9-9770604	49
2	9-4904021	9-5122401	0-4877599	9-9781620	98	52	9-5007509	9-5237132	0-4762868	9-9770377	48
3	9-4906117	9-5124719	0-4875281	9-9781398	97	53	9-5009551	9-5239402	0-4760598	9-9770149	47
4	9-4908213	9-5127037	0-4872963	9-9781176	96	54	9-5011592	9-5241671	0-4758329	9-9769921	46
5	9-4910307	9-5129354	0-4870646	9-9780953	95	55	9-5013632	9-5243939	0-4756061	9-9769693	45
6	9-4912401	9-5131670	0-4868330	9-9780731	94	56	9-5015671	9-5246206	0-4753794	9-9769464	44
7	9-4914493	9-5133984	0-4866016	9-9780509	93	57	9-5017708	9-5248472	0-4751528	9-9769236	43
8	9-4916584	9-5136298	0-4863702	9-9780286	92	58	9-5019745	9-5250738	0-4749262	9-9769008	42
9	9-4918674	9-5138611	0-4861349	9-9780064	91	59	9-5021781	9-5253002	0-4746998	9-9768779	41
10	9-4920763	9-5140923	0-4859077	9-9779841	90	60	9-5023816	9-5255265	0-4744735	9-9768550	40
11	9-4922851	9-5143233	0-4856767	9-9779618	89	61	9-5025849	9-5257528	0-4742472	9-9768321	39
12	9-4924938	9-5145543	0-4854457	9-9779395	88	62	9-5027882	9-5259789	0-4740211	9-9768092	38
13	9-4927023	9-5147852	0-4852148	9-9779172	87	63	9-5029913	9-5262050	0-4737950	9-9767863	37
14	9-4929108	9-5150159	0-4849841	9-9778948	86	64	9-5031944	9-5264309	0-4735691	9-9767634	36
15	9-4931191	9-5152466	0-4847534	9-9778725	85	65	9-5033973	9-5266568	0-4733432	9-9767405	35
16	9-4933274	9-5154772	0-4845228	9-9778502	84	66	9-5036001	9-5268826	0-4731174	9-9767175	34
17	9-4935355	9-5157077	0-4842923	9-9778278	83	67	9-5038028	9-5271083	0-4728917	9-9766946	33
18	9-4937435	9-5159381	0-4840619	9-9778054	82	68	9-5040055	9-5273339	0-4726661	9-9766716	32
19	9-4939514	9-5161684	0-4838316	9-9777830	81	69	9-5042080	9-5275594	0-4724406	9-9766486	31
20	9-4941592	9-5163985	0-4836015	9-9777606	80	70	9-5044104	9-5277848	0-4722152	9-9766256	30
21	9-4943669	9-5166286	0-4833714	9-9777382	79	71	9-5046127	9-5280101	0-4719899	9-9766026	29
22	9-4945744	9-5168586	0-4831414	9-9777158	78	72	9-5048149	9-5282353	0-4717647	9-9765796	28
23	9-4947819	9-5170885	0-4829115	9-9776934	77	73	9-5050170	9-5284604	0-4715396	9-9765566	27
24	9-4949892	9-5173183	0-4826817	9-9776709	76	74	9-5052190	9-5286854	0-4713146	9-9765335	26
25	9-4951965	9-5175480	0-4824520	9-9776485	75	75	9-5054209	9-5289104	0-4710896	9-9765105	25
26	9-4954036	9-5177776	0-4822224	9-9776260	74	76	9-5056227	9-5291352	0-4708648	9-9764874	24
27	9-4956106	9-5180071	0-4819929	9-9776035	73	77	9-5058245	9-5293600	0-4706400	9-9764644	23
28	9-4958175	9-5182365	0-4817635	9-9775810	72	78	9-5060259	9-5295846	0-4704154	9-9764413	22
29	9-4960243	9-5184658	0-4815342	9-9775585	71	79	9-5062274	9-5298092	0-4701908	9-9764182	21
30	9-4962310	9-5186950	0-4813050	9-9775360	70	80	9-5064287	9-5300335	0-4699665	9-9763951	20
31	9-4964376	9-5189241	0-4810759	9-9775135	69	81	9-5066300	9-5302581	0-4697419	9-9763719	19
32	9-4966441	9-5191531	0-4808469	9-9774910	68	82	9-5068312	9-5304823	0-4695177	9-9763488	18
33	9-4968505	9-5193820	0-4806180	9-9774684	67	83	9-5070322	9-5307065	0-4692935	9-9763257	17
34	9-4970567	9-5196109	0-4803891	9-9774458	66	84	9-5072332	9-5309307	0-4690693	9-9763025	16
35	9-4972629	9-5198396	0-4801604	9-9774233	65	85	9-5074340	9-5311547	0-4688453	9-9762793	15
36	9-4974689	9-5200682	0-4799318	9-9774007	64	86	9-5076347	9-5313786	0-4686214	9-9762561	14
37	9-4976748	9-5202968	0-4797032	9-9773781	63	87	9-5078354	9-5316024	0-4683976	9-9762329	13
38	9-4978806	9-5205252	0-4794748	9-9773555	62	88	9-5080359	9-5318262	0-4681738	9-9762097	12
39	9-4980864	9-5207535	0-4792465	9-9773328	61	89	9-5082363	9-5320498	0-4679502	9-9761865	11
40	9-4982920	9-5209818	0-4790182	9-9773102	60	90	9-5084367	9-5322734	0-4677266	9-9761633	10
41	9-4984975	9-5212099	0-4787901	9-9772876	59	91	9-5086369	9-5324968	0-4675032	9-9761400	9
42	9-4987029	9-5214380	0-4785620	9-9772649	58	92	9-5088370	9-5327202	0-4672798	9-9761168	8
43	9-4989081	9-5216659	0-4783341	9-9772422	57	93	9-5090370	9-5329435	0-4670565	9-9760935	7
44	9-4991133	9-5218938	0-4781062	9-9772196	56	94	9-5092370	9-5331667	0-4668333	9-9760702	6
45	9-4993184	9-5221215	0-4778785	9-9771969	55	95	9-5094368	9-5333898	0-4666102	9-9760470	5
46	9-4995233	9-5223492	0-4776508	9-9771742	54	96	9-5096365	9-5336128	0-4663872	9-9760237	4
47	9-4997282	9-5225768	0-4774232	9-9771514	53	97	9-5098361	9-5338357	0-4661643	9-9760005	3
48	9-4999329	9-5228042	0-4771958	9-9771287	52	98	9-5100356	9-5340586	0-4659414	9-9759770	2
49	9-5001376	9-5230316	0-4769684	9-9771060	51	99	9-5102350	9-5342813	0-4657187	9-9759537	1
50	9-5003421	9-5232589	0-4767411	9-9770832	50	100	9-5104343	9-5345040	0-4654960	9-9759303	0
	COSINUS.	COTANG.	TANGENT.	SINUS.	Minutes.	Minutes.	COSINUS.	COTANG.	TANGENT.	SINUS.	Minutes.

Minutes.	SINUS.	TANGENT.	COTANG.	COSINUS.	Minutes.	Minutes.	SINUS.	TANGENT.	COTANG.	COSINUS.	Minutes.
0	9-5104545	9-5345040	0-4654960	9-9759505	100	50	9-5202711	9-5455256	0-4544764	9-9747475	50
1	9-5106555	9-5347265	0-4652735	9-9759070	99	51	9-5204655	9-5457418	0-4542582	9-9747255	49
2	9-5108526	9-5349490	0-4650510	9-9758836	98	52	9-5206594	9-5459598	0-4540402	9-9746996	48
3	9-5110516	9-5351714	0-4648286	9-9758602	97	53	9-5208554	9-5461779	0-4538221	9-9746756	47
4	9-5112505	9-5353937	0-4646063	9-9758368	96	54	9-5210474	9-5463958	0-4536042	9-9746516	46
5	9-5114293	9-5356159	0-4643841	9-9758134	95	55	9-5212412	9-5466136	0-4533864	9-9746276	45
6	9-5116280	9-5358380	0-4641620	9-9757900	94	56	9-5214349	9-5468315	0-4531687	9-9746035	44
7	9-5118166	9-5360600	0-4639400	9-9757665	93	57	9-5216285	9-5470490	0-4529510	9-9745795	43
8	9-5120250	9-5362820	0-4637180	9-9757431	92	58	9-5218221	9-5472666	0-4527334	9-9745555	42
9	9-5122234	9-5365038	0-4634962	9-9757196	91	59	9-5220155	9-5474841	0-4525159	9-9745314	41
10	9-5124217	9-5367256	0-4632744	9-9756962	90	60	9-5222088	9-5477015	0-4522985	9-9745075	40
11	9-5126199	9-5369472	0-4630528	9-9756727	89	61	9-5224021	9-5479188	0-4520812	9-9744835	39
12	9-5128180	9-5371688	0-4628312	9-9756492	88	62	9-5225952	9-5481360	0-4518640	9-9744592	38
13	9-5130160	9-5373905	0-4626097	9-9756257	87	63	9-5227882	9-5483532	0-4516468	9-9744350	37
14	9-5132138	9-5376117	0-4623883	9-9756022	86	64	9-5229812	9-5485705	0-4514297	9-9744109	36
15	9-5134116	9-5378330	0-4621670	9-9755786	85	65	9-5231740	9-5487872	0-4512128	9-9743868	35
16	9-5136095	9-5380542	0-4619458	9-9755551	84	66	9-5233668	9-5490041	0-4509958	9-9743627	34
17	9-5138069	9-5382754	0-4617246	9-9755315	83	67	9-5235595	9-5492210	0-4507790	9-9743385	33
18	9-5140044	9-5384964	0-4615036	9-9755080	82	68	9-5237520	9-5494377	0-4505625	9-9743143	32
19	9-5142017	9-5387174	0-4612826	9-9754844	81	69	9-5239445	9-5496543	0-4503457	9-9742902	31
20	9-5173990	9-5389382	0-4610618	9-9754608	80	70	9-5241369	9-5498709	0-4501291	9-9742660	30
21	9-5145962	9-5391590	0-4608410	9-9754372	79	71	9-5243291	9-5500874	0-4499126	9-9742418	29
22	9-5147933	9-5393797	0-4606203	9-9754136	78	72	9-5245213	9-5503038	0-4496962	9-9742175	28
23	9-5149902	9-5396003	0-4603997	9-9753900	77	73	9-5247134	9-5505201	0-4494799	9-9741933	27
24	9-5151871	9-5398208	0-4601792	9-9753663	76	74	9-5249054	9-5507363	0-4492637	9-9741691	26
25	9-5153859	9-5400412	0-4599588	9-9753427	75	75	9-5250973	9-5509525	0-4490475	9-9741448	25
26	9-5155806	9-5402616	0-4597384	9-9753190	74	76	9-5252891	9-5511685	0-4488315	9-9741206	24
27	9-5157772	9-5404818	0-4595182	9-9752953	73	77	6-5254808	9-5513845	0-4486155	9-9740963	23
28	9-5159736	9-5407020	0-4592980	9-9752716	72	78	9-5256724	9-5516004	0-4483996	9-9740720	22
29	9-5161700	9-5409221	0-4590779	9-9752479	71	79	9-5258639	9-5518162	0-4481838	9-9740477	21
30	9-5163665	9-5411420	0-4588580	9-9752242	70	80	9-5260553	9-5520319	0-4479681	9-9740234	[illegible]
31	9-5165625	9-5413619	0-4586381	9-9752005	69	81	9-5262464	9-5522476	0-4477524	9-9739991	[illegible]
32	9-5167585	9-5415818	0-4584182	9-9751768	68	82	9-5264379	9-5524632	0-4475368	9-9739747	[illegible]
33	9-5169545	9-5418015	0-4581985	9-9751530	67	83	9-5266290	9-5526786	0-4473214	9-9739504	[illegible]
34	9-5171504	9-5420211	0-4579789	9-9751293	66	84	9-5268200	9-5528940	0-4471060	9-9739260	[illegible]
35	2-5173462	9-5422407	0-4577593	9-9751055	65	85	9-5270110	9-5531093	0-4468907	9-9739016	[illegible]
36	9-5175419	9-5424602	0-4575398	9-9750817	64	86	9-5272018	9-5533246	0-4466754	9-9738775	[illegible]
37	9-5177375	9-5426795	0-4573205	9-9750579	63	87	9-5273926	9-5535397	0-4464605	9-9738529	[illegible]
38	9-5179321	9-5428988	0-4571012	9-9750341	62	88	9-5275832	9-5537548	0-4462452	9-9738284	[illegible]
39	9-5181283	9-5431180	0-4568820	9-9750103	61	89	9-5277738	9-5539698	0-4460302	9-9738040	[illegible]
40	9-5183236	9-5433571	0-4566629	9-9749865	60	90	9-5279643	9-5541847	0-4458153	9-9737796	[illegible]
41	9-5185188	9-5435562	0-4564438	9-9749626	59	91	9-5281547	9-5543995	0-4456005	9-9737551	[illegible]
42	9-5187139	9-5437751	0-4562249	9-9749388	58	92	9-5283449	9-5546143	0-4453857	9-9737307	[illegible]
43	9-5189089	9-5439940	0-4560060	9-9749149	57	93	9-5285351	9-5548289	0-4451711	9-9737062	[illegible]
44	9-5191038	9-5442128	0-4557872	9-9748910	56	94	9-5287252	9-5550435	0-4449565	9-9736817	[illegible]
45	9-5192986	9-5444314	0-4555686	9-9748671	55	95	9-5289152	9-5552580	0-4447420	9-9736512	[illegible]
46	9-5194933	9-5446500	0-4553500	9-9748432	54	96	9-5291051	9-5554724	0-4445276	9-9736327	[illegible]
47	9-5196879	9-5448686	0-4551314	9-9748193	53	97	9-5292949	9-5556867	0-4443133	9-9736082	[illegible]
48	9-5198824	9-5450870	0-4549130	9-9747954	52	98	9-5294847	9-5559010	0-4440990	9-9735837	[illegible]
49	9-5200768	9-5453035	0-4546947	9-9747715	51	99	9-5296743	9-5561151	0-4438849	9-9735591	[illegible]
50	9-5202711	9-5455236	0-4544764	9-9747475	50	100	9-5298638	9-5563292	0-4436708	9-9735546	[illegible]
Minutes.	COSINUS.	COTANG.	TANGENT.	SINUS.	Minutes.	Minutes.	COSINUS.	COTANG.	TANGENT.	SINUS.	Minutes.

Minutes.	SINUS.	TANGENT.	COTANG.	COSINUS.	Minutes.
0	9-5298638	9-5563292	0-4436708	9-9735346	100
1	9-5300533	9-5565432	0-4434568	9-9735100	99
2	9-5302426	9-5567572	0-4432428	9-9734854	98
3	9-5304319	9-5569710	0-4430290	9-9734609	97
4	9-5306210	9-5571848	0-4428152	9-9734363	96
5	9-5308101	9-5573984	0-4426016	9-9734116	95
6	9-5309990	9-5576120	0-4423880	9-9733870	94
7	9-5311879	9-5578255	0-4421745	9-9733624	93
8	9-5313767	9-5580390	0-4419610	9-9733377	92
9	9-5315654	9-5582524	0-4417476	9-9733131	91
10	9-5317540	9-5584656	0-4415344	9-9732884	90
11	9-5319425	9-5586788	0-4413212	9-9732637	89
12	9-5321309	9-5588919	0-4411081	9-9732390	88
13	9-5323193	9-5591050	0-4408950	9-9732143	87
14	9-5325075	9-5593180	0-4406820	9-9731896	86
15	9-5326956	9-5595308	0-4404692	9-9731648	85
16	9-5328837	9-5597436	0-4402564	9-9731401	84
17	9-5330716	9-5599563	0-4400437	9-9731153	83
18	9-5332595	9-5601689	0-4398311	9-9730905	82
19	9-5334473	9-5603815	0-4396185	9-9730658	81
20	9-5336349	9-5605940	0-4394060	9-9730410	80
21	9-5338225	9-5608064	0-4391936	9-9730162	79
22	9-5340100	9-5610187	0-4389813	9-9729913	78
23	9-5341974	9-5612309	0-4387691	9-9729665	77
24	9-5343847	9-5614431	0-4385569	9-9729417	76
25	9-5345720	9-5616552	0-4383448	9-9729168	75
26	9-5347591	9-5618672	0-4381328	9-9728919	74
27	9-5349461	9-5620791	0-4379209	9-9728670	73
28	9-5351331	9-5622909	0-4377091	9-9728422	72
29	9-5353199	9-5625027	0-4374973	9-9728172	71
30	9-5355067	9-5627144	0-4372856	9-9727923	70
31	9-5356934	9-5629260	0-4370740	9-9727674	69
32	9-5358800	9-5631375	0-4368625	9-9727425	68
33	9-5360665	9-5633489	0-4366511	9-9727175	67
34	9-5362529	9-5635603	0-4364397	9-9726925	66
35	9-5364392	9-5637716	0-4362284	9-9726676	65
36	9-5366254	9-5639828	0-4360172	9-9726426	64
37	9-5368115	9-5641940	0-4358060	9-9726176	63
38	9-5369976	9-5644050	0-4355950	9-9725925	62
39	9-5371835	9-5646160	0-4353840	9-9725675	61
40	9-5373694	9-5648269	0-4351731	9-9725425	60
41	9-5375551	9-5650377	0-4349623	9-9725174	59
42	9-5377408	9-5652484	0-4347516	9-9724924	58
43	9-5379264	9-5654591	0-4345409	9-9724673	57
44	9-5381119	9-5656697	0-4343303	9-9724422	56
45	9-5382973	9-5658802	0-4341198	9-9724171	55
46	9-5384826	9-5660906	0-4339094	9-9723920	54
47	9-5386679	9-5663010	0-4336990	9-9723669	53
48	9-5388530	9-5665113	0-4334887	9-9723417	52
49	9-5390380	9-5667215	0-4332785	9-9723166	51
50	9-5392230	9-5669316	0-4330684	9-9722914	50
Minutes.	COSINUS.	COTANG.	TANGENT.	SINUS.	Minutes.

Minutes.	SINUS.	TANGENT.	COTANG.	COSINUS.	Minutes.
50	9-5392230	9-5669316	0-4330684	9-9722914	50
51	9-5394079	9-5671416	0-4328584	9-9722662	49
52	9-5395927	9-5673516	0-4326484	9-9722411	48
53	9-5397773	9-5675615	0-4324385	9-9722159	47
54	9-5399619	9-5677713	0-4322287	9-9721907	46
55	9-5401465	9-5679810	0-4320190	9-9721654	45
56	9-5403309	9-5681907	0-4318093	9-9721402	44
57	9-5405152	9-5684003	0-4315997	9-9721149	43
58	9-5406995	9-5686098	0-4313902	9-9720897	42
59	9-5408836	9-5688192	0-4311808	9-9720644	41
60	9-5410677	9-5690286	0-4309714	9-9720391	40
61	9-5412517	9-5692378	0-4307622	9-9720138	39
62	9-5414356	9-5694470	0-4305530	9-9719885	38
63	9-5416194	9-5696561	0-4303439	9-9719632	37
64	9-5418031	9-5698652	0-4301348	9-9719379	36
65	9-5419867	9-5700742	0-4299258	9-9719125	35
66	9-5421702	9-5702831	0-4297169	9-9718872	34
67	9-5423537	9-5704919	0-4295081	9-9718618	33
68	9-5425371	9-5707006	0-4292994	9-9718364	32
69	9-5427203	9-5709093	0-4290907	9-9718110	31
70	9-5429035	9-5711179	0-4288821	9-9717856	30
71	9-5430866	9-5713264	0-4286736	9-9717602	29
72	9-5432696	9-5715348	0-4284652	9-9717348	28
73	9-5434525	9-5717432	0-4282568	9-9717093	27
74	9-5436354	9-5719515	0-4280485	9-9716839	26
75	9-5438181	9-5721597	0-4278403	9-9716584	25
76	9-5440008	9-5723678	0-4276322	9-9716330	24
77	9-5441834	9-5725759	0-4274241	9-9716075	23
78	9-5443658	9-5727839	0-4272161	9-9715820	22
79	9-5445482	9-5729918	0-4270082	9-9715564	21
80	9-5447305	9-5731996	0-4268004	9-9715309	20
81	9-5449128	9-5734074	0-4265926	9-9715054	19
82	9-5450949	9-5736151	0-4263849	9-9714798	18
83	9-5452770	9-5738227	0-4261773	9-9714543	17
84	9-5454589	9-5740302	0-4259698	9-9714287	16
85	9-5456408	9-5742377	0-4257623	9-9714031	15
86	9-5458226	9-5744451	0-4255549	9-9713775	14
87	9-5460043	9-5746524	0-4253476	9-9713519	13
88	9-5461859	9-5748596	0-4251404	9-9713263	12
89	9-5463674	9-5750668	0-4249332	9-9713006	11
90	9-5465489	9-5752739	0-4247261	9-9712750	10
91	9-5467302	9-5754809	0-4245191	9-9712493	9
92	9-5469115	9-5756878	0-4243122	9-9712236	8
93	9-5470927	9-5758947	0-4241053	9-9711980	7
94	9-5472738	9-5761015	0-4238985	9-9711723	6
95	9-5474548	9-5763082	0-4236918	9-9711465	5
96	9-5476357	9-5765149	0-4234851	9-9711208	4
97	9-5478165	9-5767214	0-4232786	9-9710951	3
98	9-5479973	9-5769279	0-4230721	9-9710693	2
99	9-5481779	9-5771344	0-4228656	9-9710436	1
100	9-5483585	9-5773407	0-4226593	9-9710178	0
Minutes.	COSINUS.	COTANG.	TANGENT.	SINUS.	Minutes.

Minutes.	SINUS.	TANGENT.	COTANG.	COSINUS.	Minutes.	Minutes.	SINUS.	TANGENT.	COTANG.	COSINUS.
0	9-5483585	9-5773407	0-4226593	9-9710178	100	50	9-5572796	9-5875660	0-4124340	9-9697136
1	9-5485390	9-5775470	0-4224530	9-9709920	99	51	9-5574559	9-5877687	0-4122313	9-9696872
2	9-5487194	9-5777532	0-4222468	9-9709662	98	52	9-5576321	9-5879713	0-4120287	9-9696608
3	9-5488997	9-5779593	0-4220407	9-9709404	97	53	9-5578082	9-5881738	0-4118262	9-9696344
4	9-5490800	9-5781654	0-4218346	9-9709146	96	54	9-5579842	9-5883763	0-4116237	9-9696079
5	9-5492601	9-5783714	0-4216286	9-9708888	95	55	9-5581602	9-5885787	0-4114213	9-9695815
6	9-5494402	9-5785773	0-4214227	9-9708629	94	56	9-5583361	9-5887811	0-4112189	9-9695550
7	9-5496202	9-5787831	0-4212169	9-9708371	93	57	9-5585119	9-5889834	0-4110166	9-9695285
8	9-5498001	9-5789889	0-4210111	9-9708112	92	58	9-5586876	9-5891856	0-4108144	9-9695021
9	9-5499799	9-5791946	0-4208054	9-9707853	91	59	9-5588632	9-5893877	0-4106123	9-9694756
10	9-5501596	9-5794002	0-4205998	9-9707594	90	60	9-5590388	9-5895898	0-4104102	9-9694490
11	9-5503392	9-5796057	0-4203943	9-9707335	89	61	9 5592143	9-5897917	0-4102083	9-9694225
12	9-5505188	9-5798112	0-4201888	9-9707076	88	62	9-5593897	9-5899937	0-4100063	9-9693960
13	9-5506983	9-5800166	0-4199834	9-9706817	87	63	9-5595650	9-5901955	0-4098045	9-9693694
14	9-5508776	9-5802219	0-4197781	9-9706557	86	64	9-5597402	9-5903973	0-4096027	9-9693429
15	9-5510569	9-5804272	0-4195728	9-9706298	85	65	9-5599154	9-5905990	0-4094010	9-9693163
16	9-5512362	9-5806324	0-4193676	9-9706038	84	66	9-5600904	9-5908007	0-4091993	9-9692897
17	9-5514153	9-5808575	0-4191625	9-9705778	83	67	9-5602654	9-5910023	0-4089977	9-9692631
18	9-5515945	9-5810425	0-4189575	9-9705518	82	68	9-5604405	9-5912038	0-4087962	9-9692365
19	9-5517735	9-5812475	0-4187525	9-9705258	81	69	9 5606151	9-5914052	0-4085948	9-9692099
20	9-5519522	9-5814524	0-4185476	9-9704998	80	70	9-5607899	9-5916066	0-4083934	9-9691833
21	9-5521310	9-5816572	0-4183428	9-9704738	79	71	9-5609645	9-5918079	0-4081921	9-9691566
22	9-5523097	9 5818619	0-4181381	9-9704477	78	72	9-5611391	9-5920091	0-4079909	9-9691300
23	9-5524883	9-5820666	0-4179334	9-9704217	77	73	9-5613136	9-5922103	0-4077897	9-9691033
24	9-5526668	9-5822712	0-4177288	9-9703956	76	74	9-5614880	9-5924114	0-4075886	9-9690766
25	9-5528453	9-5824758	0-4175242	9-9703695	75	75	9-5616624	9-5926124	0-4073876	9-9690499
26	9-5530237	9-5826802	0-4173198	9-9703434	74	76	9-5618366	9-5928134	0-4071866	9-9690232
27	9-5532019	9-5828846	0-4171154	9-9703173	73	77	9-5620108	9-5930143	0-4069857	9-9689965
28	9-5533802	9-5830889	0-4169111	9-9702912	72	78	9-5621849	9-5932151	0-4067849	9-9689698
29	9-5535583	9-5832932	0-4167068	9-9702651	71	79	9-5623589	9-5934159	0-4065841	9-9689430
30	9-5537363	9-5834974	0-4165026	9-9702390	70	80	9-5625329	9-5936166	0-4063834	9-9689163
31	9-5539143	9-5837015	0-4162985	9-9702128	69	81	9-5627067	9-5938172	0-4061828	9-9688895
32	9-5540921	9-5839055	0-4160945	9-9701866	68	82	9-5628805	9-5940178	0-4059822	9-9688627
33	9-5542699	9-5841094	0-4158906	9-9701605	67	83	9-5630542	9-5942182	0-4057818	9-9688359
34	9-5544476	9-5843133	0-4156867	9-9701343	66	84	9-5632278	9-5944187	0-4055813	9-9688091
35	9-5546252	9-5845172	0-4154828	9-9701081	65	85	9-5634015	9-5946190	0-4053810	9-9687823
36	9-5548028	9-5847209	0-4152791	9-9700819	64	86	9-5635748	9-5948193	0-4051807	9-9687555
37	9-5549802	9-5849246	0-4150754	9-9700556	63	87	9-5637482	9-5950195	0-4049805	9-9687286
38	9-5551576	9-5851282	0-4148718	9-9700294	62	88	9-5639215	9-5952197	0-4047803	9-9687018
39	9-5553349	9-5853317	0-4146683	9-9700031	61	89	9-5640947	9-5954198	0-4045802	9-9686749
40	9-5555121	9-5855352	0-4144648	9-9699769	60	90	9-5642678	9-5956198	0-4043802	9-9686480
41	9-5556892	9-5857386	0-4142614	9-9699506	59	91	9-5644409	9-5958197	0-4041803	9-9686211
42	9-5558662	9-5859419	0-4140581	9-9699243	58	92	9-5646138	9-5960196	0-4039804	9-9685942
43	9-5560432	9-5861452	0-4138548	9-9698980	57	93	9-5647867	9-5962194	0-4037806	9-9685673
44	9-5562201	9-5863483	0-4136517	9-9698717	56	94	9-5649596	9-5964192	0-4035808	9-9685404
45	9-5563969	9-5865515	0-4134485	9-9698454	55	95	9-5651325	9-5966188	0-4033812	9-9685135
46	9-5565736	9-5867545	0-4132455	9-9698191	54	96	9-5653049	9-5968184	0-4031816	9-9684865
47	9-5567502	9 5869575	0-4130425	9-9697927	53	97	9-5654775	9-5970180	0-4029820	9-9684595
48	9-5569267	9-5871604	0-4128396	9-9697663	52	98	9-5656500	9-5972175	0-4027825	9-9684326
49	9-5571032	9-5873632	0-4126368	9-9697400	51	99	9-5658224	9-5974169	0-4025831	9-9684056
50	9-5572796	9-5875660	0-4124340	9-9697136	50	100	9-5659948	9-5976162	0-4023838	9-9683786
Minutes.	COSINUS.	COTANG.	TANGENT.	SINUS.	Minutes.	Minutes.	COSINUS.	COTANG.	TANGENT.	SINUS.

76 GRADES.

Minutes.	SINUS.	TANGENT.	COTANG.	COSINUS.	Minutes.	Minutes.	SINUS.	TANGENT.	COTANG.	COSINUS.	Minutes.
0	9-5659948	9-5976162	0-4023838	9-9685786	100	50	9-5743123	9-6074997	0-3925003	9-9670125	50
1	9-5661670	9-5978155	0-4021845	9-9685515	99	51	9-5746807	9-6076958	0-3923042	9-9669849	49
2	9-5663392	9-5980147	0-4019853	9-9683245	98	52	9-5748490	9-6078917	0-3921083	9-9669573	48
3	9-5665113	9-5982139	0-4017861	9-9682975	97	53	9-5750172	9-6080876	0-3919124	9-6969296	47
4	9-5666854	9-5984129	0-4015871	9-9682704	96	54	9-5751854	9-6082855	0-3917165	9-9669019	46
5	9-5668553	9-5986119	0-4013881	9-9682454	95	55	9-5753535	9-6084792	0-3915208	9-9668742	45
6	9-5670272	9-5988109	0-4011891	9-9682165	94	56	9-5755215	9-6086749	0-3913251	9-9668465	44
7	9-5671990	9-5990098	0-4009902	9-9681892	93	57	9-5756894	9-6088706	0-3911294	9-9668188	43
8	9-5673707	9-5992086	0-4007914	9-9681621	92	58	9-5758572	9-6090661	0-3909339	9-9667911	42
9	9-5675423	9-5994073	0-4005927	9-9681350	91	59	9-5760250	9-6092617	0-3907383	9-9667654	41
	9-5677139	9-5996060	0-4003940	9-9681078	90	60	9-5761927	9-6094571	0-3905429	9-9667356	40
	9-5678853	9-5998046	0-4001954	9-9680807	89	61	9-5763604	9-6096525	0-3903475	9-9667078	39
	9-5680567	9-6000032	0-3999968	9-9680535	88	62	9-5765279	9-6098478	0-3901522	9-9666801	38
	9-5682280	9-6002017	0-3997983	9-9680264	87	63	9-5766954	9-6100451	0-3899569	9-9666523	37
	9-5683993	9-6004001	0-3995999	9-9679992	86	64	9-5768628	9-6102383	0-3897617	9-9666245	36
	9-5685704	9-6005984	0-3994016	9-9679720	85	65	9-5770301	9-6104335	0-3895665	9-9665967	35
	9-5687415	9-6007967	0-3992033	9-9679448	84	66	9-5771974	9-6106285	0-3893715	9-9665688	34
	9-5689125	9-6009949	0-3990051	9-9679176	83	67	9-5773646	9-6108235	0-3891765	9-9665410	33
	9-5690835	9-6011931	0-3988069	9-9678904	82	68	9-57753[illegible]7	9-6110185	0-3889815	9-9665152	32
	9-5692543	9-6013912	0-3986088	9-9678631	81	69	9-5776987	9-6112134	0-3887866	9-9664853	31
	9-5694251	9-6015892	0-3984108	9-9678359	80	70	9-5778656	9-6114082	0-3885918	9-9664574	30
	9-5695958	9-6017871	0-3982129	9-9678086	79	71	9-5780325	9-6116030	0-3883970	9-9664295	29
	9-5697664	9-6019850	0-3980150	9-9677813	78	72	9-5781993	9-6117977	0-3882023	9-9664016	28
	9-5699369	9-6021829	0-3978171	9-9677541	77	73	9-5783660	9-6119923	0-3880077	9-9663737	27
	9-5701074	9-6023806	0-3976194	9-9677268	76	74	9-5785327	9-6121869	0-3878131	9-9663458	26
	9-5702778	9-6025783	0-3974217	9-9676994	75	75	9-5786993	9-6[illegible]23814	0-3876186	9-9663179	25
	9-5704481	9-6027759	0-3972241	9-9676721	74	76	9-5788658	9-6125759	0-3874241	9-9662899	24
	9-5706183	9-6029735	0-3970265	9-9676448	73	77	9-5790322	9-6127703	0-3872297	9-9662619	23
	9-57078[illegible]4	9-60317[illegible]0	0-3968290	9-9676174	72	78	9-5791986	9-6129646	0-3870354	9-9662340	22
	9-5709585	9-6033685	0-3966315	9-9675901	71	79	9-5793648	9-6[illegible]31589	0-3868411	9-9662060	21
	9-5711285	9-6035658	0-3964342	9-9675627	70	80	9-5795311	9-6133531	0-3866469	9-9661780	20
	9-5712984	9-6037631	0-3962369	9-9675353	69	81	9-5796972	9-6135472	0-3864528	9-9661500	19
	9-5714683	9-6039604	0-3960396	9-9675079	68	82	9-5798632	9-6137413	0-3862587	9-9661219	18
	9-5716380	9-6041576	0-3958424	9-9674805	67	83	9-5800292	9-6139353	0-3860647	9-9660939	17
	9-5718077	9-6043547	0-3956453	9-9674531	66	84	9-5801951	9-6141293	0-3858707	9-9660659	16
	9-5719775	9-6045517	0-3954483	9-9674256	65	85	9-5803610	9-6143232	0-3856768	9-9660378	15
	9-5721469	9-6047487	0-3952513	9-9673982	64	86	9-5805267	9-6145170	0-3854830	9-9660097	14
	9-5723165	9-6049436	0-3950344	9-9673707	63	87	9-5806924	9-6147108	0-3852892	9-9659816	13
	9-5724857	9-6051425	0-3948575	9-9673452	62	88	9-58085[illegible]0	9-6149045	0-3850955	9-9659535	12
	9-5726550	9-6053393	0-3946607	9-9673157	61	89	9-5810236	9-6150982	0-3849018	9-9659254	11
	9-5728242	9-6055360	0-3944640	9-9672882	60	90	9-5811890	9-6152917	0-3847083	9-9658973	10
	9-5729934	9-6057326	0-3942674	9-9672607	59	91	9-5813544	9-6151853	0-3845147	9-9658692	9
	9-5731625	9-6059293	0-3940707	9-9672332	58	92	9-5815198	9-6156787	0-3843213	9-96584[illegible]0	8
	9-5733314	9-6061258	0-3938742	9-9672057	57	93	9-5816850	9-6158722	0-3841278	9-9658128	7
	9-5735004	9-6063223	0-3936777	9-9671781	56	94	9-5818502	9-6160655	0-3839345	9-9657847	6
	9-5736692	9-6065187	0-3934813	9-9671505	55	95	9-5820153	9-6162588	0-3837412	9-9657565	5
	9-5738380	9-6067150	0-3932850	9-9671250	54	96	9-5821803	9-6164520	0-3835480	9-9657283	4
	9-5740067	9-6069113	0-3930887	9-9670954	53	97	9-5823452	9-6166452	0-3833548	9-9657001	3
	9-5741753	9-6071075	0-3928925	9-9670678	52	98	9-5825101	9-6168383	0-3831617	9-9656718	2
	9-5743438	9-6073036	0-3926964	9-9670402	51	99	9-5826749	9-6170313	0-3829687	9-9656436	1
	9-5745123	9-6074997	0-3925003	9-9670125	50	100	9-5828397	9-6172243	0-3827757	9-9656155	0
	COSINUS.	COTANG.	TANGENT.	SINUS.	Minutes.	Minutes.	COSINUS.	COTANG.	TANGENT.	SINUS.	Minutes.

75 GRADES.

Minutes.	SINUS.	TANGENT.	COTANG.	COSINUS.	Minutes.	Minutes.	SINUS.	TANGENT.	COTANG.	COSINUS.
0	9-5828397	9-6172243	0-3827757	9-9656153	100	50	9-5909841	9-6267973	0-3732027	9-9641868
1	9-5830043	9-6174172	0-3825828	9-9655871	99	51	9-5911451	9-6269873	0-3730127	9-9641579
2	9-5831689	9-6176101	0-3823899	9-9655588	98	52	9-5913061	9-6271772	0-3728228	9-9641290
3	9-5833334	9-6178029	0-3821971	9-9655305	97	53	9-5914671	9-6273670	0-3726330	9-9641000
4	9-5834979	9-6179956	0-3820044	9-9655022	96	54	9-5916279	9-6275568	0-3724432	9-9640711
5	9-5836622	9-6181883	0-3818117	9-9654739	95	55	9-5917887	9-6277465	0-3722535	9-9640422
6	9-5838265	9-6183809	0-3816191	9-9654456	94	56	9-5919494	9-6279362	0-3720638	9-9640132
7	9-5839907	9-6185735	0-3814265	9-9654172	93	57	9-5921101	9-6281258	0-3718742	9-9639842
8	9-5841549	9-6187660	0-3812340	9-9653889	92	58	9-5922707	9-6283154	0-3716846	9-9639553
9	9-5843190	9-6189584	0-3810416	9-9653605	91	59	9-5924312	9-6285049	0-3714951	9-9639263
10	9-5844830	9-6191508	0-3808492	9-9653321	90	60	9-5925916	9-6286943	0-3713057	9-9638973
11	9-5846469	9-6193431	0-3806569	9-9653038	89	61	9-5927520	9-6288837	0-3711163	9-9638682
12	9-5848107	9-6195354	0-3804646	9-9652754	88	62	9-5929123	9-6290731	0-3709269	9-9638392
13	9-5849745	9-6197276	0-3802724	9-9652469	87	63	9-5930725	9-6292623	0-3707377	9-9638102
14	9-5851382	9-6199197	0-3800803	9-9652185	86	64	9-5932327	9-6294515	0-3705485	9-9637811
15	9-5853019	9-6201118	0-3798882	9-9651901	85	65	9-5933927	9-6296407	0-3703593	9-9637520
16	9-5854655	9-6203038	0-3796962	9-9651616	84	66	9-5935528	9-6298298	0-3701702	9-9637230
17	9-5856289	9-6204958	0-3795042	9-9651332	83	67	9-5937127	9-6300188	0-3699812	9-9636939
18	9-5857924	9-6206877	0-3793123	9-9651047	82	68	9-5938726	9-6302078	0-3697922	9-9636647
19	9-5859557	9-6208795	0-3791205	9-9650762	81	69	9-5940324	9-6303968	0-3696032	9-9636356
20	9-5861190	9-6210713	0-3789287	9-9650477	80	70	9-5941921	9-6305856	0-3694144	9-9636065
21	9-5862822	9-6212630	0-3787370	9-9650192	79	71	9-5943518	9-6307743	0-3692255	9-9635773
22	9-5864453	9-6214547	0-3785453	9-9649906	78	72	9-5945114	9-6309632	0-3690368	9-9635482
23	9-5866084	9-6216463	0-3783537	9-9649621	77	73	9-5946709	9-6311519	0-3688481	9-9635190
24	9-5867714	9-6218378	0-3781622	9-9649336	76	74	9-5948304	9-6313406	0-3686594	9-9634898
25	9-5869343	9-6220293	0-3779707	9-9649050	75	75	9-5949898	9-6315292	0-3684708	9-9634606
26	9-5870972	9-6222207	0-3777793	9-9648764	74	76	9-5951491	9-6317177	0-3682823	9-9634314
27	9-5872599	9-6224121	0-3775879	9-9648478	73	77	9-5953084	9-6319062	0-3680938	9-9634022
28	9-5874226	9-6226034	0-3773966	9-9648192	72	78	9-5954676	9-6320946	0-3679054	9-9633730
29	9-5875853	9-6227947	0-3772053	9-9647906	71	79	9-5956267	9-6322830	0-3677170	9-9633437
30	9-5877478	9-6229858	0-3770142	9-9647620	70	80	9-5957857	9-6324713	0-3675287	9-9633145
31	9-5879103	9-6231770	0-3768230	9-9647333	69	81	9-5959447	9-6326595	0-3673405	9-9632852
32	9-5880727	9-6233681	0-3766319	9-9647047	68	82	9-5961036	9-6328477	0-3671523	9-9632559
33	9-5882351	9-6235591	0-3764409	9-9646760	67	83	9-5962624	9-6330358	0-3669642	9-9632266
34	9-5883975	9-6237500	0-3762500	9-9646473	66	84	9-5964212	9-6332239	0-3667761	9-9631973
35	9-5885596	9-6239409	0-3760591	9-9646186	65	85	9-5965799	9-6334120	0-3665880	9-9631680
36	9-5887217	9-6241317	0-3758683	9-9645899	64	86	9-5967386	9-6335999	0-3664001	9-9631386
37	9-5888837	9-6243225	0-3756775	9-9645612	63	87	9-5968971	9-6337878	0-3662122	9-9631093
38	9-5890457	9-6245132	0-3754868	9-9645325	62	88	9-5970556	9-6339757	0-3660243	9-9630799
39	9-5892077	9-6247039	0-3752961	9-9645038	61	89	9-5972141	9-6341635	0-3658365	9-9630505
40	9-5893695	9-6248945	0-3751055	9-9644750	60	90	9-5973724	9-6343513	0-3656487	9-9630212
41	9-5895313	9-6250850	0-3749150	9-9644462	59	91	9-5975307	9-6345389	0-3654611	9-9629918
42	9-5896930	9-6252755	0-3747245	9-9644175	58	92	9-5976889	9-6347266	0-3652734	9-9629623
43	9-5898546	9-6254659	0-3745341	9-9643887	57	93	9-5978471	9-6349142	0-3650858	9-9629329
44	9-5900162	9-6256563	0-3743437	9-9643599	56	94	9-5980052	9-6351017	0-3648983	9-9629035
45	9-5901777	9-6258466	0-3741534	9-9643310	55	95	9-5981632	9-6352892	0-3647108	9-9628740
46	9-5903391	9-6260369	0-3739631	9-9643022	54	96	9-5983211	9-6354766	0-3645234	9-9628446
47	9-5905004	9-6262271	0-3737729	9-9642734	53	97	9-5984790	9-6356639	0-3643361	9-9628151
48	9-5906617	9-6264172	0-3735828	9-9642445	52	98	9-5986368	9-6358512	0-3641488	9-9627856
49	9-5908229	9-6266073	0-3733927	9-9642156	51	99	9-5987946	9-6360385	0-3639615	9-9627561
50	9-5909841	9-6267973	0-3732027	9-9641868	50	100	9-5989523	9-6362257	0-3637743	9-9627266
Minutes.	COSINUS.	COTANG.	TANGENT.	SINUS.	Minutes.	Minutes.	COSINUS.	COTANG.	TANGENT.	SINUS.

Minutes.	SINUS.	TANGENT.	COTANG.	COSINUS.	Minutes.	Minutes.	SINUS.	TANGENT.	COTANG.	COSINUS.	Minutes.
0	9-5989523	9-6362257	0-3637743	9-9627266	100	50	9-6067506	9-6455160	0-3544840	9-9612546	50
1	9-5991099	9-6364128	0-3635872	9-9626971	99	51	9-6069048	9-6457004	0-3542996	9-9612044	49
2	9-5992674	9-6365999	0-3634001	9-9626675	98	52	9-6070590	9-6458848	0-3541152	9-9611743	48
3	9-5994249	9-6367869	0-3632131	9-9626380	97	53	9-6072132	9-6460691	0-3539309	9-9611441	47
4	9-5995823	9-6369739	0-3630261	9-9626084	96	54	9-6073673	9-6462534	0-3537466	9-9611139	46
5	9-5997396	9-6371608	0-3628392	9-9625788	95	55	9-6075213	9-6464376	0-3535624	9-9610836	45
6	9-5998969	9-6373477	0-3626523	9-9625492	94	56	9-6076752	9-6466218	0-3533782	9-9610534	44
7	9-6000541	9-6375345	0-3624655	9-9625196	93	57	9-6078291	9-6468059	0-3531941	9-9610232	43
8	9-6002112	9-6377212	0-3622788	9-9624900	92	58	9-6079829	9-6469900	0-3530100	9-9609929	42
9	9-6003683	9-6379079	0-3620921	9-9624604	91	59	9-6081367	9-6471740	0-3528260	9-9609626	41
10	9-6005253	9-6380946	0-3619054	9-9624307	90	60	9-6082904	9-6473580	0-3526420	9-9609324	40
11	9-6006822	9-6382812	0-3617188	9-9624011	89	61	9-6084440	9-6475419	0-3524581	9-9609021	39
12	9-6008391	9-6384677	0-3615323	9-9623714	88	62	9-6085976	9-6477258	0-3522742	9-9608718	38
13	9-6009959	9-6386542	0-3613458	9-9623417	87	63	9-6087511	9-6479096	0-3520904	9-9608414	37
14	9-6011526	9-6388406	0-3611594	9-9623120	86	64	9-6089045	9-6480934	0-3519066	9-9608111	36
15	9-6013093	9-6390270	0-3609730	9-9622823	85	65	9-6090578	9-6482771	0-3517229	9-9607808	35
16	9-6014659	9-6392133	0-3607867	9-9622526	84	66	9-6092111	9-6484607	0-3515393	9-9607504	34
17	9-6016224	9-6393995	0-3606005	9-9622229	83	67	9-6093644	9-6486443	0-3513557	9-9607200	33
18	9-6017789	9-6395858	0-3604142	9-9621931	82	68	9-6095175	9-6488279	0-3511721	9-9606897	32
19	9-6019353	9-6397719	0-3602281	9-9621634	81	69	9-6096706	9-6490114	0-3509886	9-9606593	31
20	9-6020916	9-6399580	0-3600420	9-9621336	80	70	9-6098237	9-6491948	0-3508052	9-9606288	30
21	9-6022479	9-6401440	0-3598560	9-9621038	79	71	9-6099767	9-6493782	0-3506218	9-9605984	29
22	9-6024041	9-6403300	0-3596700	9-9620740	78	72	9-6101296	9-6495616	0-3504384	9-9605680	28
23	9-6025602	9-6405160	0-3594840	9-9620442	77	73	9-6102824	9-6497449	0-3502551	9-9605375	27
24	9-6027163	9-6407019	0-3592981	9-9620144	76	74	9-6104352	9-6499281	0-3500719	9-9605071	26
25	9-6028723	9-6408877	0-3591123	9-9619846	75	75	9-6105879	9-6501113	0-3498887	9-9604766	25
26	9-6030282	9-6410735	0-3589265	9-9619547	74	76	9-6107406	9-6502944	0-3497056	9-9604461	24
27	9-6031841	9-6412592	0-3587408	9-9619249	73	77	9-6108931	9-6504775	0-3495225	9-9604156	23
28	9-6033399	9-6414448	0-3585552	9-9618950	72	78	9-6110457	9-6506605	0-3493395	9 9603851	22
29	9-6034956	9-6416305	0-3583695	9-9618651	71	79	9-6111981	9-6508435	0-3491565	9-9603546	21
30	9-6036512	9-6418160	0-3581840	9-9618352	70	80	9-6113505	9-6510265	0-3489735	9-9603240	20
31	9-6038068	9-6420015	0-3579985	9-9618053	69	81	9-6115029	9-6512094	0-3487906	9-9602935	19
32	9-6039624	9-6421870	0-3578130	9-9617754	68	82	9-6116551	9-6513922	0-3486078	9-9602629	18
33	9-6041178	9-6423724	0-3576276	9-9617455	67	83	9-6118073	9-6515750	0-3484250	9-9602324	17
34	9-6042732	9-6425577	0-3574423	9-9617155	66	84	9-6119595	9-6517577	0-3482423	9-9602018	16
35	9-6044286	9-6427430	0-3572570	9-9616855	65	85	9-6121115	9-6519404	0-3480596	9-9601712	15
36	9-6045838	9-6429282	0-3570718	9-9616556	64	86	9-6122635	9-6521230	0-3478770	9-9601405	14
37	9-6047390	9-6431134	0-3568866	9-9616256	63	87	9-6124155	9-6523056	0-3476944	9-9601099	13
38	9-6048941	9-6432986	0-3567014	9-9615956	62	88	9-6125674	9-6524881	0-3475119	9-9600793	12
39	9-6050492	9-6434836	0-3565164	9-9615656	61	89	9-6127192	9-6526706	0-3473294	9-9600486	11
40	9-6052042	9-6436687	0-3563313	9-9615355	60	90	9-6128709	9-6528530	0-3471470	9-9600180	10
41	9-6053591	9-6438536	0-3561464	9-9615055	59	91	9-6130226	9 6530353	0-3469647	9-9599873	9
42	9-6055140	9-6440385	0-3559615	9-9614755	58	92	9-6131743	9-6532177	0-3467823	9-9599566	8
43	9-6056688	9-6442234	0-3557766	9-9614454	57	93	9-6133258	9-6533999	0-3466001	9-9599259	7
44	9-6058235	9-6444082	0-3555918	9-9614153	56	94	9-6134773	9-6535822	0-3464178	9-9598952	6
45	9-6059782	9-6445930	0-3554070	9-9613852	55	95	9-6136288	9-6537643	0-3462357	9-9598644	5
46	9-6061328	9-6447777	0-3552223	9-9613551	54	96	9-6137801	9-6539464	0-3460536	9-9598337	4
47	9-6062874	9-6449623	0-3550377	9-9613250	53	97	9-6139314	9-6541285	0-3458715	9-9598029	3
48	9-6064418	9-6451469	0-3548531	9-9612949	52	98	9-6140827	9-6543105	0-3456895	9-9597722	2
49	9-6065962	9-6453315	0-3546685	9-9612648	51	99	9-6142339	9-6544925	0-3455075	9-9597414	1
50	9-6067506	9-6455160	0-3544840	9-9612546	50	100	9-6143850	9-6546744	0-3453256	9-9597106	0
Minutes.	COSINUS.	COTANG.	TANGENT.	SINUS.	Minutes.	Minutes.	COSINUS.	COTANG.	TANGENT.	SINUS.	Minutes.

Minutes.	SINUS.	TANGENT.	COTANG.	COSINUS.	Minutes.	Minutes.	SINUS.	TANGENT.	COTANG.	COSINUS.	Minutes.
0	9-6143850	9-6546744	0-3453256	9-9597106	100	50	9-6218612	9-6637069	0-3362931	9-9581543	50
1	9-6145361	9-6548563	0-3451437	9-9596798	99	51	9-6220091	9-6638863	0-3361137	9-9581229	49
2	9-6146870	9-6550381	0-3449619	9-9596490	98	52	9-6221570	9-6640656	0-3359344	9-9580914	48
3	9-6148380	9-6552198	0-3447802	9-9596181	97	53	9-6223049	9-6642449	0-3357551	9-9580599	47
4	9-6149888	9-6554016	0-3445984	9-9595873	96	54	9-6224526	9-6644242	0-3355758	9-9580284	46
5	9-6151396	9-6555832	0-3444168	9-9595564	95	55	9-6226003	9-6646034	0-3353966	9-9579969	45
6	9-6152904	9-6557648	0-3442352	9-9595255	94	56	9-6227480	9-6647826	0-3352174	9-9579654	44
7	9-6154411	9-6559464	0-3440536	9-9594947	93	57	9-6228955	9-6649617	0-3350383	9-9579339	43
8	9-6155917	9-6561279	0-3438721	9-9594638	92	58	9-6230431	9-6651407	0-3348593	9-9579025	42
9	9-6157422	9-6563094	0-3436906	9-9594328	91	59	9-6231905	9-6653198	0-3346802	9-9578708	41
10	9-6158927	9-6564908	0-3435092	9-9594019	90	60	9-6233379	9-6654987	0-3345013	9-9578392	40
11	9-6160431	9-6566722	0-3433278	9-9593710	89	61	9-6234853	9-6656776	0-3343224	9-9578076	39
12	9-6161935	9-6568535	0-3431465	9-9593400	88	62	9-6236325	9-6658565	0-3341435	9-9577760	38
13	9-6163438	9-6570347	0-3429653	9-9593091	87	63	9-6237798	9-6660353	0-3339647	9-9577444	37
14	9-6164940	9-6572159	0-3427841	9-9592781	86	64	9-6239269	9-6662141	0-3337859	9-9577128	36
15	9-6166442	9-6573971	0-3426029	9-9592471	85	65	9-6240740	9-6663929	0-3336071	9-9576811	35
16	9-6167943	9-6575782	0-3424218	9-9592161	84	66	9-6242210	9-6665716	0-3334284	9-9576495	34
17	9-6169444	9-6577593	0-3422407	9-9591851	83	67	9-6243680	9-6667502	0-3332498	9-9576178	33
18	9-6170944	9-6579403	0-3420597	9-9591541	82	68	9-6245149	9-6669288	0-3330712	9-9575861	32
19	9-6172443	9-6581213	0-3418787	9-9591230	81	69	9-6246618	9-6671073	0-3328927	9-9575544	31
20	9-6173942	9-6583022	0-3416978	9-9590920	80	70	9-6248086	9-6672858	0-3327142	9-9575227	30
21	9-6175440	9-6584831	0-3415169	9-9590609	79	71	9-6249553	9-6674643	0-3325357	9-9574910	29
22	9-6176937	9-6586639	0-3413361	9-9590298	78	72	9-6251020	9-6676427	0-3323573	9-9574593	28
23	9-6178434	9-6588446	0-3411554	9-9589987	77	73	9-6252486	9-6678211	0-3321789	9-9574275	27
24	9-6179930	9-6590254	0-3409746	9-9589676	76	74	9-6253952	9-6679994	0-3320006	9-9573958	26
25	9-6181425	9-6592060	0-3407940	9-9589365	75	75	9-6255417	9-6681776	0-3318224	9-9573640	25
26	9-6182920	9-6593867	0-3406133	9-9589054	74	76	9-6256881	9-6683558	0-3316442	9-9573322	24
27	9-6184414	9-6595672	0-3404328	9-9588742	73	77	9-6258345	9-6685340	0-3314660	9-9573004	23
28	9-6185908	9-6597477	0-3402523	9-9588431	72	78	9-6259808	9-6687121	0-3312879	9-9572686	22
29	9-6187401	9-6599282	0-3400718	9-9588119	71	79	9-6261270	9-6688902	0-3311098	9-9572368	21
30	9-6188893	9-6601086	0-3398914	9-9587807	70	80	9-6262732	9-6690682	0-3309318	9-9572050	20
31	9-6190385	9-6602890	0-3397110	9-9587495	69	81	9-6264193	9-6692462	0-3307538	9-9571731	19
32	9-6191876	9-6604693	0-3395307	9-9587183	68	82	9-6265654	9-6694241	0-3305759	9-9571413	18
33	9-6193367	9-6606496	0-3393504	9-9586871	67	83	9-6267114	9-6696020	0-3303980	9-9571094	17
34	9-6194857	9-6608298	0-3391702	9-9586559	66	84	9-6268574	9-6697799	0-3302201	9-9570775	16
35	9-6196346	9-6610100	0-3389900	9-9586246	65	85	9-6270033	9-6699576	0-3300424	9-9570456	15
36	9-6197835	9-6611901	0-3388099	9-9585933	64	86	9-6271491	9-6701354	0-3298646	9-9570137	14
37	9-6199323	9-6613702	0-3386298	9-9585621	63	87	9-6272949	9-6703131	0-3296869	9-9569818	13
38	9-6200810	9-6615503	0-3384497	9-9585308	62	88	9-6274406	9-6704907	0-3295093	9-9569499	12
39	9-6202297	9-6617303	0-3382697	9-9584995	61	89	9-6275863	9-6706683	0-3293317	9-9569179	11
40	9-6203784	9-6619102	0-3380898	9-9584682	60	90	9-6277319	9-6708459	0-3291541	9-9568859	10
41	9-6205269	9-6620901	0-3379099	9-9584368	59	91	9-6278774	9-6710234	0-3289766	9-9568540	
42	9-6206754	9-6622699	0-3377301	9-9584055	58	92	9-6280229	9-6712009	0-3287991	9-9568220	
43	9-6208239	9-6624497	0-3375503	9-9583742	57	93	9-6281683	9-6713783	0-3286217	9-9567900	
44	9-6209722	9-6626294	0-3373706	9-9583428	56	94	9-6283136	9-6715557	0-3284443	9-9567579	
45	9-6211205	9-6628091	0-3371909	9-9583114	55	95	9-6284589	9-6717330	0-3282670	9-9567259	
46	9-6212688	9-6629888	0-3370112	9-9582800	54	96	9-6286042	9-6719103	0-3280897	9-9566939	
47	9-6214170	9-6631684	0-3368316	9-9582486	53	97	9-6287494	9-6720875	0-3279125	9-9566618	
48	9-6215651	9-6633479	0-3366521	9-9582172	52	98	9-6288945	9-6722647	0-3277353	9-9566298	
49	9-6217132	9-6635274	0-3364726	9-9581858	51	99	9-6290395	9-6724419	0-3275581	9-9565977	
50	9-6218612	9-6637069	0-3362931	9-9581543	50	100	9-6291845	9-6726190	0-3273810	9-9565656	
Minutes.	COSINUS.	COTANG.	TANGENT.	SINUS.	Minutes.	Minutes.	COSINUS.	COTANG.	TANGENT.	SINUS.	Minutes.

Minutes.	SINUS.	TANGENT.	COTANG.	COSINUS.	Minutes.	Minutes.	SINUS.	TANGENT.	COTANG.	COSINUS.	Minutes.
0	9-6291845	9-6726190	0-3273810	9-9565656	100	50	9-6363601	9-6814160	0-3185840	9-9549441	50
1	9-6293293	9-6727960	0-3272040	9-9565335	99	51	9-6365021	9-6815908	0-3184092	9-9549113	49
2	9-6294744	9-6729730	0-3270270	9-9565013	98	52	9-6366441	9-6817655	0-3182345	9-9548786	48
3	9-6296192	9-6731500	0-3268500	9-9564692	97	53	9-6367860	9-6819402	0-3180598	9-9548458	47
4	9-6297640	9-6733269	0-3266731	9-9564371	96	54	9-6369279	9-6821149	0-3178851	9-9548130	46
5	9-6299087	9-6735037	0-3264963	9-9564049	95	55	9-6370697	9-6822895	0-3177105	9-9547802	45
6	9-6300533	9-6736806	0-3263194	9-9563727	94	56	9-6372114	9-6824641	0-3175359	9-9547473	44
7	9-6301979	9-6738573	0-3261427	9-9563405	93	57	9-6373531	9-6826387	0-3173613	9-9547145	43
8	9-6303424	9-6740341	0-3259659	9-9563083	92	58	9-6374948	9-6828131	0-3171869	9-9546816	42
9	9-6304869	9-6742108	0-3257892	9-9562761	91	59	9-6376364	9-6829876	0-3170124	9-9546488	41
10	9-6306313	9-6743874	0-3256126	9-9562439	90	60	9-6377779	9-6831620	0-3168380	9-9546159	40
11	9-6307757	9-6745640	0-3254360	9-9562117	89	61	9-6379193	9-6833364	0-3166636	9-9545830	39
12	9-6309200	9-6747405	0-3252595	9-9561794	88	62	9-6380608	9-6835107	0-3164893	9-9545501	38
13	9-6310642	9-6749170	0-3250830	9-9561472	87	63	9-6382021	9-6836850	0-3163150	9-9545171	37
14	9-6312084	9-6750935	0-3249065	9-9561149	86	64	9-6383434	9-6838592	0-3161408	9-9544842	36
15	9-6313525	9-6752699	0-3247301	9-9560826	85	65	9-6384846	9-6840334	0-3159666	9-9544513	35
16	9-6314966	9-6754463	0-3245537	9-9560503	84	66	9-6386258	9-6842075	0-3157925	9-9544183	34
17	9-6316406	9-6756226	0-3243774	9-9560180	83	67	9-6387670	9-6843816	0-3156184	9-9543853	33
18	9-6317845	9-6757989	0-3242011	9-9559856	82	68	9-6389080	9-6845557	0-3154443	9-9543523	32
19	9-6319284	9-6759751	0-3240249	9-9559533	81	69	9-6390490	9-6847297	0-3152703	9-9543193	31
20	9-6320722	9-6761513	0-3238487	9-9559209	80	70	9-6391900	9-6849037	0-3150963	9-9542863	30
21	9-6322160	9-6763274	0-3236726	9-9558886	79	71	9-6393309	9-6850776	0-3149224	9-9542533	29
22	9-6323597	9-6765035	0-3234965	9-9558562	78	72	9-6394717	9-6852515	0-3147485	9-9542202	28
23	9-6325033	9-6766796	0-3233204	9-9558238	77	73	9-6396125	9-6854254	0-3145746	9-9541872	27
24	9-6326469	9-6768556	0-3231444	9-9557914	76	74	9-6397533	9-6855992	0-3144008	9-9541541	26
25	9-6327905	9-6770315	0-3229685	9-9557589	75	75	9-6398939	9-6857729	0-3142271	9-9541210	25
26	9-6329340	9-6772074	0-3227926	9-9557265	74	76	9-6400346	9-6859466	0-3140534	9-9540879	24
27	9-6330774	9-6773833	0-3226167	9-9556941	73	77	9-6401751	9-6861203	0-3138797	9-9540548	23
28	9-6332207	9-6775591	0-3224409	9-9556616	72	78	9-6403156	9-6862959	0-3137061	9-9540217	22
29	9-6333640	9-6777349	0-3222651	9-9556291	71	79	9-6404561	9-6864675	0-3135325	9-9539886	21
30	9-6335073	9-6779106	0-3220894	9-9555966	70	80	9-6405965	9-6866411	0-3133589	9-9539554	20
31	9-6336505	9-6780863	0-3219137	9-9555641	69	81	9-6407368	9-6868146	0-3131854	9-9539223	19
32	9-6337936	9-6782620	0-3217380	9-9555316	68	82	9-6408771	9-6869880	0-3130120	9-9538891	18
33	9-6339367	9-6784376	0-3215624	9-9554991	67	83	9-6410173	9-6871614	0-3128386	9-9538559	17
34	9-6340797	9-6786131	0-3213869	9-9554666	66	84	9-6411575	9-6873348	0-3126652	9-9538227	16
35	9-6342226	9-6787886	0-3212114	9-9554340	65	85	9-6412976	9-6875081	0-3124919	9-9537895	15
36	9-6343655	9-6789641	0-3210359	9-9554014	64	86	9-6414377	9-6876814	0-3123186	9-9537563	14
37	9-6345084	9-6791395	0-3208605	9-9553689	63	87	9-6415777	9-6878546	0-3121454	9-9537230	13
38	9-6346512	9-6793149	0-3206851	9-9553363	62	88	9-6417176	9-6880279	0-3119721	9-9536898	12
39	9-6347939	9-6794902	0-3205098	9-9553037	61	89	9-6418575	9-6882010	0-3117990	9-9536565	11
40	9-6349366	9-6796655	0-3203345	9-9552710	60	90	9-6419973	9-6883741	0-3116259	9-9536232	10
41	9-6350792	9-6798408	0-3201592	9-9552384	59	91	9-6421371	9-6885472	0-3114528	9-9535899	9
42	9-6352217	9-6800160	0-3199840	9-9552058	58	92	9-6422768	9-6887202	0-3112798	9-9535566	8
43	9-6353642	9-6801911	0-3198089	9-9551731	57	93	9-6424165	9-6888932	0-3111068	9-9535233	7
44	9-6355067	9-6803662	0-3196338	9-9551404	56	94	9-6425561	9-6890662	0-3109338	9-9534900	6
45	9-6356490	9-6805413	0-3194587	9-9551077	55	95	9-6426957	9-6892391	0-3107609	9-9534566	5
46	9-6357914	9-6807163	0-3192837	9-9550750	54	96	9-6428352	9-6894119	0-3105881	9-9534232	4
47	9-6359336	9-6808913	0-3191087	9-9550423	53	97	9-6429746	9-6895847	0-3104153	9-9533899	3
48	9-6360758	9-6810662	0-3189338	9-9550096	52	98	9-6431140	9-6897575	0-3102425	9-9533565	2
49	9-6362180	9-6812411	0-3187589	9-9549769	51	99	9-6432534	9-6899303	0-3100697	9-9533231	1
50	9-6363601	9-6814160	0-3185840	9-9549441	50	100	9-6433926	9-6901030	0-3098970	9-9532897	0
Minutes.	COSINUS.	COTANG.	TANGENT.	SINUS.	Minutes.	Minutes.	COSINUS.	COTANG.	TANGENT.	SINUS.	Minutes.

Minutes.	SINUS.	TANGENT.	COTANG.	COSINUS.	Minutes.	Minutes.	SINUS.	TANGENT.	COTANG.	COSINUS.	Minutes.
0	9-6433926	9-6901030	0-3098970	9-9532897	100	50	9-6502868	9-6986847	0-3013153	9-9516020	50
1	9-6435319	9-6902756	0-3097244	9-9532562	99	51	9-6504235	9-6988553	0-3011447	9-9515679	49
2	9-6436710	9-6904482	0-3095518	9-9532228	98	52	9-6505597	9-6990259	0-3009741	9-9515338	48
3	9-6438101	9-6906208	0-3093792	9-9531894	97	53	9-6506961	9-6991964	0-3008036	9-9514997	47
4	9-6439492	9-6907933	0-3092067	9-9531559	96	54	9-6508324	9-6993669	0-3006331	9-9514656	46
5	9-6440882	9-6909658	0-3090342	9-9531224	95	55	9-6509687	9-6995373	0-3004627	9-9514314	45
6	9-6442271	9-6911382	0-3088618	9-9530889	94	56	9-6511050	9-6997077	0-3002923	9-9513973	44
7	9-6443660	9-6913106	0-3086894	9-9530554	93	57	9-6512411	9-6998780	0-3001220	9-9513631	43
8	9-6445049	9-6914830	0-3085170	9-9530219	92	58	9-6513773	9-7000484	0-2999516	9-9513289	42
9	9-6446437	9-6916553	0-3083447	9-9529884	91	59	9-6515135	9-7002186	0-2997814	9-9512947	41
10	9-6447824	9-6918276	0-3081724	9-9529548	90	60	9-6516495	9-7003889	0-2996111	9-9512605	40
11	9-6449211	9-6919998	0-3080002	9-9529212	89	61	9-6517855	9-7005591	0-2994409	9-9512263	39
12	9-6450597	9-6921720	0-3078280	9-9528877	88	62	9-6519212	9-7007292	0-2992708	9-9511920	38
13	9-6451982	9-6923442	0-3076558	9-9528541	87	63	9-6520571	9-7008993	0-2991007	9-9511578	37
14	9-6453367	9-6925163	0-3074837	9-9528205	86	64	9-6521929	9-7010694	0-2989306	9-9511235	36
15	9-6454752	9-6926883	0-3073117	9-9527869	85	65	9-6523286	9-7012394	0-2987606	9-9510892	35
16	9-6456136	9-6928603	0-3071397	9-9527533	84	66	9-6524643	9-7014094	0-2985906	9-9510549	34
17	9-6457519	9-6930323	0-3069677	9-9527196	83	67	9-6526000	9-7015794	0-2984206	9-9510206	33
18	9-6458902	9-6932043	0-3067957	9-9526860	82	68	9-6527356	9-7017493	0-2982507	9-9509863	32
19	9-6460285	9-6933762	0-3066238	9-9526523	81	69	9-6528711	9-7019192	0-2980808	9-9509519	31
20	9-6461666	9-6935480	0-3064520	9-9526186	80	70	9-6530066	9-7020890	0-2979110	9-9509176	30
21	9-6463048	9-6937198	0-3062802	9-9525849	79	71	9-6531420	9-7022588	0-2977412	9-9508832	29
22	9-6464428	9-6938916	0-3061084	9-9525512	78	72	9-6532774	9-7024286	0-2975714	9-9508489	28
23	9-6465809	9-6940634	0-3059366	9-9525175	77	73	9-6534128	9-7025983	0-2974017	9-9508145	27
24	9-6467188	9-6942350	0-3057650	9-9524838	76	74	9-6535480	9-7027680	0-2972320	9-9507801	26
25	9-6468567	9-6944067	0-3055933	9-9524500	75	75	9-6536833	9-7029376	0-2970624	9-9507457	25
26	9-6469946	9-6945783	0-3054217	9-9524163	74	76	9-6538184	9-7031072	0-2968928	9-9507112	24
27	9-6471324	9-6947499	0-3052501	9-9523825	73	77	9-6539535	9-7032768	0-2967232	9-9506768	23
28	9-6472701	9-6949214	0-3050786	9-9523487	72	78	9-6540886	9-7034463	0-2965537	9-9506423	22
29	9-6474078	9-6950929	0-3049071	9-9523149	71	79	9-6542236	9-7036158	0-2963842	9-9506079	21
30	9-6475454	9-6952643	0-3047357	9-9522811	70	80	9-6543586	9-7037852	0-2962148	9-9505734	20
31	9-6476830	9-6954358	0-3045642	9-9522473	69	81	9-6544935	9-7039546	0-2960454	9-9505389	19
32	9-6478205	9-6956071	0-3043929	9-9522134	68	82	9-6546283	9-7041240	0-2958760	9-9505044	18
33	9-6479580	9-6957784	0-3042216	9-9521796	67	83	9-6547631	9-7042933	0-2957067	9-9504698	17
34	9-6480954	9-6959497	0-3040503	9-9521457	66	84	9-6548979	9-7044626	0-2955374	9-9504353	16
35	9-6482328	9-6961210	0-3038790	9-9521118	65	85	9-6550326	9-7046318	0-2953682	9-9504008	15
36	9-6483701	9-6962922	0-3037078	9-9520779	64	86	9-6551672	9-7048010	0-2951990	9-9503662	14
37	9-6485074	9-6964633	0-3035367	9-9520440	63	87	9-6553018	9-7049702	0-2950298	9-9503316	13
38	9-6486446	9-6966345	0-3033655	9-9520101	62	88	9-6554364	9-7051393	0-2948607	9-9502970	12
39	9-6487817	9-69[illegible]055	0-3031945	9-9519762	61	89	9-6555709	9-7053084	0-2946916	9-9502624	11
40	9-6489188	9-6969766	0-3030234	9-9519422	60	90	9-6557053	9-7054775	0-2945225	9-9502278	10
41	9-6490558	9-6971476	0-3028524	9-9519083	59	91	9-6558397	9-7056465	0-2943535	9-9501932	9
42	9-6491928	9-6973185	0-3026815	9-9518743	58	92	9-6559740	9-7058155	0-2941845	9-9501585	8
43	9-6493297	9-6974894	0-3025106	9-9518403	57	93	9-6561083	9-7059844	0-2940156	9-9501239	7
44	9-6494666	9-6976603	0-3023397	9-9518063	56	94	9-6562425	9-7061533	0-2938467	9-9500892	6
45	9-6496034	9-6978312	0-3021688	9-9517723	55	95	9-6563767	9-7063222	0-2936778	9-9500545	5
46	9-6497402	9-6980020	0-3019980	9-9517383	54	96	9-6565108	9-7064910	0-2935090	9-9500198	4
47	9-6498769	9-6981727	0-3018273	9-9517042	53	97	9-6566449	9-7066598	0-2933402	9-9499851	3
48	9-6500136	9-6983434	0-3016566	9-9516702	52	98	9-6567789	9-7068285	0-2931715	9-9499504	2
49	9-6501502	9-6985141	0-3014859	9-9516361	51	99	9-6569129	9-7069972	0-2930028	9-9499156	1
50	9-6502868	9-6986847	0-3013153	9-9516020	50	100	9-6570468	9-7071659	0-2928341	9-9498809	0
Minutes.	COSINUS.	COTANG.	TANGENT.	SINUS.	Minutes.	Minutes.	COSINUS.	COTANG.	TANGENT.	SINUS.	Minutes.

Minutes.	SINUS.	TANGENT.	COTANG.	COSINUS.	Minutes.	Minutes.	SINUS.	TANGENT.	COTANG.	COSINUS.	Minutes.
0	9-6570468	9-7071659	0-2928341	9-9498809	100	50	9-6636768	9-7155508	0-2844492	9-9481260	50
1	9-6571806	9-7073345	0-2926655	9-9498461	99	51	9-6638081	9-7157175	0-2842825	9 9480906	49
2	9-6573144	9-7075031	0-2924969	9-9498113	98	52	9 6639393	9-7158842	0-2841158	9-9480551	48
3	9-6574482	9-7076716	0-2923284	9-9497765	97	53	9-6640705	9-7160509	0-2839491	9-9480196	47
4	9-6575819	9-7078402	0-2921598	9-9497417	96	54	9-6642017	9-7162175	0-2837825	9-9479841	46
5	9-6577156	9-7080086	0-2919914	9-9497069	95	55	9-6643328	9-7163841	0-2836159	9-9479487	45
6	9-6578492	9-7081771	0-2918229	9-9496721	94	56	9-6644638	9-7165507	0-2834493	9-9479131	44
7	9-6579827	9-7083455	0-2916545	9-9496372	93	57	9-6645948	9-7167172	0-2832828	9-9478776	43
8	9-6581162	9-7085138	0-2914862	9-9496024	92	58	9-6647258	9-7168837	0-2831163	9-9478421	42
9	9-6582496	9-7086821	0-2913179	9-9495675	91	59	9-6648567	9-7170502	0-2829498	9-9478065	41
10	9-6583830	9-7088504	0-2911496	9-9495326	90	60	9-6649875	9-7172166	0-2827834	9-9477710	40
11	9-6585164	9-7090187	0-2909813	9-9494977	89	61	9-6651183	9-7173830	0-2826170	9-9477354	39
12	9-6586497	9-7091869	0-2908131	9-9494628	88	62	9-6652491	9-7175493	0-2824507	9-9476998	38
13	9-6587829	9-7093550	0-2906450	9-9494279	87	63	9-6653798	9-7177156	0-2822844	9-9476642	37
14	9-6589161	9-7095232	0-2904768	9-9493929	86	64	9-6655104	9-7178819	0-2821181	9-9476286	36
15	9-6590492	9-7096913	0-2903087	9-9493580	85	65	9-6656410	9-7180481	0-2819519	9-9475929	35
16	9-6591823	9-7098593	0-2901407	9-9493230	84	66	9-6657716	9-7182143	0-2817857	9-9475573	34
17	9-6593154	9-7100273	0-2899727	9-9492880	83	67	9-6659021	9-7183805	0-2816195	9-9475216	33
18	9-6594483	9-7101953	0-2898047	9-9492530	82	68	9-6660325	9-7185466	0-2814534	9-9474859	32
19	9-6595813	9-7103632	0-2896368	9-9492180	81	69	9-6661629	9-7187127	0-2812873	9-9474502	31
20	9-6597141	9-7105311	0-2894689	9-9491830	80	70	9-6662933	9-7188787	0-2811213	9-9474145	30
21	9-6598470	9-7106990	0-2893010	9-9491480	79	71	9-6664236	9-7190447	0-2809553	9-9473788	29
22	9-6599798	9-7108668	0-2891332	9-9491129	78	72	9-6665538	9-7192107	0-2807893	9-9473431	28
23	9-6601125	9-7110346	0-2889654	9-9490779	77	73	9-6666840	9-7193767	0-2806233	9-9473074	27
24	9-6602452	9-7112024	0-2887976	9-9490428	76	74	9-6668142	9-7195426	0-2804574	9-9472716	26
25	9-6603778	9-7113701	0-2886299	9-9490077	75	75	9-6669443	9-7197084	0-2802916	9-9472358	25
26	9-6605103	9-7115378	0-2884622	9-9489726	74	76	9-6670743	9-7198743	0-2801257	9-9472000	24
27	9-6606429	9-7117054	0-2882946	9-9489375	73	77	9-6672043	9-7200401	0-2799599	9-9471642	23
28	9-6607753	9-7118730	0-2881270	9-9489023	72	78	9-6673343	9-7202058	0-2797942	9-9471284	22
29	9-6609078	9-7120406	0-2879594	9-9488672	71	79	9-6674642	9-7203716	0-2796284	9-9470926	21
30	9-6610401	9-7122081	0-2877919	9-9488320	70	80	9-6675940	9-7205373	0-2794627	9-9470568	20
31	9-6611724	9-7123756	0-2876244	9-9487969	69	81	9-6677238	9-7207029	0-2792971	9-9470209	19
32	9-6613047	9-7125430	0-2874570	9-9487617	68	82	9-6678536	9-7208685	0-2791315	9-9469850	18
33	9-6614369	9-7127104	0-2872896	9-9487265	67	83	9-6679833	9-7210341	0-2789659	9-9469492	17
34	9-6615691	9-7128778	0-2871222	9-9486913	66	84	9-6681129	9-7211997	0-2788003	9-9469133	16
35	9-6617012	9-7130452	0-2869548	9-9486560	65	85	9-6682426	9-7213652	0-2786348	9-9468774	15
36	9-6618333	9-7132125	0-2867875	9-9486208	64	86	9-6683721	9-7215307	0-2784693	9-9468414	14
37	9-6619653	9-7133797	0-2866203	9-9485855	63	87	9-6685016	9-7216961	0-2783039	9-9468055	13
38	9-6620972	9-7135470	0-2864530	9-9485503	62	88	9-6686311	9-7218615	0-2781385	9-9467696	12
39	9-6622291	9-7137141	0-2862859	9-9485150	61	89	9-6687605	9-7220269	0-2779731	9-9467336	11
40	9-6623610	9-7138813	0-2861187	9-9484797	60	90	9-6688898	9-7221922	0-2778078	9-9466976	10
41	9-6624928	9-7140484	0-2859516	9 9484444	59	91	9 6690191	9-7223575	0-2776425	9-9466616	9
42	9-6626246	9-7142155	0-2857845	9-9484091	58	92	9-6691484	9-7225228	0-2774772	9-9466256	8
43	9-6627563	9-7143825	0-2856175	9-9483737	57	93	9-6692776	9-7226880	0-2773120	9-9465896	7
44	9-6628879	9-7145495	0-2854505	9-9483384	56	94	9-6694068	9-7228532	0-2771468	9-9465536	6
45	9-6630195	9-7147165	0-2852835	9-9483030	55	95	9-6695359	9-7230183	0-2769817	9-9465175	5
46	9-6631511	9-7148834	0-2851166	9-9482676	54	96	9-6696650	9-7231835	0-2768165	9-9464815	4
47	9-6632826	9-7150503	0-2849497	9-9482323	53	97	9-6697940	9-7233486	0-2766514	9-9464454	3
48	9-6634140	9-7152172	0-2847828	9-9481969	52	98	9-6699229	9-7235136	0-2764864	9-9464093	2
49	9-6635454	9-7153840	0-2846160	9-9481614	51	99	9-6700519	9-7236786	0-2763214	9-9463732	1
50	9-6636768	9-7155508	0-2844492	9-9481260	50	100	9-6701807	9-7238436	0-2761564	9-9463371	0
	COSINUS.	COTANG.	TANGENT.	SINUS.	Minutes.	Minutes.	COSINUS.	COTANG.	TANGENT.	SINUS.	Minutes.

Minutes.	SINUS.	TANGENT.	COTANG.	COSINUS.	Minutes.	Minutes.	SINUS.	TANGENT.	COTANG.	COSINUS.
0	9-6701807	9-7238436	0-2761564	9-9463371	100	50	9-6765623	9-7320484	0-2679516	9-9445139
1	9-6703095	9-7240085	0-2759915	9-9463010	99	51	9-6766887	9-7322116	0-2677884	9-9444771
2	9-6704383	9-7241735	0-2758265	9-9462648	98	52	9-6768151	9-7323748	0-2676252	9-9444403
3	9-6705670	9-7243383	0-2756617	9-9462287	97	53	9-6769414	9-7325379	0-2674621	9-9444034
4	9-6706957	9-7245032	0-2754968	9-9461925	96	54	9-6770676	9-7327011	0-2672989	9-9443666
5	9-6708243	9-7246680	0-2753320	9-9461563	95	55	9-6771938	9-7328641	0-2671359	9-9443297
6	9-6709529	9-7248327	0-2751673	9-9461201	94	56	9-6773200	9-7330272	0-2669728	9-9442928
7	9-6710814	9-7249975	0-2750025	9-9460839	93	57	9-6774461	9-7331902	0-2668098	9-9442559
8	9-6712099	9-7251622	0-2748378	9-9460477	92	58	9-6775722	9-7333532	0-2666468	9-9442190
9	9-6713383	9-7253268	0-2746732	9-9460115	91	59	9-6776983	9-7335161	0-2664839	9-9441821
10	9-6714667	9-7254915	0-2745085	9-9459752	90	60	9-6778242	9-7336791	0-2663209	9-9441451
11	9-6715950	9-7256561	0-2743439	9-9459390	89	61	9-6779502	9-7338420	0-2661580	9-9441082
12	9-6717233	9-7258206	0-2741794	9-9459027	88	62	9-6780761	9-7340048	0-2659952	9-9440712
13	9-6718516	9-7259852	0-2740148	9-9458664	87	63	9-6782019	9-7341677	0-2658323	9-9440342
14	9-6719797	9-7261496	0-2738504	9-9458301	86	64	9-6783277	9-7343305	0-2656695	9-9439972
15	9-6721079	9-7263141	0-2736859	9-9457938	85	65	9-6784534	9-7344932	0-2655068	9-9439602
16	9-6722360	9-7264785	0-2735215	9-9457574	84	66	9-6785791	9-7346559	0-2653441	9-9439232
17	9-6723640	9-7266429	0-2733571	9-9457211	83	67	9-6787048	9-7348186	0-2651814	9-9438862
18	9-6724920	9-7268073	0-2731927	9-9456847	82	68	9-6788304	9-7349813	0-2650187	9-9438491
19	9-6726199	9-7269716	0-2730284	9-9456483	81	69	9-6789559	9-7351439	0-2648561	9-9438120
20	9-6727478	9-7271359	0-2728641	9-9456120	80	70	9-6790815	9-7353065	0-2646935	9-9437750
21	9-6728757	9-7273001	0-2726999	9-9455756	79	71	9-6792069	9-7354690	0-2645310	9-9437379
22	9-6730035	9-7274643	0-2725357	9-9455391	78	72	9-6793323	9-7356316	0-2643684	9-9437008
23	9-6731312	9-7276285	0-2723715	9-9455027	77	73	9-6794577	9-7357941	0-2642059	9-9436636
24	9-6732589	9-7277926	0-2722074	9-9454663	76	74	9-6795830	9-7359565	0-2640435	9-9436265
25	9-6733866	9-7279568	0-2720432	9-9454298	75	75	9-6797083	9-7361189	0-2638811	9-9435894
26	9-6735142	9-7281208	0-2718792	9-9453933	74	76	9-6798335	9-7362813	0-2637187	9-9435522
27	9-6736417	9-7282849	0-2717151	9-9453569	73	77	9-6799587	9-7364437	0-2635563	9-9435150
28	9-6737692	9-7284489	0-2715511	9-9453204	72	78	9-6800838	9-7366060	0-2633940	9-9434778
29	9-6738967	9-7286129	0-2713871	9-9452838	71	79	9-6802089	9-7367683	0-2632317	9-9434406
30	9-6740241	9-7287768	0-2712232	9-9452473	70	80	9-6803340	9-7369306	0-2630694	9-9434034
31	9-6741515	9-7289407	0-2710593	9-9452108	69	81	9-6804590	9-7370928	0-2629072	9-9433662
32	9-6742788	9-7291046	0-2708954	9-9451742	68	82	9-6805839	9-7372550	0-2627450	9-9433289
33	9-6744061	9-7292684	0-2707316	9-9451377	67	83	9-6807088	9-7374171	0-2625829	9-9432917
34	9-6745333	9-7294322	0-2705678	9-9451011	66	84	9-6808337	9-7375793	0-2624207	9-9432544
35	9-6746604	9-7295960	0-2704040	9-9450645	65	85	9-6809585	9-7377414	0-2622586	9-9432171
36	9-6747876	9-7297597	0-2702403	9-9450279	64	86	9-6810832	9-7379034	0-2620966	9-9431798
37	9-6749147	9-7299234	0-2700766	9-9449913	63	87	9-6812080	9-7380655	0-2619345	9-9431425
38	9-6750417	9-7300870	0-2699130	9-9449546	62	88	9-6813326	9-7382275	0-2617725	9-9431052
39	9-6751687	9-7302507	0-2697493	9-9449180	61	89	9-6814573	9-7383894	0-2616106	9-9430678
40	9-6752956	9-7304143	0-2695857	9-9448813	60	90	9-6815818	9-7385514	0-2614486	9-9430305
41	9-6754225	9-7305778	0-2694222	9-9448446	59	91	9-6817064	9-7387133	0-2612867	9-9429931
42	9-6755493	9-7307414	0-2692586	9-9448079	58	92	9-6818308	9-7388751	0-2611249	9-9429557
43	9-6756761	9-7309049	0-2690951	9-9447712	57	93	9-6819553	9-7390370	0-2609630	9-9429183
44	9-6758028	9-7310683	0-2689317	9-9447345	56	94	9-6820797	9-7391988	0-2608012	9-9428809
45	9-6759295	9-7312317	0-2687683	9-9446978	55	95	9-6822040	9-7393605	0-2606395	9-9428435
46	9-6760562	9-7313951	0-2686049	9-9446610	54	96	9-6823283	9-7395223	0-2604777	9-9428060
47	9-6761828	9-7315585	0-2684415	9-9446243	53	97	9-6824526	9-7396840	0-2603160	9-9427686
48	9-6763093	9-7317218	0-2682782	9-9445875	52	98	9-6825768	9-7398457	0-2601543	9-9427311
49	9-6764358	9-7318851	0-2681149	9-9445507	51	99	9-6827009	9-7400073	0-2599927	9-9426936
50	9-6765623	9-7320484	0-2679516	9-9445139	50	100	9-6828250	9-7401689	0-2598311	9-9426561
Minutes.	COSINUS.	COTANG.	TANGENT.	SINUS.	Minutes.	Minutes.	COSINUS.	COTANG.	TANGENT.	SINUS.

Minutes.	SINUS.	TANGENT.	COTANG.	COSINUS.	Minutes.	Minutes.	SINUS.	TANGENT.	COTANG.	COSINUS.	Minutes.
0	9-6828250	9-7401689	0-2598311	9-9426561	100	50	9-6889725	9-7482089	0-2517911	9-9407634	50
1	9-6829491	9-7403305	0-2596695	9-9426186	99	51	9-6890941	9-7483689	0-2516311	9-9407252	49
2	9-6830731	9-7404920	0-2595080	9-9425811	98	52	9-6892159	9-7485289	0-2514711	9-9406870	48
3	9-6831971	9-7406535	0-2593465	9-9425435	97	53	9-6893376	9-7486888	0-2513112	9-9406488	47
4	9-6833210	9-7408150	0-2591850	9-9425060	96	54	9-6894592	9-7488487	0-2511513	9-9406105	46
5	9-6834449	9-7409765	0-2590235	9-9424684	95	55	9-6895808	9-7490086	0-2509914	9-9405723	45
6	9-6835687	9-7411379	0-2588621	9-9424309	94	56	9-6897024	9-7491684	0-2508316	9-9405340	44
7	9-6836923	9-7412993	0-2587007	9-9423933	93	57	9-6898239	9-7493283	0-2506717	9-9404957	43
8	9-6838163	9-7414606	0-2585394	9-9423556	92	58	9-6899454	9-7494880	0-2505120	9-9404574	42
9	9-6839400	9-7416219	0-2583781	9-9423180	91	59	9-6900668	9-7496478	0-2503522	9-9404190	41
10	9-6840636	9-7417832	0-2582168	9-9422804	90	60	9-6901882	9-7498075	0-2501925	9-9403807	40
11	9-6841872	9-7419445	0-2580555	9-9422427	89	61	9-6903096	9-7499672	0-2500328	9-9403423	39
12	9-6843108	9-7421057	0-2578943	9-9422051	88	62	9-6904309	9-7501269	0-2498731	9-9403040	38
13	9-6844343	9-7422669	0-2577331	9-9421674	87	63	9-6905521	9-7502865	0-2497135	9-9402656	37
14	9-6845578	9-7424281	0-2575719	9-9421297	86	64	9-6906733	9-7504461	0-2495539	9-9402272	36
15	9-6846812	9-7425892	0-2574108	9-9420920	85	65	9-6907945	9-7506057	0-2493943	9-9401888	35
16	9-6848046	9-7427503	0-2572497	9-9420543	84	66	9-6909156	9-7507653	0-2492347	9-9401504	34
17	9-6849279	9-7429114	0-2570886	9-9420165	83	67	9-6910367	9-7509248	0-2490752	9-9401119	33
18	9-6850512	9-7430724	0-2569276	9-9419788	82	68	9-6911577	9-7510843	0-2489157	9-9400735	32
19	9-6851744	9-7432334	0-2567666	9-9419410	81	69	9-6912787	9-7512437	0-2487563	9-9400350	31
20	9-6852976	9-7433944	0-2566056	9-9419033	80	70	9-6913997	9-7514031	0-2485969	9-9399965	30
21	9-6854208	9-7435553	0-2564447	9-9418655	79	71	9-6915206	9-7515625	0-2484375	9-9399580	29
22	9-6855439	9-7437162	0-2562838	9-9418277	78	72	9-6916414	9-7517219	0-2482781	9-9399195	28
23	9-6856669	9-7438771	0-2561229	9-9417898	77	73	9-6917622	9-7518812	0-2481188	9-9398810	27
24	9-6857899	9-7440380	0-2559620	9-9417520	76	74	9-6918830	9-7520405	0-2479595	9-9398425	26
25	9-6859129	9-7441988	0-2558012	9-9417142	75	75	9-6920037	9-7521998	0-2478002	9-9398039	25
26	9-6860358	9-7443596	0-2556404	9-9416763	74	76	9-6921244	9-7523590	0-2476410	9-9397654	24
27	9-6861587	9-7445203	0-2554797	9-9416384	73	77	9-6922450	9-7525182	0-2474818	9-9397268	23
28	9-6862815	9-7446810	0-2553190	9-9416006	72	78	9-6923656	9-7526774	0-2473226	9-9396882	22
29	9-6864043	9-7448417	0-2551583	9-9415626	71	79	9-6924862	9-7528366	0-2471634	9-9396496	21
30	9-6865271	9-7450023	0-2549977	9-9415247	70	80	9-6926067	9-7529957	0-2470043	9-9396110	20
31	9-6866498	9-7451630	0-2548370	9-9414868	69	81	9-6927271	9-7531548	0-2468452	9-9395723	19
32	9-6867724	9-7453236	0-2546764	9-9414488	68	82	9-6928475	9-7533138	0-2466862	9-9395337	18
33	9-6868950	9-7454841	0-2545159	9-9414109	67	83	9-6929679	9-7534729	0-2465271	9-9394950	17
34	9-6870176	9-7456446	0-2543554	9-9413729	66	84	9-6930882	9-7536319	0-2463681	9-9394563	16
35	9-6871401	9-7458051	0-2541949	9-9413349	65	85	9-6932085	9-7537908	0-2462092	9-9394177	15
36	9-6872625	9-7459656	0-2540344	9-9412969	64	86	9-6933287	9-7539498	0-2460502	9-9393789	14
37	9-6873850	9-7461260	0-2538740	9-9412589	63	87	9-6934489	9-7541087	0-2458913	9-9393402	13
38	9-6875073	9-7462865	0-2537135	9-9412209	62	88	9-6935691	9-7542676	0-2457324	9-9393015	12
39	9-6876297	9-7464468	0-2535532	9-9411823	61	89	9-6936892	9-7544264	0-2455736	9-9392627	11
40	9-6877520	9-7466072	0-2533928	9-9411448	60	90	9-6938092	9-7545853	0-2454147	9-9392240	10
41	9-6878742	9-7467675	0-2532325	9-9411067	59	91	9-6939293	9-7547440	0-2452560	9-9391852	9
42	9-6879964	9-7469278	0-2530722	9-9410686	58	92	9-6940492	9-7549028	0-2450972	9-9391464	8
43	9-6881185	9-7470880	0-2529120	9-9410305	57	93	9-6941692	9-7550615	0-2449385	9-9391076	7
44	9-6882407	9-7472482	0-2527518	9-9409924	56	94	9-6942890	9-7552202	0-2447798	9-9390688	6
45	9-6883627	9-7474084	0-2525916	9-9409543	55	95	9-6944089	9-7553789	0-2446211	9-9390300	5
46	9-6884847	9-7475686	0-2524314	9-9409162	54	96	9-6945287	9-7555376	0-2444624	9-9389911	4
47	9-6886067	9-7477287	0-2522713	9-9408780	53	97	9-6946484	9-7556962	0-2443038	9-9389523	3
48	9-6887286	9-7478888	0-2521112	9-9408398	52	98	9-6947681	9-7558548	0-2441452	9-9389134	2
49	9-6888505	9-7480489	0-2519511	9-9408016	51	99	9-6948878	9-7560133	0-2439867	9-9388745	1
50	9-6889725	9-7482089	0-2517911	9-9407634	50	100	9-6950074	9-7561718	0-2438282	9-9388356	0
Minutes.	COSINUS.	COTANG.	TANGENT.	SINUS.	Minutes.	Minutes.	COSINUS.	COTANG.	TANGENT.	SINUS.	Minutes.

Minutes.	SINUS.	TANGENT.	COTANG.	COSINUS.	Minutes.	Minutes.	SINUS.	TANGENT.	COTANG.	COSINUS.	Minutes.
0	9-6950074	9-7561718	0-2438282	9-9388356	100	50	9-7009334	9-7640612	0-2359388	9-9368722	5
1	9-6951270	9-7563303	0-2436697	9-9387967	99	51	9-7010508	9-7642182	0-2357818	9-9368326	4
2	9-6952465	9-7564888	0-2435112	9-9387577	98	52	9-7011682	9-7643752	0-2356248	9-9367929	4
3	9-6953660	9-7566472	0-2433528	9-9387188	97	53	9-7012855	9-7645322	0-2354678	9-9367533	4
4	9-6954855	9-7568057	0-2431943	9-9386798	96	54	9-7014028	9-7646892	0-2353108	9-9367136	4
5	9-6956049	9-7569640	0-2430360	9-9386408	95	55	9-7015201	9-7648462	0-2351538	9-9366739	4
6	9-6957242	9-7571224	0-2428776	9-9386019	94	56	9-7016373	9-7650031	0-2349969	9-9366342	4
7	9-6958436	9-7572807	0-2427193	9-9385629	93	57	9-7017545	9-7651600	0-2348400	9-9365945	4
8	9-6959628	9-7574390	0-2425610	9-9385238	92	58	9-7018716	9-7653168	0-2346832	9-9365548	4
9	9-6960821	9-7575973	0-2424027	9-9384848	91	59	9-7019887	9-7654737	0-2345263	9-9365150	4
10	9-6962013	9-7577555	0-2422445	9-9384458	90	60	9-7021057	9-7656305	0-2343695	9-9364752	4
11	9-6963204	9-7579137	0-2420863	9-9384067	89	61	9-7022227	9-7657873	0-2342127	9-9364355	3
12	9-6964395	9-7580719	0-2419281	9-9383676	88	62	9-7023397	9-7659440	0-2340560	9-9363957	3
13	9-6965586	9-7582300	0-2417700	9-9383285	87	63	9-7024566	9-7661007	0-2338993	9-9363559	3
14	9-6966776	9-7583881	0-2416119	9-9382894	86	64	9-7025735	9-7662574	0-2337426	9-9363161	3
15	9-6967965	9-7585462	0-2414538	9-9382503	85	65	9-7026905	9-7664141	0-2335859	9-9362762	3
16	9-6969155	9-7587043	0-2412957	9-9382112	84	66	9-7028071	9-7665707	0-2334293	9-9362364	3
17	9-6970343	9-7588623	0-2411377	9-9381720	83	67	9-7029239	9-7667273	0-2332727	9-9361965	3
18	9-6971532	9-7590203	0-2409797	9-9381329	82	68	9-7030406	9-7668839	0-2331161	9-9361566	3
19	9-6972720	9-7591783	0-2408217	9-9380937	81	69	9-7031572	9-7670405	0-2329595	9-9361168	3
20	9-6973907	9-7593362	0-2406638	9-9380545	80	70	9-7032739	9-7671970	0-2328030	9-9360768	3
21	9-6975094	9-7594941	0-2405059	9-9380153	79	71	9-7033904	9-7673535	0-2326465	9-9360369	2
22	9-6976281	9-7596520	0-2403480	9-9379761	78	72	9-7035070	9-7675100	0-2324900	9-9359970	2
23	9-6977467	9-7598099	0-2401901	9-9379369	77	73	9-7036235	9-7676664	0-2323336	9-9359570	2
24	9-6978653	9-7599677	0-2400323	9-9378976	76	74	9-7037399	9-7678228	0-2321772	9-9359171	2
25	9-6979839	9-7601255	0-2398745	9-9378584	75	75	9-7038563	9-7679792	0-2320208	9-9358771	2
26	9-6981024	9-7602833	0-2397167	9-9378191	74	76	9-7039727	9-7681356	0-2318644	9-9358371	2
27	9-6982208	9-7604410	0-2395590	9-9377798	73	77	9-7040890	9-7682919	0-2317081	9-9357971	2
28	9-6983392	9-7605987	0-2394013	9-9377405	72	78	9-7042053	9-7684482	0-2315518	9-9357571	2
29	9-6984576	9-7607564	0-2392436	9-9377012	71	79	9-7043216	9-7686045	0-2313955	9-9357171	2
30	9-6985759	9-7609141	0-2390859	9-9376618	70	80	9-7044378	9-7687608	0-2312392	9-9356770	2
31	9-6986942	9-7610717	0-2389283	9-9376225	69	81	9-7045539	9-7689170	0-2310830	9-9356369	1
32	9-6988124	9-7612293	0-2387707	9-9375831	68	82	9-7046701	9-7690732	0-2309268	9-9355969	1
33	9-6989306	9-7613869	0-2386131	9-9375438	67	83	9-7047861	9-7692294	0-2307706	9-9355568	1
34	9-6990488	9-7615444	0-2384556	9-9375044	66	84	9-7049022	9-7693855	0-2306145	9-9355167	1
35	9-6991669	9-7617019	0-2382981	9-9374650	65	85	9-7050182	9-7695416	0-2304584	9-9354766	1
36	9-6992850	9-7618594	0-2381406	9-9374255	64	86	9-7051341	9-7696977	0-2303023	9-9354364	1
37	9-6994030	9-7620168	0-2379832	9-9373861	63	87	9-7052500	9-7698538	0-2301462	9-9353963	1
38	9-6995209	9-7621743	0-2378257	9-9373467	62	88	9-7053659	9-7700098	0-2299902	9-9353561	1
39	9-6996389	9-7623317	0-2376683	9-9373072	61	89	9-7054817	9-7701658	0-2298342	9-9353159	1
40	9-6997568	9-7624890	0-2375110	9-9372677	60	90	9-7055975	9-7703218	0-2296782	9-9352757	1
41	9-6998746	9-7626464	0-2373536	9-9372285	59	91	9-7057133	9-7704777	0-2295223	9-9352355	
42	9-6999924	9-7628037	0-2371963	9-9371887	58	92	9-7058290	9-7706337	0-2293663	9-9351953	
43	9-7001102	9-7629610	0-2370390	9-9371492	57	93	9-7059446	9-7707896	0-2292104	9-9351551	
44	9-7002279	9-7631182	0-2368818	9-9371097	56	94	9-7060603	9-7709454	0-2290546	9-9351148	
45	9-7003456	9-7632754	0-2367246	9-9370702	55	95	9-7061758	9-7711013	0-2288947	9-9350746	
46	9-7004632	9-7634326	0-2365674	9-9370306	54	96	9-7062914	9-7712571	0-2287429	9-9350343	
47	9-7005808	9-7635898	0-2364102	9-9369910	53	97	9-7064069	9-7714129	0-2285871	9-9349940	
48	9-7006984	9-7637470	0-2362530	9-9369514	52	98	9-7065223	9-7715687	0-2284313	9-9349537	
49	9-7008159	9-7639041	0-2360959	9-9369118	51	99	9-7066377	9-7717244	0-2282756	9-9349134	
50	9-7009334	9-7640612	0-2359388	9-9368722	50	100	9-7067531	9-7718801	0-2281199	9-9348730	
Minutes.	COSINUS.	COTANG.	TANGENT.	SINUS.	Minutes.	Minutes.	COSINUS.	COTANG.	TANGENT.	SINUS.	Minutes.

34 GRADES.

Minutes.	SINUS.	TANGENT.	COTANG.	COSINUS.	Minutes.	Minutes.	SINUS.	TANGENT.	COTANG.	COSINUS.	Minutes.
0	9-7067531	9-7718801	0-2281199	9-9348730	100	50	9-7124695	9-7796318	0-2203682	9-9328376	50
1	9-7068684	9-7720358	0-2279642	9-9348327	99	51	9-7125828	9-7797862	0-2202138	9-9327966	49
2	9-7069837	9-7721914	0-2278086	9-9347923	98	52	9-7126960	9-7799405	0-2200595	9-9327555	48
3	9-7070990	9-7723471	0-2276529	9-9347519	97	53	9-7128092	9-7800948	0-2199052	9-9327144	47
4	9-7072142	9-7725027	0-2274973	9-9347115	96	54	9-7129224	9-7802491	0-2197509	9-9326732	46
5	9-7073294	9-7726583	0-2273417	9-9346711	95	55	9-7130355	9-7804034	0-2195966	9-9326321	45
6	9-7074445	9-7728138	0-2271862	9-9346307	94	56	9-7131486	9-7805576	0-2194424	9-9325910	44
7	9-7075596	9-7729693	0-2270307	9-9345902	93	57	9-7132617	9-7807119	0-2192881	9-9325498	43
8	9-7076746	9-7731248	0-2268752	9-9345498	92	58	9-7133747	9-7808661	0-2191339	9-9325086	42
9	9-7077896	9-7732803	0-2267197	9-9345093	91	59	9-7134876	9-7810202	0-2189798	9-9324674	41
10	9-7079046	9-7734357	0-2265643	9-9344688	90	60	9-7136006	9-7811744	0-2188256	9-9324262	40
11	9-7080195	9-7735911	0-2264089	9-9344283	89	61	9-7137135	9-7813285	0-2186715	9-9323850	39
12	9-7081344	9-7737465	0-2262535	9-9343878	88	62	9-7138263	9-7814826	0-2185174	9-9323437	38
13	9-7082492	9-7739019	0-2260981	9-9343473	87	63	9-7139391	9-7816366	0-2183634	9-9323025	37
14	9-7083640	9-7740572	0-2259428	9-9343067	86	64	9-7140519	9-7817907	0-2182093	9-9322612	36
15	9-7084788	9-7742125	0-2257875	9-9342662	85	65	9-7141646	9-7819447	0-2180553	9-9322199	35
16	9-7085935	9-7743678	0-2256322	9-9342256	84	66	9-7142773	9-7820987	0-2179013	9-9321786	34
17	9-7087081	9-7745231	0-2254769	9-9341851	83	67	9-7143899	9-7822526	0-2177474	9-9321373	33
18	9-7088228	9-7746783	0-2253217	9-9341445	82	68	9-7145026	9-7824066	0-2175934	9-9320960	32
19	9-7089374	9-7748335	0-2251665	9-9341038	81	69	9-7146151	9-7825605	0-2174395	9-9320547	31
20	9-7090519	9-7749887	0-2250113	9-9340632	80	70	9-7147277	9-7827144	0-2172856	9-9320133	30
21	9-7091664	9-7751438	0-2248562	9-9340226	79	71	9-7148401	9-7828682	0-2171318	9-9319719	29
22	9-7092809	9-7752990	0-2247010	9-9339819	78	72	9-7149526	9-7830220	0-2169780	9-9319305	28
23	9-7093953	9-7754541	0-2245459	9-9339413	77	73	9-7150650	9-7831759	0-2168241	9-9318891	27
24	9-7095097	9-7756091	0-2243909	9-9339006	76	74	9-7151774	9-7833296	0-2166704	9-9318477	26
25	9-7096240	9-7757642	0-2242358	9-9338599	75	75	9-7152897	9-7834834	0-2165166	9-9318063	25
26	9-7097384	9-7759192	0-2240808	9-9338192	74	76	9-7154020	9-7836371	0-2163629	9-9317649	24
27	9-7098526	9-7760742	0-2239258	9-9337784	73	77	9-7155143	9-7837909	0-2162091	9-9317234	23
28	9-7099668	9-7762291	0-2237709	9-9337377	72	78	9-7156265	9-7839445	0-2160555	9-9316819	22
29	9-7100810	9-7763841	0-2236159	9-9336969	71	79	9-7157386	9-7840982	0-2159018	9-9316404	21
30	9-7101952	9-7765390	0-2234610	9-9336562	70	80	9-7158508	9-7842518	0-2157482	9-9315989	20
31	9-7103093	9-7766939	0-2233061	9-9336154	69	81	9-7159629	9-7844054	0-2155946	9-9315574	19
32	9-7104233	9-7768487	0-2231513	9-9335746	68	82	9-7160749	9-7845590	0-2154410	9-9315159	18
33	9-7105373	9-7770036	0-2229964	9-9335337	67	83	9-7161869	9-7847126	0-2152874	9-9314743	17
34	9-7106513	9-7771584	0-2228416	9-9334929	66	84	9-7162989	9-7848661	0-2151339	9-9314328	16
35	9-7107653	9-7773132	0-2226868	9-9334521	65	85	9-7164108	9-7850196	0-2149804	9-9313912	15
36	9-7108792	9-7774679	0-2225321	9-9334112	64	86	9-7165227	9-7851731	0-2148269	9-9313496	14
37	9-7109930	9-7776227	0-2223773	9-9333703	63	87	9-7166346	9-7853266	0-2146734	9-9313080	13
38	9-7111068	9-7777774	0-2222226	9-9333293	62	88	9-7167464	9-7854800	0-2145200	9-9312664	12
39	9-7112206	9-7779321	0-2220679	9-9332883	61	89	9-7168582	9-7856334	0-2143666	9-9312247	11
40	9-7113343	9-7780867	0-2219133	9-9332476	60	90	9-7169699	9-7857868	0-2142132	9-9311831	10
41	9-7114480	9-7782413	0-2217587	9-9332067	59	91	9-7170816	9-7859402	0-2140598	9-9311414	9
42	9-7115617	9-7783959	0-2216041	9-9331658	58	92	9-7171933	9-7860935	0-2139065	9-9310998	8
43	9-7116753	9-7785505	0-2214495	9-9331248	57	93	9-7173049	9-7862468	0-2137532	9-9310581	7
44	9-7117889	9-7787051	0-2212949	9-9330838	56	94	9-7174165	9-7864001	0-2135999	9-9310165	6
45	9-7119024	9-7788596	0-2211404	9-9330428	55	95	9-7175280	9-7865534	0-2134466	9-9309746	5
46	9-7120159	9-7790141	0-2209859	9-9330018	54	96	9-7176395	9-7867066	0-2132934	9-9309329	4
47	9-7121294	9-7791686	0-2208314	9-9329608	53	97	9-7177510	9-7868598	0-2131402	9-9308911	3
48	9-7122428	9-7793230	0-2206770	9-9329198	52	98	9-7178624	9-7870130	0-2129870	9-9308494	2
49	9-7123561	9-7794774	0-2205226	9-9328787	51	99	9-7179738	9-7871662	0-2128338	9-9308076	1
50	9-7124695	9-7796318	0-2203682	9-9328376	50	100	9-7180851	9-7873193	0-2126807	9-9307658	0
Minutes.	COSINUS.	COTANG.	TANGENT.	SINUS.	Minutes.	Minutes.	COSINUS.	COTANG.	TANGENT.	SINUS.	Minutes.

65 GRADES.

Minutes.	SINUS.	TANGENT.	COTANG.	COSINUS.	Minutes.
0	9-7180851	9-7873193	0-2126807	9-9307658	100
1	9-7181964	9-7874724	0-2125276	9-9307240	99
2	9-7183077	9-7876255	0-2123745	9-9306821	98
3	9-7184189	9-7877786	0-2122214	9-9306403	97
4	9-7185301	9-7879316	0-2120684	9-9305985	96
5	9-7186412	9-7880846	0-2119154	9-9305566	95
6	9-7187523	9-7882376	0-2117624	9-9305147	94
7	9-7188634	9-7883906	0-2116094	9-9304728	93
8	9-7189744	9-7885436	0-2114564	9-9304309	92
9	9-7190854	9-7886965	0-2113035	9-9303889	91
10	9-7191964	9-7888494	0-2111506	9-9303470	90
11	9-7193073	9-7898022	0-2109978	9-9303050	89
12	9-7194182	9-7891551	0-2108449	9-9302631	88
13	9-7195290	9-7893079	0-2106921	9-9302211	87
14	9-7196398	9-7894607	0-2105393	9-9301791	86
15	9-7197505	9-7896135	0-2103865	9-9301371	85
16	9-7198613	9-7897662	0-2102338	9-9300950	84
17	9-7199719	9-7899190	0-2100810	9-9300530	83
18	9-7200826	9-7900717	0-2099283	9-9300109	82
19	9-7201932	9-7902245	0-2097755	9-9299688	81
20	9-7203037	9-7903770	0-2096230	9-9299267	80
21	9-7204143	9-7905296	0-2094704	9-9298846	79
22	9-7205247	9-7906822	0-2093178	9-9298425	78
23	9-7206352	9-7908348	0-2091652	9-9298004	77
24	9-7207456	9-7909874	0-2090126	9-9297582	76
25	9-7208560	9-7911399	0-2088601	9-9297160	75
26	9-7209663	9-7912924	0-2087076	9-9296739	74
27	9-7210766	9-7914449	0-2085551	9-9296317	73
28	9-7211868	9-7915974	0-2084026	9-9295895	72
29	9-7212970	9-7917498	0-2082502	9-9295472	71
30	9-7214072	9-7919022	0-2080978	9-9295050	70
31	9-7215174	9-7920546	0-2079454	9-9294627	69
32	9-7216275	9-7922070	0-2077930	9-9294205	68
33	9-7217375	9-7923593	0-2076407	9-9293782	67
34	9-7218475	9-7925116	0-2074884	9-9293359	66
35	9-7219575	9-7926639	0-2073361	9-9292936	65
36	9-7220674	9-7928162	0-2071838	9-9292513	64
37	9-7221774	9-7929684	0-2070316	9-9292089	63
38	9-7222872	9-7931207	0-2068793	9-9291665	62
39	9-7223970	9-7932729	0-2067271	9-9291242	61
40	9-7225068	9-7934250	0-2065750	9-9290818	60
41	9-7226166	9-7935772	0-2064228	9-9290394	59
42	9-7227263	9-7937293	0-2062707	9-9289970	58
43	9-7228360	9-7938814	0-2061186	9-9289545	57
44	9-7229456	9-7940335	0-2059665	9-9289121	56
45	9-7230552	9-7941856	0-2058144	9-9288696	55
46	9-7231648	9-7943376	0-2056624	9-9288271	54
47	9-7232743	9-7944896	0-2055104	9-9287846	53
48	9-7233838	9-7946416	0-2053584	9-9287421	52
49	9-7234932	9-7947936	0-2052064	9-9286996	51
50	9-7236026	9-7949455	0-2050545	9-9286571	50
Minutes.	COSINUS.	COTANG.	TANGENT.	SINUS.	Minutes.

Minutes.	SINUS.	TANGENT.	COTANG.	COSINUS.	Minutes.
50	9-7236026	9-7949455	0-2050545	9-9286571	50
51	9-7237120	9-7950974	0-2049026	9-9286145	49
52	9-7238213	9-7952493	0-2047507	9-9285720	48
53	9-7239306	9-7954012	0-2045988	9-9285294	47
54	9-7240398	9-7955531	0-2044469	9-9284868	46
55	9-7241491	9-7957049	0-2042951	9-9284442	45
56	9-7242582	9-7958567	0-2041433	9-9284015	44
57	9-7243674	9-7960085	0-2039915	9-9283589	43
58	9-7244765	9-7961602	0-2038398	9-9283162	42
59	9-7245855	9-7963120	0-2036880	9-9282736	41
60	9-7246945	9-7964637	0-2035363	9-9282309	40
61	9-7248035	9-7966153	0-2033847	9-9281882	39
62	9-7249125	9-7967670	0-2032330	9-9281455	38
63	9-7250214	9-7969186	0-2030814	9-9281027	37
64	9-7251303	9-7970703	0-2029297	9-9280600	36
65	9-7252391	9-7982219	0-2027781	9-9280172	35
66	9-7253479	9-7973734	0-2026266	9-9279744	34
67	9-7254566	9-7975250	0-2024750	9-9279317	33
68	9-7255654	9-7976765	0-2023235	9-9278888	32
69	9-7256740	9-7978280	0-2021720	9-9278460	31
70	9-7257827	9-7979795	0-2020205	9-9278032	30
71	9-7258913	9-7981309	0-2018691	9-9277603	29
72	9-7259999	9-7982824	0-2017176	9-9277175	28
73	9-7261084	9-7984338	0-2015662	9-9276746	27
74	9-7262169	9-7985852	0-2014148	9-9276317	26
75	9-7263253	9-7987365	0-2012635	9-9275888	25
76	9-7264337	9-7988879	0-2011121	9-9275459	24
77	9-7265421	9-7990392	0-2009608	9-9275029	23
78	9-7266505	9-7991905	0-2008095	9-9274600	22
79	9-7267588	9-7993418	0-2006582	9-9274170	21
80	9-7268670	9-7994930	0-2005070	9-9273740	20
81	9-7269753	9-7996442	0-2003558	9-9273310	19
82	9-7270834	9-7997954	0-2002046	9 9272880	18
83	9-7271916	9-7999466	0-2000534	9-9272450	17
84	9-7272997	9-8000978	0-1999022	9-9272019	16
85	9-7274078	9-8002489	0-1997511	9-9271589	15
86	9-7275158	9-8004000	0-1996000	9-9271158	14
87	9-7276238	9-8005511	0-1994489	9-9270727	13
88	9-7277318	9-8007022	0-1992978	9-9270296	12
89	9-7278397	9-8008532	0-1991468	9-9269865	11
90	9-7279476	9-8010043	0-1989957	9-9269433	10
91	9-7280555	9-8011553	0-1988447	9-9269002	9
92	9-7281633	9-8013062	0-1986938	9-9268570	8
93	9-7282710	9-8014572	0-1985428	9-9268138	7
94	9-7283788	9-8016081	0-1983919	9-9267706	6
95	9-7284865	9-8017590	0-1982410	9-9267274	5
96	9-7285941	9-8019099	0-1980901	9-9266842	4
97	9-7287018	9-8020608	0-1979392	9-9266410	3
98	9-7288094	9-8022117	0-1977883	9-9265977	2
99	9-7289169	9-8023625	0-1976375	9-9265544	1
100	9-7290244	9-8025133	0-1974867	9-9265112	0
Minutes.	COSINUS.	COTANG.	TANGENT.	SINUS.	Minutes.

64 GRADES.

Minutes.	SINUS.	TANGENT.	COTANG.	COSINUS.	Minutes.	Minutes.	SINUS.	TANGENT.	COTANG.	COSINUS.	Minutes.
0	9-7290243	9-8025133	0-1974867	9-9265112	100	50	9-7343529	9-8100253	0-1899747	9-9243277	50
1	9-7291319	9-8026640	0-1973360	9-9264679	99	51	9-7344586	9-8101750	0-1898250	9-9242836	49
2	9-7292393	9-8028148	0-1971852	9-9264245	98	52	9-7345642	9-8103246	0-1896754	9-9242395	48
3	9-7293467	9-8029655	0-1970345	9-9263812	97	53	9-7346697	9-8104743	0-1895257	9-9241954	47
4	9-7294541	9-8031163	0-1968837	9-9263379	96	54	9-7347753	9-8106239	0-1893761	9-9241513	46
5	9-7295614	9-8032669	0-1967331	9-9262945	95	55	9-7348807	9-8107735	0-1892265	9-9241072	45
6	9-7296687	9-8034176	0-1965824	9-9262511	94	56	9-7349862	9-8109231	0-1890769	9-9240631	44
7	9-7297760	9-8035682	0-1964318	9-9262077	93	57	9-7350916	9-8110727	0-1889273	9-9240189	43
8	9-7298832	9-8037189	0-1962811	9-9261643	92	58	9-7351970	9-8112222	0-1887778	9-9239748	42
9	9-7299904	9-8038695	0-1961305	9-9261209	91	59	9-7353023	9-8113717	0-1886283	9-9239306	41
10	9-7300975	9-8040200	0-1959800	9-9260775	90	60	9-7354076	9-8115212	0-1884788	9-9238864	40
11	9-7302046	9-8041706	0-1958294	9-9260340	89	61	9-7355129	9-8116707	0-1883293	9-9238422	39
12	9-7303117	9-8043211	0-1956789	9-9259906	88	62	9-7356181	9-8118202	0-1881798	9-9237980	38
13	9-7304187	9-8044716	0-1955284	9-9259471	87	63	9-7357233	9-8119696	0-1880304	9-9237537	37
14	9-7305257	9-8046221	0-1953779	9-9259036	86	64	9-7358285	9-8121190	0-1878810	9-9237095	36
15	9-7306327	9-8047726	0-1952274	9-9258601	85	65	9-7359336	9-8122684	0-1877316	9-9236652	35
16	9-7307396	9-8049230	0-1950770	9-9258165	84	66	9-7360387	9-8124178	0-1875822	9-9236209	34
17	9-7308465	9-8050735	0-1949265	9-9257730	83	67	9-7361438	9-8125671	0-1874329	9-9235766	33
18	9-7309533	9-8052239	0-1947761	9-9257294	82	68	9-7362488	9-8127165	0-1872835	9-9235323	32
19	9-7310601	9-8053743	0-1946257	9-9256859	81	69	9-7363538	9-8128658	0-1871342	9-9234880	31
20	9-7311669	9-8055246	0-1944754	9-9256423	80	70	9-7364587	9-8130151	0-1869849	9-9234436	30
21	9-7312736	9-8056749	0-1943251	9-9255987	79	71	9-7365636	9-8131643	0-1868357	9-9233993	29
22	9-7313803	9-8058253	0-1941747	9-9255551	78	72	9-7366685	9-8133136	0-1866864	9-9233549	28
23	9-7314870	9-8059756	0-1940244	9-9255114	77	73	9-7367733	9-8134628	0-1865372	9-9233105	27
24	9-7315936	9-8061258	0-1938742	9-9254678	76	74	9-7368781	9-8136120	0-1863880	9-9232661	26
25	9-7317002	9-8062761	0-1937239	9-9254241	75	75	9-7369829	9-8137612	0-1862388	9-9232217	25
26	9-7318068	9-8064263	0-1935737	9-9253804	74	76	9-7370876	9-8139104	0-1860896	9-9231773	24
27	9-7319133	9-8065765	0-1934235	9-9253367	73	77	9-7371923	9-8140595	0-1859405	9-9231328	23
28	9-7320197	9-8067267	0-1932733	9-9252930	72	78	9-7372970	9-8142086	0-1857914	9-9230883	22
29	9-7321262	9-8068769	0-1931231	9-9252493	71	79	9-7374016	9-8143578	0-1856422	9-9230439	21
30	9-7322326	9-8070270	0-1929730	9-9252056	70	80	9-7375062	9-8145068	0-1854932	9-9229994	20
31	9-7323390	9-8071771	0-1928229	9-9251618	69	81	9-7376107	9-8146559	0-1853441	9-9229548	19
32	9-7324453	9-8073272	0-1926728	9-9251181	68	82	9-7377153	9-8148049	0-1851951	9-9229103	18
33	9-7325516	9-8074773	0-1925227	9-9250743	67	83	9-7378197	9-8149540	0-1850460	9-9228658	17
34	9-7326578	9-8076273	0-1923727	9-9250305	66	84	9-7379242	9-8151030	0-1848970	9-9228212	16
35	9-7327640	9-8077774	0-1922226	9-9249867	65	85	9-7380286	9-8152519	0-1847481	9-9227766	15
36	9-7328702	9-8079274	0-1920726	9-9249428	64	86	9-7381330	9-8154009	0-1845991	9-9227320	14
37	9-7329764	9-8080774	0-1919226	9-9248990	63	87	9-7382373	9-8155498	0-1844502	9-9226874	13
38	9-7330825	9-8082273	0-1917727	9-9248551	62	88	9-7383416	9-8156988	0-1843012	9-9226428	12
39	9-7331886	9-8083773	0-1916227	9-9248113	61	89	9-7384459	9-8158477	0-1841523	9-9225982	11
40	9-7332946	9-8085272	0-1914728	9-9247674	60	90	9-7385501	9-8159965	0-1840035	9-9225535	10
41	9-7334006	9-8086771	0-1913229	9-9247235	59	91	9-7386543	9-8161454	0-1838546	9-9225089	9
42	9-7335065	9-8088270	0-1911730	9-9246796	58	92	9-7387584	9-8162942	0-1837058	9-9224642	8
43	9-7336125	9-8089769	0-1910231	9-9246356	57	93	9-7388626	9-8164431	0-1835569	9-9224195	7
44	9-7337184	9-8091267	0-1908733	9-9245917	56	94	9-7389666	9-8165918	0-1834082	9-9223748	6
45	9-7338242	9-8092765	0-1907235	9-9245477	55	95	9-7390707	9-8167406	0-1832594	9-9223301	5
46	9-7339300	9-8094263	0-1905737	9-9245037	54	96	9-7391747	9-8168894	0-1831106	9-9222853	4
47	9-7340358	9-8095761	0-1904239	9-9244597	53	97	9-7392787	9-8170381	0-1829619	9-9222406	3
48	9-7341416	9-8097258	0-1902742	9-9244157	52	98	9-7393826	9-8171868	0-1828132	9-9221958	2
49	9-7342473	9-8098756	0-1901244	9-9243717	51	99	9-7394865	9-8173355	0-1826645	9-9221510	1
50	9-7343529	9-8100253	0-1899747	9-9243277	50	100	9-7395904	9-8174842	0-1825158	9-9221062	0
Minutes.	COSINUS.	COTANG.	TANGENT.	SINUS.	Minutes.	Minutes.	COSINUS.	COTANG.	TANGENT.	SINUS.	Minutes.

63 GRADES.

Minutes.	SINUS.	TANGENT.	COTANG.	COSINUS.	Minutes.
0	9-7395904	9-8174842	0-1825158	9-9221062	100
1	9-7396942	9-8176329	0-1823671	9-9220614	99
2	9-7397980	9-8177815	0-1822185	9-9220165	98
3	9-7399018	9-8179301	0-1820699	9-9219717	97
4	9-7400055	9-8180787	0-1819213	9-9219268	96
5	9-7401092	9-8182273	0-1817727	9-9218819	95
6	9-7402129	9-8183758	0-1816242	9-9218370	94
7	9-7403165	9-8185244	0-1814756	9-9217921	93
8	9-7404201	9-8186729	0-1813271	9-9217472	92
9	9-7405236	9-8188214	0-1811786	9-9217023	91
10	9-7406272	9-8189698	0-1810302	9-9216573	90
11	9-7407306	9-8191183	0-1808817	9-9216123	89
12	9-7408341	9-8192667	0-1807333	9-9215673	88
13	9 7409375	9-8194151	0-1805849	9-9215223	87
14	9-7410409	9-8195635	0-1804365	9-9214773	86
15	9-7411442	9-8197119	0-1802881	9-9214323	85
16	9-7412475	9-8198603	0-1801397	9-9213872	84
17	9-7413508	9-8200086	0-1799914	9-9213422	83
18	9-7414540	9-8201569	0-1798431	9-9212971	82
19	9-7415572	9-8203052	0-1796948	9-9212520	81
20	9-7416604	9-8204535	0-1795465	9-9212069	80
21	9-7417635	9-8206017	0-1793983	9-9211618	79
22	9-7418666	9-8207500	0-1792500	9-9211166	78
23	9-7419697	9-8208982	0-1791018	9-9210715	77
24	9-7420727	9-8210464	0-1789536	9-9210263	76
25	9-7421757	9-8211946	0-1788054	9-9209811	75
26	9-7422786	9-8213427	0-1786573	9-9209359	74
27	9-7423815	9-8214908	0-1785092	9-9208907	73
28	9-7424844	9-8216390	0-1783610	9-9208454	72
29	9-7425873	9-8217871	0-1782129	9-9208002	71
30	9-7426901	9-8219351	0-1780649	9-9207549	70
31	9-7427928	9-8220832	0-1779168	9-9207097	69
32	9 7428956	9-8222312	0-1777688	9-9206644	68
33	9-7429983	9-8223793	0-1776207	9-9206190	67
34	9-7431010	9-8225272	0-1774728	9-9205737	66
35	9-7432036	9-8226752	0-1773248	9-9205284	65
36	9-7433062	9-8228232	0-1771768	9-9204830	64
37	9-7434088	9-8229711	0-1770289	9-9204376	63
38	9-7435113	9-8231190	0-1768810	9-9203923	62
39	9-7436138	9-8232670	0-1767330	9-9203469	61
40	9-7437163	9-8234148	0-1765852	9-9203014	60
41	9-7438187	9-8235627	0-1764373	9-9202560	59
42	9-7439211	9-8237105	0-1762895	9-9202105	58
43	9-7440234	9-8238584	0-1761416	9-9201651	57
44	9-7441258	9-8240062	0-1759938	9-9201196	56
45	9-7442281	9-8241540	0-1758460	9-9200741	55
46	9-7443303	9-8243017	0-1756983	9-9200286	54
47	9-7444325	9-8244495	0-1755505	9-9199831	53
48	9-7445347	9-8245972	0-1754028	9-9199375	52
49	9-7446369	9 8247449	0-1752551	9-9198920	51
50	9-7447390	9-8248926	0-1751074	9-9198464	50
Minutes.	COSINUS.	COTANG.	TANGENT.	SINUS.	Minutes.

Minutes.	SINUS.	TANGENT.	COTANG.	COSINUS.
50	9-7447390	9-8248926	0-1751074	9-9198464
51	9-7448410	9-8250403	0-1749597	9-9198008
52	9-7449431	9-8251879	0-1748121	9-9197552
53	9-7450451	9-8253355	0-1746645	9-9197096
54	9-7451471	9-8254831	0-1745169	9-9196639
55	9-7452490	9-8256307	0-1743693	9-9196183
56	9-7453509	9-8257783	0-1742217	9-9195726
57	9-7454528	9-8259259	0-1740741	9-9195269
58	9-7455546	9-8260734	0-1739266	9-9194812
59	9-7456564	9-8262209	0-1737791	9-9194355
60	9-7457582	9-8263684	0-1736316	9-9193898
61	9-7458599	9-8265159	0-1734841	9-9193440
62	9-7459616	9-8266634	0-1733366	9-9192983
63	9-7460633	9-8268108	0-1731892	9-9192525
64	9-7461649	9-8269582	0-1730418	9-9192067
65	9-7462665	9-8271056	0-1728944	9-9191609
66	9-7463681	9-8272530	0-1727470	9-9191151
67	9-7464696	9-8274004	0-1725996	9-9190692
68	9-7465711	9-8275477	0-1724523	9-9190254
69	9-7466726	9-8276950	0-1723050	9-9189775
70	9-7467740	9-8278424	0-1721576	9-9189316
71	9-7468754	9-8279896	0-1720104	9-9188857
72	9-7469767	9-8281369	0-1718631	9-9188398
73	9-7470780	9-8282842	0-1717158	9-9187939
74	9-7471793	9-8284314	0-1715686	9-9187479
75	9-7472806	9-8285786	0-1714214	9-9187020
76	9-7473818	9-8287258	0-1712742	9-9186560
77	9-7474830	9-8288730	0-1711270	9-9186100
78	9-7475841	9-8290201	0-1709799	9-9185640
79	9-7476852	9-8291673	0-1708327	9-9185180
80	9-7477863	9-8293144	0-1706856	9-9184719
81	9-7478874	9-8294615	0-1705385	9-9184259
82	9-7479884	9-8296086	0-1703914	9-9183798
83	9-7480894	9-8297556	0-1702444	9-9183337
84	9-7481903	9-8299027	0-1700973	9-9182876
85	9-7482912	9-8300497	0-1699503	9-9182415
86	9-7483921	9-8301967	0-1698033	9-9181953
87	9-7484929	9-8303437	0-1696563	9-9181492
88	9-7485937	9-8304907	0-1695093	9-9181030
89	9-7486945	9-8306376	0-1693624	9-9180568
90	9-7487952	9-8307846	0-1692154	9-9180107
91	9-7488959	9-8309315	0-1690685	9-9179644
92	9-7489966	9-8310784	0-1689216	9-9179182
93	9-7490972	9-8312253	0-1687747	9-9178720
94	9-7491978	9-8313721	0-1686279	9-9178257
95	9-7492984	9-8315190	0-1684810	9-9177794
96	9-7493989	9-8316658	0-1683342	9-9177331
97	9-7494994	9-8318126	0-1681874	9-9176868
98	9 7495999	9-8319594	0-1680406	9-9176405
99	9-7497003	9-8321062	0-1678938	9-9175942
100	9-7498007	9-8322529	0-1677471	9-9175478
Minutes.	COSINUS.	COTANG.	TANGENT.	SINUS.

Minutes.	SINUS.	TANGENT.	COTANG.	COSINUS.	Minutes.	Minutes.	SINUS.	TANGENT.	COTANG.	COSINUS.	Minutes.
0	9-7498007	9-8322529	0-1677471	9-9175478	100	50	9-7547777	9-8395676	0-1604324	9-9152101	50
1	9-7499011	9-8323997	0-1676003	9-9175015	99	51	9-7548764	9-8397135	0-1602865	9-9151629	49
2	9-7500014	9-8325464	0-1674536	9-9174551	98	52	9-7549751	9-8398593	0-1601407	9-9151158	48
3	9-7501017	9-8326931	0-1673069	9-9174087	97	53	9-7550737	9-8400051	0-1599949	9-9150686	47
4	9-7502020	9-8328397	0-1671603	9-9173622	96	54	9-7551723	9-8401509	0-1598491	9-9150214	46
5	9-7503022	9-8329864	0-1670136	9-9173158	95	55	9-7552708	9-8402967	0-1597033	9-9149742	45
6	9-7504024	9-8331330	0-1668670	9-9172694	94	56	9-7553693	9-8404424	0-1595576	9-9149269	44
7	9-7505026	9-8332797	0-1667203	9-9172229	93	57	9-7554678	9-8405882	0-1594118	9-9148797	43
8	9-7506027	9-8334263	0-1665737	9-9171764	92	58	9-7555663	9-8407339	0-1592661	9-9148324	42
9	9-7507028	9-8335729	0-1664271	9-9171299	91	59	9-7556647	9-8408796	0-1591204	9-9147851	41
10	9-7508029	9-8337194	0-1662806	9-9170834	90	60	9-7557631	9-8410253	0-1589747	9-9147378	40
11	9-7509029	9-8338660	0-1661340	9-9170369	89	61	9-7558615	9-8411710	0-1588290	9-9146905	39
12	9-7510029	9-8340125	0-1659875	9-9169904	88	62	9-7559598	9-8413166	0-1586834	9-9146432	38
13	9-7511028	9-8341590	0-1658410	9-9169438	87	63	9-7560581	9-8414623	0-1585377	9-9145958	37
14	9-7512028	9-8343055	0-1656945	9-9168972	86	64	9-7561565	9-8416079	0-1583921	9-9145485	36
15	9-7513026	9-8344520	0-1655480	9-9168506	85	65	9-7562546	9-8417535	0-1582465	9-9145011	35
16	9-7514025	9-8345985	0-1654015	9-9168040	84	66	9-7563528	9-8418991	0-1581009	9-9144537	34
17	9-7515025	9-8347449	0-1652551	9-9167574	83	67	9-7564509	9-8420446	0-1579554	9-9144063	33
18	9-7516021	9-8348913	0-1651087	9-9167108	82	68	9-7565490	9-8421902	0-1578098	9-9143588	32
19	9-7517019	9-8350378	0-1649622	9-9166641	81	69	9-7566471	9-8423357	0-1576643	9-9143114	31
20	9-7518016	9-8351841	0-1648159	9-9166175	80	70	9-7567452	9-8424812	0-1575188	9-9142639	30
21	9-7519013	9-8353305	0-1646695	9-9165708	79	71	9-7568432	9-8426268	0-1573732	9-9142165	29
22	9-7520009	9-8354769	0-1645231	9-9165241	78	72	9-7569412	9-8427722	0-1572278	9-9141690	28
23	9-7521006	9-8356232	0-1643768	9-9164774	77	73	9-7570392	9-8429177	0-1570823	9-9141215	27
24	9-7522002	9-8357695	0-1642305	9-9164306	76	74	9-7571371	9-8430632	0-1569368	9-9140740	26
25	9-7522997	9-8359158	0-1640842	9-9163839	75	75	9-7572350	9-8432086	0-1567914	9-9140264	25
26	9-7523992	9-8360621	0-1639379	9-9163371	74	76	9-7573329	9-8433540	0-1566460	9-9139789	24
27	9-7524987	9-8362084	0-1637916	9-9162903	73	77	9-7574307	9-8434994	0-1565006	9-9139313	23
28	9-7525982	9-8363546	0-1636454	9-9162435	72	78	9-7575285	9-8436448	0-1563552	9-9138837	22
29	9-7526976	9-8365009	0-1634991	9-9161967	71	79	9-7576263	9-8437902	0-1562098	9-9138361	21
30	9-7527970	9-8366471	0-1633529	9-9161499	70	80	9-7577240	9-8439355	0-1560645	9-9137885	20
31	9-7528963	9-8367933	0-1632067	9-9161031	69	81	9-7578217	9-8440808	0-1559192	9-9137409	19
32	9-7529957	9-8369394	0-1630606	9-9160562	68	82	9-7579194	9-8442262	0-1557738	9-9136932	18
33	9-7530949	9-8370856	0-1629144	9-9160093	67	83	9-7580170	9-8443715	0-1556285	9-9136455	17
34	9-7531942	9-8372317	0-1627683	9-9159625	66	84	9-7581146	9-8445167	0-1554833	9-9135979	16
35	9-7532934	9-8373779	0-1626221	9-9159156	65	85	9-7582122	9-8446620	0-1553380	9-9135502	15
36	9-7533926	9-8375240	0-1624760	9-9158686	64	86	9-7583097	9-8448073	0-1551927	9-9135024	14
37	9-7534918	9-8376701	0-1623299	9-9158217	63	87	9-7584072	9-8449525	0-1550475	9-9134547	13
38	9-7535909	9-8378161	0-1621839	9-9157747	62	88	9-7585047	9-8450977	0-1549023	9-9134070	12
39	9-7536900	9-8379622	0-1620378	9-9157278	61	89	9-7586021	9-8452429	0-1547571	9-9133592	11
40	9-7537890	9-8381082	0-1618918	9-9156808	60	90	9-7586995	9-8453881	0-1546119	9-9133114	10
41	9-7538880	9-8382542	0-1617458	9-9156338	59	91	9-7587969	9-8455333	0-1544667	9-9132636	9
42	9-7539870	9-8384002	0-1615998	9-9155868	58	92	9-7588942	9-8456784	0-1543216	9-9132158	8
43	9-7540860	9-8385462	0-1614538	9-9155398	57	93	9-7589916	9-8458236	0-1541764	9-9131680	7
44	9-7541849	9-8386922	0-1613078	9-9154927	56	94	9-7590888	9-8459687	0-1540313	9-9131202	6
45	9-7542838	9-8388381	0-1611619	9-9154456	55	95	9-7591861	9-8461138	0-1538862	9-9130723	5
46	9-7543826	9-8389841	0-1610159	9-9153986	54	96	9-7592833	9-8462589	0-1537411	9-9130244	4
47	9-7544815	9-8391300	0-1608700	9-9153515	53	97	9-7593805	9-8464039	0-1535961	9-9129765	3
48	9-7545802	9-8392759	0-1607241	9-9153044	52	98	9-7594776	9-8465490	0-1534510	9-9129286	2
49	9-7546790	9-8394218	0-1605782	9-9152572	51	99	9-7595747	9-8466940	0-1533060	9-9128807	1
50	9-7547777	9-8395676	0-1604324	9-9152101	50	100	9-7596718	9-8468390	0-1531610	9-9128328	0
Minutes.	COSINUS.	COTANG.	TANGENT.	SINUS.	Minutes.	Minutes.	COSINUS.	COTANG.	TANGENT.	SINUS.	Minutes.

Minutes.	SINUS.	TANGENT.	COTANG.	COSINUS.	Minutes.
0	9-7596718	9-8468590	0-1531610	9-9128328	100
1	9-7597689	9-8469840	0-1530160	9-9127848	99
2	9-7598659	9-8471290	0-1528710	9-9125369	98
3	9-7599629	9-8472740	0-1527260	9-9126889	97
4	9-7600598	9-8474189	0-1525811	9-9126409	96
5	9-7601567	9-8475639	0-1524361	9-9125929	95
6	9-7602536	9-8477088	0-1522912	9-9125448	94
7	9-4603505	9-8478537	0-1521463	9-9124968	93
8	9-7604473	9-8479986	0-1520014	9-9124487	92
9	9-7605441	9-8481435	0-1518565	9-9124006	91
10	9-7606408	9-8482883	0-1517117	9-9123525	90
11	9-7607376	9-8484332	0-1515668	9-9123044	89
12	9-7608343	9-8485780	0-1514220	9-9122563	88
13	9-7609309	9-8487228	0-1512772	9-9122081	87
14	9-7610276	9-8488676	0-1511324	9-9121600	86
15	9-7611242	9-8490123	0-1509877	9-9121118	85
16	9-7612207	9-8491571	0-1508429	9-9120636	84
17	9-7613173	9-8493019	0-1506981	9-9120154	83
18	9-7614138	9-8494466	0-1505534	9-9119672	82
19	9-7615102	9-8495913	0-1504087	9-9119189	81
20	9-7616067	9-8497360	0-1502640	9-9118707	80
21	9-7617031	9-8498807	0-1501193	9-9118224	79
22	9-7617994	9-8500253	0-1499747	9-9117741	78
23	9-7618958	9-8501700	0-1498300	9-9117258	77
24	9-7619921	9-8503146	0-1496854	9-9116775	76
25	9-7620884	9-8504592	0-1495408	9-9116291	75
26	9-7621846	9-8506038	0-1493962	9-9115808	74
27	9-7622808	9-8507484	0-1492516	9-9115324	73
28	9-7623770	9-8508930	0-1491070	9-9114840	72
29	9-7624731	9-8510375	0-1489625	9-9114356	71
30	9-7625693	9-8511820	0-1488180	9-9113872	70
31	9-7626653	9-8513266	0-1486734	9-9113388	69
32	9-7627614	9-8514711	0-1485289	9-9115903	68
33	9-7628574	9-8516156	0-1483844	9-9112419	67
34	9-7629534	9-8517600	0-1482400	9-9111934	66
35	9-7630494	9-8519045	0-1480955	9-9111449	65
36	9-7631453	9-8520489	0-1479511	9-9110964	64
37	9-7632412	9-8521933	0-1478067	9-9110478	63
38	9-7633370	9-8523377	0-1476623	9-9109993	62
39	9-7634329	9-8524821	0-1475179	9-9109507	61
40	9-7635287	9-8526265	0-1473735	9-9109021	60
41	9-7636244	9-8527709	0-1472291	9-9108535	59
42	9-7637202	9-8529152	0-1470848	9-9108049	58
43	9-7638159	9-8530596	0-1469404	9-9107563	57
44	9-7639115	9-8532039	0-1467961	9-9107077	56
45	9-7640072	9-8533482	0-1466518	9-9106590	55
46	9-7641028	9-8534924	0-1465076	9-9106103	54
47	9-7641983	9-8536367	0-1463633	9-9105616	53
48	9-7642939	9-8537810	0-1462190	9-9105129	52
49	9-7643894	9-8539252	0-1460748	9-9104642	51
50	9-7644849	9-8540694	0-1459306	9-9104155	50
Minutes.	COSINUS.	COTANG.	TANGENT.	SINUS.	Minutes.

Minutes.	SINUS.	TANGENT.	COTANG.	COSINUS.
50	9-7644849	9-8540694	0-1459306	9-9104155
51	9-7645803	9-8542136	0-1457864	9-9103667
52	9-7646757	9-8543578	0-1456422	9-9103179
53	9-7647711	9-8545020	0-1454980	9-9102691
54	9-7648665	9-8546462	0-1453538	9-9102203
55	9-7649618	9-8547903	0-1452097	9-9101715
56	9-7650571	9-8549344	0-1450656	9-9101227
57	9-7651523	9-8550785	0-1449215	9-9100738
58	9-7652476	9-8552226	0-1447774	9-9100249
59	9-7653428	9-8553667	0-1446333	9-9099760
60	9-7654379	9-8555108	0-1444892	9-9099271
61	9-7655331	9-8556548	0-1443452	9-9098782
62	9-7656282	9-8557989	0-1442011	9-9098293
63	9-7657232	9-8559429	0-1440571	9-9097803
64	9-7658183	9-8560869	0-1439131	9-9097314
65	9-7659133	9-8562309	0-1437691	9-9096824
66	9-7660082	9-8563749	0-1436251	9-9096334
67	9-7661032	9-8565188	0-1434812	9-9095844
68	9-7661981	9-8566628	0-1433372	9-9095353
69	9-7662930	9-8568064	0-1431933	9-9094863
70	9-7663878	9-8569506	0-1430494	9-9094372
71	9-7664826	9-8570945	0-1429055	9-9093681
72	9-7665774	9-8572384	0-1427616	9-9093390
73	9-7666722	9-8573823	0-1426177	9-9092899
74	9-7667669	9-8575261	0-1424739	9-9092408
75	9-7668616	9-8576699	0-1423301	9-9091916
76	9-7669562	9-8578138	0-1421862	9-9091425
77	9-7670509	9-8579576	0-1420424	9-9090933
78	9-7671455	9-8581014	0-1418986	9-9090441
79	9-7672400	9-8582451	0-1417549	9-9099949
80	9-7673346	9-8583889	0-1416111	9-9089457
81	9-7674291	9-8585327	0-1414673	9-9088964
82	9-7675235	9-8586764	0-1413236	9-9088471
83	9-7676180	9-8588201	0-1411799	9-9087979
84	9-7677124	9-8589638	0-1410362	9-9087486
85	9-7678068	9-8591075	0-1408925	9-9086993
86	9-7679011	9-8592512	0-1407488	9-9086499
87	9-7679954	9-8593948	0-1406052	9-9086006
88	9-7680897	9-8595385	0-1404615	9-9085512
89	9-7681840	9-8596821	0-1403179	9-9085019
90	9-7682782	9-8598257	0-1401743	9-9084525
91	9-7683724	9-8599693	0-1400307	9-9084031
92	9-7684665	9-8601129	0-1398871	9-9083536
93	9-7685607	9-8605565	0-1397435	9-9083042
94	9-7686548	9-8604000	0-1396000	9-9082547
95	9-7687488	9-8605436	0-1394564	9-9082053
96	9-7688429	9-8606871	0-1393129	9-9081558
97	9-7689369	9-8608306	0-1391694	9-9081063
98	9-7690308	9-8609741	0-1390259	9-9080567
99	9-7691248	9-8611176	0-1388824	9-9080072
100	9-7692187	9-8612610	0-1387590	9-9075976
Minutes.	COSINUS.	COTANG.	TANGENT.	SINUS.

Minutes.	SINUS.	TANGENT.	COTANG.	COSINUS.	Minutes.
0	9-7692187	9-8612610	0-1387390	9-9079576	100
1	9-7693126	9-8614045	0-1385955	9-9079081	99
2	9-7694064	9-8615479	0-1384521	9-9078585	98
3	9-7695002	9-8616914	0-1383086	9-9078089	97
4	9-7695940	9-8618348	0-1381652	9-9077593	96
5	9-7696878	9-8619782	0-1380218	9-9077096	95
6	9-7697815	9-8621215	0-1378785	9-9076600	94
7	9-7698752	9-8622649	0-1377351	9-9076103	93
8	9-7699689	9-8624082	2-1375918	9-9075606	92
9	9-7700625	9-8625516	0-1374484	9-9075109	91
10	9-7701561	9-8626949	0-1373051	9-9074612	90
11	9-7702497	9-8628382	0-1371618	9-9074115	89
12	9-7703432	9-8629815	0-1370185	9-9073617	88
13	9-7704367	9-8631248	0-1368752	9-9073119	87
14	9-7705302	9-8632680	0-1367320	9-9072621	86
15	9-7706236	9-8634113	0-1365887	9-9072123	85
16	9-7707170	9-8635545	0-1364455	9-9071625	84
17	9-7708104	9-8636977	0-1363023	9-9071127	83
18	9-7709038	9-8638409	0-1361591	9-9070628	82
19	9-7709971	9-8639841	0-1360159	9-9070130	81
20	9-7710904	9-8641273	0-1358727	9-9069631	80
21	9-7711837	9-8642705	0-1357295	9-9069132	79
22	9-7712769	9-8644136	0-1355864	9-9068633	78
23	9-7713701	9-8645568	0-1354432	9-9068133	77
24	9-7714633	9-8646999	0-1353001	9-9067634	76
25	9-7715564	9-8648430	0-1351570	9-9067134	75
26	9-7716495	9-8649861	0-1350139	9-9066634	74
27	9-7717426	9-8651292	0-1348708	9-9066134	73
28	9-7718356	9-8652722	0-1347278	9-9065634	72
29	9-7719287	9-8654153	0-1345847	9-9065134	71
30	9-7720216	9-8655583	0-1344417	9-9064633	70
31	9-7721146	9-8657013	0-1342987	9-9064133	69
32	9-7722075	9-8658443	0-1341557	9-9063632	68
33	9-7723004	9-8659873	0-1340127	9-9063131	67
34	9-7723933	9-8661303	0-1338697	9-9062630	66
35	9-7724861	9-8662733	0-1337867	9-9062129	65
36	9-7725789	9-8664162	0-1335838	9-9061627	64
37	9-7726717	9-8665591	0-1334409	9-9061125	63
38	9-7727644	9-8667021	0-1332979	9-9060624	62
39	9-7728571	9-8668450	0-1331550	9-9060122	61
40	9-7729498	9-8669879	0-1330121	9-9059620	60
41	9-7730425	9-8671307	0-1328693	9-9059117	59
42	9-7731351	9-8672736	0-1327264	9-9058615	58
43	9-7732277	9-8674165	0-1325835	9-9058112	57
44	9-7733202	9-8675593	0-1324407	9-9057609	56
45	9-7734128	9-8677021	0-1322979	9-9057106	55
46	9-7735053	9-8678449	0-1321551	9-9056603	54
47	9-7735977	9-8679877	0-1320123	9-9056100	53
48	9-7736902	9-8681305	0-1318695	9-9055596	52
49	9-7737826	9-8682733	0-1317267	9-9055093	51
50	9-7738749	9-8684160	0-1315840	9-9054589	50
Minutes.	COSINUS.	COTANG.	TANGENT.	SINUS.	Minutes.

Minutes.	SINUS.	TANGENT.	COTANG.	COSINUS.	Minutes.
50	9-7738749	9-8684160	0-1315840	9-9054589	50
51	9-7739673	9-8685588	0-1314412	9-9054085	49
52	9-7740596	9-8687015	0-1312985	9-9053581	48
53	9-7741519	9-8688442	0-1311558	9-9053077	47
54	9-7742442	9-8689869	0-1310131	9-9052572	46
55	9-7743364	9-8691296	0-1308704	9-9052068	45
56	9-7744286	9-8692723	0-1307277	9-9051563	44
57	9-7745207	9-8694149	0-1305851	9-9051058	43
58	9-7746129	9-8695576	0-1304424	9-9050553	42
59	9-7747050	9-8697002	0-1302998	9-9050048	41
60	9-7747970	9-8698428	0-1301572	9-9049542	40
61	9-7748891	9-8699854	0-1300146	9-9049036	39
62	9-7749811	9-8701280	0-1298720	9-9048531	38
63	9-7750731	9-8702706	0-1297294	9-9048025	37
64	9-7751650	9-8704132	0-1295868	9-9047519	36
65	9-7752570	9-8705557	0-1294443	9-9047012	35
66	9-7753488	9-8706983	0-1293017	9-9046506	34
67	9-7754407	9-8708408	0-1291592	9-9045999	33
68	9-7755325	9-8709833	0-1290167	9-9045493	32
69	9-7756243	9-8711258	0-1288742	9-9044986	31
70	9-7757161	9-8712683	0-1287317	9-9044478	30
71	9-7758079	9-8714107	0-1285893	9-9043971	29
72	9-7758996	9-8715532	0-1284468	9-9043464	28
73	9-7759912	9-8716956	0-1283044	9-9042956	27
74	9-7760829	9-8718381	0-1281619	9-9042448	26
75	9-7761745	9-8719805	0-1280195	9-9041940	25
76	9-7762661	9-8721229	0-1278771	9-9041432	24
77	9-7763577	9-8722653	0-1277347	9-9040924	23
78	9-7764492	9-8724076	0-1275924	9-9040416	22
79	9-7765407	9-8725500	0-1274500	9-9039907	21
80	9-7766322	9-8726924	0-1273076	9-9039398	20
81	9-7767236	9-8728347	0-1271653	9-9038889	19
82	9-7768150	9-8729770	0-1270230	9-9038380	18
83	9-7769064	9-8731193	0-1268807	9-9037871	17
84	9-7769978	9-8732616	0-1267384	9-9037361	16
85	9-7770891	9-8734039	0-1265961	9-9036852	15
86	9-7771804	9-8735462	0-1264538	9-9036342	14
87	9-7772716	9-8736884	0-1263116	9-9035832	13
88	9-7773629	9-8738307	0-1261693	9-9035322	12
89	9-7774541	9-8739729	0-1260271	9-9034812	11
90	9-7775452	9-8741151	0-1258849	9-9034301	10
91	9-7776364	9-8742573	0-1257427	9-9033791	9
92	9-7777275	9-8743995	0-1256005	9-9033280	8
93	9-7778186	9-8745417	0-1254583	9-9032769	7
94	9-7779096	9-8746838	0-1253162	9-9032258	6
95	9-7780006	9-8748260	0-1251740	9-9031742	5
96	9-7780916	9-8749681	0-1250319	9-9031235	4
97	9-7781826	9-8751103	0-1248897	9-9030725	3
98	9-7782735	9-8752524	0-1247476	9-9030212	2
99	9-7783644	9-8753945	0-1246055	9-9029700	1
100	9-7784553	9-8755365	0-1244635	9-9029188	0
Minutes.	COSINUS.	COTANG.	TANGENT.	SINUS.	Minutes.

59 GRADES.

41 GRADES.

Minutes.	SINUS.	TANGENT.	COTANG.	COSINUS.	Minutes.	Minutes.	SINUS.	TANGENT.	COTANG.	COSINUS.	Minutes.
0	9-7784553	9-8755365	0-1244635	9-9029188	100	50	9-7829614	9-8826246	0-1173754	9-9003367	50
1	9-7785462	9-8756786	0-1243214	9-9028675	99	51	9-7830507	9-8827661	0-1172339	9-9002847	49
2	9-7786370	9-8758207	0-1241793	9-9028163	98	52	9-7831401	9-8829075	0-1170925	9-9002326	48
3	9-7787278	9-8759627	0-1240373	9-9027650	97	53	9-7832294	9-8830489	0-1169511	9-9001805	47
4	9-7788185	9-8761047	0-1238952	9-9027137	96	54	9-7833187	9-8831903	0-1168097	9-9001283	46
5	9-7789092	9-8762468	0-1237532	9-9026625	95	55	9-7834079	9-8833317	0-1166683	9-9000762	45
6	9-7789999	9-8763888	0-1236112	9-9026111	94	56	9-7834972	9-8834731	0-1165269	9-9000240	44
7	9-7790906	9-8764308	0-1235692	9-9025598	93	57	9-7835864	9-8836145	0-1163855	9-8999719	43
8	9-7791812	9-8766728	0-1233272	9-9025085	92	58	9-7836755	9-8837559	0-1162441	9-8999197	42
9	9-7792718	9-8768147	0-1231853	9-9024571	91	59	9-7837647	9-8838972	0-1161028	9-8998675	41
10	9-7793624	9-8769567	0-1230433	9-9024057	90	60	9-7838538	9-8840385	0-1159615	9-8998153	40
11	9-7794530	9-8770986	0-1229014	9-9023543	89	61	9-7839429	9-8841799	0-1158201	9-8997630	39
12	9-7795435	9-8772406	0-1227594	9-9023029	88	62	9-7840319	9-8843212	0-1156788	9-8997108	38
13	9-7796340	9-8773825	0-1226175	9-9022515	87	63	9-7841210	9-8844625	0-1155375	9-8996585	37
14	9-7797244	9-8775244	0-1224756	9-9022000	86	64	9-7842099	9-8846038	0-1153962	9-8996062	36
15	9-7798149	9-8776663	0-1223337	9-9021486	85	65	9-7842989	9-8847450	0-1152550	9-8995539	35
16	9-7799053	9-8778082	0-1221918	9-9020971	84	66	9-7843879	9-8848863	0-1151137	9-8995015	34
17	9-7799956	9-8779500	0-1220500	9-9020456	83	67	9-7844768	9-8850276	0-1149724	9-8994492	33
18	9-7800860	9-8788919	0-1219081	9-9019941	82	68	9-7845656	9-8851688	0-1148312	9-8993968	32
19	9-7801765	9-8782337	0-1217663	9-9019426	81	69	9-7846545	9-8853100	0-1146900	9-8993445	31
20	9-7802666	9-8783756	0-1216244	9-9018910	80	70	9-7847433	9-8854512	0-1145488	9-8992921	30
21	9-7803568	9-8785174	0-1214826	9-9018394	79	71	9-7848321	9-8855924	0-1144076	9-8992397	29
22	9-7804470	9-8786592	0-1213408	9-9017879	78	72	9-7849209	9-8857336	0-1142664	9-8991872	28
23	9-7805372	9-8788010	0-1211990	9-9017363	77	73	9-7850096	9-8858748	0-1141252	9-8991348	27
24	9-7806274	9-8789427	0-1210573	9-9016846	76	74	9-7850985	9-8860160	0-1139840	9-8990825	26
25	9-7807175	9-8790845	0-1209155	9-9016330	75	75	9-7851870	9-8861572	0-1138428	9-8990298	25
26	9-7808076	9-8792263	0-1207737	9-9015814	74	76	9-7852756	9-8862983	0-1137017	9-8989773	24
27	9-7808977	9-8793680	0-1206320	9-9015297	73	77	9-7853643	9-8864394	0-1135606	9-8989248	23
28	9-7809878	9-8794097	0-1205903	9-9014780	72	78	9-7854529	9-8865806	0-1134194	9-8988723	22
29	9-7810778	9-8796515	0-1203485	9-9014263	71	79	9-7855414	9-8867217	0-1132783	9-8988198	21
30	9-7811678	9-8797932	0-1202068	9-9013746	70	80	9-7856300	9-8868628	0-1131372	9-8987672	20
31	9-7812577	9-8799349	0-1200651	9-9013229	69	81	9-7857185	9-8870039	0-1129961	9-8987146	19
32	9-7813476	9-8800765	0-1199235	9-9012711	68	82	9-7858069	9-8871449	0-1128551	9-8986620	18
33	9-7814375	9-8802182	0-1197818	9-9012194	67	83	9-7858954	9-8872860	0-1127140	9-8986094	17
34	9-7815274	9-8803598	0-1196402	9-9011676	66	84	9-7859838	9-8874270	0-1125730	9-8985568	16
35	9-7816173	9-8805015	0-1194985	9-9011158	65	85	9-7860722	9-8875681	0-1124319	9-8985041	15
36	9-7817071	9-8806431	0-1193569	9-9010640	64	86	9-7861606	9-8877091	0-1122909	9-8984514	14
37	9-7817969	9-8807847	0-1192153	9-9010121	63	87	9-7862489	9-8878501	0-1121499	9-8983988	13
38	9-7818866	9-8809263	0-1190737	9-9009603	62	88	9-7863372	9-8879911	0-1120089	9-8983461	12
39	9-7819763	9-8810679	0-1189321	9-9009084	61	89	9-7864255	9-8881321	0-1118679	9-8982933	11
40	9-7820660	9-8812095	0-1187905	9-9008565	60	90	9-7865137	9-8882731	0-1117269	9-8982406	10
41	9-7821557	9-8813511	0-1186489	9-9008046	59	91	9-7866019	9-8884141	0-1115859	9-8981878	9
42	9-7822453	9-8814926	0-1185074	9-9007527	58	92	9-7866901	9-8885551	0-1114449	9-8981351	8
43	9-7823349	9-8816342	0-1183658	9-9007008	57	93	9-7867783	9-8886960	0-1113040	9-8980823	7
44	9-7824245	9-8817757	0-1182243	9-9006488	56	94	9-7868664	9-8888369	0-1111631	9-8980295	6
45	9-7825141	9-8819172	0-1180828	9-9005968	55	95	9-7869545	9-8889779	0-1110221	9-8979767	5
46	9-7826036	9-8820587	0-1179413	9-9005448	54	96	9-7870426	9-8891188	0-1108812	9-8979238	4
47	9-7826931	9-8822002	0-1177998	9-9004928	53	97	9-7871307	9-8892597	0-1107403	9-8978710	3
48	9-7827825	9-8823417	0-1176583	9-9004408	52	98	9-7872187	9-8894006	0-1105994	9-8978181	2
49	9-7828720	9-8824832	0-1175168	9-9003888	51	99	9-7873067	9-8895415	0-1104585	9-8977652	1
50	9-7829614	9-8826246	0-1173754	9-9003367	50	100	9-7873946	9-8896823	0-1103177	9-8977123	0
Minutes.	COSINUS.	COTANG.	TANGENT.	SINUS.	Minutes.	Minutes.	COSINUS.	COTANG.	TANGENT.	SINUS.	Minutes.

58 GRADES.

Minutes.	SINUS.	TANGENT.	COTANG.	COSINUS.	Minutes.
0	9-7873946	9-8896825	0-1103177	9-8977123	00
1	9-7874826	9-8898232	0-1101768	9-8976594	99
2	9-7875705	9-8899640	0-1100360	9-8976064	98
3	9-7876583	9-8901049	0-1098951	9-8975533	97
4	9-7877462	9-8902457	0-1097543	9-8975003	96
5	9-7878340	9-8903865	0-1096135	9-8974473	95
6	9-7879218	9-8905273	0-1094727	9-8973943	94
7	9-7880096	9-8906681	0-1093319	9-8973413	93
8	9-7880973	9-8908089	0-1091911	9-8972884	92
9	9-7881850	9-8909496	0-1090504	9-8972354	91
10	9-7882727	9-8910904	0-1089096	9-8971823	90
11	9-7883603	9-8912311	0-1087689	9-8971292	89
12	9-7884479	9-8913719	0-1086281	9-8970761	88
13	9-7885355	9-8915126	0-1084874	9-8970229	87
14	9-7886231	9-8916533	0-1083467	9-8969698	86
15	9-7887106	9-8917940	0-1082060	9-8969166	85
16	9-7887981	9-8919347	0-1080653	9-8968634	84
17	9-7888856	9-8920754	0-1079246	9-8968102	83
18	9-7889731	9-8922160	0-1077840	9-8967570	82
19	9-7890605	9-8923567	0-1076433	9-8967038	81
20	9-7891479	9-8924973	0-1075027	9-8966505	80
21	9-7892352	9-8926380	0-1073620	9-8965973	79
22	9-7893226	9-8927786	0-1072214	9-8965440	78
23	9-7894099	9-8929192	0-1070808	9-8964907	77
24	9-7894972	9-8930598	0-1069402	9-8964374	76
25	9-7895844	9-8932004	0-1067996	9-8963840	75
26	9-7896716	9-8933410	0-1066590	9-8963307	74
27	9-7897588	9-8934815	0-1065185	9-8962773	73
28	9-7898460	9-8936221	0-1063779	9-8962239	72
29	9-7899331	9-8937626	0-1062374	9-8961705	71
30	9-7900202	9-8939032	0-1060968	9-8961171	70
31	9-7901073	9-8940437	0-1059563	9-8960636	69
32	9-7901944	9-8941842	0-1058158	9-8960102	68
33	9-7902814	9-8943247	0-1056753	9-8959567	67
34	9-7903684	9-8944652	0-1055348	9-8959032	66
35	9-7904554	9-8946057	0-1053943	9-8958497	65
36	9-7905423	9-8947462	0-1052538	9-8957962	64
37	9-7906292	9-8948866	0-1051134	9-8957426	63
38	9-7907161	9-8950271	0-1049729	9-8956891	62
39	9-7908030	9-8951675	0-1048325	9-8956355	61
40	9-7908898	9-8953079	0-1046921	9-8955819	60
41	9-7909766	9-8954483	0-1045517	9-8955283	59
42	9-7910634	9-8955887	0-1044113	9-8954746	58
43	9-7911501	9-8957291	0-1042709	9-8954210	57
44	9-7912368	9-8958695	0-1041305	9-8953673	56
45	9-7913235	9-8960099	0-1039901	9-8953136	55
46	9-7914102	9-8961503	0-1038497	9-8952599	54
47	9-7914968	9-8962906	0-1037094	9-8952062	53
48	9-7915834	9-8964309	0-1035691	9-8951525	52
49	9-7916700	9-8965713	0-1034287	9-8950987	51
50	9-7917566	9-8967116	0-1032884	9-8950450	50
Minutes.	COSINUS.	COTANG.	TANGENT.	SINUS.	Minutes.

Minutes.	SINUS.	TANGENT.	COTANG.	COSINUS.	Minutes.
50	9-7917566	9-8967116	0-1032884	9-8950450	50
51	9-7918431	9-8968519	0-1031481	9-8949912	49
52	9-7919296	9-8969922	0-1030078	9-8949374	48
53	9-7920160	9-8971325	0-1028675	9-8948835	47
54	9-7921025	9-8972728	0-1027272	9-8948297	46
55	9-7921889	9-8974130	0-1025870	9-8947758	45
56	9-7922753	9-8975533	0-1024467	9-8947220	44
57	9-7923616	9-8976935	0-1023065	9-8946681	43
58	9-7924479	9-8978338	0-1021662	9-8946142	42
59	9-7925342	9-8979740	0-1020260	9-8945602	41
60	9-7926205	9-8981142	0-1018858	9-8945063	40
61	9-7927068	9-8982544	0-1017456	9-8944523	39
62	9-7927930	9-8983946	0-1016054	9-8943984	38
63	9-7928792	9-8985348	0-1014652	9-8943444	37
64	9-7929653	9-8986750	0-1013250	9-8942903	36
65	9-7930514	9-8988151	0-1011849	9-8942363	35
66	9-7931376	9-8989553	0-1010447	9-8941823	34
67	9-7932236	9-8990954	0-1009046	9-8941282	33
68	9-7933097	9-8992356	0-1007644	9-8940741	32
69	9-7933957	9-8993757	0-1006243	9-8940200	31
70	9-7934817	9-8995158	0-1004842	9-8939659	30
71	9-7935677	9-8996559	0-1003441	9-8939118	29
72	9-7936536	9-8997960	0-1002040	9-8938576	28
73	9-7937395	9-8999361	0-1000639	9-8938034	27
74	9-7938254	9-9000761	0-0999239	9-8937492	26
75	9-7939112	9-9002162	0-0997838	9-8936950	25
76	9-7939971	9-9003562	0-0996438	9-8936408	24
77	9-7940829	9-9004963	0-0995037	9-8935866	23
78	9-7941686	9-9006363	0-0993637	9-8935323	22
79	9-7942544	9-9007763	0-0992237	9-8934780	21
80	9-7943401	9-9009163	0-0990837	9-8934237	20
81	9-7944258	9-9010563	0-0989437	9-8933694	19
82	9-7945114	9-9011963	0-0988037	9-8933151	18
83	9-7945971	9-9013363	0-0986637	9-8932608	17
84	9-7946827	9-9014763	0-0985237	9-8932064	16
85	9-7947682	9-9016162	0-0983838	9-8931520	15
86	9-7948538	9-9017562	0-0982438	9-8930976	14
87	9-7949393	9-9018961	0-0981039	9-8930432	13
88	9-7950248	9-9020361	0-0979639	9-8929888	12
89	9-7951103	9-9021760	0-0978240	9-8929343	11
90	9-7951957	9-9023159	0-0976841	9-8928798	10
91	9-7952811	9-9024558	0-0975442	9-8928254	9
92	9-7953665	9-9025957	0-0974043	9-8927708	8
93	9-7954519	9-9027355	0-0972645	9-8927163	7
94	9-7955372	9-9028754	0-0971246	9-8926618	6
95	9-7956225	9-9030153	0-0969847	9-8926072	5
96	9-7957078	9-9031551	0-0968449	9-8925527	4
97	9-7957930	9-9032950	0-0967050	9-8924981	3
98	9-7958782	9-9034348	0-0965652	9-8924435	2
99	9-7959634	9-9035746	0-0964254	9-8923888	1
100	9-7960486	9-9037144	0-0962856	9-8923342	0
Minutes.	COSINUS.	COTANG.	TANGENT.	SINUS.	Minutes.

Minutes.	SINUS.	TANGENT.	COTANG.	COSINUS.	Minutes.	Minutes.	SINUS.	TANGENT.	COTANG.	COSINUS.	Minutes.
0	9-7960486	9-9037144	0-0962856	9-8923342	100	50	9-8002721	9-9106927	0-0893073	9-8895794	50
1	9-7961337	9-9038542	0-0961458	9-8922795	99	51	9-8003559	9-9108320	0-0891680	9-8895239	49
2	9-7962188	9-9039940	0-0960060	9-8922248	98	52	9-8004396	9-9109713	0-0890287	9-8894683	48
3	9-7963039	9-9041338	0-0958662	9-8921701	97	53	9-8005234	9-9111106	0-0888894	9-8894127	47
4	9-7963890	9-9042736	0-0957264	9-8921154	96	54	9-8006071	9-9112499	0-0887501	9-8893571	46
5	9-7964740	9-9044133	0-0955867	9-8920607	95	55	9-8006907	9-9113892	0-0886108	9-8893015	45
6	9-7965590	9-9045531	0-0954469	9-8920059	94	56	9-8007744	9-9115285	0-0884715	9-8892459	44
7	9-7966440	9-9046928	0-0953072	9-8919512	93	57	9-8008580	9-9116678	0-0883322	9-8891902	43
8	9-7967289	9-9048325	0-0951675	9-8918964	92	58	9-8009416	9-9118071	0-0881929	9-8891345	42
9	9-7968138	9-9049723	0-0950277	9-8918416	91	59	9-8010252	9-9119463	0-0880537	9-8890788	41
10	9-7968987	9-9051120	0-0948880	9-8917868	90	60	9-8011087	9-9120856	0-0879144	9-8890291	40
11	9-7969836	9-9052517	0-0947483	9-8917319	89	61	9-8011922	9-9122248	0-0877752	9-8889674	39
12	9-7970684	9-9053914	0-0946086	9-8916771	88	62	9-8012757	9-9123640	0-0876360	9-8889117	38
13	9-7971533	9-9055311	0-0944689	9-8916222	87	63	9-8013592	9-9125033	0-0874967	9-8888559	37
14	9-7972380	9-9056707	0-0943293	9-8915673	86	64	9-8014426	9-9126425	0-0873575	9-8888001	36
15	9-7973228	9-9058104	0-0941896	9-8915124	85	65	9-8015260	9-9127817	0-0872183	9-8887443	35
16	9-7974075	9-9059500	0-0940500	9-8914575	84	66	9-8016094	9-9129209	0-0870791	9-8886885	34
17	9-7974922	9-9060897	0-0939103	9-8914025	83	67	9-8016927	9-9130600	0-0869400	9-8886327	33
18	9-7975769	9-9062293	0-0937707	9-8913476	82	68	9-8017760	9-9131992	0-0868008	9-8885768	32
19	9-7976615	9-9063689	0-0936311	9-8912926	81	69	9-8018593	9-9133384	0-0866616	9-8885210	31
20	9-7977462	9-9065086	0-0934914	9-8912376	80	70	9-8019426	9-9134775	0-0865225	9-8884651	30
21	9-7978307	9-9066482	0-0933518	9-8911826	79	71	9-8020259	9-9136167	0-0863833	9-8884092	29
22	9-7979153	9-9067878	0-0932122	9-8911275	78	72	9-8021091	9-9137558	0-0862442	9-8883532	28
23	9-7979998	9-9069274	0-0930726	9-8910725	77	73	9-8021923	9-9138950	0-0861050	9-8882973	27
24	9-7980844	9-9070669	0-0929331	9-8910174	76	74	9-8022754	9-9140341	0-0859659	9-8882413	26
25	9-7981688	9-9072065	0-0927935	9-8909623	75	75	9-8023586	9-9141732	0-0858268	9-8881854	25
26	9-7982533	9-9073461	0-0926539	9-8903072	74	76	9-8024417	9-9143123	0-0856877	9-8881294	24
27	9-7983377	9-9074856	0-0925144	9-8908521	73	77	9-8025248	9-9144514	0-0855486	9-8880734	23
28	9-7984221	9-9076252	0-0923748	9-8907970	72	78	9-8026078	9-9145905	0-0854095	9-8880173	22
29	9-7985065	9-9077647	0-0922353	9-8907418	71	79	9-8026909	9-9147296	0-0852704	9-8879613	21
30	9-7985908	9-9079042	0-0920958	9-8906866	70	80	9-8027739	9-9148687	0-0851313	9-8879052	20
31	9-7986752	9-9080437	0-0919563	9-8906314	69	81	9-8028568	9-9150077	0-0849923	9-8878491	19
32	9-7987595	9-9081832	0-0918168	9-8905762	68	82	9-8029398	9-9151468	0-0848532	9-8877930	18
33	9-7988437	9-9083227	0-0916773	9-8905210	67	83	9-8030227	9-9152858	0-0847142	9-8877369	17
34	9-7989280	9-9084622	0-0915378	9-8904658	66	84	9-8031056	9-9154249	0-0845751	9-8876808	16
35	9-7990122	9-9086017	0-0913983	9-8904105	65	85	9-8031885	9-9155639	0-0844361	9-8876246	15
36	9-7990964	9-9087411	0-0912589	9-8903552	64	86	9-8032713	9-9157029	0-0842971	9-8875684	14
37	9-7991805	9-9088806	0-0911194	9-8902999	63	87	9-8033542	9-9158419	0-0841581	9-8875122	13
38	9-7992646	9-9090200	0-0909800	9-8902446	62	88	9-8034370	9-9159809	0-0840191	9-8874560	12
39	9-7993487	9-9091595	0-0908405	9-8901893	61	89	9-8035197	9-9161199	0-0838801	9-8873998	11
40	9-7994328	9-9092989	0-0907011	9-8901339	60	90	9-8036025	9-9162589	0-0837411	9-8873436	10
41	9-7995169	9-9094383	0-0905617	9-8900785	59	91	9-8036852	9-9163979	0-0836021	9-8872873	9
42	9-7996009	9-9095777	0-0904223	9-8900232	58	92	9-8037679	9-9165368	0-0834632	9-8872310	8
43	9-7996849	9-9097171	0-0902829	9-8899678	57	93	9-8038505	9-9166758	0-0833242	9-8871747	7
44	9-7997689	9-9098565	0-0901435	9-8899123	56	94	9-8039332	9-9168148	0-0831852	9-8871184	6
45	9-7998528	9-9099959	0-0900041	9-8898569	55	95	9-8040158	9-9169537	0-0830463	9-8770621	5
46	9-7999367	9-9101353	0-0898647	9-8898014	54	96	9-8040985	9-9170926	0-0829074	9-8870057	4
47	9-8000206	9-9102747	0-0897253	9-8897460	53	97	9-8041809	9-9172316	0-0827684	9-8869493	3
48	9-8001045	9-9104140	0-0895860	9-8896905	52	98	9-8042634	9-9173705	0-0826265	9-8868929	2
49	9-8001883	9-9105534	0-0894466	9-8896349	51	99	9-8043459	9-9175094	0-0824906	9-8868365	1
50	9-8002721	9-9106927	0-0893073	9-8895794	50	100	9-8044284	9-9176483	0-0823517	9-8867801	0
Minutes.	COSINUS.	COTANG.	TANGENT.	SINUS.	Minutes.	Minutes.	COSINUS.	COTANG.	TANGENT.	SINUS.	Minutes.

44 GRADES.

Minutes.	SINUS.	TANGENT.	COTANG.	COSINUS.	Minutes.	Minutes.	SINUS.	TANGENT.	COTANG.	COSINUS.	Minutes.
0	9-8044284	9-9176483	0-0823517	9-8867801	100	50	9-8085188	9-9245831	0-0754169	9-8839357	50
1	9-8045109	9-9177872	0-0822128	9-8867237	99	51	9-8085999	9-9247216	0-0752784	9-8838783	49
2	9-8045933	9-9179261	0-0820739	9-8866672	98	52	9-8086810	9-9248601	0-0751399	9-8838209	48
3	9-8046757	9-9180650	0-0819350	9-8866107	97	53	9-8087621	9-9249986	0-0750014	9-8837636	47
4	9-8047580	9-9182038	0-0817962	9-8865542	96	54	9-8088432	9-9251370	0-0748630	9-8837061	46
5	9-8048404	9-9183427	0-0816573	9-8864977	95	55	9-8089242	9-9252755	0-0747245	9-8836487	45
6	9-8049227	9-9184815	0-0815185	9-8864412	94	56	9-8090052	9-9254140	0-0745860	9-8835913	44
7	9-8050050	9-9186204	0-0813796	9-8863846	93	57	9-8090862	9-9255524	0-0744476	9-8835338	43
8	9-8050873	9-9187592	0-0812408	9-8863280	92	58	9-8091672	9-9256909	0-0743091	9-8834763	42
9	9-8051695	9-9188980	0-0811020	9-8662715	91	59	9-8092481	9-9258293	0-0741707	9-8834188	41
10	9-8052517	9-9190369	0-0809631	9-8862148	90	60	9-8093290	9-9259677	0-0730323	9-8833613	40
11	9-8053339	9-9191757	0-0808243	9-8861582	89	61	9-8094099	9-9261061	0-0738939	9-8833038	39
12	9-8054161	9-9193145	0-0806855	9-8861016	88	62	9-8094908	9-9262445	0-0737555	9-8832462	38
13	9-8054982	9-9194533	0-0805467	9-8860449	87	63	9-8095716	9-9263830	0-0736170	9-8831887	37
14	9-8055803	9-9195921	0-0804079	9-8859882	86	64	9-8096524	9-9265214	0-0734786	9-8831311	36
15	9-8056624	9-9197308	0-0802692	9-8859315	85	65	9-8097332	9-9266597	0-0733403	9-8830735	35
16	9-8057444	9-9198696	0-0801304	9-8858748	84	66	9-8098140	9-9267981	0-0732019	9-8830158	34
17	9-8058265	9-9200084	0-0799916	9-8858181	83	67	9-8098947	9-9269365	0-0730635	9-8829582	33
18	9-8059085	9-9201471	0-0798529	9-8857613	82	68	9-8099754	9-9270749	0-0729251	9-8829005	32
19	9-8059904	9-9202859	0-0797141	9-8857046	81	69	9-8100561	9-9272132	0-0727868	9-8828428	31
20	9-8060724	9-9204246	0-0795754	9-8856478	80	70	9-8101367	9-9273516	0-0726484	9-8827851	30
21	9-8061543	9-9205633	0-0794367	9-8855910	79	71	9-8102173	9-9274899	0-0725101	9-8827274	29
22	9-8062362	9-9207021	0-0792979	9-8855341	78	72	9-8102980	9-9276283	0-0723717	9-8826697	28
23	9-8063181	9-9208408	0-0791592	9-8854773	77	73	9-8103785	9-9277666	0-0722334	9-8826119	27
24	9-8063999	9-9209795	0-0790205	9-8854204	76	74	9-8104591	9-9279049	0-0720951	9-8825541	26
25	9-8064817	9-9211182	0-0788818	9-8853636	75	75	9-8105396	9-9280433	0-0719567	9-8824963	25
26	9-8065635	9-9212569	0-0787431	9-8853067	74	76	9-8106201	9-9281816	0-0718184	9-8824385	24
27	9-8066453	9-9213956	0-0786044	9-8852498	73	77	9-8107006	9-9283199	0-0716801	9-8823807	23
28	9-8067270	9-9215342	0-0784658	9-8851928	72	78	9-8107810	9-9284582	0-0715418	9-8823229	22
29	9-8068088	9-9216729	0-0783271	9-8851359	71	79	9-8108614	9-9285965	0-0714035	9-8822650	21
30	9-8068905	9-9218116	0-0781884	9-8850789	70	80	9-8109418	9-9287347	0-0712653	9-8822071	20
31	9-8069721	9-9219502	0-0780498	9-8850219	69	81	9-8110222	9-9288730	0-0711270	9-8821492	19
32	9-8070538	9-9220888	0-0779112	9-8849649	68	82	9-8111026	9-9290113	0-0709887	9-8820913	18
33	9-8071354	9-9222275	0-0777725	9-8849079	67	83	9-8111829	9-9291495	0-0708505	9-8820335	17
34	9-8072169	9-9223661	0-0776339	9-8848508	66	84	9-8112632	9-9292878	0-0707122	9-8819754	16
35	9-8072985	9-9225047	0-0774953	9-8847938	65	85	9-8113434	9-9294260	0-0705740	9-8819174	15
36	9-8073800	9-9226433	0-0773567	9-8847367	64	86	9-8114237	9-9295643	0-0704357	9-8818594	14
37	9-8074615	9-9227819	0-0772181	9-8846796	63	87	9-8115039	9-9297025	0-0702975	9-8818014	13
38	9-8075430	9-9229205	0-0770795	9-8846225	62	88	9-8115841	9-9298407	0-0701593	9-8817434	12
39	9-8076245	9-9230591	0-0769409	9-8845655	61	89	9-8116643	9-9299790	0-0700210	9-8816853	11
40	9-8077059	9-9231977	0-0768023	9-8845082	60	90	9-8117444	9-9301172	0-0698828	9-8816272	10
41	9-8077873	9-9233363	0-0766637	9-8844510	59	91	9-8118245	9-9302554	0-0697446	9-8815691	9
42	9-8078687	9-9234748	0-0765252	9-8843938	58	92	9-8119046	9-9303936	0-0696064	9-8815110	8
43	9-8079500	9-9236134	0-0763866	9-8843366	57	93	9-8119847	9-9305318	0-0694682	9-8814529	7
44	9-8080314	9-9237520	0-0762480	9-8842794	56	94	9-8120647	9-9306699	0-0693301	9-8813948	6
45	9-8081127	9-9238905	0-0761095	9-8842222	55	95	9-8121447	9-9308081	0-0691919	9-8813366	5
46	9-8081939	9-9240290	0-0759710	9-8841649	54	96	9-8122247	9-9309463	0-0690537	9-8812784	4
47	9-8082752	9-9241676	0-0758324	9-8841076	53	97	9-8123047	9-9310845	0-0689155	9-8812202	3
48	9-8083564	9-9243061	0-0756939	9-8840503	52	98	9-8123846	9-9312226	0-0687774	9-8811620	2
49	9-8084376	9-9244446	0-0755554	9-8839930	51	99	9-8124645	9-9313608	0-0686392	9-8811038	1
50	9-8085188	9-9245831	0-0754169	9-8839357	50	100	9-8125444	9-9314989	0-0685011	9-8810455	0
Minutes.	COSINUS.	COTANG.	TANGENT.	SINUS.	Minutes.	Minutes.	COSINUS.	COTANG.	TANGENT.	SINUS.	Minutes.

55 GRADES.

Minutes.	SINUS.	TANGENT.	COTANG.	COSINUS.	Minutes.	Minutes.	SINUS.	TANGENT.	COTANG.	COSINUS.	Minutes.
0	9-8125444	9-9314989	0-0685011	9-8810455	100	50	9-8165066	9-9383975	0-0616025	9-8781090	50
1	9-8126243	9-9316370	0-0683630	9-8809872	99	51	9-8165852	9-9385353	0-0614647	9-8780498	49
2	9-8127041	9-9317752	0-0682248	9-8809289	98	52	9-8166637	9-9386731	0-0613269	9-8779906	48
3	9-8127839	9-9319133	0-0680867	9-8808706	97	53	9-8167423	9-9388109	0-0611891	9-8779314	47
4	9-8128637	9-9320514	0-0679486	9-8808123	96	54	9-8168208	9-9389487	0-0610513	9-8778721	46
5	9-8129435	9-9321895	0-0678105	9-8807540	95	55	9-8168993	9-9390865	0-0609135	9-8778128	45
6	9-8130232	9-9323276	0-0676724	9-8806956	94	56	9-8169778	9-9392243	0-0607757	9-8777535	44
7	9-8131029	9-9324657	0-0675343	9-8806372	93	57	9-8170562	9-9393621	0-0606379	9-8776942	43
8	9-8131826	9-9326038	0-0673962	9-8805788	92	58	9-8171347	9-9394988	0-0605002	9-8776348	42
9	9-8132623	9-9327419	0-0672581	9-8805204	91	59	9-8172131	9-9396376	0-0603624	9-8775755	41
10	9-8133419	9-9328799	0-0671201	9-8804619	90	60	9-8172915	9-9397753	0-0602247	9-8775161	40
11	9-8134215	9-9330180	0-0669820	9-8804035	89	61	9-8173698	9-9399131	0-0600869	9-8774567	39
12	9-8135011	9-9331561	0-0668439	9-8803450	88	62	9-8174481	9-9400308	0-0599492	9-8773973	38
13	9-8135806	9-9332941	0-0667059	9-8802865	87	63	9-8175264	9-9401886	0-0598114	9-8773379	37
14	9-8136602	9-9334322	0-0665678	9-8802280	86	64	9-8176047	9-9403263	0-0596737	9-8772784	36
15	9-8137397	9-9335702	0-0664298	9-8801695	85	65	9-8176830	9-9404640	0-0595360	9-8772190	35
16	9-8138192	9-9337082	0-0662918	9-8801109	84	66	9-8177612	9-9406017	0-0593983	9-8771595	34
17	9-8138986	9-9338463	0-0661537	9-8800523	83	67	9-8178394	9-9407395	0-0592605	9-8771000	33
18	9-8139780	9-9339843	0-0660157	9-8799937	82	68	9-8179176	9-9408772	0-0591228	9-8770404	32
19	9-8140574	9-9341223	0-0658777	9-8799351	81	69	9-8179957	9-9410149	0-0589851	9-8769809	31
20	9-8141368	9-9342603	0-0657397	9-8798765	80	70	9-8180739	9-9411526	0-0588474	9-8769213	30
21	9-8142162	9-9343983	0-0656017	9-8798179	79	71	9-8181520	9-9412902	0-0587098	9-8768617	29
22	9-8142955	9-9345363	0-0654637	9-8797592	78	72	9-8182301	9-9414279	0-0585721	9-8768021	28
23	9-8143748	9-9346743	0-0653257	9-8797005	77	73	9-8183081	9-9415656	0-0584344	9-8767425	27
24	9-8144541	9-9348123	0-0651877	9-8796418	76	74	9-8183862	9-9417033	0-0582967	9-8766829	26
25	9-8145334	9-9349502	0-0650498	9-8795831	75	75	9-8184642	9-9418409	0-0581591	9-8766232	25
26	9-8146126	9-9350882	0-0649118	9-8795244	74	76	9-8185421	9-9419786	0-0580214	9-8765635	24
27	9-8146918	9-9352262	0-0647738	9-8794656	73	77	9-8186201	9-9421163	0-0578837	9-8765038	23
28	9-8147710	9-9353641	0-0646359	9-8794068	72	78	9-8186980	9-9422539	0-0577461	9-8764441	22
29	9-8148501	9-9355021	0-0644979	9-8793480	71	79	9-8187759	9-9423916	0-0576084	9-8763844	21
30	9-8149292	9-9356400	0-0643600	9-8792892	70	80	9-8188538	9-9425292	0-0574708	9-8763246	20
31	9-8150083	9-9357780	0-0642220	9-8792304	69	81	9-8189317	9-9426668	0-0573332	9-8762649	19
32	9-8150874	9-9359159	0-0640841	9-8791715	68	82	9-8190095	9-9428044	0-0571956	9-8762051	18
33	9-8151665	9-9360538	0-0639462	9-8791127	67	83	9-8190873	9-9429421	0-0570579	9-8761453	17
34	9-8152455	9-9361917	0-0638083	9-8790538	66	84	9-8191651	9-9430797	0-0569203	9-8760854	16
35	9-8153245	9-9363296	0-0636704	9-8789949	65	85	9-8192429	9-9432173	0-0567827	9-8760256	15
36	9-8154035	9-9364675	0-0635325	9-8789359	64	86	9-8193206	9-9433549	0-0566451	9-8759657	14
37	9-8154824	9-9366054	0-0633946	9-8788770	63	87	9-8193983	9-9434925	0-0565075	9-8759058	13
38	9-8155614	9-9367433	0-0632567	9-8788180	62	88	9-8194760	9-9436301	0-0563699	9-8758459	12
39	9-8156403	9-9368812	0-0631188	9-8787591	61	89	9-8195537	9-9437677	0-0562323	9-8757860	11
40	9-8157191	9-9370191	0-0629809	9-8787001	60	90	9-8196313	9-9439052	0-0560948	9-8757261	10
41	9-8157980	9-9371570	0-0628430	9-8786410	59	91	9-8197089	9-9440428	0-0559572	9-8756661	9
42	9-8158768	9-9372948	0-0627052	9-8785820	58	92	9-8197865	9-9441804	0-0558196	9-8756061	8
43	9-8159556	9-9374327	0-0625673	9-8785229	57	93	9-8198641	9-9443180	0-0556820	9-8755461	7
44	9-8160344	9-9375705	0-0624295	9-8784639	56	94	9-8199416	9-9444555	0-0555445	9-8754861	6
45	9-8161132	9-9377084	0-0622916	9-8784048	55	95	9-8200191	9-9445931	0-0554069	9-8754261	5
46	9-8161919	9-9378462	0-0621538	9-8783457	54	96	9-8200966	9-9447306	0-0552694	9-8753660	4
47	9-8162706	9-9379841	0-0620159	9-8782865	53	97	9-8201741	9-9448681	0-0551319	9-8753059	3
48	9-8163493	9-9381219	0-0618781	9-8782274	52	98	9-8202515	9-9450057	0-0549943	9-8752458	2
49	9-8164279	9-9382597	0-0617403	9-8781682	51	99	9-8203289	9-9451432	0-0548568	9-8751857	1
50	9-8165066	9-9383975	0-0616025	9-8781090	50	100	9-8204063	9-9452807	0-0547193	9-8751256	0
Minutes.	COSINUS.	COTANG.	TANGENT.	SINUS.	Minutes.	Minutes.	COSINUS.	COTANG.	TANGENT.	SINUS.	Minutes.

Minutes.	SINUS.	TANGENT.	COTANG.	COSINUS.	Minutes.	Minutes.	SINUS.	TANGENT.	COTANG.	COSINUS.	Minutes.
0	9-8204063	9-9452807	0-0547193	9-8751236	100	50	9-8242448	9-9521503	0-0478497	9-8720945	50
1	9-8204837	9-9454183	0-0545817	9-8750634	99	51	9-8243210	9-9522876	0-0477124	9-8720334	49
2	9-8205610	9-9455558	0-0544442	9-8750053	98	52	9-8243971	9-9524249	0-0475751	9-8719723	48
3	9-8206383	9-9456933	0-0543067	9-8749451	97	53	9-8244732	9-9525621	0-0474379	9-8719111	47
4	9-8207156	9-9458308	0-0541692	9-8748849	96	54	9-8245493	9-9526993	0-0473007	9-8718499	46
5	9-8207929	9-9459683	0-0540317	9-8748246	95	55	9-8246253	9-9528366	0-0471634	9-8717887	45
6	9-8208701	9-9461058	0-0538942	9-8747644	94	56	9-8247014	9-9529738	0-0470262	9-8717275	44
7	9-8209474	9-9462433	0-0537567	9-8747041	93	57	9-8247774	9-9531111	0-0468889	9-8716663	43
8	9-8210246	9-9463807	0-0536193	9-8746438	92	58	9-8248534	9-9532483	0-0467517	9-8716051	42
9	9-8211017	9-9465182	0-0534818	9-8745835	91	59	9-8249293	9-9533855	0-0466145	9-8715438	41
10	9-8211789	9-9466557	0-0533443	9-8745232	90	60	9-8250053	9-9535227	0-0464773	9-8714825	40
11	9-8212560	9-9467932	0-0532068	9-8744628	89	61	9-8250812	9-9536600	0-0463400	9-8714212	39
12	9-8213331	9-9469306	0-0530694	9-8744025	88	62	9-8251571	9-9537972	0-0462028	9-8713599	38
13	9-8214102	9-9470681	0-0529319	9-8743421	87	63	9-8252329	9-9539344	0-0460656	9-8712986	37
14	9-8214872	9-9472055	0-0527945	9-8742817	86	64	9-8253088	9-9540716	0-0459284	9-8712372	36
15	9-8215642	9-9473430	0-0526570	9-8742213	85	65	9-8253846	9-9542088	0-0457912	9-8711758	35
16	9-8216412	9-9474804	0-0525196	9-8741608	84	66	9-8254604	9-9543460	0-0456540	9-8711144	34
17	9-8217182	9-9476178	0-0593822	9-8741004	83	67	9-8255361	9-9544832	0-0455168	9-8710530	33
18	9-8217952	9-9477553	0-0522447	9-8740399	82	68	9-8256119	9-9546204	0-0453796	9-8709915	32
19	9-8218721	9-9478927	0-0521073	9-8739794	81	69	9-8256876	9-9547575	0-0452425	9-8709301	31
20	9-8219490	9-9480301	0-0519699	9-8739189	80	70	9-8257633	9-9548947	0-0451053	9-8708686	30
21	9-8220259	9-9481675	0-0518325	9-8738584	79	71	9-8258390	9-9550319	0-0449681	9-8708071	29
22	9-8221027	9-9483049	0-0516951	9-8737978	78	72	9-8259146	9-9551691	0-0448309	9-8707456	28
23	9-8221796	9-9484423	0-0515577	9-8737372	77	73	9-8259903	9-9553062	0-0446938	9-8706840	27
24	9-8222564	9-9485797	0-0514203	9-8736766	76	74	9-8260659	9-9554434	0-0445566	9-8706225	26
25	9-8223332	9-9487171	0-0512829	9-8736160	75	75	9-8261414	9-9555805	0-0444195	9-8705609	25
26	9-8224099	9-9488545	0-0511455	9-8735554	74	76	9-8262170	9-9557177	0-0442823	9-8704993	24
27	9-8224866	9-9489919	0-0510081	9-8734948	73	77	9-8262925	9-9558548	0-0441452	9-8704377	23
28	9-8225634	9-9491293	0-0508707	9-8734341	72	78	9-8263680	9-9559920	0-0440080	9-8703761	22
29	9-8226400	9-9492666	0-0507334	9-8733734	71	79	9-8264435	9-9551291	0-0438709	9-8703144	21
30	9-8227167	9-9494040	0-0505960	9-8733127	70	80	9-8265190	9-9562662	0-0437338	9-8702527	20
31	9-8227933	9-9495414	0-0504586	9-8732520	69	81	9-8265944	9-9564034	0-0435966	9-8701910	19
32	9-8228699	9-9496787	0-0503213	9-8731912	68	82	9-8266698	9-9565405	0-0434595	9 8701293	18
33	9-8229465	9-9498161	0-0501839	9-8731305	67	83	9-8267452	9-9566776	0-0433224	9-8700676	17
34	9-8230231	9-9499534	0-0500466	9-8730697	66	84	9-8268206	9-9568147	0-0431853	9-8700058	16
35	9-8230996	9-9500908	0-0499092	9-8730089	65	85	9-8268959	9-9569518	0-0430482	9-8699441	15
36	9-8231762	9-9502281	0-0497719	9-8729480	64	86	9-8269712	9-9570889	0-0429111	9-8698823	14
37	9-8232526	9-9503654	0-0496346	9-8728872	63	87	9-8270465	9-9572260	0-0427740	9-8698205	13
38	9-8233291	9-9505028	0-0494972	9-8728263	62	88	9-8271218	9-9573631	0-0426369	9-8697586	12
39	9-8234055	9-9506401	0-0493599	9-8727655	61	89	9-8271970	9-9575002	0-0424998	9-8696968	11
40	9-8234820	9-9507774	0-0492226	9-8727046	60	90	9-8272722	9-9576373	0-0423627	9-8696349	10
41	9-8235584	9-9509147	0-0490853	9-8726436	59	91	9-8273474	9-9577744	0-0422256	9-8695730	9
42	9-8236347	9-9510520	0-0489480	9-8725827	58	92	9-8274226	9-9579115	0-0420885	9-8695111	8
43	9-8237111	9-9511893	0-0488107	9-8725217	57	93	9-8274978	9-9580486	0-0419514	9-8694492	7
44	9-8237874	9-9513266	0-0486734	9-8724608	56	94	9-8275729	9-9581856	0-0418144	9-8693872	6
45	9-8238637	9-9514639	0-0485361	9-8723998	55	95	9-8276480	9-9583227	0-0416773	9-8693253	5
46	9-8239400	9-9516012	0-0483988	9-8723388	54	96	9-8277231	9-9584598	0-0415402	9-8692633	4
47	9-8240162	9-9517385	0-0482615	9-8722777	53	97	9-8277981	9-9585968	0-0414032	9-8692013	3
48	9-8240924	9-9518758	0-0481242	9-8722167	52	98	9-8278731	9-9587339	0-0412661	9-8691393	2
49	9-8241686	9-9520130	0-0479870	9-8721556	51	99	9-8279481	9-9588709	0-0411291	9-8690772	1
50	9-8242448	9-9521503	0-0478497	9-8720945	50	100	9-8280231	9-9590080	0-0409920	9-8690152	0
Minutes.	COSINUS.	COTANG.	TANGENT.	SINUS.	Minutes.	Minutes.	COSINUS.	COTANG.	TANGENT.	SINUS.	Minutes.

Minutes.	SINUS.	TANGENT.	COTANG.	COSINUS.	Minutes.	Minutes.	SINUS.	TANGENT.	COTANG.	COSINUS.	Minutes.
0	9-8280251	9-9590080	0-0409920	9-8690152	100	50	9-8517425	9-9658555	0-0341445	9-8658868	50
1	9-8280981	9-9591450	0-0408550	9-8689531	99	51	9-8518161	9-9659925	0-0340077	9-8658238	49
2	9-8281730	9-9592821	0-0407179	9-8688910	98	52	9-8518899	9-9661292	0-0338708	9-8657607	48
3	9-8282479	9-9594191	0-0405809	9-8688288	97	53	9-8519636	9-9662661	0-0337339	9-8656976	47
4	9-8283228	9-9595561	0-0404439	9-8687667	96	54	9-8520373	9-9664029	0-0335971	9-8656344	46
5	9-8283977	9-9596932	0-0403068	9-8687045	95	55	9-8521110	9-9665397	0-0334603	9-8655713	45
6	9-8284725	9-9598302	0-0401698	9-8686424	94	56	9-8521847	9-9666766	0-0333234	9-8655081	44
7	9-8285474	9-9599672	0-0400328	9-8685802	93	57	9-8522583	9-9668134	0-0331866	9-8654449	43
8	9-8286222	9-9601042	0-0398958	9-8685179	92	58	9-8523320	9-9669502	0-0330498	9-8653817	42
9	9-8286969	9-9602412	0-0397588	9-8684557	91	59	9-8524056	9-9660871	0-0329129	9-8653185	41
10	9-8287717	9-9603782	0-0396218	9-8683934	90	60	9-8524791	9-9672239	0-0327761	9-8652552	40
11	9-8288464	9-9605152	0-0394848	9-8683311	89	61	9-8525527	9-9673607	0-0326393	9-8651920	39
12	9-8289211	9-9606522	0-0393478	9-8682688	88	62	9-8526262	9-9674976	0-0325024	9-8651287	38
13	9-8289958	9-9607892	0-0392108	9-8682065	87	63	9-8526997	9-9676344	0-0323656	9-8650654	37
14	9-8290704	9-9609262	0-0390738	9-8681442	86	64	9-8527732	9-9677712	0-0322288	9-8650020	36
15	9-8291451	9-9610632	0-0389368	9-8680818	85	65	9-8528467	9-9679080	0-0320920	9-8649387	35
16	9-8292197	9-9612002	0-0387998	9-8680195	84	66	9-8529201	9-9680448	0-0319552	9-8648753	34
17	9-8292942	9-9613372	0-0386628	9-8679571	83	67	9-8529935	9-9681816	0-0318184	9-8648119	33
18	9-8293688	9-9614742	0-0385258	9-8678946	82	68	9-8530669	9-9683184	0-0316816	9-8647485	32
19	9-8294433	9-9616111	0-0383889	9-8678322	81	69	9-8531403	9-9684552	0-0315448	9-8646851	31
20	9-8295178	9-9617481	0-0382519	9-8677697	80	70	9-8532136	9-9685920	0-0314080	9-8646216	30
21	9-8295923	9-9618851	0-0381149	9-8677073	79	71	9-8532870	9-9687288	0-0312712	9-8645582	29
22	9-8296668	9-9620220	0-0379780	9-8676448	78	72	9-8533603	9-9688656	0-0311344	9-8644947	28
23	9-8297412	9-9621590	0-0378410	9-8675823	77	73	9-8534335	9-9690024	0-0309976	9-8644312	27
24	9-8298157	9-9622959	0-0377041	9-8675197	76	74	9-8535068	9-9691392	0-0308608	9-8643676	26
25	9-8298901	9-9624329	0-0375671	9-8674572	75	75	9-8535800	9-9692759	0-0307241	9-8643041	25
26	9-8299644	9-9625698	0-0374302	9-8673946	74	76	9-8536532	9-9694127	0-0305873	9-8642405	24
27	9-8300388	9-9627068	0-0372932	9-8673320	73	77	9-8537264	9-9695495	0-0304505	9-8641769	23
28	9-8301131	9-9628437	0-0371563	9-8672694	72	78	9-8537996	9-9696863	0-0303137	9-8641133	22
29	9-8301874	9-9629807	0-0370193	9-8672068	71	79	9-8538727	9-9698230	0-0301770	9-8640497	21
30	9-8302617	9-9631176	0-0368824	9-8671441	70	80	9-8539458	9-9699598	0-0300402	9-8639860	20
31	9-8303359	9-9632545	0-0367455	9-8670814	69	81	9-8540189	9-9700966	0-0299034	9-8639224	19
32	9-8304102	9-9633914	0-0366086	9-8670187	68	82	9-8540920	9-9702333	0-0297667	9-8638587	18
33	9-8304844	9-9635284	0-0364716	9-8669560	67	83	9-8541651	9-9703701	0-0296299	9-8637950	17
34	9-8305585	9-9636653	0-0363347	9-8668933	66	84	9-8542381	9-9705068	0-0294932	9-8637312	16
35	9-8306327	9-9638022	0-0361978	9-8668305	65	85	9-8543111	9-9706436	0-0293564	9-8636675	15
36	9-8307068	9-9639391	0-0360609	9-8667677	64	86	9-8543841	9-9707803	0-0292197	9-8636037	14
37	9-8307810	9-9640760	0-0359240	9-8667050	63	87	9-8544570	9-9709171	0-0290829	9-8535399	13
38	9-8308551	9-9642129	0-0357871	9-8666421	62	88	9-8545299	9-9710538	0-0289462	9-8634761	12
39	9-8309291	9-9643498	0-0356502	9-8665793	61	89	9-8546029	9-9711906	0-0288094	9-8634123	11
40	9-8310032	9-9644867	0-0355133	9-8665164	60	90	9-8546757	9-8713273	0-0286727	9-8633484	10
41	9-8310772	9-9646236	0-0353764	9-8664536	59	91	9-8547486	9-9714640	0-0285360	9-8632846	9
42	9-8311512	9-9647605	0-0352395	9-8663907	58	92	9-8548214	9-9716008	0-0283992	9-8632207	8
43	9-8312252	9-9648974	0-0351026	9-8663278	57	93	9-8548943	9-9717375	0-0282625	9-8631568	7
44	9-8312991	9-9650343	0-0349657	9-8662648	56	94	9-8549671	9-9718742	0-0281258	9-8630928	6
45	9-8313730	9-9651711	0-0348289	9-8662019	55	95	9-8550398	9-9720109	0-0279891	9-8630289	5
46	9-8314469	9-9653080	0-0346920	9-8661389	54	96	9-8551126	9-9721477	0-0278523	9-8629649	4
47	9-8315208	9-9654449	0-0345551	9-8660759	53	97	9-8551853	9-9722844	0-0277156	9-8629009	3
48	9-8315947	9-9655817	0-0344183	9-8660129	52	98	9-8552580	9-9724211	0-0275789	9-8628369	2
49	9-8316685	9-9657186	0-0342814	9-8659499	51	99	9-8553307	9-9725578	0-0274422	9-8627729	1
50	9-8317423	9-9658555	0-0341445	9-8658868	50	100	9-8554033	9-9726945	0-0273055	9-8627088	0
Minutes.	COSINUS.	COTANG.	TANGENT.	SINUS.	Minutes.	Minutes.	COSINUS.	COTANG.	SINUS.	TANGENT.	Minutes.

Minutes.	SINUS.	TANGENT.	COTANG.	COSINUS.	Minutes.	Minutes.	SINUS.	TANGENT.	COTANG.	COSINUS.	Minutes.
0	9-8354035	9-9726945	0-0273055	9-8627088	100	50	9-8390072	9-9795268	0-0204732	9-8594804	50
1	9-8354760	9-9728312	0-0271688	9-8626448	99	51	9-8390787	9-9796634	0-0203366	9-8594153	49
2	9-8355486	9-9729679	0-0270321	9-8625807	98	52	9-8391502	9-9798000	0-6202000	9-8593502	48
3	9-8356212	9-9731046	0-0268954	9-8625166	97	53	9-8392216	9-9799365	0-0200635	9-8592851	47
4	9-8356937	9-9732413	0-0267587	9-8624524	96	54	9-8392931	9-9800731	0-0199269	9-8592199	46
5	9-8357663	9-9733780	0-0266220	9-8623883	95	55	9-8393645	9-9802097	0-0197903	9-8591548	45
6	9-8358388	9-9735147	0-0264853	9-8623241	94	56	9-8384359	9-9803463	0-0196537	9-8590896	44
7	9-8359113	9-9736514	0-0263486	9-8622599	93	57	9-8395072	9-9804829	0-0195171	9-8590244	43
8	9-8359838	9-9737881	0-0262119	9-8621957	92	58	9-8395786	9-9806194	0-0193806	9-8589591	42
9	9-8360562	9-9739248	0-0260752	9-8621314	91	59	9-8396499	9-9807560	0-0192440	9-8580939	41
10	9-8361287	9-9740614	0-0259386	9-8620672	90	60	9-8397212	9-9808926	0-0191074	9-8588286	40
11	9-8362011	9-9741981	0-0258019	9-8620029	89	61	9-8397925	9-9810291	0-0189709	9-8587633	39
12	9-8362734	9-9743348	0-0256652	9-8619386	88	62	9-8398637	9-9811657	0-0188343	9-8586980	38
13	9-8363458	9-9744715	0-0255285	9-8618743	87	63	9-8399350	9-9813023	0-0186977	9-8586327	37
14	9-8364181	9-9746082	0-0253918	9-8618100	86	64	9-8400062	9-9814388	0-0185612	9-8585673	36
15	9-8364905	9-9747448	0-0252552	9-8617456	85	65	9-8400775	9-9815754	0-0184246	9-8585020	35
16	9-8365627	9-9748815	0-0251185	9-8616813	84	66	9-8401485	9-9817120	0-0182880	9-8584366	34
17	9-8366350	9-9750181	0-0249819	9-8616169	83	67	9-8402197	9-9818485	0-0181515	9-8583711	33
18	9-8367073	9-9751548	0-0248452	9-8615525	82	68	9-8402908	9-9819851	0-0180149	9-8583057	32
19	9-8367795	9-9752915	0-0247085	9-8614880	81	69	9-8403619	9-9821216	0-0178784	9-8582402	31
20	9-8368517	9-9754281	0-0245719	9-8614236	80	70	9-8404329	9-9822582	0-0177418	9-8581748	30
21	9-8369239	9-9755648	0-0244352	9-8613591	79	71	9-8405040	9-9823947	0-0176053	9-8581093	29
22	9-8369960	9-9757014	0-0242986	9-8612946	78	72	9-8405750	9-9825313	0-0174687	9-8580438	28
23	9-8370682	9-9758381	0-0241619	9-8612301	77	73	9-8406460	9-9826678	0-0173322	9-8579782	27
24	9-8371403	9-9759747	0-0240253	9-8611655	76	74	9-8407170	9-9828044	0-0171956	9-8579127	26
25	9-8372124	9-9761114	0-0238886	9-8611010	75	75	9-8407880	9-9829409	0-0170591	9-8578471	25
26	9-8372844	9-9762480	0-0237520	9-8610364	74	76	9-8408589	9-9830775	0-0169225	9-8577815	24
27	9-8373565	9-9763847	0-0236153	9-8609718	73	77	9-8409298	9-9832140	0-0167860	9-8577158	23
28	9-8374285	9-9765213	0-0234787	9-8609072	72	78	9-8410007	9-9833505	0-0166495	9-8576502	22
29	9-8375005	9-9766579	0-0233421	9-8608425	71	79	9-8410716	9-9834871	0-0165129	9-8575845	21
30	9-8375725	9-9767946	0-0232054	9-8607779	70	80	9-8411425	9-9836236	0-0163764	9-8575189	20
31	9-8376444	9-9769312	0-0230688	9-8607132	69	81	9-8412133	9-9837601	0-0162399	9-8574532	19
32	9-8377163	9-9770678	0-0229322	9-8606485	68	82	9-8412841	9-9838967	0-0161033	9-8573874	18
33	9-8377882	9-9772045	0-0227955	9-8605838	67	83	9-8413549	9-9840332	0-0159668	9-8573217	17
34	9-8378601	9-9773411	0-0226589	9-8605190	66	84	9-8414256	9-9841697	0-0158303	9-8572559	16
35	9-8379320	9-9774777	0-0225223	9-8604543	65	85	9-8414964	9-9843063	0-0156937	9-8571901	15
36	9-8380038	9-9776143	0-0223857	9-8603895	64	86	9-8415671	9-9844428	0-0155572	9-8571243	14
37	9-8380756	9-9777509	0-0222491	9-8603247	63	87	9-8416378	9-9845793	0-0154207	9-8570585	13
38	9-8381474	9-9778876	0-0221124	9-8602599	62	88	9-8417085	9-9847158	0-0152842	9-8569926	12
39	9-8382192	9-9780242	0-0219758	9-8601950	61	89	9-8417791	9-9848524	0-0151476	9-8569268	11
40	9-8382910	9-9781608	0-0218392	9-8601302	60	90	9-8418498	9-9849889	0-0150111	9-8568609	10
41	9-8383627	9-9782974	0-0217026	9-8600653	59	91	9-8419204	9-9851254	0-0148746	9-8567950	9
42	9-8384344	9-9784340	0-0215660	9-8600004	58	92	9-8419909	9-9852619	0-0147381	9-8567290	8
43	9-8385061	9-9785706	0-0214294	9-8599355	57	93	9-8420615	9-9853984	0-0146016	9-8566631	7
44	9-8385777	9-9787072	0-0212928	9-8598705	56	94	9-8421320	9-9855349	0-0144651	9-8565971	6
45	9-8386494	9-9788438	0-0211562	9-8598056	55	95	9-8422026	9-9856715	0-0143285	9-8565311	5
46	9-8387210	9-9789804	0-0210196	9-8597406	54	96	9-8422731	9-9858080	0-0141920	9-8564651	4
47	9-8387926	9-9791170	0-0208830	9-8596756	53	97	9-8423435	9-9859445	0-0140555	9-8563991	3
48	9-8388641	9-9792536	0-0207464	9-8596105	52	98	9-8424140	9-9860810	0-0139190	9-8563330	2
49	9-8389357	9-9793902	0-0206098	9-8595455	51	99	9-8424844	9-9862175	0-0137825	9-8562669	1
50	9-8390072	9-9795268	0-0204732	9-8594804	50	100	9-8425548	9-9863540	0-0136460	9-8562008	0
	COSINUS.	COTANG.	TANGENT.	SINUS.	Minutes.	Minutes.	COSINUS.	COTANG.	TANGENT.	SINUS.	Minutes.

Minutes.	SINUS.	TANGENT.	COTANG.	COSINUS.	Minutes.
0	9-8425548	9-9863540	0-0136460	9-8562008	100
1	9-8426252	9-9864905	0-0135095	9-8561347	99
2	9-8426956	9-9866270	0-0133730	9-8560686	98
3	9-8427659	9-9867635	0-0132365	9-8560024	97
4	9-8428362	9-9869000	0-0131000	9-8559362	96
5	9-8429065	9-9870365	0-0129635	9-8558700	95
6	9-8429768	9-9871730	0-0128270	9-8558038	94
7	9-8430471	9-9873095	0-0126905	9-8557376	93
8	9-8431173	9-9874460	0-0125540	9-8556713	92
9	9-8431875	9-9875825	0-0124175	9-8556050	91
10	9-8432577	9-9877190	0-0122810	9-8555387	90
11	9-8433278	9-9878555	0-0121445	9-8554724	89
12	9-8433980	9-9879920	0-0120080	9-8554060	88
13	9-8434681	9-9881285	0-0118715	9-8553397	87
14	9-8435382	9-9882649	0-0117351	9-8552733	86
15	9-8436083	9-9884014	0-0115986	9-8552069	85
16	9-8436783	9-9885379	0-0114621	9-8551404	84
17	9-8437484	9-9886744	0-0113256	9-8550740	83
18	9-8438184	9-9888109	0-0111891	9-8550075	82
19	9-8438884	9-9889474	0-0110526	9-8549410	81
20	9-8439583	9-9890838	0-0109162	9-8548745	80
21	9-8440283	9-9892203	0-0107797	9-8548080	79
22	9-8440982	9-9893568	0-0106432	9-8547414	78
23	9-8441681	9-9894933	0-0105067	9-8546748	77
24	9-8442380	9-9896298	0-0103702	9-8546082	76
25	9-8443078	9-9897662	0-0102338	9-8545416	75
26	9-8443777	9-9899027	0-0100973	9-8544750	74
27	9-8444475	9-9900392	0-0099608	9-8544083	73
28	9-8445173	9-9901757	0-0098243	9-8543416	72
29	9-8445870	9-9903121	0-0096879	9-8542749	71
30	9-8446568	9-9904486	0-0095514	9-8542082	70
31	9-8447265	9-9905851	0-0094149	9-8541414	69
32	9-8447962	9-9907215	0-0092785	9-8540747	68
33	9-8448659	9-9908580	0-0091420	9-8540079	67
34	9-8449356	9-9909945	0-0090055	9-8539411	66
35	9-8450052	9-9911309	0-0088691	9-8538743	65
36	9-8450748	9-9912674	0-0087326	9-8538074	64
37	9-8451444	9-9914039	0-0085961	9-8537405	63
38	9-8452140	9-9915403	0-0084597	9-8536736	62
39	9-8452835	9-9916768	0-0083232	9-8536067	61
40	9-8453531	9-9918133	0-0081867	9-8535398	60
41	9-8454226	9-9919497	0-0080503	9-8534728	59
42	9-8454920	9-9920862	0-0079138	9-8534059	58
43	9-8455615	9-9922227	0-0077773	9-8533389	57
44	9-8456309	9-9923591	0-0076409	9-8532718	56
45	9-8457004	9-9924956	0-0075044	9-8532048	55
46	9-8457698	9-9926320	0-0073680	9-8531377	54
47	9-8458391	9-9927685	0-0072315	9-8530707	53
48	9-8459085	9-9929049	0-0070951	9-8530036	52
49	9-8459778	9-9930414	0-0069586	9-8529364	51
50	9-8460471	9-9931778	0-0068222	9-8528693	50
Minutes.	COSINUS.	COTANG.	TANGENT.	SINUS.	Minutes.

Minutes.	SINUS.	TANGENT.	COTANG.	COSINUS.	Minutes.
50	9-8460471	9-9931778	0-0068222	9-8528693	50
51	9-8461164	9-9933143	0-0066857	9-8528021	49
52	9-8461857	9-9934508	0-0065492	9-8527349	48
53	9-8462549	9-9935872	0-0064128	9-8526677	47
54	9-8463242	9-9937237	0-0062763	9-8526005	46
55	9-8463934	9-9938601	0-0061399	9-8525333	45
56	9-8464625	9-9939966	0-0060034	9-8524660	44
57	9-8465317	9-9941330	0-0058670	9-8523987	43
58	9-8466008	9-9942695	0-0057305	9-8523314	42
59	9-8466699	9-9944059	0-0055941	9-8522640	41
60	9-8467390	9-9945424	0-0054576	9-8521967	40
61	9-8468081	9-9946788	0-0053212	9-8521293	39
62	9-8468772	9-9948153	0-0051847	9-8520619	38
63	9-8469462	9-9949517	0-0050483	9-8519945	37
64	9-8470152	9-9950881	0-0049119	9-8519270	36
65	9-8470842	9-9952246	0-0047754	9-8518596	35
66	9-8471531	9-9953610	0-0046390	9-8517921	34
67	9-8472221	9-9954975	0-0045025	9-8517246	33
68	9-8472910	9-9956339	0-0043661	9-8516571	32
69	9-8473599	9-9957704	0-0042296	9-8515895	31
70	9-8474288	9-9959068	0-0040932	9-8515220	30
71	9-8474976	9-9960433	0-0039567	9-8514544	29
72	9-8475664	9-9961797	0-0038203	9-8513868	28
73	9-8476353	9-9963161	0-0036839	9-8513191	27
74	9-8477040	9-9964526	0-0035474	9-8512515	26
75	9-8477728	9-9965890	0-0034110	9-8511838	25
76	9-8478416	9-9967255	0-0032745	9-8511161	24
77	9-8479103	9-9968619	0-0031381	9-8510484	23
78	9-8479790	9-9969983	0-0030017	9-8509806	22
79	9-8480477	9-9971348	0-0028652	9-8509129	21
80	9-8481163	9-9972712	0-0027288	9-8508451	20
81	9-8481850	9-9974077	0-0025923	9-8507773	19
82	9-8482536	9-9975441	0-0024559	9-8507095	18
83	9-8483222	9-9976806	0-0023194	9-8506416	17
84	9-8483908	9-9978170	0-0021830	9-8505738	16
85	9-8484593	9-9979534	0-0020466	9-8505059	15
86	9-8485278	9-9980899	0-0019101	9-8504380	14
87	9-8485963	9-9982263	0-0017737	9-8503700	13
88	9-8486648	9-9983627	0-0016373	9-8503021	12
89	9-8487333	9-9984992	0-0015008	9-8502341	11
90	9-8488017	9-9986356	0-0013644	9-8501661	10
91	9-8488702	9-9987721	0-0012279	9-8500981	9
92	9-8489386	9-9989085	0-0010915	9-8500301	8
93	9-8490069	9-9990449	0-0009551	9-8499620	7
94	9-8490753	9-9991814	0-0008186	9-8498939	6
95	9-8491436	9-9993178	0-0006822	9-8498258	5
96	9-8492120	9-9994543	0-0005457	9-8497577	4
97	9-8492802	9-9995907	0-0004093	9-8496896	3
98	9-8493485	9-9997271	0-0002729	9-8496214	2
99	9-8494168	9-9998636	0-0001364	9-8495532	1
100	9-8494850	0-0000000	0-0000000	9-8494850	0
Minutes.	COSINUS.	COTANG.	TANGENT.	SINUS.	Minutes.

50 GRADES.

www.ingramcontent.com/pod-product-compliance
Ingram Content Group UK Ltd.
Pitfield, Milton Keynes, MK11 3LW, UK
UKHW012228240726
13966UKWH00003B/1013